소방안전관리자 2급
기출 + 적중예상문제
【필기】

소방안전연구회 저

　현대사회는 고도화된 건축 관련 기술의 발전과 토지의 효율적 이용을 위하여 초고층 건물이 꾸준히 증가하고 있습니다. 이러한 추세와 맞물려 화재 발생 시 그 피해 또한 증가하는 추세입니다.

　이에 화재가 발생할 경우 대규모 피해가 우려되는 만큼 전문적인 소방안전관리가 필요한 일부 소방대상물의 경우 그 소방대상물의 소유자·관리자 또는 점유자로 하여금 소방안전관리 관련 전문 자격을 가진 사람을 소방안전관리자로 선임하거나 법령에서 정하는 사람으로 하여금 소방안전관리업무를 대행하도록 하였으며, 이것이 바로 소방안전관리제도의 취지입니다.

　본 교재는 한국소방안전원이 주관하고 시행하는 소방안전관리자 2급 시험에 효과적으로 대비할 수 있도록 다음과 같은 내용으로 집필하였습니다.

첫머리에

1. 최근 개정된 소방관련법령과 한국소방안전원의 강습교재를 반영하여 핵심적인 이론 내용을 정리하였습니다.
2. 각각의 과목별 핵심 이론 뒤에는 최근의 기출문제를 중심으로 구성한 적중예상문제를 상세한 해설과 함께 수록하였습니다.
3. 총 7회의 실전모의고사를 상세한 해설과 함께 수록함으로써 소방안전관리자 2급 시험에 효과적으로 대비할 수 있도록 하였습니다.

　교재의 집필에 나름대로 최선을 다하였으나, 도서의 발행 이후 있을 소방관련법령의 개정 사항이나 내용상 오류가 있다면 이후 개정작업을 통해 보완할 것을 약속드립니다.

　끝으로, 본 교재를 통해 소방안전관리자를 준비하고 계시는 모든 분께 합격의 영광과 함께 화재로부터 안전한 세상을 만드는 데 더욱 힘써 주실 것을 부탁드립니다.

소방안전관리자 2급 자격시험 안내

■ **시험명**
2급 소방안전관리자

■ **시험일정 및 장소**
한국소방안전원 홈페이지 참고(안전원 홈페이지 내 소방안전교육 〉 시험접수 〉 2급 소방안전관리자 시험일정)

■ **근거법령**
「화재의 예방 및 안전관리에 관한 법률」

■ **자격시험 응시자격**
1) 대학 또는 고등학교에서 소방안전관리학과를 전공하고 졸업한 사람(법령에 따라 이와 같은 수준의 학력이 있다고 인정되는 사람을 포함)
2) 다음의 어느 하나에 해당하는 사람
  ① 대학 또는 고등학교에서 소방안전 관련 교과목을 6학점 이상 이수하고 졸업한 사람
  ② 위 ①항에 해당하는 사람과 같은 수준의 학력이 있다고 인정되는 사람으로서 해당 학력 취득 과정에서 소방안전 관련 교과목을 6학점 이상 이수한 사람
  ③ 대학 또는 고등학교에서 소방안전 관련 학과를 전공하고 졸업한 사람(이와 같은 수준의 학력이 있다고 인정되는 사람을 포함)
3) 소방본부 또는 소방서에서 1년 이상 화재진압 또는 그 보조 업무에 종사한 경력이 있는 사람
4) 의용소방대원으로 임명되어 3년 이상 근무한 경력이 있는 사람
5) 군부대(주한 외국군부대 포함) 및 의무소방대의 소방대원으로 1년 이상 근무한 경력이 있는 사람
6) 자체소방대의 소방대원으로 3년 이상 근무한 경력이 있는 사람
7) 경호공무원 또는 별정직공무원으로서 2년 이상 안전검측 업무에 종사한 경력이 있는 사람
8) 경찰공무원으로 3년 이상 근무한 경력이 있는 사람
9) 공공기관, 특급, 1급 또는 2급 소방안전관리대상물의 소방안전관리에 대한 강습교육을 수료한 사람
10) 특급, 1급, 2급 또는 3급 소방안전관리대상물의 소방안전관리보조자로 3년 이상 근무한 실무경력이 있는 사람
11) 3급 소방안전관리대상물의 소방안전관리자로 2년 이상 근무한 실무경력이 있는 사람
12) 건축사 · 산업안전기사 · 산업안전산업기사 · 건축기사 · 건축산업기사 · 일반기계기사 · 전기기능장 · 전기기사 · 전기산업기사 · 전기공사기사 · 전기공사산업기사 · 건설안전기사 또는 건설안전산업기사 자격을 가진 사람
13) 특급 또는 1급 소방안전관리대상물의 소방안전관리자 시험응시 자격이 인정되는 사람

■ **자격시험 과목 및 시험방법**

구분	시험 내용	문항수	시험방법	시험시간
제1과목	소방안전관리자 제도	25문항	객관식 (4지 1선택)	60분
	소방관계법령(건축관계법령 포함)			
	소방학개론			
	화기취급감독 및 화재위험작업 허가 · 관리			
	위험물 · 전기 · 가스 안전관리			
	피난시설, 방화구획 및 방화시설의 관리			
	소방시설의 종류 및 기준			
	소방시설(소화설비, 경보설비, 피난구조설비)의 구조			
제2과목	소방시설(소화설비, 경보설비, 피난구조설비)의 점검 · 실습 · 평가	25문항		
	소방계획 수립 이론 · 실습 · 평가(화재안전취약자의 피난계획 등 포함)			
	자위소방대 및 초기대응체계 구성 등 이론 · 실습 · 평가			
	작동기능점검표 작성 실습 · 평가			
	응급처치 이론 · 실습 · 평가			
	소방안전 교육 및 훈련 이론 · 실습 · 평가			
	화재 시 초기대응 및 피난 실습 · 평가			
	업무 수행기록의 작성 · 유지 실습 · 평가			

■ **합격자 결정 및 발표**

1) 합격자 결정 : 매 과목 100점을 만점으로 하여 매 과목 40점 이상, 전 과목 평균 70점 이상 득점한 사람
2) 합격자 발표 : 홈페이지에서 본인의 점수를 확인할 수 있습니다.

■ 시험접수

1. 접수방법

구분	시도지부 방문접수 (근무시간 : 9:00 ~ 18:00)	안전원 사이트 접수 (www.kfsi.or.kr)
접수시 관련 서류	• 응시 수수료(현금, 카드 등) • 사진 1매 • 응시자격별 증빙서류(해당자 한함)	• 응시 수수료 결재(신용카드, 무통장 입금) ※증빙자료 접수 불가
증빙이 불필요한 경우	가능	가능
증빙이 필요한 경우 (최초 학력, 경력의 경우)	가능	불가 (사전 서류심사 필요)

※학력, 경력으로 시험에 응시한 이력이 있는 사람은 동일한 시험에 대하여 별도의 서류 제출없이 인터넷 접수 가능

※접수시 주의사항
- 지정된 일시 및 장소 외에는 일체 접수하지 않습니다.
- 접수된 응시원서, 제출서류는 일체 반환하지 않습니다.
- 시험일정 변경 및 응시수수료 환불신청은 시험 전 근무일 근무시간까지 가능하며 시험당일 이후에는 일정변경 및 환불신청이 불가합니다.(결시자 포함)
- 서류가 미비된 경우에는 접수하지 아니하며, 응시원서 기재 내용이 사실과 다르거나 기재사항의 착오 또는 누락, 연락불능, 자격미달 등으로 인한 불이익은 응시자의 책임으로 합니다.

2. 인터넷 시험접수 및 결제방법 : 안전원 사이트 로그인 → "소방안전교육–시험신청" → "시험일정" 클릭 → 응시하고자하는 지부 시험날짜 클릭 → 시험신청자 정보입력 → 신용카드 결제 또는 LG데이콤 무통장 계좌할당 및 입금 → 시험신청 완료

※원서접수 기간 중에만 시험일정이 안전원 인터넷에 등재됩니다.

3. 응시 수수료 : 12,000원

※계산서는 현금(무통장입금 포함)으로 납부한 경우에 한하여 발급됩니다.(신용카드로 납부하거나 현금영수증을 발급 받은 경우에는 계산서가 발급되지 않습니다)

4. 일정변경 : 해당 시험 전일 근무시간까지 일정변경 가능

5. 환불 규정

환불기준	환불금액
응시 수수료를 과오납 한 경우	과오납 금액
시험시행 전일까지 접수를 취소하는 경우	전액
시험시행일 부터	환불불가

※수험원서 접수취소 및 응시수수료 환불신청은 인터넷으로 가능

6. 응시표 교부
- 시험응시표는 방문접수 시 접수 현장에서 출력, 인터넷접수의 경우 접수가 완료되면 응시자가 출력
- 시험응시표는 시험 당일까지 응시자가 인터넷으로 재출력 가능

제1장 소방관계법령

제1절 | 소방안전관리제도 14
   01 개요 14
   02 소방안전관리자 자격부여 15

제2절 | 소방기본법 16
   01 소방기본법의 목적 및 용어 16
   02 한국소방안전원 16
   03 벌칙 17

제3절 | 화재의 예방 및 안전관리에 관한 법률 19
   01 총칙 19
   02 화재안전조사 19
   03 화재 예방조치 21
   04 소방안전관리(보조)자를 두어야 하는 선임대상물, 선임자격 및 선임인원 22
   05 소방안전관리자 자격시험 응시자격 24
   06 소방안전관리자 및 소방안전관리보조자 선임신고 등 26
   07 특정소방대상물의 관계인 및 소방안전관리자의 업무 및 의무 28
   08 소방안전관리업무의 대행 29
   09 건설현장 소방안전관리 30
   10 피난계획의 수립 31
   11 소방훈련 및 소방안전관리자 등에 대한 교육 31
   12 벌칙 33

제4절 | 소방시설 설치 및 관리에 관한 법률 35
   01 총칙 35
   02 특정소방대상물에 설치하는 소방시설의 관리 등 36
   03 방염(防炎) 36

04 소방시설등의 자체점검		38
05 벌칙		41

제5절 | 건축관계법령 — 43
　01 총칙　43
　02 면적 · 높이 · 층수 등의 산정 및 제한　46
　03 방화문 · 자동방화셔터　47
　적중예상문제　48

제2장 소방학 개론

제1절 | 연소이론 — 76
　01 연소의 정의　76
　02 연소의 요소　76
　03 연소용어　78

제2절 | 화재이론 — 80
　01 화재의 정의 및 분류　80
　02 건물 화재성상　82

제3절 | 소화이론 — 84
　01 연소의 조건에 따른 제어분류　84
　02 소화약제의 종류　85
　적중예상문제　86

제3장 화기취급 감독 및 화재위험작업 허가 · 관리

제1절 | 화기취급작업 및 화재위험작업　100

01 화기취급작업 안전관리규정	100
02 화재위험작업 허가 · 관리	102

제2절 | 위험물 안전관리

01 위험물안전관리법	103
02 위험물 류별 특성	103
03 인화성액체의 성질 및 취급	104

제3절 | 전기 및 가스안전관리

01 전기안전관리	105
02 가스안전관리	106
적중예상문제	108

제4장 피난시설, 방화구획 및 방화시설의 유지 · 관리

제1절 | 방화구획 등

01 방화구획 개요 및 기준	118
02 방화구획의 구조 및 확인사항	119

제2절 | 피난시설, 방화구획 및 방화시설의 유지 · 관리

01 피난 · 방화시설 및 옥상광장	120
02 피난시설, 방화구획 및 방화시설 관련 금지 행위	121
적중예상문제	123

제5장 소방시설의 종류, 구조 · 점검

제1절 | 소방시설의 종류

01 소화설비	128

02 경보설비	129
03 피난구조설비	129
04 소화용수설비	129
05 소화활동설비	129

제2절 | 소화설비 · 130

01 소화기구	130
02 자동소화장치	133
03 옥내소화전설비	134
04 옥외소화전설비	136
05 스프링클러설비	137
06 물분무등소화설비 – 가스계소화설비	142

제3절 | 경보설비 · 144

01 자동화재탐지설비	144
02 자동화재탐지설비의 유지관리 및 비화재보 대처방법	149

제4절 | 피난구조설비 · 150

01 피난기구	150
02 인명구조기구	152
03 비상조명등	152
04 유도등 및 유도표지	153
적중예상문제	155

제6장 소방계획 수립

제1절 | 소방계획의 수립 · 180

01 소방계획의 개념 및 이해	180
02 소방계획의 작성원칙 및 수립절차	181

제2절	자위소방대 및 초기대응체계 구성 · 운영	182
01 자위소방대 기본 개념 및 이해	182
02 자위소방대 구성	183
03 교육 및 훈련	185

제3절	화재대응 및 피난	186
01 화재대응 및 피난	186
02 피난약자의 피난계획 수립	187

제4절	업무수행 기록의 작성 · 유지	188
01 작성근거 및 주요내용	188
02 작성요령	188
적중예상문제	190

제7장 응급처치

제1절	응급처치 개요	198
01 응급처치의 정의 · 목적 및 중요성	198
02 응급처치 기본사항 및 일반원칙	198

제2절	응급처치 요령	200
01 출혈	200
02 화상	200
03 심폐소생술	201
적중예상문제	203

제8장 소방안전교육 및 훈련

제1절 | 소방안전교육 및 훈련 208
    01 소방교육 및 훈련의 정의 208
    02 소방교육 및 훈련의 실시원칙 208
    03 소방교육 및 훈련의 실제 209
    적중예상문제 210

제9장 실전모의고사

    1회 실전모의고사 212
    2회 실전모의고사 221
    3회 실전모의고사 229
    4회 실전모의고사 238
    5회 실전모의고사 248
    6회 실전모의고사 258
    7회 실전모의고사 268

CHAPTER 01

소방관계법령

Section 01 소방안전관리제도
Section 02 소방기본법
Section 03 화재의 예방 및 안전관리에 관한 법률
Section 04 소방시설 설치 및 관리에 관한 법률
Section 05 건축관계법령

SECTION 01 소방안전관리제도

STEP 01 개요

건축물의 소방안전을 위하여 일정한 자격을 갖추고 민간 소방의 최일선에 있는 관리자들을 통하여 화재 및 재난 등에 효과적으로 대응하고 국민의 생명과 재산을 보호하는데 소방안전관리자 제도의 의의가 있다.

1. 2024년 화재발생 현황

2024년 화재발생 현황은 전년대비 화재건수는 3.2%(1,244건), 인명피해는 3.3%(81명), 재산피해는 20.1%(192,026,684천원) 감소하였다.

연도별 구분	화재건수 (건)	인명피해(명)			재산피해 (천원)
		계	사망	부상	
2024년도	37,613	2,396	304	2,092	762,020,544
2023년도	38,857	2,477	283	2,194	954,047,228
전년대비(%)	▼1,244 (−3.2%)	▼81 (−3.3%)	▲21 (7.4%)	▼102 (−4.6%)	▼192,026,648 (−20.1%)
2024년 일일평균	103	6.6	0.8	5.7	2,087,728

출처 : 소방청 국가화재정보센터 화재통계 참조

2. 발화요인별 화재발생 현황

2024년 발화요인별 화재발생 현황을 살펴보면 부주의가 45.0%(16,917건)으로 가장 높은 발생률을 보였고, 다음으로 전기적 요인 28.1%(10,567건) 순으로 발생하였다.

구분	계(건)	부주의	전기적 요인	기계적 요인	미상	화학적 요인	기타	교통 사고	방화	방화 의심	자연적 요인	제품 결함	가스 누출 (폭발)
2024 년도	37,613	16,917	10,567	3,822	3,066	966	512	399	370	324	346	183	141
2023 년도	38,857	18,198	10,360	3,926	3,433	732	531	427	315	342	283	182	128
전년 대비 (%)	▼1,244 (−3.2%)	▼1,281 (−7.0%)	▲207 (2.0%)	▼104 (−2.6%)	▼367 (−10.7%)	▲234 (32.0%)	▼19 (−3.6%)	▼28 (−6.6%)	▲55 (17.5%)	▼18 (−5.3%)	▲63 (22.3%)	▲1 (0.5%)	▲13 (10.2%)

출처 : 소방청 국가화재정보센터 화재통계 참조

STEP 02 소방안전관리자 자격부여

1. 소방안전관리자 업무와 역할

① 소방계획서의 작성 및 시행
② 자위소방대 및 초기대응체계의 구성, 운영 및 교육
③ 피난시설, 방화구획 및 방화시설의 관리
④ 소방시설이나 그 밖의 소방 관련 시설의 관리
⑤ 소방훈련 및 교육
⑥ 화기 취급의 감독
⑦ 소방안전관리에 관한 업무수행에 관한 기록 유지(③, ④, ⑥항의 업무)
⑧ 화재발생 시 초기대응
⑨ 그 밖의 소방안전관리에 필요한 업무

2. 소방안전관리자 실무교육

① 특정소방대상물의 소방안전관리자로 선임되면 현장 실무능력을 배양하고 새로운 소방기술 정보 등을 습득하기 위하여 실무교육을 받아야 하며, 실무교육을 받지 아니한 소방안전관리자에 대하여 자격을 정지할 수 있다.
② 또한, 실무교육을 받지 아니한 소방안전관리자 및 보조자에게는 50만원의 과태료가 부과된다.

SECTION 02 소방기본법

STEP 01 소방기본법의 목적 및 용어

1. 목적
① 화재예방 · 경계 및 진압
② 화재, 재난 · 재해 등 위급한 상황에서의 구조 · 구급활동
③ 국민의 생명, 신체 및 재산 보호
④ 공공의 안녕 및 질서 유지와 복리증진에 이바지함

2. 용어의 정의
① 소방대상물 : 건축물, 차량, 선박(항구에 매어둔 선박만 해당), 선박 건조 구조물, 산림, 그 밖의 인공 구조물 또는 물건
② 관계인 : 소방대상물의 소유자 · 관리자 또는 점유자
③ 소방대(消防隊) : 화재를 진압하고 화재, 재난 · 재해, 그 밖의 위급한 상황에서 구조 · 구급 활동 등을 하기 위하여 다음의 사람으로 구성된 조직체
  ㉮ 소방공무원
  ㉯ 의무소방원(義務消防員)
  ㉰ 의용소방대원(義勇消防隊員)
④ 소방대장(消防隊長) : 소방본부장 또는 소방서장 등 화재, 재난 · 재해, 그 밖의 위급한 상황이 발생한 현장에서 소방대를 지휘하는 사람

STEP 02 한국소방안전원

1. 설립목적
① 소방기술과 안전관리기술의 향상 및 홍보
② 교육 · 훈련 등 행정기관이 위탁하는 업무의 수행
③ 소방 관계 종사자의 기술 향상

2. 안전원의 업무
① 소방기술과 안전관리에 관한 교육 및 조사 · 연구

② 소방기술과 안전관리에 관한 각종 간행물 발간
③ 화재예방과 안전관리의식 고취를 위한 대국민 홍보
④ 소방업무에 관하여 행정기관이 위탁하는 업무
⑤ 소방안전에 관한 국제협력
⑥ 그 밖에 회원에 대한 기술지원 등 정관으로 정하는 사항

STEP 03 벌칙

1. 5년 이하의 징역 또는 5천만원 이하의 벌금(소방기본법 제50조)

① 다음의 어느 하나에 해당하는 행위를 한 사람
  ㉮ 위력(威力)을 사용하여 출동한 소방대의 화재진압·인명구조 또는 구급활동을 방해하는 행위
  ㉯ 소방대가 화재진압·인명구조 또는 구급활동을 위하여 현장에 출동하거나 현장에 출입하는 것을 고의로 방해하는 행위
  ㉰ 출동한 소방대원에게 폭행 또는 협박을 행사하여 화재진압·인명구조 또는 구급활동을 방해하는 행위
  ㉱ 출동한 소방대의 소방장비를 파손하거나 그 효용을 해하여 화재진압·인명구조 또는 구급활동을 방해하는 행위
② 소방자동차의 출동을 방해한 사람
③ 사람을 구출하는 일 또는 불을 끄거나 불이 번지지 아니하도록 하는 일을 방해한 사람
④ 정당한 사유 없이 소방용수시설 또는 비상소화장치를 사용하거나 소방용수시설 또는 비상소화장치의 효용을 해치거나 그 정당한 사용을 방해한 사람

2. 3년 이하의 징역 또는 3천만원 이하의 벌금(소방기본법 제51조)

화재가 발생하거나 불이 번질 우려가 있는 소방대상물 및 토지의 강제처분을 방해한 자 또는 정당한 사유없이 그 처분에 따르지 아니한 자

3. 100만원 이하의 벌금(소방기본법 제54조)

① 정당한 사유 없이 소방대의 생활안전활동을 방해한 자
② 정당한 사유 없이 소방대가 현장에 도착할 때까지 사람을 구출하는 조치 또는 불을 끄거나 불이 번지지 아니하도록 하는 조치를 하지 아니한 소방대상물 관계인
③ 화재, 재난·재해, 그 밖의 긴급한 상황에 따른 피난 명령을 위반한 자
④ 정당한 사유 없이 물의 사용이나 수도의 개폐장치의 사용 또는 조작을 하지 못하게 하거나 방해한 자
⑤ 가스·전기 또는 유류 등의 시설에 대하여 위험물질의 공급을 차단하는 긴급조치를 정당한 사유 없이 방해한 자

> **양벌규정**
> 법인의 대표자나 법인 또는 개인의 대리인, 사용인, 그 밖의 종업원이 그 법인 또는 개인의 업무에 관하여 「소방기본법상」 벌금형의 어느 하나에 해당하는 위반행위를 하면 그 행위자를 벌하는 외에 그 법인 또는 개인에게도 해당 조문의 벌금형을 과(科)한다. 다만, 법인 또는 개인이 그 위반행위를 방지하기 위하여 해당업무에 관하여 상당한 주의와 감독을 게을리하지 아니한 경우에는 그러하지 아니하다.

4. 500만원 이하의 과태료
화재 또는 구조·구급이 필요한 상황을 거짓으로 알린 사람

5. 200만원 이하의 과태료
① 소방자동차의 출동에 지장을 준 자
② 소방활동구역을 출입한 사람
③ 한국소방안전원 또는 이와 유사한 명칭을 사용한 자

6. 100만원 이하의 과태료
소방자동차전용구역에 차를 주차하거나 전용구역에의 진입을 가로막는 등의 방해행위를 한 자

7. 20만원 이하의 과태료
아래의 지역 또는 장소에서 화재로 오인할 만한 우려가 있는 불을 피우거나 연막소독을 하려는 자가 신고를 하지 아니하여 소방자동차를 출동하게 한 자
① 시장지역
② 공장·창고가 밀집한 지역
③ 목조건물이 밀집한 지역
④ 위험물의 저장 및 처리시설이 밀집한 지역
⑤ 석유화학제품을 생산하는 공장이 있는 지역
⑥ 그 밖에 시·도 조례로 정하는 지역 또는 장소

SECTION 03 화재의 예방 및 안전관리에 관한 법률

STEP 01 총칙

1. 목적
화재의 예방과 안전관리에 필요한 사항을 규정함으로써 화재로부터 국민의 생명·신체 및 재산을 보호하고 공공의 안전과 복리 증진에 이바지함을 목적으로 한다.

2. 용어의 정의
① 예방 : 화재의 위험으로부터 사람의 생명·신체 및 재산을 보호하기 위하여 화재발생을 사전에 제거하거나 방지하기 위한 모든 활동
② 화재안전조사 : 소방청장, 소방본부장 또는 소방서장(이하 '소방관서장'이라 함)이 소방대상물, 관계지역 또는 관계인에 대하여 소방시설등이 소방관계법령에 적합하게 설치·관리되고 있는지, 소방대상물에 화재의 발생 위험이 있는지 등을 확인하기 위하여 실시하는 현장조사·문서열람·보고요구 등을 하는 활동
③ 화재예방강화지구 : 시·도지사가 화재발생 우려가 크거나 화재가 발생할 경우 피해가 클 것으로 예상되는 지역에 대하여 화재의 예방 및 안전관리를 강화하기 위해 지정·관리하는 지역
④ 화재예방안전진단 : 화재가 발생할 경우 사회·경제적으로 피해 규모가 클 것으로 예상되는 소방대상물에 대하여 화재위험요인을 조사하고 그 위험성을 평가하여 개선대책을 수립하는 것

STEP 02 화재안전조사

1. 화재안전조사를 실시할 수 있는 경우
① 자체점검이 불성실하거나 불완전하다고 인정되는 경우
② 화재예방강화지구 등 법령에서 화재안전조사를 하도록 규정되어 있는 경우
③ 화재예방안전진단이 불성실하거나 불완전하다고 인정되는 경우

④ 국가적 행사 등 주요 행사가 개최되는 장소 및 그 주변의 관계 지역에 대하여 소방안전관리 실태를 조사할 필요가 있는 경우
⑤ 화재가 자주 발생하였거나 발생할 우려가 뚜렷한 곳에 대한 조사가 필요한 경우
⑥ 재난예측정보, 기상예보 등을 분석한 결과 소방대상물에 화재의 발생 위험이 크다고 판단되는 경우
⑦ 위 ①항부터 ⑥항까지에서 규정한 경우 외에 화재, 그 밖의 긴급한 상황이 발생할 경우 인명 또는 재산 피해의 우려가 현저하다고 판단되는 경우

2. 화재안전조사 항목

① 화재의 예방조치 등에 관한 사항
② 소방안전관리 업무 수행에 관한 사항
③ 피난계획의 수립 및 시행에 관한 사항
④ 소화·통보·피난 등의 훈련 및 소방안전관리에 필요한 교육에 관한 사항
⑤ 소방자동차 전용구역 등의 설치에 관한 사항
⑥ 시공, 감리 및 감리원의 배치에 관한 사항
⑦ 소방시설의 설치 및 관리 등에 관한 사항
⑧ 건설현장 임시소방시설의 설치 및 관리에 관한 사항
⑨ 피난시설, 방화구획 및 방화시설의 관리에 관한 사항
⑩ 방염에 관한 사항
⑪ 소방시설등의 자체점검에 관한 사항
⑫ 「다중이용업소의 안전관리에 관한 특별법」, 「위험물안전관리법」 및 「초고층 및 지하 연계 복합건축물 재난관리에 관한 특별법」의 안전관리에 관한 사항
⑬ 그 밖에 소방대상물에 화재의 발생 위험이 있는지 등을 확인하기 위해 소방관서장이 화재안전조사가 필요하다고 인정하는 사항

3. 화재안전조사의 방법 및 절차

① 방법
  ㉮ 종합조사 : 화재안전조사 항목 전부를 확인하는 조사
  ㉯ 부분조사 : 화재안전조사 항목 중 일부를 확인하는 조사
② 절차
  ㉮ 소방관서장은 조사대상, 조사기간 및 조사사유 등 조사계획을 소방관서의 인터넷 홈페이지나 전산시스템을 통해 7일 이상 공개해야 한다.
  ㉯ 소방관서장은 사전 통지 없이 화재안전조사를 실시하는 경우에는 화재안전조사를 실시하기 전에 관계인에게 조사사유 및 조사범위 등을 현장에서 설명해야 한다.
  ㉰ 소방관서장은 화재안전조사를 위하여 소속 공무원으로 하여금 관계인에게 보고 또는 자료의 제출을 요구하거나 소방대상물의 위치·구조·설비 또는 관리 상황에 대한 조사·질문을 하게 할 수 있다.

4. 화재안전조사 결과에 따른 조치명령

① 조치권자 : 소방관서장(소방청장, 소방본부장 또는 소방서장)
② 조치명령 사항
  ㉮ 화재안전조사 결과에 따른 소방대상물의 위치·구조·설비 또는 관리의 상황이 화재예방을 위하여 보완될 필요가 있거나 화재가 발생하면 인명 또는 재산의 피해가 클 것으로 예상되는 때 : 관계인에게 그 소방대상물의 개수(改修)·이전·제거, 사용의 금지 또는 제한, 사용폐쇄, 공사의 정지 또는 중지, 그 밖에 필요한 조치를 명할 수 있다.
  ㉯ 화재안전조사 결과 소방대상물이 법령을 위반하여 건축 또는 설비되었거나 소방시설등, 피난시설·방화구획, 방화시설 등이 법령에 적합하게 설치 또는 관리되고 있지 아니한 경우 : 관계인에게 위 ㉮항에 따른 조치를 명하거나 관계 행정기관의 장에게 필요한 조치를 하여 줄 것을 요청할 수 있다.

STEP 03 화재 예방조치

1. 화재예방강화지구

① 시장지역
② 공장·창고가 밀집한 지역
③ 목조건물이 밀집한 지역
④ 노후·불량건축물이 밀집한 지역
⑤ 위험물의 저장 및 처리 시설이 밀집한 지역
⑥ 석유화학제품을 생산하는 공장이 있는 지역
⑦ 「산업입지 및 개발에 관한 법률」에 따른 산업단지
⑧ 소방시설·소방용수시설 또는 소방출동로가 없는 지역
⑨ 「물류시설의 개발 및 운영에 관한 법률」에 따른 물류단지
⑩ 그 밖에 위 ①항부터 ⑨항까지에 준하는 지역으로서 소방관서장이 화재예방강화지구로 지정할 필요가 있다고 인정하는 지역

2. 화재 예방조치 등

① 화재예방강화지구 및 이에 준하는 장소에서 금지되는 행위(단, 행정안전부령으로 정하는 바에 따라 안전조치를 한 경우에는 예외임)
  ㉮ 모닥불, 흡연 등 화기의 취급
  ㉯ 풍등 등 소형열기구 날리기
  ㉰ 용접·용단 등 불꽃을 발생시키는 행위
  ㉱ 그 밖에 대통령령으로 정하는 화재 발생 위험이 있는 행위
② 소방관서장은 화재 발생 위험이 크거나 소화 활동에 지장을 줄 수 있다고 인정되는 행위나 물건에 대하여 행위 당사자나 그 물건의 소유자, 관리자 또는 점유자에게 다음 각 호의 명령

을 할 수 있다. 다만, 물건의 소유자, 관리자 또는 점유자를 알 수 없는 경우 소속 공무원으로 하여금 그 물건을 옮기거나 보관하는 등 필요한 조치를 하게 할 수 있다.
     ㉮ 위 ①항 각 항목의 어느 하나에 해당하는 행위의 금지 또는 제한
     ㉯ 목재, 플라스틱 등 가연성이 큰 물건의 제거, 이격, 적재 금지 등
     ㉰ 소방차량의 통행이나 소화 활동에 지장을 줄 수 있는 물건의 이동
   ③ 소방관서장이 옮긴 물건을 보관하는 경우 해야 할 조치
     ㉮ 옮긴 날부터 14일 동안 해당 소방관서의 인터넷 홈페이지에 그 사실을 공고
     ㉯ 보관기간은 공고기간의 종료일 다음날부터 7일

STEP 04 소방안전관리(보조)자를 두어야 하는 선임대상물, 선임자격 및 선임인원

1. 특급 소방안전관리대상물

구분	내용
선임대상물	특정소방대상물 중 다음의 어느 하나에 해당하는 것 ① 50층 이상(지하층 제외)이거나 지상으로부터 높이가 200m 이상인 아파트 ② 30층 이상(지하층을 포함)이거나 지상으로부터 높이가 120m 이상인 특정소방대상물(아파트는 제외) ③ 위 ②항에 해당되지 아니하는 특정소방대상물로서 연면적이 100,000㎡ 이상인 특정소방대상물(아파트는 제외) ※ 동·식물원, 철강 등 불연성 물품을 저장·취급하는 창고, 위험물 저장 및 처리시설 중 위험물 제조소등과 지하구는 특급 소방안전관리대상물에서 제외함
선임자격	다음의 어느 하나에 해당하는 사람으로서 특급 소방안전관리자 자격증을 발급받은 사람 ① 소방기술사 또는 소방시설관리사의 자격이 있는 사람 ② 소방설비기사의 자격을 가지고 5년 이상 1급 소방안전관리대상물의 소방안전관리자로 근무한 실무 경력(업무대행 제외)이 있는 사람 ③ 소방설비산업기사의 자격을 가지고 7년 이상 1급 소방안전관리대상물의 소방안전관리자로 근무한 실무경력이 있는 사람 ④ 소방공무원으로 20년 이상 근무한 경력이 있는 사람 ⑤ 특급 소방안전관리대상물의 소방안전관리에 관한 시험에 합격한 사람
선임인원	1명 이상

2. 1급 소방안전관리대상물

구분	내용
선임대상물	특정소방대상물 중 특급 소방안전관리대상을 제외하고 다음의 어느 하나에 해당하는 것 ① 30층 이상(지하층 제외)이거나 지상으로부터 높이가 120m 이상인 아파트 ② 연면적 15,000㎡ 이상인 특정소방대상물(아파트 및 연립주택은 제외) ③ 위 ②항에 해당하지 아니하는 특정소방대상물로서 지상층의 층수가 11층 이상인 특정소방대상물(아파트는 제외) ④ 가연성 가스를 1천톤 이상 저장·취급하는 시설 ※ 동·식물원, 철강 등 불연성 물품을 저장·취급하는 창고, 위험물 저장 및 처리시설 중 위험물 제조소등과 지하구는 1급 소방안전관리대상물에서 제외함

구분	내용
선임자격	다음의 어느 하나에 해당하는 사람으로서 1급 소방안전관리자 자격증을 발급받은 사람 또는 특급 소방안전관리대상물의 소방안전관리자 자격증을 발급받은 사람 ① 소방설비기사 또는 소방설비산업기사의 자격이 있는 사람 ② 소방공무원으로 7년 이상 근무한 경력이 있는 사람 ③ 1급 소방안전관리대상물의 소방안전관리에 관한 시험에 합격한 사람
선임인원	1명 이상

3. 2급 소방안전관리대상물

구분	내용

선임대상물	특급 및 1급 소방안전관리대상물을 제외한 다음의 어느 하나에 해당하는 것
	① 옥내소화전설비, 스프링클러설비, 물분무등소화설비(호스릴 방식의 물분무등소화설비만을 설치한 경우는 제외)를 설치하여야 하는 특정소방대상물
	② 가스 제조설비를 갖추고 도시가스사업의 허가를 받아야 하는 시설 또는 가연성 가스를 100톤 이상 1천톤 미만 저장·취급하는 시설
	③ 지하구
	④ 다음의 어느 하나에 해당하는 공동주택(옥내소화전설비 또는 스프링클러설비가 설치된 공동주택으로 한정)
	  ㉮ 300세대 이상의 공동주택
	  ㉯ 150세대 이상으로서 승강기가 설치된 공동주택
	  ㉰ 150세대 이상으로서 중앙집중식 난방방식(지역난방방식을 포함)의 공동주택
	  ㉱ 건축허가를 받아 주택 외의 시설과 주택을 동일건축물로 건축한 건축물로서 주택이 150세대 이상인 건축물
	⑤ 「문화유산의 보존 및 활용에 관한 법률」에 따라 보물 또는 국보로 지정된 목조건축물

선임자격	다음의 어느 하나에 해당하는 사람으로서 2급 소방안전관리자 자격증을 발급받은 사람, 특급 소방안전관리대상물 또는 1급 소방안전관리대상물의 소방안전관리자 자격증을 발급받은 사람 ① 위험물기능장·위험물산업기사 또는 위험물기능사 자격이 있는 사람 ② 소방공무원으로 3년 이상 근무한 경력이 있는 사람 ③ 2급 소방안전관리대상물의 소방안전관리에 관한 시험에 합격한 사람 ④ 「기업활동 규제완화에 관한 특별조치법」에 따라 소방안전관리자로 선임된 사람(소방안전관리자로 선임된 기간으로 한정)
선임인원	1명 이상

4. 3급 소방안전관리대상물

구분	내용
선임대상물	특급, 1급 및 2급 특정소방대상물에 해당하지 아니하는 특정소방대상물로서 간이스프링클러설비 또는 자동화재탐지설비를 설치하여야 하는 특정소방대상물
선임자격	다음의 어느 하나에 해당하는 사람으로서 3급 소방안전관리자 자격증을 발급받은 사람 또는 특급·1급·2급 소방안전관리대상물의 소방안전관리자 자격증을 받은 사람 ① 소방공무원으로 1년 이상 근무한 경력이 있는 사람 ② 3급 소방안전관리대상물의 소방안전관리에 관한 시험에 합격한 사람 ③ 「기업활동 규제완화에 관한 특별조치법」에 따라 소방안전관리자로 선임된 사람(소방안전관리자로 선임된 기간으로 한정)
선임인원	1명 이상

5. 소방안전관리보조자를 두어야 하는 특정소방대상물

구분	내용
선임대상물	① 300세대 이상인 아파트 ② 연면적이 15,000m² 이상인 특정소방대상물(아파트 및 연립주택은 제외) ③ 위 ①항 및 ②항에 따른 특정소방대상물을 제외한 특정소방대상물 중 다음의 어느 하나에 해당하는 특정소방대상물 ㉮ 공동주택 중 기숙사 ㉯ 의료시설 ㉰ 노유자시설 ㉱ 수련시설 ㉲ 숙박시설(숙박시설로 사용되는 바닥면적의 합계가 1,500m² 미만이고 관계인이 24시간 상시 근무하고 있는 숙박시설은 제외)
선임자격	① 특급, 1급, 2급, 3급 소방안전관리대상물의 소방안전관리자 자격이 있는 사람 ② 건축, 기계제작, 기계장비설비·설치, 화공, 위험물, 전기, 전자 및 안전관리에 해당하는 국가기술자격이 있는 사람 ③ 공공기관 소방안전관리자 강습교육을 수료한 사람 ④ 특급, 1급, 2급, 3급 소방안전관리대상물의 소방안전관리자에 대한 강습교육을 수료한 사람 ⑤ 소방안전관리대상물에서 소방안전 관련 업무에 2년 이상 근무한 경력이 있는 사람
선임인원	① 선임대상물 ①항의 경우 : 1명. 다만, 초과되는 300세대마다 1명 이상을 추가로 선임 ② 선임대상물 ②항의 경우 : 1명. 다만, 초과되는 연면적 15,000m²(종합방재실에 자위소방대가 24시간 근무하고 소방펌프차, 소방물탱크차, 소방화학차 또는 무인방수차를 운용하는 경우에는 30,000m²)마다 1명 이상을 추가로 선임 ③ 선임대상물 ③항의 경우 : 1명을 기본으로 선임(단, 해당 특정소방대상물이 소재하는 지역을 관한하는 소방서장이 야간이나 휴일에 해당 특정소방대상물이 이용되지 아니한다는 것을 확인한 경우에는 소방안전관리보조자를 선임하지 아니할 수 있음)

STEP 05 소방안전관리자 자격시험 응시자격

1. 특급 소방안전관리자 자격시험 응시자격

① 1급 소방안전관리대상물의 소방안전관리자로 5년(소방설비기사의 경우 자격 취득 후 2년, 소방설비산업기사의 경우 자격 취득 후 3년) 이상 근무한 실무경력이 있는 사람
② 1급 소방안전관리대상물의 소방안전관리자로 선임될 수 있는 자격을 갖춘 후 특급 또는 1급 소방안전관리대상물의 소방안전관리보조자로 7년 이상 근무한 실무경력이 있는 사람
③ 소방공무원으로 10년 이상 근무한 경력이 있는 사람
④ 대학 또는 고등학교에서 소방안전관리학과를 전공하고 졸업한 사람으로서 해당 학과를 졸업한 후 2년 이상 1급 소방안전관리대상물의 소방안전관리자로 근무한 실무경력이 있는 사람
⑤ 다음 어느 하나에 해당하는 요건을 갖춘 후 3년 이상 1급 소방안전관리대상물의 소방안전관리자로 근무한 실무경력이 있는 사람
   ㉮ 대학 또는 고등학교에서 소방안전 관련 교과목을 12학점 이상 이수하고 졸업한 사람
   ㉯ 위 ㉮항에 해당하는 사람과 같은 수준의 학력이 있다고 인정되는 사람으로서 해당 학력 취득 과정에서 소방안전 관련 교과목을 12학점 이상 이수한 사람

㉰ 대학 또는 고등학교에서 소방안전 관련 학과를 전공하고 졸업한 사람
⑥ 소방행정학(소방학, 소방방재학 포함) 또는 소방안전공학(소방방재공학, 안전공학 포함) 분야에서 석사학위를 취득한 후 2년 이상 1급 소방안전관리대상물의 소방안전관리자로 근무한 실무경력이 있는 사람
⑦ 특급 소방안전관리대상물의 소방안전관리보조자로 10년 이상 근무한 실무경력이 있는 사람
⑧ 특급 소방안전관리대상물의 소방안전관리에 대한 강습교육을 수료한 사람
⑨ 총괄재난관리자로 지정되어 1년 이상 근무한 경력이 있는 사람

2. 1급 소방안전관리자 자격시험 응시자격

① 대학 또는 고등학교에서 소방안전관리학과를 전공하고 졸업한 사람으로서 해당 학과를 졸업한 후 2년 이상 2급 소방안전관리대상물 또는 3급 소방안전관리대상물의 소방안전관리자로 근무한 실무경력이 있는 사람
② 다음 어느 하나에 해당하는 요건을 갖춘 후 3년 이상 2급 소방안전관리대상물 또는 3급 소방안전관리대상물의 소방안전관리자로 근무한 실무경력이 있는 사람
  ㉮ 대학 또는 고등학교에서 소방안전 관련 교과목을 12학점 이상 이수하고 졸업한 사람
  ㉯ 위 ㉮항에 해당하는 사람과 같은 수준의 학력이 있다고 인정되는 사람으로서 해당 학력 취득 과정에서 소방안전 관련 교과목을 12학점 이상 이수한 사람
  ㉰ 대학 또는 고등학교에서 소방안전 관련 학과를 전공하고 졸업한 사람
③ 소방행정학(소방학, 소방방재학 포함) 또는 소방안전공학(소방방재공학, 안전공학 포함) 분야에서 석사학위 이상을 취득한 사람
④ 5년 이상 2급 소방안전관리대상물의 소방안전관리자로 근무한 실무경력이 있는 사람
⑤ 특급 또는 1급 소방안전관리대상물의 소방안전관리에 대한 강습교육을 수료한 사람
⑥ 2급 소방안전관리대상물의 소방안전관리자로 선임될 수 있는 자격을 갖춘 후 특급 또는 1급 소방안전관리대상물의 소방안전관리보조자로 5년 이상 근무한 실무경력이 있는 사람
⑦ 2급 소방안전관리대상물의 소방안전관리자로 선임될 수 있는 자격을 갖춘 후 2급 소방안전관리대상물의 소방안전관리보조자로 7년 이상 근무한 실무경력(특급 또는 1급 소방안전관리대상물의 소방안전관리보조자로 근무한 5년 미만의 실무경력이 있는 경우에는 이를 포함하여 합산)이 있는 사람
⑧ 산업안전기사 또는 산업안전산업기사의 자격을 취득한 후 2년 이상 2급 또는 3급 소방안전관리대상물의 소방안전관리자로 근무한 실무경력이 있는 사람
⑨ 특급 소방안전관리대상물의 소방안전관리자 자격시험 응시자격이 인정되는 사람

3. 2급 소방안전관리자 자격시험 응시자격

① 대학 또는 고등학교에서 소방안전관리학과를 전공하고 졸업한 사람
② 다음의 어느 하나에 해당하는 사람
  ㉮ 대학 또는 고등학교에서 소방안전 관련 교과목을 6학점 이상 이수하고 졸업한 사람
  ㉯ 위 ㉮항에 해당하는 사람과 같은 수준의 학력이 있다고 인정되는 사람으로서 해당 학력 취득 과정에서 소방안전 관련 교과목을 6학점 이상 이수한 사람
  ㉰ 대학 또는 고등학교에서 소방안전 관련 학과를 전공하고 졸업한 사람

③ 소방본부 또는 소방서에서 1년 이상 화재진압 또는 그 보조 업무에 종사한 경력이 있는 사람
④ 「의용소방대 설치 및 운영에 관한 법률」에 따라 의용소방대원으로 임명되어 3년 이상 근무한 경력이 있는 사람
⑤ 군부대(주한 외국군부대 포함) 및 의무소방대의 소방대원으로 1년 이상 근무한 경력이 있는 사람
⑥ 「위험물안전관리법」에 따른 자체소방대의 소방대원으로 3년 이상 근무한 경력이 있는 사람
⑦ 「대통령 등의 경호에 관한 법률」에 따른 경호공무원 또는 별정직공무원으로 2년 이상 안전검측 업무에 종사한 경력이 있는 사람
⑧ 경찰공무원으로 3년 이상 근무한 경력이 있는 사람
⑨ 특급, 1급, 2급 소방안전관리대상물의 소방안전관리에 대한 강습교육을 수료한 사람
⑩ 공공기관 소방안전관리자 강습교육을 수료한 사람
⑪ 특급, 1급, 2급, 3급 소방안전관리대상물의 소방안전관리보조자로 3년 이상 근무한 실무경력이 있는 사람
⑫ 3급 소방안전관리대상물의 소방안전관리자로 2년 이상 근무한 실무경력이 있는 사람
⑬ 건축사 · 산업안전기사 · 산업안전산업기사 · 건축기사 · 건축산업기사 · 일반기계기사 · 전기기능장 · 전기기사 · 전기산업기사 · 전기공사기사 · 전기공사산업기사 · 건설안전기사 또는 건설안전산업기사 자격을 가진 사람
⑭ 특급 또는 1급 소방안전관리대상물의 소방안전관리자 시험응시 자격이 인정되는 사람

4. 3급 소방안전관리자 자격시험 응시자격

① 「의용소방대 설치 및 운영에 관한 법률」에 따라 의용소방대원으로 임명되어 2년 이상 근무한 경력이 있는 사람
② 「위험물안전관리법」에 따른 자체소방대의 소방대원으로 1년 이상 근무한 경력이 있는 사람
③ 「대통령 등의 경호에 관한 법률」에 따른 경호공무원 또는 별정직공무원으로 1년 이상 안전검측 업무에 종사한 경력이 있는 사람
④ 경찰공무원으로 2년 이상 근무한 경력이 있는 사람
⑤ 특급, 1급, 2급 또는 3급 소방안전관리대상물의 소방안전관리에 대한 강습교육을 수료한 사람
⑥ 공공기관 소방안전관리자 강습교육을 수료한 사람
⑦ 특급, 1급, 2급, 3급 소방안전관리대상물의 소방안전관리보조자로 2년 이상 근무한 실무경력이 있는 사람
⑧ 특급, 1급, 2급 소방안전관리대상물의 소방안전관리자 시험응시 자격이 인정되는 사람

STEP 06 소방안전관리자 및 소방안전관리보조자 선임신고 등

1. 소방안전관리자 또는 소방안전관리보조자의 선임

특정소방대상물의 관계인은 다음 어느 하나에 해당하는 날부터 30일 이내에 소방안전관리(보조)자를 선임하여야 한다. (소방안전보조관리자의 경우 ①, ③, ⑤ 항목만 적용)

① 신축·증축·개축·재축·대수선 또는 용도변경으로 해당 특정소방대상물의 소방안전관리(보조)자를 신규로 선임하여야 하는 경우 : 해당 특정소방대상물의 사용승인일(「건축법」에 따라 건축물을 사용할 수 있게 된 날)
② 증축 또는 용도변경으로 인하여 특정소방대상물이 특급 또는 1급·2급 소방안전관리대상물로 된 경우 또는 등급이 변경된 경우 : 증축공사의 사용승인일 또는 용도변경 사실을 건축물관리대장에 기재한 날
③ 특정소방대상물을 양수하거나 경매, 환가, 압류재산의 매각 그 밖에 이에 준하는 절차에 의하여 관계인의 권리를 취득한 경우 : 해당 권리를 취득한 날 또는 관할 소방서장으로부터 소방안전관리(보조)자 선임 안내를 받은 날. 다만, 새로 권리를 취득한 관계인이 종전의 특정소방대상물의 관계인이 선임신고한 소방안전관리(보조)자를 해임하지 아니하는 경우를 제외
④ 관리의 권원이 분리된 특정소방대상물의 경우 : 관리의 권원이 분리되거나 소방본부장 또는 소방서장이 관리의 권원을 조정한 날
⑤ 소방안전관리(보조)자가 해임, 퇴직 등으로 소방안전관리(보조)자의 업무가 종료된 경우 : 소방안전관리(보조)자를 해임한 날, 퇴직한 날 등 근무를 종료한 날
⑥ 소방안전관리업무를 대행하는 자를 감독할 수 있는 사람을 소방안전관리자로 선임한 경우로서 그 업무대행 계약이 해지 또는 종료된 경우 : 소방안전관리업무 대행이 끝난 날
⑦ 소방안전관리자 자격이 정지 또는 취소된 경우 : 소방안전관리자 자격이 정지 또는 취소된 날

2. 선임신고 및 현황게시

① 소방안전관리대상물의 관계인이 소방안전관리(보조)자를 선임한 경우에는 선임한 날부터 14일 이내에 소방본부장 또는 소방서장에게 신고하여야 한다.

[소방안전관리자 현황표]

소방안전관리자 현황표(대상명:)

이 건축물의 소방안전관리자는 다음과 같습니다.

☐ 소방안전관리자: (선임일자: 년   월   일)

☐ 소방안전관리대상물 등급: 급

☐ 소방안전관리자 근무 위치(화재 수신기 위치):

「화재의 예방 및 안전관리에 관한 법률」 제26조제1항에 따라 이 표지를 붙입니다.

소방안전관리자 연락처:

② 소방안전관리대상물의 출입자가 쉽게 알 수 있도록 다음의 사항이 포함된 소방안전관리자 현황표를 게시하여야 한다.
㉮ 소방안전관리대상물의 명칭
㉯ 소방안전관리자의 성명 및 선임일자
㉰ 소방안전관리대상물의 등급
㉱ 소방안전관리자의 연락처
㉲ 소방안전관리자 근무 위치(화재 수신기 위치)

3. 선임연기

① 선임연기 대상 : 2급, 3급 및 소방안전관리(보조)자를 선임해야 하는 소방안전관리대상물의 관계인
② 선임연기 사유 : 소방안전관리자 또는 소방안전관리보조자 강습교육이나 시험이 선임기간 내에 있지 아니하여 선임할 수 없는 경우
③ 선임연기 절차 : 해당 관계인은 선임연기신청서를 소방본부장 또는 소방서장에게 제출하여야 하며, 이 경우 소방본부장 또는 소방서장은 강습교육 접수 또는 시험응시 여부를 확인하여야 함
④ 소방안전관리자 선임연기 기간 중 소방안전관리업무 수행자 : 소방안전관리대상물의 관계인
⑤ 연기일 통보 : 소방본부장 또는 소방서장은 선임연기신청서를 제출받은 경우 3일 이내에 소방안전관리(보조)자 선임기간을 정하여 관계인에게 통보하여야 함

STEP 07 특정소방대상물의 관계인 및 소방안전관리자의 업무 및 의무

1. 특정소방대상물(소방안전관리대상물 제외)의 관계인 업무

① 피난시설, 방화구획 및 방화시설의 관리
② 소방시설이나 그 밖의 소방 관련 시설의 관리
③ 화기(火氣) 취급의 감독
④ 화재발생 시 초기대응
⑤ 그 밖에 소방안전관리에 필요한 업무

2. 소방안전관리대상물의 소방안전관리자 업무

① 피난계획에 관한 사항과 대통령령으로 정하는 사항이 포함된 소방계획서의 작성 및 시행
② 자위소방대(自衛消防隊) 및 초기대응체계의 구성, 운영 및 교육
③ 피난시설, 방화구획 및 방화시설의 관리
④ 소방시설이나 그 밖의 소방관련 시설의 관리
⑤ 소방훈련 및 교육
⑥ 화기(火氣) 취급의 감독

⑦ 소방안전관리에 관한 업무수행에 관한 기록·유지(위 ③항, ④항 및 ⑥항의 업무를 말함)
⑧ 화재발생 시 초기대응
⑨ 그 밖에 소방안전관리에 필요한 업무

3. 소방안전관리 업무수행 기록 및 유지

소방안전관리자는 소방안전관리 업무수행에 관한 기록을 시행규칙 별지 제12호 서식에 따라 월 1회 이상 작성·관리해야 한다.
① 업무수행 중 보수 또는 정비가 필요한 사항을 발견한 경우에는 이를 지체없이 관계인에게 알리고, 별지 제12호서식에 기록해야 한다.
② 소방안전관리자는 업무 수행에 관한 기록을 작성한 날부터 2년간 보관해야 한다.

4. 관계인 등의 의무

① 소방안전관리대상물의 관계인은 소방안전관리자가 소방안전관리업무를 성실하게 수행할 수 있도록 지도·감독하여야 한다.
② 소방안전관리자는 인명과 재산을 보호하기 위하여 소방시설·피난시설·방화시설 및 방화구획 등이 법령에 위반된 것을 발견한 때에는 지체 없이 소방안전관리대상물의 관계인에게 소방대상물의 개수·이전·제거·수리 등 필요한 조치를 할 것을 요구하여야 하며, 관계인이 시정하지 아니하는 경우 소방본부장 또는 소방서장에게 그 사실을 알려야 한다. 이 경우 소방안전관리자는 공정하고 객관적으로 그 업무를 수행하여야 한다.
③ 소방안전관리자로부터 위 ②항에 따른 조치요구 등을 받은 소방안전관리대상물의 관계인은 지체 없이 이에 따라야 하며, 이를 이유로 소방안전관리자를 해임하거나 보수(報酬)의 지급을 거부하는 등 불이익한 처우를 하여서는 아니 된다.

STEP 08 소방안전관리업무의 대행

1. 업무의 대행

① 대통령령으로 정하는 소방안전관리대상물의 관계인은 소방안전관리업무 중 대통령으로 정하는 관리업자로 하여금 대행하게 할 수 있다.
② 이 경우 선임된 소방안전관리자는 관리업자의 대행 업무수행을 감독하고 대행업무 외의 소방안전관리업무는 직접 수행하여야 한다.

2. 업무대행 가능한 소방안전관리대상물

① 지상층의 층수가 11층 이상인 1급 소방안전관리대상물(단, 연면적 15,000m² 이상인 특정소방대상물과 아파트는 제외)
② 2급 및 3급 소방안전관리대상물

3. 관리업자가 대행할 수 있는 업무
① 피난시설, 방화구획 및 방화시설의 관리
② 소방시설이나 그 밖의 소방관련 시설의 관리

STEP 09 건설현장 소방안전관리

1. 건설현장 소방안전관리자 선임 및 신고
① 선임 사유 : 공사시공자가 화재발생 및 화재피해의 우려가 큰 건설현장 소방안전관리대상물을 신축·증축·개축·재축·이전·용도변경 또는 대수선 하는 경우
② 선임될 수 있는 자격 : 소방안전관리자 자격증을 발급받은 소방안전관리자로서 건설현장 소방안전관리자 강습교육을 받은 사람
③ 선임 기간 : 소방시설공사 착공 신고일부터 건축물 사용승인일까지 선임
④ 선임 신고 : 공사시공자가 선임한 날로부터 14일 이내에 다음의 서류를 첨부하여 소방본부장 또는 소방서장에게 신고
　㉮ 건설현장 소방안전관리자 선임신고서
　㉯ 소방안전관리자 자격증
　㉰ 건설현장 소방안전관리자 강습교육 수료증
　㉱ 건설현장 공사 계약서 사본

2. 건설현장 소방안전관리대상물
① 신축·증축·개축·재축·이전·용도변경 또는 대수선을 하려는 부분의 연면적의 합계가 15,000m² 이상인 것
② 신축·증축·개축·재축·이전·용도변경 또는 대수선을 하려는 부분의 연면적이 5,000m² 이상인 것으로서 다음의 어느 하나에 해당하는 것
　㉮ 지하층의 층수가 2개 층 이상인 것
　㉯ 지상층의 층수가 11층 이상인 것
　㉰ 냉동창고, 냉장창고 또는 냉동·냉장창고

3. 건설현장 소방안전관리자의 업무
① 건설현장의 소방계획서의 작성
② 건설현장의 임시소방시설 설치 및 관리에 대한 감독
③ 공사진행 단계별 피난안전구역, 피난로 등의 확보와 관리
④ 건설현장의 작업자에 대한 소방안전 교육 및 훈련
⑤ 초기대응체계의 구성·운영 및 교육
⑥ 화기취급의 감독, 화재위험작업의 허가 및 관리
⑦ 그 밖에 건설현장의 소방안전관리와 관련하여 소방청장이 고시하는 업무

STEP 10 피난계획의 수립

1. 피난계획의 수립 및 시행
① 소방안전관리대상물의 관계인은 그 장소에 근무하거나 거주 또는 출입하는 사람들이 화재가 발생한 경우에 안전하게 피난할 수 있도록 피난계획을 수립·시행하여야 한다.
② 소방안전관리대상물의 관계인은 피난시설의 위치, 피난경로 또는 대피요령이 포함된 피난유도 안내정보를 근무자 또는 거주자에게 정기적으로 제공하여야 한다.

2. 피난계획에 포함되어야 할 사항
① 화재경보의 수단 및 방식
② 층별, 구역별 피난대상 인원의 연령별·성별 현황
③ 피난약자(장애인, 노인, 임산부, 영유아 및 어린이 등 이동이 어려운 사람을 말한다.)의 현황
④ 각 거실에서 옥외(옥상 또는 피난안전구역을 포함한다)로 이르는 피난경로
⑤ 피난약자 및 피난약자를 동반한 사람의 피난동선과 피난방법
⑥ 피난시설, 방화구획, 그 밖에 피난에 영향을 줄 수 있는 제반 사항

3. 피난유도 안내정보의 제공 방법
① 연 2회 피난안내 교육을 실시하는 방법
② 분기별 1회 이상 피난안내방송을 실시하는 방법
③ 피난안내도를 층마다 보기 쉬운 위치에 게시하는 방법
④ 엘리베이터, 출입구 등 시청이 용이한 장소에 피난안내영상을 제공하는 방법

STEP 11 소방훈련 및 소방안전관리자 등에 대한 교육

1. 소방안전관리대상물 근무자 및 거주자 등에 대한 소방훈련 등
① 소방훈련 및 교육 개요
　㉮ 소방안전관리대상물의 관계인은 근무자등에게 소방훈련과 소방안전관리에 필요한 교육을 하여야 하고, 피난훈련은 그 소방대상물에 출입하는 사람을 안전한 장소로 대피시키고 유도하는 훈련을 포함하여야 한다.
　㉯ 소방안전관리업무의 전담이 필요한 소방안전관리대상물(특급 및 1급)의 관계인은 소방훈련 및 교육을 한 날부터 30일 이내에 소방훈련 및 교육 실시 결과를 소방본부장 또는 소방서장에게 제출하여야 한다.
② 소방훈련 및 교육 실시 횟수
　㉮ 연 1회 이상 실시
　㉯ 다만, 소방관서장이 화재예방을 위하여 필요하다고 인정하여 2회의 범위에서 추가로 실시할 것을 요청하는 경우에는 소방훈련과 교육을 실시하여야 함

③ 불시 소방훈련 실시
  ㉮ 불시 소방훈련 : 소방본부장 또는 소방서장은 불특정 다수인이 이용하는 특정소방대상물의 근무자등에게 불시에 소방훈련과 교육을 실시할 수 있음
  ㉯ 불시 소방훈련 대상 특정소방대상물 : 의료시설, 교육연구시설, 노유자시설 및 그 밖에 화재 발생 시 불특정 다수의 인명피해가 예상되어 소방본부장 또는 소방서장이 소방훈련·교육이 필요하다고 인정하는 특정소방대상물
  ㉰ 사전통지기간 : 소방본부장 또는 소방서장은 불시 소방훈련·교육 실시 10일 전까지 관계인에게 통지
  ㉱ 결과통보 : 소방본부장 또는 소방서장은 관계인에게 불시 소방훈련·교육 종료일부터 10일 이내에 불시 소방훈련 평가결과서 통지
④ 기타 사항
  ㉮ 관계인은 소방훈련과 교육을 실시하는 경우 소방훈련 및 교육에 필요한 장비 및 교재 등을 갖추어야 한다.
  ㉯ 관계인은 소방훈련과 교육을 실시하였을 때에는 그 실시 결과를 소방훈련·교육 실시 결과 기록부에 기록하고, 이를 소방훈련과 교육을 실시한 날로부터 2년간 보관하여야 한다.

2. 소방안전관리자 등에 대한 교육

① 강습교육
  ㉮ 소방청장은 강습교육을 실시하고자 하는 때에는 강습교육 실시 20일 전까지 일시·장소 그 밖의 강습교육 실시에 필요한 사항을 홈페이지에 공고하여야 한다.
  ㉯ 강습교육을 수료하고자 하는 사람은 교육시간 합계의 90% 이상을 출석하고, 실습내용 평가에 합격하여야 하며 결강시간은 1일 최대 3시간을 초과할 수 없다.
② 실무교육
  ㉮ 교육대상자
    ㉠ 소방안전관리자(업무대행 소방안전관리자 포함)
    ㉡ 소방안전관리보조자
  ㉯ 교육주기 등
    ㉠ 선임된 날부터 6개월 이내(소방안전관련업무 경력으로 선임된 보조자의 경우는 3개월 이내), 그 후에는 2년마다(최초 실무교육을 받은 날을 기준일로 하여 매 2년이 되는 해의 기준일과 같은 날 전까지를 말함) 1회 이상 실무교육을 받아야 한다.
    ㉡ 소방안전관리 강습교육 또는 실무교육을 받은 후 1년 이내에 소방안전관리자로 선임된 사람은 해당 강습교육을 수료하거나 실무교육을 이수한 날에 실무교육을 이수한 것으로 본다.
    ㉢ 소방안전관리보조자의 경우 소방안전관리자 강습교육 또는 실무교육이나 소방안전관리보조자 실무교육을 받은 후 1년 이내에 소방안전관리보조자로 선임된 사람은 해당 강습교육을 수료하거나 실무교육을 이수한 날에 실무교육을 이수한 것으로 본다.

소방안전관리자의 자격정지
소방청장은 실무교육을 받지 아니한 경우에는 1년 이하의 기간을 정하여 자격을 정지시킬 수 있다.

위반사항	행정처분기준		
	1차	2차	3차
실무교육을 받지 아니한 경우	경고 (시정명령)	자격정지 (3개월)	자격정지 (6개월)

STEP 12 벌칙

1. 3년 이하의 징역 또는 3천만원 이하의 벌금
① 화재안전조사 결과에 따른 조치명령을 정당한 사유 없이 위반한 자
② 화재예방안전진단 결과에 따른 보수·보강 등의 조치명령을 정당한 사유 없이 위반한 자

2. 1년 이하의 징역 또는 1천만원 이하의 벌금
① 소방안전관리자 자격증을 다른 사람에게 빌려 주거나 빌리거나 이를 알선한 자
② 화재예방안전진단을 받지 아니한 자

3. 300만원 이하의 벌금
① 화재안전조사를 정당한 사유 없이 거부·방해 또는 기피한 자
② 화재예방조치 명령을 정당한 사유 없이 따르지 아니하거나 방해한 자
③ 소방안전관리자, 총괄소방안전관리자 또는 소방안전관리보조자를 선임하지 아니한 자
④ 소방시설·피난시설·방화시설 및 방화구획 등이 법령에 위반된 것을 발견하였음에도 필요한 조치를 할 것을 요구하지 아니한 소방안전관리자
⑤ 소방안전관리자에게 불이익한 처우를 한 관계인

 양벌규정
법인의 대표자나 법인 또는 개인의 대리인, 사용인, 그 밖의 종업원이 그 법인 또는 개인의 업무에 관하여 징역 또는 벌금형의 어느 하나에 해당하는 위반행위를 하면 그 행위자를 벌하는 외에 그 법인 또는 개인에게도 해당 조문의 벌금형을 과(科)한다. 다만, 법인 또는 개인이 그 위반행위를 방지하기 위하여 해당 업무에 관하여 상당한 주의와 감독을 게을리하지 아니한 경우에는 그러하지 아니하다.

4. 300만원 이하의 과태료
① 정당한 사유 없이 화재예방조치를 위반하여 화기취급 등을 한 자(23쪽 「2. 화재 예방조치 등」 참조)
② 전기·가스·위험물 등의 안전관리 업무에 종사하는 자가 소방안전관리자를 겸할 수 없음에도 이를 위반하여 소방안전관리자를 겸한 자
③ 건설현장 소방안전관리대상물의 소방안전관리자의 업무를 하지 아니한 소방안전관리자
④ 소방안전관리업무를 하지 아니한 특정소방대상물의 관계인 또는 소방안전관리대상물의 소방안전관리자

⑤ 피난유도 안내정보를 제공하지 아니한 자
⑥ 소방훈련 및 교육을 하지 아니한 자

5. 200만원 이하의 과태료

① 기간 내에 소방안전관리(보조)자 선임신고를 하지 아니하거나 소방안전관리자의 성명 등을 게시하지 아니한 자
② 건설현장 소방안전관리자 선임해야 하는 공사시공자가 이를 위반하여 기간 내에 건설현장 소방안전관리자 선임신고를 하지 아니한 자
③ 기간 내에 소방훈련 및 교육 결과를 제출하지 아니한 자

6. 100만원 이하의 과태료

실무교육을 받지 아니한 소방안전관리자 및 소방안전관리보조자

참고 과태료 부과 개별기준(화재의 예방 및 안전관리에 관한 법률 시행령)

위반행위	과태료 금액		
	1차	2차	3차 이상
건설현장 소방안전관리대상물의 소방안전관리업무를 하지 않은 경우	100만원	200만원	300만원
소방안전관리자의 성명 등을 게시하지 않은 경우	50만원	100만원	200만원
소방안전관리자 및 소방안전관리보조자가 실무교육을 받지 않는 경우	50만원		
기간 내에 소방안전관리(보조)자, 건설현장 소방안전관리자 선임신고를 하지 아니한 경우			
- 지연 신고기간이 1개월 미만인 경우	50만원		
- 지연 신고기간이 1개월 이상 3개월 미만인 경우	100만원		
- 지연 신고기간이 3개월 이상이거나 신고하지 않은 경우	200만원		

SECTION 04 소방시설 설치 및 관리에 관한 법률

STEP 01 총칙

1. 목적

특정소방대상물 등에 설치하여야 하는 소방시설등의 설치·관리와 소방용품 성능관리에 필요한 사항을 규정함으로써 국민의 생명·신체 및 재산을 보호하고 공공의 안전과 복리 증진에 이바지함을 목적으로 한다.

2. 용어의 정의

① 소방시설 : 소화설비, 경보설비, 피난구조설비, 소화용수설비, 그 밖에 소화활동설비로서 대통령령으로 정하는 것
② 특정소방대상물 : 건축물 등의 규모·용도 및 수용인원 등을 고려하여 소방시설을 설치하여야 하는 소방대상물로서 대통령령으로 정하는 것
③ 피난층 : 곧바로 지상으로 갈 수 있는 출입구가 있는 층

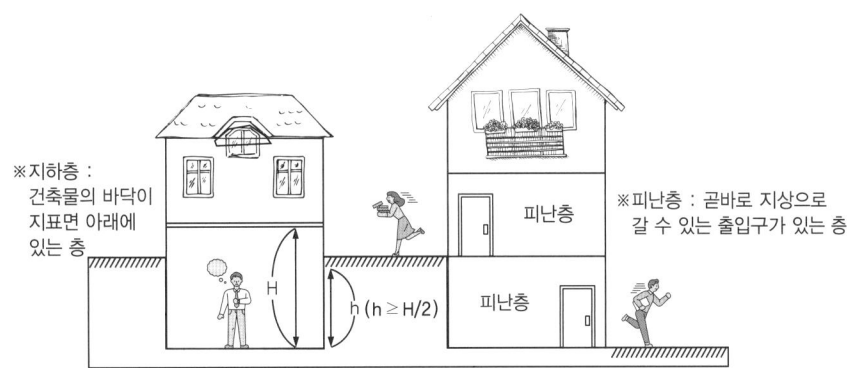

④ 무창층(無窓層) : 지상층 중 다음의 요건을 모두 갖춘 개구부(건축물에서 채광·환기·통풍 또는 출입 등을 위하여 만든 창·출입구, 그 밖에 이와 비슷한 것)의 면적의 합계가 해당 층의 바닥면적의 30분의 1 이하가 되는 층
  ㉮ 크기는 지름 50cm 이상의 원이 통과할 수 있을 것
  ㉯ 해당 층의 바닥면으로부터 개구부 밑부분까지의 높이가 1.2m 이내일 것
  ㉰ 도로 또는 차량이 진입할 수 있는 빈터를 향할 것

㉱ 화재 시 건축물로부터 쉽게 피난할 수 있도록 창살이나 그 밖의 장애물이 설치되지 않을 것
㉲ 내부 또는 외부에서 쉽게 부수거나 열 수 있을 것

STEP 02 특정소방대상물에 설치하는 소방시설의 관리 등

1. 소방시설의 관리

① 특정소방대상물의 관계인은 대통령령으로 정하는 소방시설을 화재안전기준에 따라 설치·관리하여야 한다. 이 경우 장애인등이 사용하는 경보설비 및 피난구조설비는 대통령령으로 정하는 바에 따라 장애인등에 적합하게 설치·관리하여야 한다.
② 특정소방대상물의 관계인은 소방시설을 설치·관리하는 경우 화재 시 소방시설의 기능과 성능에 지장을 줄 수 있는 폐쇄(잠금 포함, 이하 동일함)·차단 등의 행위를 하여서는 아니 된다. 다만, 소방시설의 점검·정비를 위하여 필요한 경우 폐쇄·차단은 할 수 있다.
③ 소방청장, 소방본부장 또는 소방서장은 소방시설의 작동정보 등을 실시간으로 수집·분석할 수 있는 소방시설정보관리시스템을 구축·운영할 수 있다.

2. 주택에 설치하는 소방시설

단독주택 및 공동주택(아파트 및 기숙사 제외)의 소유자는 소화기 및 단독경보형 감지기를 설치하여야 한다.

STEP 03 방염(防炎)

1. 방염가공

방염가공이란 연소가 확대되기 쉬운 물질에 가연성 가스의 발생을 억제하여 연쇄반응을 중단시키고 결정성 또는 탄소분해물을 생성시키도록 처리하는 것으로, 커튼이나 카펫 등과 같이 불에 잘 타는 실내장식물에 자기소화성 또는 난연성을 부여한 것으로 화재 초기에 연소 확대의 방지를 위한 것이다.

2. 방염성능기준 이상의 실내장식물 등을 설치해야 하는 특정소방대상물

① 근린생활시설 중 의원, 조산원, 산후조리원, 체력단련장, 공연장 및 종교집회장
② 건축물의 옥내에 있는 문화 및 집회시설, 종교시설, 운동시설(수영장 제외)
③ 의료시설, 방송통신시설 중 방송국 및 촬영소
④ 숙박시설, 노유자시설 및 숙박이 가능한 수련시설
⑤ 교육연구시설 중 합숙소

⑥ 다중이용업소
　⑦ 위 ①항부터 ⑥항의 시설에 해당하지 않는 것으로 건축물의 층수가 11층 이상인 것(아파트 제외)

3. 방염대상물품

　① 제조 또는 가공공정에서 방염처리를 한 물품
　　㉮ 창문에 설치하는 커튼류(블라인드를 포함)
　　㉯ 카펫
　　㉰ 벽지류(두께가 2mm 미만인 종이벽지는 제외)
　　㉱ 전시용 합판·목재 또는 섬유판, 무대용 합판·목재 또는 섬유판(합판·목재류의 경우 불가피하게 설치 현장에서 방염처리한 것을 포함)
　　㉲ 암막·무대막(영화영상관에서 설치하는 스크린과 가상체험 체육시설업에 설치하는 스크린 포함)
　　㉳ 섬유류 또는 합성수지류 등을 원료로 하여 제작된 소파·의자(단란주점, 유흥주점 및 노래연습장에 한함)
　② 건축물 내부의 천장이나 벽에 부착하거나 설치하는 종이류(두께 2mm 이상), 합성수지류, 섬유류, 합판이나 목재, 공간을 구획하기 위하여 설치하는 간이칸막이, 흡음재 또는 방음재

> **참고** 방염처리된 제품의 사용을 권장할 수 있는 경우
> • 다중이용업소, 의료시설, 노유자시설, 숙박시설 또는 장례시설에서 사용하는 침구류, 소파 및 의자
> • 건축물 내부의 천장 또는 벽에 부착하거나 설치하는 가구류

4. 방염처리 물품의 성능검사

　① 선처리물품 : 제조 또는 가공과정에서 방염처리(커튼류, 카펫 등 섬유류, 합판·목재류)
　　㉮ 실시기관 : 한국소방산업기술원
　　㉯ 검사방법 : 검사신청 수량 중 일정한 수량을 표본추출하여 실시
　　㉰ 합격표시 : 방염성능검사 합격표시 부착
　② 현장처리물품 : 설치현장에서 방염처리(합판·목재류)
　　㉮ 실시기관 : 시·도지사(관할소방서장)
　　㉯ 검사방법 : 일정한 크기·수량의 표본을 제출받아 실시
　　㉰ 합격표시 : 방염성능검사 확인표시 부착

> **참고** 방염성능검사 합격표시

방염물품의 종별	표시 양식(단위: mm)	비고
• 합판, 섬유판, 소파·의자 등 합격표시를 바로 붙일 수 있는 것		• 합격표시는 해당 방염대상물품에 해당하는 표시 양식에 따른 크기 이상이어야 한다. • 붙이는 경우 합격표시의 부착방법 및 위치 등에 관하여는 소방청장이 정하는 바에 따른다.
• 커텐 등 합격표시를 가열하여 붙일 수 있는 것 • 방염대상물품에 직접 표시하는 경우		

STEP 04 소방시설등의 자체점검

1. 소방시설등에 대한 자체점검 구분

① 작동점검 : 소방시설등을 인위적으로 조작하여 소방시설이 정상적으로 작동하는지 소방시설등 작동점검표에 따라 점검

② 종합점검 : 소방시설등의 작동점검을 포함하여 소방시설등의 설비별 주요 구성부품의 구조기준이 화재안전기준과 「건축법」 등 관련 법령에서 정하는 기준에 적합한지 여부를 소방시설등 종합점검표에 따라 점검하는 것으로 다음과 같이 구분

 ㉮ 최초점검 : 해당 특정소방대상물의 소방시설등이 새로 설치되는 경우 건축물을 사용할 수 있게 된 날부터 60일 이내에 하는 점검

 ㉯ 그 밖의 종합점검 : 최초점검을 제외한 종합점검

2. 자체점검의 구분과 점검대상

점검구분	점검대상	점검자의 자격(주된 인력)
작동점검	① 간이스프링클러설비 또는 자동화재탐지설비에 해당하는 특정소방대상물(3급 소방안전관리대상물을 말함)	• 관계인 • 관리업에 등록된 기술인력 중 소방시설관리사 • 특급점검자 • 소방안전관리자로 선임된 소방시설관리사 및 소방기술사
작동점검	② 위 ①항에 해당하지 않는 특정소방대상물	• 관리업에 등록된 소방시설관리사 • 소방안전관리자로 선임된 소방시설관리사 및 소방기술사
작동점검	③ 작동점검 대상 제외 ㉮ 소방안전관리자를 선임하지 않는 대상 ㉯ 위험물제조소등 ㉰ 특급소방안전관리대상물	
종합점검	① 소방시설등이 신설된 특정소방대상물 ② 스프링클러설비가 설치된 특정소방대상물 ③ 물분무등소화설비(호스릴 방식의 물분무등소화설비만을 설치한 경우는 제외)가 설치된 연면적 5,000m² 이상인 특정소방대상물(위험물제조소등 제외) ④ 단란주점영업, 유흥주점영업, 영화상영관, 비디오물감상실업, 복합영상물제공업, 노래연습장업, 산후조리업, 고시원업, 안마시술소의 다중이용업의 영업장이 설치된 특정소방대상물로서 연면적이 2,000m² 이상인 것 ⑤ 제연설비가 설치된 터널 ⑥ 공공기관 중 연면적(터널·지하구의 경우 그 길이와 평균폭을 곱하여 계산된 값을 말함)이 1,000m² 이상인 것으로서 옥내소화전 설비 또는 자동화재탐지설비가 설치된 것.(단, 소방대가 근무하는 공공기관은 제외)	• 관리업에 등록된 소방시설관리사 • 소방안전관리자로 선임된 소방시설관리사 및 소방기술사

3. 자체점검 횟수 및 시기

점검구분	점검 횟수 및 점검 시기 등
작동점검	연 1회 이상 실시하며, 점검시기 등은 다음과 같다. ① 종합점검 대상 : 종합점검을 받은 달부터 6개월이 되는 달에 실시 ② 위 ①항에 해당하지 않는 특정소방대상물 : 특정소방대상물의 사용승인일이 속하는 달의 말일까지 실시
종합점검	연 1회 이상(특급 소방안전관리대상물은 반기에 1회 이상) 실시하며, 점검시기는 다음과 같다.(단, 소방본부장 또는 소방서장은 소방청장이 소방안전관리자가 우수하다고 인정한 특정소방대상물에 대해서는 3년의 범위에서 소방청장이 고시하거나 정한 기간 동안 종합점검을 면제할 수 있다. 다만, 면제기간 중 화재가 발생한 경우는 제외) ① 소방시설등이 신설된 특정소방대상물은 건축물을 사용할 수 있게 된 날부터 60일 이내 실시 ② 위 ①항을 제외한 특정소방대상물은 건축물의 사용승인일이 속하는 달에 실시(단, 학교의 경우에는 해당 건축물의 사용승인일이 1월에서 6월 사이에 있는 경우에는 6월 30일까지 실시할 수 있다.) ③ 건축물 사용승인일 이후 다중이용업소에 따라 종합점검 대상에 해당하게 된 때에는 그 다음 해부터 실시한다. ④ 하나의 대지경계선 안에 2개 이상의 자체점검 대상 건축물 등이 있는 경우에는 그 건축물 중 사용승인일이 가장 빠른 연도의 건축물의 사용승인일을 기준으로 점검할 수 있다.

※ 신축·증축·개축·이전·용도변경 또는 대수선 등으로 소방시설이 새로 설치된 경우에는 해당 특정소방대상물의 소방시설 전체에 대하여 실시한다.
※ 작동점검 및 종합점검(최초점검 제외)은 건축물 사용승인 후 그 다음 해부터 실시한다.
※ 특정소방대상물이 증축·용도변경 또는 대수선 등으로 사용승인일이 달라지는 경우 사용승인일이 빠른 날을 기준으로 자체점검을 실시한다.
※ 공공기관의 장은 소방시설등의 유지·관리 상태를 맨눈 또는 신체감각을 이용하여 점검하는 외관점검을 월 1회 이상 실시 후 점검결과를 2년간 자체 보관(단, 작동점검 또는 종합점검을 실시한 달에는 실시하지 않을 수 있다)하며, 외관점검의 점검자는 관계인, 소방안전관리자 또는 관리업자로 해야 한다.

4. 자체점검 결과의 조치 등

① 관계인은 자체점검 결과 중대위반사항이 발견된 경우에는 지체 없이 수리 등 필요한 조치를 하여야 한다.
② 관리업자등은 자체점검 결과 중대위반사항을 발견한 경우 즉시 관계인에게 알려야 하며, 관계인은 지체 없이 수리 등 필요한 조치를 하여야 한다.

중대위반사항
- 소화펌프(가압송수장치 포함), 동력·감시 제어반 또는 소방시설용 전원(비상전원 포함)의 고장으로 소방시설이 작동되지 않는 경우
- 화재 수신기의 고장으로 화재경보음이 자동으로 울리지 않거나 화재 수신기와 연동된 소방시설의 작동이 불가능한 경우
- 소화배관 등이 폐쇄·차단되어 소화수 또는 소화약제가 자동 방출되지 않는 경우
- 방화문 또는 자동방화셔터가 훼손되거나 철거되어 본래의 기능을 못하는 경우

③ 관리업자등은 자체점검을 실시한 경우에는 점검이 끝난 날부터 10일 이내에 소방시설등 자체점검 실시결과 보고서(전자문서로 된 보고서 포함)에 소방시설등 점검표를 첨부하여 관계인에게 제출하여야 한다.

④ 관계인은 점검이 끝난 날부터 15일 이내에 소방시설등 자체점검 실시결과 보고서에 다음의 서류를 첨부하여 서면 또는 전산망을 통하여 소방본부장 또는 소방서장에게 보고하여야 한다.
  ㉮ 점검인력 배치확인서(관리업자가 점검한 경우)
  ㉯ 소방시설등의 자체점검 결과 이행계획서
⑤ 소방본부장 또는 소방서장에게 자체점검 실시결과 보고를 마친 관계인은 소방시설등 자체점검 실시결과 보고서(소방시설등 점검표 포함)를 점검이 끝난 날부터 2년간 자체 보관해야 한다.
⑥ 소방시설등의 자체점검 결과 이행계획서를 보고받은 소방본부장 또는 소방서장은 다음에 따라 이행계획의 완료 기간을 정하여 관계인에게 통보해야 한다.(다만, 소방시설등에 대한 수리·교체·정비의 규모 또는 절차가 복잡하여 기간 내에 이행을 완료하기가 어려운 경우에 그 기간을 달리 정할 수 있다.)
  ㉮ 소방시설등을 구성하고 있는 기계·기구를 수리하거나 정비하는 경우 : 보고일부터 10일 이내
  ㉯ 소방시설등의 전부 또는 일부를 철거하고 새로 교체하는 경우 : 보고일부터 20일 이내
⑦ 이행계획을 완료한 관계인은 이행을 완료한 날로부터 10일 이내에 소방시설등의 자체점검 결과 이행완료 보고서에 다음의 서류를 첨부하여 소방본부장 또는 소방서장에게 보고하여야 한다.
  ㉮ 이행계획 건별 전·후 사진 증명자료
  ㉯ 소방시설공사 계약서
⑧ 자체점검 결과 보고를 마친 관계인은 보고한 날로부터 10일 이내에 소방시설등 자체점검 기록표를 작성하여 특정소방대상물의 출입자가 쉽게 볼 수 있는 장소에 30일 이상 게시해야 한다.

[소방시설등 자체점검기록표]

소방시설등 자체점검기록표

- 대상물명 :
- 주　　소 :
- 점검구분 :　　　　[ ] 작동점검　　　　[ ] 종합점검
- 점 검 자 :
- 점검기간 :　　　년　월　일　~　년　월　일
- 불량사항 : [ ] 소화설비　　[ ] 경보설비　　[ ] 피난구조설비
　　　　　　[ ] 소화용수설비　[ ] 소화활동설비　[ ] 기타설비　[ ] 없음
- 정비기간 :　　　년　월　일　~　년　월　일

　　　　　　　　　　　　　　　　　　　년　월　일

「소방시설 설치 및 관리에 관한 법률」 제24조제1항 및 같은 법 시행규칙 제25조에 따라 소방시설등 자체점검결과를 게시합니다.

STEP 05 벌칙

1. 5년 이하의 징역 또는 5천만원 이하의 벌금
소방시설에 폐쇄·차단 등의 행위를 한 자

 가중처벌 규정
- 소방시설에 폐쇄·차단 등의 행위를 하여 사람을 상해에 이르게 한 때 : 7년 이하의 징역 또는 7천만원 이하의 벌금
- 소방시설에 폐쇄·차단 등의 행위를 하여 사람을 사망에 이르게 한 때 : 10년 이하의 징역 또는 1억원 이하의 벌금

2. 3년 이하의 징역 또는 3천만원 이하의 벌금
① 소방시설이 화재안전기준에 따라 설치·관리되고 있지 아니할 때 소방본부장 또는 소방서장이 관계인에게 명령한 필요한 조치를 정당한 사유 없이 위반한 자
② 피난시설, 방화구획 및 방화시설의 관리를 위하여 필요한 조치 명령을 정당한 사유 없이 위반한 자
③ 소방시설 자체점검 결과에 따른 이행계획을 완료하지 않아 필요한 조치의 이행을 명하였으나, 이에 따른 명령을 정당한 사유 없이 위반한 자

3. 1년 이하의 징역 또는 1천만원 이하의 벌금
소방시설등에 대하여 스스로 점검을 하지 아니하거나 관리업자등으로 하여금 정기적으로 점검하게 하지 아니한 자

4. 300만원 이하의 벌금
자체점검 결과 소화펌프 고장 등 중대위반사항이 발견된 경우 필요한 조치를 하지 않은 관계인 또는 관계인에게 중대위반사항을 알리지 아니한 관리업자등

 양벌규정
법인의 대표자나 법인 또는 개인의 대리인, 사용인, 그 밖의 종업원이 그 법인 또는 개인의 업무에 관하여 징역 또는 벌금형의 어느 하나에 해당하는 위반행위를 하면 그 행위자를 벌하는 외에 그 법인 또는 개인에게도 해당 조문의 벌금형을 과(科)한다. 다만, 법인 또는 개인이 그 위반행위를 방지하기 위하여 해당 업무에 관하여 상당한 주의와 감독을 게을리하지 아니한 경우에는 그러하지 아니하다.

5. 300만원 이하의 과태료
① 소방시설을 화재안전기준에 따라 설치·관리하지 아니한 자
② 공사 현장에 임시소방시설을 설치·관리하지 아니한 자
③ 피난시설, 방화구획 또는 방화시설의 폐쇄·훼손·변경 등의 행위를 한 자
④ 관계인에게 점검 결과를 제출하지 아니한 관리업자등
⑤ 점검결과를 보고하지 아니하거나 거짓으로 보고한 자

⑥ 자체점검 이행계획을 기간 내에 완료하지 아니한 자 또는 이행계획 완료 결과를 보고하지 않거나 거짓으로 보고한 자
⑦ 자체점검기록표를 기록하지 아니하거나 특정소방대상물의 출입자가 쉽게 볼 수 있는 장소에 게시하지 아니한 관계인

참고 과태료 부과 개별기준(소방시설 설치 및 관리에 관한 법률 시행령)

위반행위	과태료 금액		
	1차	2차	3차 이상
피난시설, 방화구획 또는 방화시설의 폐쇄·훼손·변경 등의 행위를 한 자	100만원	200만원	300만원
자체점검기록표를 기록하지 아니하거나 특정소방대상물의 출입자가 쉽게 볼 수 있는 장소에 게시하지 아니한 관계인	100만원	200만원	300만원
점검결과를 보고하지 아니하거나 거짓으로 보고한 관계인			
– 지연보고 기간이 10일 미만인 경우	50만원		
– 지연보고 기간이 10일 이상 1개월 미만인 경우	100만원		
– 지연보고 기간이 1개월 이상이거나 보고하지 않은 경우	200만원		
– 점검결과를 축소·삭제하는 등 거짓으로 보고한 경우	300만원		
자체점검 이행계획을 기간 내에 완료하지 아니한 자 또는 이행계획 완료 결과를 보고하지 않거나 거짓으로 보고한 관계인			
– 지연완료 기간 또는 지연보고 기간이 10일 미만인 경우	50만원		
– 지연완료 기간 또는 지연보고 기간이 10일 이상 1개월 미만인 경우	100만원		
– 지연완료 기간 또는 지연보고 기간이 1개월 이상이거나 완료 또는 보고하지 않은 경우	200만원		
– 이행계획 완료 결과를 거짓으로 보고한 경우	300만원		

SECTION 05 건축관계법령

STEP 01 총칙

1. 건축법의 목적
건축물의 대지·구조·설비기준 및 용도 등을 정하여 건축물의 안전·기능 및 미관을 향상시킴으로써 공공복리 증진에 이바지하는데 있다.

2. 건축물의 방화안전 개념
① 방화구획
   건축물 내부를 방화벽으로 구획하여 화재의 확산을 일정구역으로 제한하고 연기의 확산은 제연을 시행하도록 소방관계법에 위임하며 소화작업 및 피난시간을 일정시간 확보하게 해 준다.
② 실내마감재
   방화구획·피난계단, 지상으로 연결된 복도는 일정시간 화재확산 방지를 위해 불연재, 준불연재료, 난연재를 실내마감재로 사용한다.
③ 내화구조
   화재발생 시 일정시간 건축물의 강도을 유지하기 위해 주요구조부를 내화구조로 해야 한다.
④ 피난
   대피공간, 발코니, 복도, 직통계단, 피난계단, 특별피난계단의 구조와 치수 등을 규정한다.

3. 용어의 정의
① 건축물
   토지에 정착(定着)하는 공작물 중 지붕과 기둥 또는 벽(지붕 + 기둥, 지붕 + 기둥 + 벽)이 있는 것과 이에 부수하는 시설물(대문, 담장 등), 지하 또는 고가(高架)의 공작물에 설치하는 사무소·공연장·점포·차고·창고, 기타 대통령령이 정하는 것
② 건축설비
   건축물에 설치하는 전기·전화 설비, 초고속 정보통신 설비, 지능형 홈네트워크 설비, 가스·급수·배수(配水)·배수(排水)·환기·난방·냉방·소화(消火)·배연(排煙) 및 오물처리의 설비, 굴뚝, 승강기, 피뢰침, 국기 게양대, 공동시청 안테나, 유선방송 수신시설, 우편함, 저수조(貯水槽), 방범시설, 그 밖에 국토교통부령으로 정하는 설비

③ 지하층

건축물의 바닥이 지표면(G.L) 아래에 있는 층으로서 바닥에서 지표면까지 평균높이가 해당 층 높이의 1/2 이상인 것

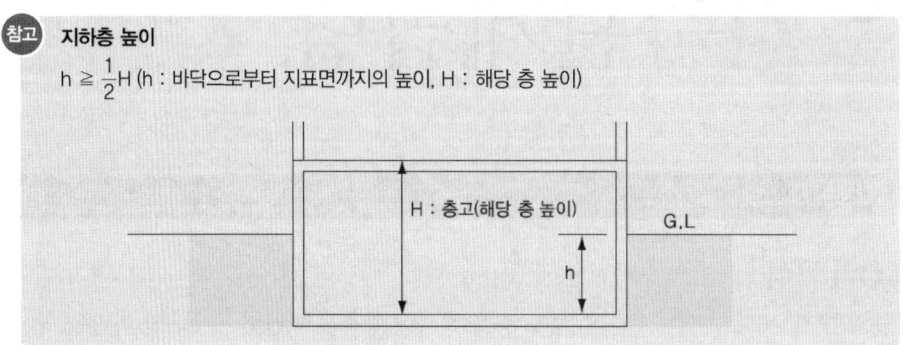

참고 지하층 높이
$h \geq \frac{1}{2}H$ (h : 바닥으로부터 지표면까지의 높이, H : 해당 층 높이)

④ 거실 : 건축물안에서 거주, 집무, 작업, 집회, 오락 등을 위해 사용되는 공간(방)
⑤ 주요구조부 : 건축물의 안전에 결정적인 역할을 담당하는 구조상 주요 부분
  ㉮ 주요구조부 : 내력벽(耐力壁)·기둥·바닥·보·지붕틀 및 주계단(主階段) 등
  ㉯ 주요구조부가 아닌 것 : 사이 기둥, 최하층 바닥, 작은 보, 차양, 옥외 계단, 그 밖에 이와 유사한 것으로 건축물의 구조상 중요하지 아니한 부분
⑥ 건축(건축법 시행령 제2조)
  ㉮ 신축(新築) : 건축물이 없는 대지에 새로이 건축물을 축조하는 것을 말한다.
  ㉯ 증축(增築) : 기존 건축물이 있는 대지 안에서 건축물의 건축면적·연면적·층수 또는 높이를 증가시키는 것을 말한다.
  ㉰ 개축(改築) : 기존 건축물의 전부 또는 일부를 철거하고, 그 대지 안에 종전과 동일한 규모의 범위 안에서 건축물을 다시 축조하는 것을 말한다.
  ㉱ 재축(再築) : 건축물이 천재지변이나 기타 재해에 의하여 멸실된 경우에 그 대지 안에 다음의 요건을 갖추어 다시 축조하는 것을 말한다.
    ㉠ 연면적 합계는 종전 규모 이하로 할 것
    ㉡ 동수, 층수 및 높이는 다음 어느 하나에 해당할 것
      • 동수, 층수 및 높이가 모두 종전 규모 이하일 것
      • 동수, 층수 또는 높이의 어느 하나가 종전 규모를 초과하는 경우에는 해당 동수, 층수 및 높이가 건축법령에 적합할 것
  ㉲ 이전 : 건축물의 주요구조부를 해체하지 않고 동일한 대지 안의 다른 위치를 옮기는 것을 말한다.
  ㉳ 리모델링 : 건축물의 노후화를 억제하거나 기능 향상 등을 위해 대수선하거나 건축물의 일부를 증축 또는 개축하는 행위를 말한다.
⑦ 대수선(건축법 시행령 제3조의2)
  ㉮ 건축물의 형태상의 변화 또는 구조의 안전상 위험할 정도의 수선으로 증축·개축 또는 재축에 해당하지 아니하는 것으로 허가나 신고를 받아야 한다.

④ 대수선의 범위
  ㉠ 내력벽을 증설 또는 해체하거나 그 벽면적을 30m² 이상 수선 또는 변경하는 것
  ㉡ 기둥을 증설 또는 해체하거나 3개 이상 수선 또는 변경하는 것
  ㉢ 보를 증설 또는 해체하거나 3개 이상 수선 또는 변경하는 것
  ㉣ 지붕틀(한옥의 경우에는 지붕틀의 범위에서 서까래는 제외)을 증설 또는 해체하거나 3개 이상 수선 또는 변경하는 것
  ㉤ 방화벽 또는 방화구획을 위한 바닥 또는 벽을 증설 또는 해체하거나 수선 또는 변경하는 것
  ㉥ 주계단·피난계단 또는 특별피난계단을 증설 또는 해체하거나 수선 또는 변경하는 것
  ㉦ 다가구주택의 가구 간 경계벽 또는 다세대주택의 세대 간 경계벽을 증설 또는 해체하거나 수선 또는 변경하는 것
  ㉧ 건축물의 외벽에 사용하는 마감재료(법 제52조 제2항)를 증설 또는 해체하거나 벽면적 30m² 이상 수선 또는 변경하는 것
⑧ 구조(構造)
  ㉮ 내화구조(耐火構造) : 화재에 견딜 수 있는 성능을 가진 철근콘크리트조·연와조 기타 이와 유사한 구조로서 화재 시 일정시간 동안 형태나 강도 등이 크게 변하지 않는 구조
  ㉯ 방화구조(防火構造) : 철망모르타르 바르기·회반죽 바르기 등 화염의 확산을 막을 수 있는 성능을 가진 구조로 인접건축물 화재에 의한 연소방지와 건물 내 화재확산 방지
⑨ 재료구분
  ㉮ 불연재료(不燃材料) : 불에 타지 않는 성능을 가진 재료로서 콘크리트·석재·벽돌·기와·철강·알루미늄·유리·시멘트모르타르 및 회 등이 해당
  ㉯ 준불연재료(準不燃材料) : 불연재료에 준하는 성질을 가진 재료
  ㉰ 난연재료(難燃材料) : 불에 잘 타지 않는 성질을 가진 재료

> **참고** 건축행위

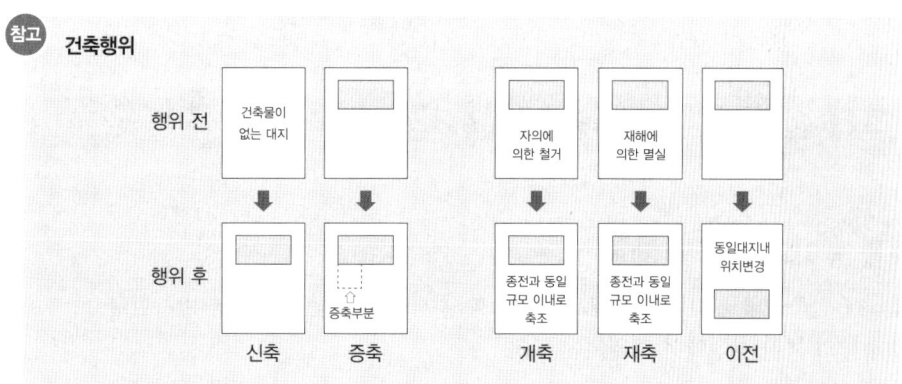

4. 건축법과 소방관계법의 관계
① 건축법 : 마감재·방화구획·내화구조·피난통로 확보를 규정하는 하드웨어적인 개념
② 소방시설법 : 피난과 소화거점의 확보를 위한 제연으로부터 소화설비·소화활동설비·경보설비 등으로 구성된 소프트웨어적 개념

STEP 02 면적·높이·층수 등의 산정 및 제한

1. 면적의 산정

① 건축면적 : 건축물의 외벽(외벽이 없는 경우에는 외곽 부분의 기둥)의 중심선으로 둘러싸인 부분의 수평투영면적

② 바닥면적 : 건축물의 각층 또는 그 일부로서 벽·기둥 기타 이와 유사한 구획의 중심선으로 둘러싸인 부분의 수평투영면적

③ 연면적 : 하나의 건축물의 바닥면적의 합계. 다만, 용적률의 산정에 있어서는 지하층의 면적과 지상층의 주차용(해당 건축물의 부속용도인 경우에 한함)으로 사용되는 면적, 피난안전구역의 면적, 건축물의 경사지붕 아래 설치되는 대피공간의 면적은 산입하지 않음

④ 건폐율 : 대지면적에 대한 건축면적(대지에 2 이상의 건축물이 있는 경우에는 이들 건축면적의 합계)의 비율 ($\frac{건축면적}{대지면적} \times 100\%$)

⑤ 용적률 : 대지면적에 대한 연면적(대지에 2 이상의 건축물이 있는 경우에는 이들 연면적의 합계)의 비율 ($\frac{연면적}{대지면적} \times 100\%$)

⑥ 구역, 지역, 지구
  ㉮ 구역 : 도시개발구역, 개발제한구역 등
  ㉯ 지역 : 주거지역, 상업지역 등
  ㉰ 지구 : 방화지구, 방재지구, 경관지구 등

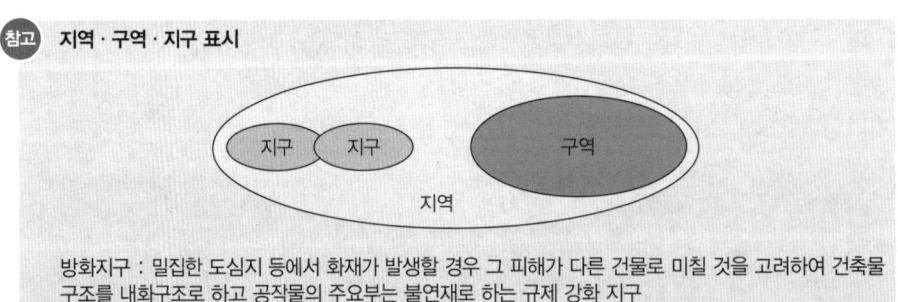

참고 | 지역·구역·지구 표시

방화지구 : 밀집한 도심지 등에서 화재가 발생할 경우 그 피해가 다른 건물로 미칠 것을 고려하여 건축물 구조를 내화구조로 하고 공작물의 주요부는 불연재로 하는 규제 강화 지구

2. 건축물 높이의 산정 및 제한

① 원칙 : 건축물의 높이는 지표면으로부터 해당 건축물 상단까지의 높이로 한다.

② 건축물의 높이 산정에서 제외되는 부분
  ㉮ 옥상부분(승강기탑·계단탑·망루·장식탑·옥탑 등)으로서 그 수평투영면적의 합계가 해당 건축물 건축면적의 1/8 이하(사업계획승인 대상 공동주택으로 세대별 전용면적이 85m² 이하인 경우 1/6 이하)인 경우로서 그 부분의 높이가 12m를 넘는 경우에는 그 넘는 부분만 해당 건축물의 높이에 산입한다.
  ㉯ 옥상돌출물(지붕마루장식·굴뚝·방화벽·기타 이와 유사한 옥상돌출부)과 난간벽(그 벽면적의 1/2 이상이 공간으로 된 것에 한함)은 해당 건축물 높이에 산입하지 않는다.

3. 층수의 산정 및 제한

① 층수 산정의 원칙
  ㉮ 건축물의 지상층만을 층수로 산입하며 건축물의 부분에 따라 층수를 달리하는 경우에는 그 중에서 가장 많은 층수를 그 건축물의 층수로 본다.
  ㉯ 층의 구분이 명확하지 아니한 건축물은 높이 4m마다 하나의 층으로 산정한다.
② 층수 산정에서 제외되는 부분
  ㉮ 지하층
  ㉯ 건축물의 옥상부분(승강기탑·계단탑·망루·장식탑·옥탑 기타 이와 유사한 것)으로서 수평투영면적의 합계가 해당 건축물의 건축면적 1/8 이하(사업계획승인 대상 공동주택으로 전용면적 85m² 이하인 경우 1/6 이하)인 것

STEP 03 방화문·자동방화셔터

1. 방화문

방화문은 화재의 확대, 연소를 방지하기 위해 방화구획의 개구부에 설치하는 문을 말한다.
① 방화문의 구분
  ㉮ 60분+ 방화문 : 연기 및 불꽃을 차단할 수 있는 시간이 60분 이상이고, 열을 차단할 수 있는 시간이 30분 이상인 방화문
  ㉯ 60분 방화문 : 연기 및 불꽃을 차단할 수 있는 시간이 60분 이상인 방화문
  ㉰ 30분 방화문 : 연기 및 불꽃을 차단할 수 있는 시간이 30분 이상 60분 미만인 방화문
② 방화문의 구조 : 항상 닫혀있는 구조 또는 화재발생시 불꽃, 연기 및 열에 의하여 자동으로 닫힐 수 있는 구조여야 한다.

2. 자동방화셔터

자동방화셔터는 내화구조로 된 벽을 설치하지 못하는 경우 화재 시 연기 및 열을 감지하여 자동 폐쇄되는 셔터를 말한다.
① 자동방화셔터의 설치
  ㉮ 피난이 가능한 60분+ 방화문 또는 60분 방화문으로부터 3m 이내에 별도로 설치할 것
  ㉯ 전동방식이나 수동방식으로 개폐할 수 있을 것
  ㉰ 불꽃감지기 또는 연기감지기 중 하나와 열감지기를 설치할 것
  ㉱ 불꽃이나 연기를 감지한 경우 일부 폐쇄되는 구조일 것
  ㉲ 열을 감지한 경우 완전 폐쇄되는 구조일 것
② 자동방화셔터의 구조
  ㉮ 자방화셔터는 위 ①항에 따른 구조를 가진 것이어야 하나, 수직방향으로 폐쇄되는 구조가 아닌 경우는 불꽃, 연기 및 열감지에 의해 완전폐쇄가 될 수 있는 구조여야 한다.
  ㉯ 자동방화셔터의 상부는 상층 바닥에 직접 닿도록 하여야 하며, 그렇지 않은 경우 방화구획 처리를 하여 연기와 화염의 이동통로가 되지 않도록 하여야 한다.

제01장_ 소방관계법령
적중예상문제

1. 소방안전관리제도

01 발화요인별 화재발생 현황에서 가장 높은 발화요인은?

① 부주의
② 전기적 요인
③ 기계적 요인
④ 방화 및 방화의심

> 발화요인별 화재발생 현황
> 부주의로 인한 화재가 전체 화재의 절반에 가까운 비중을 차지하며 그 다음으로 전기적 요인, 기계적 요인 순서이다.

02 특정소방대상물의 소방안전관리자로 선임된 관리자의 업무가 아닌 것은?(단, 그 밖의 소방안전관리에 필요한 업무는 제외한다.)

① 소방계획서 작성 및 시행
② 소방시설의 자체 점검 및 유지·보수
③ 소방훈련 및 교육과 소방시설의 관리
④ 자위소방대 및 초기대응체계의 구성, 운영 및 교육

> 소방안전관리자 업무와 역할
> • 소방계획서의 작성 및 시행
> • 자위소방대 및 초기대응체계의 구성, 운영 및 교육
> • 피난시설, 방화구획 및 방화시설의 관리
> • 소방시설이나 그 밖의 소방 관련 시설의 관리
> • 소방훈련 및 교육
> • 화기 취급의 감독
> • 소방안전관리에 관한 업무수행에 관한 기록 유지
> • 화재발생 시 초기대응
> • 그 밖의 소방안전관리에 필요한 업무

03 소방안전관리자의 실무교육에 대한 설명으로 틀린 것은?

① 현장 실무능력을 배양하고 새로운 소방기술 정보 등을 습득하는 교육이다.
② 소방안전관리자로 선임된 자는 실무교육을 받아야 한다.
③ 실무교육을 받지 아니한 자에 대해서는 소방안전관리자 자격을 정지할 수 있다.
④ 실무교육을 받지 아니한 소방안전관리자 및 보조자에게는 100만원 벌금이 부과된다.

> 실무교육을 받지 아니한 소방안전관리자 및 보조자에게는 50만원의 과태료가 부과된다.

2. 소방기본법

04 다음 중 '소방기본법의 목적'으로 볼 수 없는 것은?

① 화재예방·경계 및 진압
② 화재, 재난·재해 등 위급한 상황에서의 구조·구급
③ 국민의 생명·신체 및 재산보호
④ 사회와 기업의 복리증진과 재산보호

> 소방기본법은 화재를 예방·경계하거나 진압하고 화재, 재난·재해, 그 밖의 위급한 상황에서의 구조·구급 활동 등을 통하여 국민의 생명·신체 및 재산을 보호함으로써 공공의 안녕 및 질서 유지와 복리증진에 이바지함을 목적으로 한다.

05 소방기본법 '용어의 정의'에 대한 설명으로 옳은 것은?

① 소방대상물이란 모든 건축물, 모든 차량, 모든 선박, 선박 건조 구조물, 산림, 그 밖의 인공 구조물 또는 물건을 말한다.
② 관계인이란 소방대상물의 소유자·관리자 또는 점유자를 말한다.
③ 소방대장은 소방청장, 소방본부장 또는 소방서장 등 화재발생현장에서 소방대를 지휘하는 사람을 말한다.

정답 01 ① 02 ② 03 ④ 04 ④ 05 ②

④ 소방대란 화재를 진압하기 위하여 소방공무원, 의무소방원, 의용소방대원, 지원나온 군인으로 구성된 조직체이다.

🔍 용어의 정의
- 소방대상물 : 건축물, 차량, 선박(항구에 매어둔 선박만 해당), 선박 건조 구조물, 산림, 그 밖의 인공 구조물 또는 물건을 말한다.
- 관계인 : 소방대상물의 소유자·관리자 또는 점유자를 말한다.
- 소방본부장 : 특별시·광역시·특별자치시·도 또는 특별자치도(이하 "시·도"라 함)에서 화재의 예방·경계·진압·조사 및 구조·구급 등의 업무를 담당하는 부서의 장을 말한다.
- 소방대(消防隊) : 화재를 진압하고 화재, 재난·재해, 그 밖의 위급한 상황에서 구조·구급 활동 등을 하기 위하여 소방공무원, 의무소방원, 의용소방대원으로 구성된 조직체를 말한다.
- 소방대장(消防隊長) : 소방본부장 또는 소방서장 등 화재, 재난·재해, 그 밖의 위급한 상황이 발생한 현장에서 소방대를 지휘하는 사람을 말한다.

06 소방기본법상 '소방대상물'에 해당되지 않은 것은?

① 건축물과 차량
② 선박(항구안에 매어 둔 선박)과 선박건조 구조물
③ 운항 중인 비행기나 항해 중인 선박
④ 산림 그 밖의 인공 구조물 또는 물건

🔍 소방대상물이란 건축물, 차량, 선박(항구에 매어둔 선박만 해당), 선박 건조 구조물, 산림, 그 밖의 인공 구조물 또는 물건을 말한다.

07 다음 중 소방기본법상 '소방대상물'의 관계인이 아닌 사람은?

① 시·도지사
② 소유자
③ 점유자(임차인)
④ 관리자

🔍 관계인이란 소방대상물의 소유자·관리자 또는 점유자를 말한다.

08 소방기본법상 '소방대'에 해당하지 않는 사람은?

① 소방공무원
② 의무소방원
③ 의용소방대원
④ 자율소방대원

🔍 소방대(消防隊) : 화재를 진압하고 화재, 재난·재해, 그 밖의 위급한 상황에서 구조·구급 활동 등을 하기 위하여 다음 각 목의 사람으로 구성된 조직체를 말한다.
- 소방공무원
- 의무소방원
- 의용소방대원

09 다음 중 '한국소방안전원의 설립목적'으로 볼 수 없는 것은?

① 소방기술과 안전관리기술의 향상 및 홍보
② 교육·훈련 등 행정기관이 위탁하는 업무의 수행
③ 소방관계 종사자의 기술향상
④ 소방관계 시설업의 건전한 발전과 판매대행

🔍 한국소방안전원의 설립
소방기술과 안전관리기술의 향상 및 홍보, 그 밖의 교육·훈련 등 행정기관이 위탁하는 업무의 수행과 소방 관계 종사자의 기술 향상을 위하여 한국소방안전원을 소방청장의 인가를 받아 설립한다.

10 다음 중 '한국소방안전원의 업무'가 아닌 것은?

① 소방기술과 안전관리에 관한 교육 및 조사·연구
② 화재 예방과 안전관리의식 고취를 위한 대국민 홍보
③ 소방기술의 향상을 위한 지원과 소방용 기계 연구·조사
④ 소방업무에 관하여 행정기관이 위탁하는 업무

🔍 한국소방안전원의 업무
- 소방기술과 안전관리에 관한 교육 및 조사·연구
- 소방기술과 안전관리에 관한 각종 간행물 발간
- 화재 예방과 안전관리의식 고취를 위한 대국민 홍보
- 소방업무에 관하여 행정기관이 위탁하는 업무
- 소방안전에 관한 국제협력
- 회원에 대한 기술지원 등 정관으로 정하는 사항

정답 06 ③ 07 ① 08 ④ 09 ④ 10 ③

11 소방기본법상 5년 이하의 징역 또는 5천만원 이하의 벌금형에 해당되지 않은 경우는?

① 위력(威力)을 사용하여 출동한 소방대의 화재진압·인명구조 또는 구급활동을 방해하는 행위를 한 사람
② 소방대가 화재진압·인명구조 또는 구급활동을 위하여 현장에 출동하거나 현장에 출입하는 것을 고의로 방해하는 행위를 한 사람
③ 정당한 사유 없이 화재의 예방조치 명령에 따르지 아니하거나 이를 방해한 사람
④ 소방자동차의 출동을 방해한 사람

🔍 5년 이하의 징역 또는 5천만원 이하의 벌금
- 위력(威力)을 사용하여 출동한 소방대의 화재진압·인명구조 또는 구급활동을 방해하는 행위를 한 사람
- 소방대가 화재진압·인명구조 또는 구급활동을 위하여 현장에 출동하거나 현장에 출입하는 것을 고의로 방해하는 행위를 한 사람
- 출동한 소방대원에게 폭행 또는 협박을 행사하여 화재진압·인명구조 또는 구급활동을 방해하는 행위를 한 사람
- 출동한 소방대의 소방장비를 파손하거나 그 효용을 해하여 화재진압·인명구조 또는 구급활동을 방해하는 행위를 한 사람
- 소방자동차의 출동을 방해한 사람
- 사람을 구출하는 일 또는 불을 끄거나 불이 번지지 아니하도록 하는 일을 방해한 사람
- 정당한 사유 없이 소방용수시설 또는 비상소화장치를 사용하거나 소방용수시설 또는 비상소화장치의 효용을 해치거나 그 정당한 사용을 방해한 사람

12 화재가 발생하거나 불이 번질 우려가 있는 소방대상물 또는 토지의 강제처분을 방해한 자 또는 정당한 사유 없이 그 처분에 따르지 아니한 자에게 부과되는 벌칙은?

① 5년 이하의 징역 또는 5천만원 이하의 벌금
② 3년 이하의 징역 또는 3천만원 이하의 벌금
③ 1년 이하의 징역 또는 1천만원 이하의 벌금
④ 100만원 이하의 벌금

🔍 3년 이하의 징역 또는 3천만원 이하의 벌금(소방기본법 제51조)
화재가 발생하거나 불이 번질 우려가 있는 소방대상물 또는 토지의 강제처분을 방해한 자 또는 정당한 사유 없이 그 처분에 따르지 아니한 자

13 소방기본법상 100만원 이하의 벌금형에 처해지는 경우가 아닌 것은?

① 화재, 재난·재해, 그 밖의 긴급한 상황에 따른 피난 명령을 위반한 사람
② 정당한 사유 없이 소방대의 생활안전활동을 방해한 사람
③ 사람을 구출하는 일 또는 불을 끄거나 불이 번지지 아니하도록 하는 일을 방해한 사람
④ 정당한 사유 없이 물의 사용이나 수도의 개폐장치의 사용 또는 조작을 하지 못하게 하거나 방해한 사람

🔍 보기 ③항은 소방기본법상 5년 이하의 징역 또는 5천만원 이하의 벌금형에 해당된다.

14 소방기본법상 100만원 이하의 벌금형에 해당하지 않는 경우는?

① 정당한 사유 없이 화재의 예방조치 명령에 따르지 아니하거나 이를 방해한 사람
② 정당한 사유 없이 소방대가 현장에 도착할 때까지 사람을 구출하는 조치 또는 불을 끄거나 불이 번지지 아니하도록 하는 조치를 하지 아니한 소방대상물 관계인
③ 화재, 재난·재해, 그 밖의 긴급한 상황에 따른 피난 명령을 위반한 사람
④ 정당한 사유 없이 물의 사용이나 수도의 개폐장치의 사용 또는 조작을 하지 못하게 하거나 방해한 사람

🔍 100만원 이하의 벌금
- 정당한 사유 없이 소방대의 생활안전활동을 방해한 자
- 정당한 사유 없이 소방대가 현장에 도착할 때까지 사람을 구출하는 조치 또는 불을 끄거나 불이 번지지 아니하도록 하는 조치를 하지 아니한 소방대상물 관계인
- 화재, 재난·재해, 그 밖의 긴급한 상황에 따른 피난 명령을 위반한 자
- 정당한 사유 없이 물의 사용이나 수도의 개폐장치의 사용 또는 조작을 하지 못하게 하거나 방해한 자
- 가스·전기 또는 유류 등의 시설에 대하여 위험물질의 공급을 차단하는 긴급조치를 정당한 사유 없이 방해한 자

정답 11 ③ 12 ② 13 ③ 14 ①

15 소방기본법상 화재 상황을 거짓으로 알린 사람에 대한 벌칙은?

① 1년 이하이 징역 또는 1천만원 이하의 벌금
② 100만원 이하의 벌금
③ 500만원 이하의 과태료
④ 200만원 이하의 과태료

🔍 소방기본법상 화재 또는 구조·구급이 필요한 상황을 거짓으로 알린 사람에게는 500만원 이하의 과태료가 부과된다.

16 소방기본법상 200만원 이하의 과태료 부과 대상에 해당하지 않는 경우는?

① 소방자동차의 출동에 지장을 준 자
② 소방활동구역을 출입한 사람
③ 한국소방안전원 또는 이와 유사한 명칭을 사용한 자
④ 정당한 사유 없이 피난명령을 위반한 사람

🔍 200만원 이하의 과태료
 • 소방자동차의 출동에 지장을 준 자
 • 소방활동구역을 출입한 사람
 • 한국소방안전원 또는 이와 유사한 명칭을 사용한 자

17 다음 중 소방기본법상 100만원 이하의 과태료 부과 대상인 사람은?

① 소방자동차의 출동에 지장을 준 사람
② 소방자동차전용구역에 차를 주차한 사람
③ 긴급한 상황에 따른 피난 명령을 위반한 사람
④ 소방자동차의 출동을 방해한 사람

🔍 • ①항 : 200만원 이하의 과태료
 • ②항 : 100만원 이하의 과태료
 • ③항 : 100만원 이하의 벌금
 • ④항 : 5년 이하의 징역 또는 5천만원 이하의 벌금

18 소방기본법의 목적을 달성하기 위하여 소방기본법상 부과하고 있는 의무에 위반하는 경우 벌칙으로 볼 수 없는 것은?

① 행정형벌로 징역과 벌금형이 있다.
② 소방대상물의 소유자나 관리자를 처벌하는 양벌규정이 있다.
③ 소방대상물의 관리를 담당하는 행위자만 처벌한다.
④ 행정질서 벌로서 과태료 규정을 두고 있다.

🔍 법인의 대표자나 법인 또는 개인의 대리인, 사용인, 그 밖의 종업원이 그 법인 또는 개인의 업무에 관하여 「소방기본법상」 벌금형의 어느 하나에 해당하는 위반행위를 하면 그 행위자를 벌하는 외에 그 법인 또는 개인에게도 해당 조문의 벌금형을 과(科)한다. 다만, 법인 또는 개인이 그 위반행위를 방지하기 위하여 해당 업무에 관하여 상당한 주의와 감독을 게을리하지 아니한 경우에는 그러하지 아니하다.

19 소방기본법상 소방자동차전용구역에 차를 주차하거나 전용구역에의 진입을 가로막는 등의 방해행위를 한 자에 대한 벌칙은?

① 500만원 이하의 과태료
② 200만원 이하의 과태료
③ 100만원 이하의 과태료
④ 50만원 이하의 과태료

🔍 소방자동차전용구역에 차를 주차하거나 전용구역에의 진입을 가로막는 등의 방해행위를 한 자에게는 100만원 이하의 과태료가 부과된다.

20 소방기본법상 특정한 지역이나 장소에서 화재로 오인할 만한 우려가 있는 불을 피우거나 연막소독을 실시하고자 하는 자가 신고를 하지 아니하여 소방자동차를 출동하게 한 자에게 20만원 이하의 과태료를 부과한다. 다음 중 그 장소나 지역에 해당하지 않는 곳은?(단, 시·도 조례로 정하는 지역 또는 장소가 아닌 경우이다.)

① 시장지역이나 공장·창고가 밀집한 지역
② 대단지 아파트 지역
③ 위험물의 저장 및 처리시설이 밀집한 지역
④ 석유화학제품을 생산하는 공장이 있는 지역

정답 15 ③ 16 ④ 17 ② 18 ③ 19 ③ 20 ②

🔍 아래의 지역 또는 장소에서 화재로 오인할 만한 우려가 있는 불을 피우거나 연막소독을 하려는 자가 신고를 하지 아니하여 소방자동차를 출동하게 한 자에게는 20만원 이하의 과태료가 부과된다.
- 시장지역
- 공장·창고가 밀집한 지역
- 목조건물이 밀집한 지역
- 위험물의 저장 및 처리시설이 밀집한 지역
- 석유화학제품을 생산하는 공장이 있는 지역
- 그 밖에 시·도 조례로 정하는 지역 또는 장소

23 화재발생 우려가 크거나 화재가 발생할 경우 피해가 클 것으로 예상되는 지역에 대하여 화재의 예방 및 안전관리를 강화하기 위해 지정·관리하는 지역은?

① 화재예방강화지구
② 화재예방특별지구
③ 화재예방경계지구
④ 화재예방특별지구

3. 화재의 예방 및 안전관리에 관한 법률

21 화재의 예방 및 안전관리에 관한 법률의 목적과 거리가 먼 것은?

① 화재의 예방과 안전관리에 필요한 사항을 규정
② 국민의 생명·신체 및 재산을 보호
③ 소방시설등의 설치·관리에 필요한 사항을 규정
④ 공공의 안전과 복리 증진에 기여

🔍 화재의 예방 및 안전관리에 관한 법률은 화재의 예방과 안전관리에 필요한 사항을 규정함으로써 화재로부터 국민의 생명·신체 및 재산을 보호하고 공공의 안전과 복리 증진에 이바지함을 목적으로 한다.

24 화재의 예방 및 안전관리에 관한 법률상 화재예방강화지구를 지정·관리할 수 있는 사람은?

① 행정안전부장관　② 시·도지사
③ 소방청장　　　　④ 소방본부장

🔍 화재예방강화지구란 특별시장·광역시장·특별자치시장·도지사 또는 특별자치도지사(이하 "시·도지사"라 함)가 화재발생 우려가 크거나 화재가 발생할 경우 피해가 클 것으로 예상되는 지역에 대하여 화재의 예방 및 안전관리를 강화하기 위해 지정·관리하는 지역을 말한다.

25 화재의 예방 및 안전관리에 관한 법률상 다음 보기의 내용은 무엇에 대한 정의인가?

> 화재가 발생할 경우 사회·경제적으로 피해 규모가 클 것으로 예상되는 소방대상물에 대하여 화재위험요인을 조사하고 그 위험성을 평가하여 개선대책을 수립하는 것을 말한다.

① 예방　　　　　　② 화재안전조사
③ 화재예방안전진단　④ 자체점검

22 화재의 예방 및 안전관리에 관한 법률상 화재안전조사는 소방관서장이 실시하도록 되어 있다. 소방관서장에 해당되지 않는 자는?

① 소방청장
② 소방본부장
③ 소방서장
④ 시·도지사

🔍 화재안전조사 : 소방청장, 소방본부장 또는 소방서장(이하 '소방관서장'이라 함)이 소방대상물, 관계지역 또는 관계인에 대하여 소방시설등이 소방 관계 법령에 적합하게 설치·관리되고 있는지, 소방대상물에 화재의 발생 위험이 있는지 등 확인하기 위하여 실시하는 현장조사·문서열람·보고요구 등을 하는 활동

🔍 용어의 정의
- 예방 : 화재의 위험으로부터 사람의 생명·신체 및 재산을 보호하기 위하여 화재발생을 사전에 제거하거나 방지하기 위한 모든 활동
- 화재안전조사 : 소방청장, 소방본부장 또는 소방서장(이하 '소방관서장'이라 함)이 소방대상물, 관계지역 또는 관계인에 대하여 소방시설등이 소방 관계 법령에 적합하게 설치·관리되고 있는지, 소방대상물에 화재의 발생 위험이 있는지 등을 확인하기 위하여 실시하는 현장조사·문서열람·보고요구 등을 하는 활동
- 자체점검 : 특정소방대상물의 관계인이 그 대상물에 설치되어 있는 소방시설등이 적합하게 설치·관리되고 있는지에 대하여 스스로 점검하거나 관리업자등으로 하여금 정기적으로 수행하는 점검

정답 21 ③　22 ④　23 ①　24 ②　25 ③

26 화재의 예방 및 안전관리에 관한 법률상 소방관서장이 화재안전조사를 실시할 수 있는 경우에 해당하지 않는 것은?

① 자체점검이 불성실하거나 불완전하다고 인정되는 경우
② 소방대상물의 관계인이 요청하는 경우
③ 화재예방안전진단이 불성실하거나 불완전하다고 인정되는 경우
④ 화재가 자주 발생하였거나 발생할 우려가 뚜렷한 곳에 대한 조사가 필요한 경우

🔍 화재안전조사를 실시할 수 있는 경우
- 자체점검이 불성실하거나 불완전하다고 인정되는 경우
- 화재예방강화지구 등 법령에서 화재안전조사를 하도록 규정되어 있는 경우
- 화재예방안전진단이 불성실하거나 불완전하다고 인정되는 경우
- 국가적 행사 등 주요 행사가 개최되는 장소 및 그 주변의 관계 지역에 대하여 소방안전관리 실태를 조사할 필요가 있는 경우
- 화재가 자주 발생하였거나 발생할 우려가 뚜렷한 곳에 대한 조사가 필요한 경우
- 재난예측정보, 기상예보 등을 분석한 결과 소방대상물에 화재의 발생 위험이 크다고 판단되는 경우
- 위에 열거한 경우 외에 화재, 그 밖의 긴급한 상황이 발생할 경우 인명 또는 재산 피해의 우려가 현저하다고 판단되는 경우

27 화재안전조사의 방법과 절차에 대한 설명이다. 틀린 것은?

① 화재안전조사의 방법은 종합조사와 특별조사가 있다.
② 조사계획은 사전에 공개하여야 한다.
③ 조사계획의 공개기간은 7일 이상으로 한다.
④ 화재안전조사는 소방관서장이 실시한다.

🔍 • 화재안전조사의 방법
  - 종합조사 : 화재안전조사 항목 전부를 확인하는 조사
  - 부분조사 : 화재안전조사 항목 중 일부를 확인하는 조사
• 화재안전조사의 절차
  - 소방관서장은 조사대상, 조사기간 및 조사사유 등 조사계획을 소방관서의 인터넷 홈페이지나 전산시스템을 통해 7일 이상 공개해야 한다.
  - 소방관서장은 사전 통지 없이 화재안전조사를 실시하는 경우에는 화재안전조사를 실시하기 전에 관계인에게 조사사유 및 조사범위 등을 현장에서 설명해야 한다.
  - 소방관서장은 화재안전조사를 위하여 소속 공무원으로 하여금 관계인에게 보고 또는 자료의 제출을 요구하거나 소방대상물의 위치·구조·설비 또는 관리 상황에 대한 조사·질문을 하게 할 수 있다.

28 화재안전조사 결과에 따라 관계인에게 그 소방대상물의 개수(改修)·이전·제거, 사용의 금지 또는 제한, 사용폐쇄, 공사의 정지 또는 중지, 그 밖에 필요한 조치를 명할 수 있는 사람은?

① 시·도지사 ② 행정안전부장관
③ 경찰청장 ④ 소방서장

🔍 화재안전조사 결과에 따른 조치명령권자는 소방관서장(소방청장, 소방본부장 또는 소방서장)이다.

29 화재의 예방 및 안전관리를 강화하기 위해 지정·관리하는 지역인 화재예방강화지구에 해당되지 않는 곳은?(단, 소방관서장이 지정할 필요가 있다고 인정하는 지역이 아닌 경우이다.)

① 시장지역
② 공장·창고가 밀집한 지역
③ 철골조건물이 밀집한 지역
④ 노후·불량건축물이 밀집한 지역

🔍 화재예방강화지구
- 시장지역
- 공장·창고가 밀집한 지역
- 목조건물이 밀집한 지역
- 노후·불량건축물이 밀집한 지역
- 위험물의 저장 및 처리 시설이 밀집한 지역
- 석유화학제품을 생산하는 공장이 있는 지역
- 「산업입지 및 개발에 관한 법률」에 따른 산업단지
- 소방시설·소방용수시설 또는 소방출동로가 없는 지역
- 「물류시설의 개발 및 운영에 관한 법률」에 따른 물류단지
- 그 밖에 위에 열거된 지역에 준하는 지역으로서 소방관서장이 화재예방강화지구로 지정할 필요가 있다고 인정하는 지역

30 소방관서장은 화재 예방조치를 위해 물건의 소유자, 관리자 또는 점유자를 알 수 없는 경우 소속 공무원으로 하여금 그 물건을 보관하는 조치를 한 경우 옮긴 날부터 며칠 동안 해당 소방관서의 인터넷 홈페이지에 그 사실을 공고하여여 하는가?

① 3일 ② 7일
③ 14일 ④ 30일

🔍 소방관서장이 옮긴 물건을 보관하는 경우 해야 할 조치
- 옮긴 날부터 14일 동안 해당 소방관서의 인터넷 홈페이지에 그 사실을 공고
- 보관기간은 공고기간의 종료일 다음날부터 7일

정답 26 ② 27 ① 28 ④ 29 ③ 30 ③

31 특정소방대상물은 소방시설을 설치하여야 하는 소방대상물로서 무엇에 의해 정하는가?

① 총리령
② 대통령령
③ 행정안전부령
④ 행정안전부 고시

> 특정소방대상물은 소방시설을 설치하여야 하는 소방대상물로서 대통령령으로 정한다.

32 화재의 예방 및 안전관리에 관한 법률상 '특급 소방안전관리대상물'에 해당하지 않은 것은?

① 50층 이상(지하층 제외)이거나 지상으로부터 높이가 200m 이상인 아파트
② 아파트를 제외한 30층 이상(지하층을 포함)이거나 지상으로부터 높이가 120m 이상인 특정소방대상물
③ 아파트 및 ②항에 해당되지 아니하는 특정소방대상물로서 연면적이 100,000m² 이상인 특정소방대상물
④ 동·식물원, 철강 등 불연성 물품을 저장·취급하는 창고

> 동·식물원, 철강 등 불연성 물품을 저장·취급하는 창고, 위험물 저장 및 처리 시설 중 위험물 제조 등, 지하구는 특급 및 1급 소방안전관리대상물에서 제외된다.

33 화재의 예방 및 안전관리에 관한 법률상 '1급 소방안전관리대상물'에 해당하지 않는 것은?(단, 특급 소방안전관리대상물에 해당하지 않는 경우이다.)

① 가연성가스를 100톤 이상 1천톤 미만 저장·취급하는 시설
② 30층 이상(지하층 제외)이거나 지상으로부터 높이가 120m 이상인 아파트
③ 아파트 및 연립주택을 제외한 연면적 15,000m² 이상인 특정소방대상물
④ 아파트 및 위 ③항에 해당되지 아니하는 특정소방대상물로서 지상층의 층수가 11층 이상인 특정소방대상물

> 가연성 가스를 1천톤 이상 저장·취급하는 시설이 1급 소방안전관리대상물에 해당된다.

34 화재의 예방 및 안전관리에 관한 법률상 '2급 소방안전관리대상물'에 해당하지 않는 것은?(단, 특급 및 1급 소방안전관리대상물에 해당하지 않는 경우이다.)

① 옥내소화전설비, 스프링클러설비, 물분무등소화설비(호스릴 방식의 물분무등소화설비만을 설치한 경우는 제외)를 설치하여야 하는 특정소방대상물
② 아파트 및 연립주택을 제외한 연면적 15,000m² 이상인 특정소방대상물
③ 지하구
④ 문화재보호법에 따라 국보 또는 보물로 지정된 목조건축물

> 2급 소방안전관리대상물특급은 특급 및 1급 소방안전관리대상물을 제외한 다음의 어느 하나에 해당하는 것을 말한다.
> • 옥내소화전설비, 스프링클러설비, 물분무등소화설비(호스릴 방식의 물분무등소화설비만을 설치한 경우는 제외)를 설치하여야 하는 특정소방대상물
> • 가스 제조설비를 갖추고 도시가스사업의 허가를 받아야 하는 시설 또는 가연성 가스를 100톤 이상 1천톤 미만 저장·취급하는 시설
> • 지하구
> • 문화재보호법에 따라 보물 또는 국보로 지정된 목조건축물
> • 다음의 어느 하나에 해당하는 공동주택(공동주택관리법 시행령에 근거)
>   - 300세대 이상의 공동주택
>   - 150세대 이상으로서 승강기가 설치된 공동주택
>   - 150세대 이상으로서 중앙집중식 난방방식(지역난방방식을 포함)의 공동주택
>   - 건축허가를 받아 주택 외의 시설과 주택을 동일건축물로 건축한 건축물로서 주택이 150세대 이상인 건축물

35 화재의 예방 및 안전관리에 관한 법률상 소방안전관리보조자를 두어야 하는 특정소방대상물에 해당하지 않는 것은?

① 공동주택 중 기숙사
② 의료시설
③ 노유자시설
④ 200세대 이하인 아파트

정답 31 ② 32 ④ 33 ① 34 ② 35 ④

🔍 소방안전관리보조자를 두어야 하는 특정소방대상물
- 300세대 이상인 아파트
- 연면적이 15,000m² 이상인 특정소방대상물(아파트 및 연립주택은 제외)
- 위의 특정소방대상물을 제외한 특정소방대상물 중 다음의 어느 하나에 해당하는 특정소방대상물
  - 공동주택 중 기숙사
  - 의료시설
  - 노유자시설
  - 수련시설
  - 숙박시설(숙박시설로 사용되는 바닥면적의 합계가 1,500m² 미만이고 관계인이 24시간 상시 근무하고 있는 숙박시설은 제외)

36 다음 중 1,000세대 이상인 아파트인 경우 '소방안전관리보조자'를 최소 몇 명 두어야 하는가?

① 1인
② 2인
③ 3인
④ 5인

🔍 300세대 이상인 아파트인 경우 소방안전관리보조자의 최소선임 인원은 1명이지만, 초과되는 300세대마다 1명 이상을 추가로 선임하여야 한다. 따라서, 1,000세대 이상인 아파트인 경우 최소 3명의 소방안전관리보조자를 선임하여야 한다.

37 다음 중 소방안전관리자 자격시험을 치루지 않고도 특급 소방안전관리자 자격증을 발급받을 수 있는 사람은?

① 소방기술사 또는 소방시설관리사의 자격이 있는 사람
② 소방설비기사 또는 소방설비산업기사의 자격이 있는 사람
③ 위험물기능장 자격이 있는 사람
④ 소방공무원으로 10년간 근무한 사람

🔍 다음의 어느 하나에 해당하는 경우 자격시험 없이 특급 소방안전관리자 자격증을 발급받을 수 있다.
- 소방기술사 또는 소방시설관리사의 자격이 있는 사람
- 소방설비기사의 자격을 가지고 5년 이상 1급 소방안전관리대상물의 소방안전관리자로 근무한 실무 경력(업무대행 제외)이 있는 사람
- 소방설비산업기사의 자격을 가지고 7년 이상 1급 소방안전관리대상물의 소방안전관리자로 근무한 실무경력이 있는 사람
- 소방공무원으로 20년 이상 근무한 경력이 있는 사람

38 소방공무원으로 몇 년 이상 근무한 경력이 있는 경우 1급 소방안전관리자 자격증을 발급받을 수 있는가?

① 1년
② 3년
③ 5년
④ 7년

🔍 소방설비기사 또는 소방설비산업기사의 자격이 있는 사람, 소방공무원으로 7년 이상 근무한 경력이 있는 사람은 1급 소방안전관리자 자격증을 발급받을 수 있다.

39 다음 특정소방대상물 중 '소방안전관리보조자'를 선임하지 않아도 되는 것은?

① 300세대인 아파트
② 연면적 15,000m²인 학교
③ 관계인이 24시간 상시 근무하는 바닥면적의 합계가 1,200m²인 숙박시설
④ 바닥면적의 합계가 1,500m²인 의료시설

🔍 소방안전관리보조자를 선임하지 않아도 되는 경우
숙박시설로 사용되는 바닥면적의 합계가 1,500m² 미만이고 관계인이 24시간 상시 근무하고 있는 숙박시설은 소방안전관리보조자 선임대상에서 제외된다.

40 연면적 60,000m²인 공장시설에 종합방재실이 운영되고 있지 않은 경우 소방안전관리자와 소방안전관리보조자는 각각 몇 명 이상이어야 하는가?

① 소방안전관리자 : 1명, 소방안전관리보조자 : 2명
② 소방안전관리자 : 1명, 소방안전관리보조자 : 4명
③ 소방안전관리자 : 2명, 소방안전관리보조자 : 2명
④ 소방안전관리자 : 2명, 소방안전관리보조자 : 4명

정답 36 ③ 37 ① 38 ④ 39 ③ 40 ②

🔍 **소방안전관리보조자 선임인원**
- 300세대 이상인 아파트 : 최소 1명, 초과되는 300세대마다 1명 이상을 추가로 선임
- 연면적이 15,000m² 이상인 특정소방대상물(아파트와 연립주택은 제외) : 최소 1명, 초과되는 연면적 15,000m²(종합방재실에 자위소방대가 24시간 근무하고 소방펌프차, 소방물탱크차, 소방화학차 또는 무인방수차를 운용하는 경우에는 30,000m²)마다 1명 이상을 추가로 선임

41 1급 소방안전관리자 자격시험의 응시자격을 갖추지 못한 사람은?

① 의무소방대의 소방대원으로 1년 이상 근무한 경력이 있는 사람
② 대학에서 소방안전관리학과를 전공하고 졸업한 사람으로서 2년 이상 2급 또는 3급 소방안전관리대상물의 소방안전관리자로 근무한 실무경력이 있는 사람
③ 소방행정학 또는 소방안전공학 분야에서 석사학위 이상을 취득한 사람
④ 산업안전기사 자격을 취득한 후 2년 이상 2급 또는 3급 소방안전관리대상물의 소방안전관리자로 근무한 실무경력이 있는 사람

🔍 군부대(주한 외국군부대 포함) 및 의무소방대의 소방대원으로 1년 이상 근무한 경력이 있는 사람은 2급 소방안전관리자 자격시험의 응시자격이 있다.

42 소방관계법령상 특정소방대상물의 관계인은 소방안전관리자를 해임한 날부터 며칠 이내에 '소방안전관리자'를 선임하여야 하는가?

① 7일
② 10일
③ 15일
④ 30일

🔍 소방관계법령상 특정소방대상물의 관계인은 소방안전관리자 및 소방안전관리보조자를 해임한 날부터 30일 이내에 선임하여야 한다.

43 소방안전관리자 및 소방안전관리보조자의 선임은 기준이 되는 날부터 30일 이내에 선임하여야 한다. 그 기준에 대한 내용이 틀린 것은?

① 소방안전관리(보조)자를 해임한 경우 : 소방안전관리(보조)자를 해임한 날
② 신축·증축·개축·재축·대수선 또는 용도변경으로 신규 선임하여야 하는 경우 : 해당 특정소방대상물의 준공일
③ 관리의 권원이 분리된 특정소방대상물의 경우 : 관리의 권원이 분리되거나 소방본부장 또는 소방서장이 관리의 권원을 조정한 날
④ 증축 또는 용도변경으로 인하여 특정소방대상물이 특급 또는 1급·2급 소방안전관리대상물로 된 경우 : 증축공사의 사용승인일 또는 용도변경 사실을 건축물관리대장에 기재한 날

🔍 신축·증축·개축·재축·대수선 또는 용도변경으로 해당 특정소방대상물의 소방안전관리(보조)자를 신규로 선임하여야 하는 경우는 해당 특정소방대상물의 사용승인일(건축물의 경우에는 건축물을 사용할 수 있게 된 날)을 기준으로 한다.

44 소방관계법령상 소방안전관리자 또는 소방안전관리보조자를 선임한 경우 며칠 이내에 신고하여야 하는가?

① 7일
② 10일
③ 14일
④ 30일

🔍 소방안전관리대상물의 관계인이 소방안전관리자 또는 소방안전관리보조자를 선임한 경우에는 선임한 날부터 14일 이내에 소방본부장 또는 소방서장에게 신고하여야 한다.

45 소방관계법령상 소방안전관리자 또는 소방안전관리보조자를 선임한 경우 누구에게 신고하여야 하는가?

① 시·도지사
② 소방서장
③ 행정안전부장관
④ 구청장

🔍 44번 문제 해설 참조

정답 41 ① 42 ④ 43 ② 44 ③ 45 ②

46 소방안전관리대상물의 관계인이 게시하여야 하는 소방안전관리자 현황표에 포함되어야 하는 내용이 아닌 것은?

① 소방안전관리대상물의 명칭
② 관계인의 성명 및 연락처
③ 소방안전관리자의 성명 및 선임일자
④ 소방안전관리자 근무 위치

🔍 소방안전관리자 현황표에 포함되는 내용
 • 소방안전관리대상물의 명칭
 • 소방안전관리자의 성명 및 선임일자
 • 소방안전관리대상물의 등급
 • 소방안전관리자의 연락처
 • 소방안전관리자 근무 위치(화재 수신기 위치)

47 소방관계법령상 소방안전관리대상물의 관계인이 선임의 연기를 신청할 수 있는 대상에 해당되는 사람은?

① 특급 소방안전관리자
② 1급 소방안전관리자
③ 2급 소방안전관리자
④ 건설현장 소방안전관리자

🔍 2급 또는 3급 소방안전관리대상물의 관계인은 소방안전관리자 자격시험이나 소방안전관리자에 대한 강습교육이 소방안전관리자 선임기간 내에 있지 않아 소방안전관리자를 선임할 수 없는 경우에는 소방안전관리자 선임의 연기를 신청할 수 있다.

48 소방본부장 또는 소방서장이 소방안전관리자 선임 연기 신청서를 제출받은 경우 며칠 이내에 소방안전관리자 선임기간을 정하여 관계인에게 통보해야 하는가?

① 3일
② 5일
③ 7일
④ 14일

🔍 소방본부장 또는 소방서장은 선임 연기 신청서를 제출받은 경우에는 3일 이내에 소방안전관리자 선임기간을 정하여 2급 또는 3급 소방안전관리대상물의 관계인에게 통보해야 한다.

49 소방관계법령상 '특정소방대상물의 관계인'의 업무에 해당되지 않는 것은?(단, 그 밖에 소방안전관리에 필요한 업무는 제외한다.)

① 피난시설, 방화구획 및 방화시설의 관리
② 소방시설이나 그 밖의 소방 관련 시설의 관리
③ 소방훈련 및 교육
④ 화재발생 시 초기대응

🔍 특정소방대상물(소방안전관리대상물 제외)의 관계인의 업무
 • 피난시설, 방화구획 및 방화시설의 관리
 • 소방시설이나 그 밖의 소방 관련 시설의 관리
 • 화기(火氣) 취급의 감독
 • 화재발생 시 초기대응
 • 그 밖에 소방안전관리에 필요한 업무

50 소방관계법령상 '소방안전관리자의 업무 내용'으로 틀린 것은?(단, 그 밖에 소방안전관리에 필요한 업무는 제외한다.)

① 피난계획에 관한 사항과 소방계획서의 작성 및 시행
② 소방시설이나 그 밖의 소방관련 시설의 보수 및 설치
③ 자위소방대 및 초기대응체계의 구성, 운영 및 교육
④ 화기(火氣) 취급의 감독

🔍 소방안전관리대상물의 소방안전관리자 업무
 • 피난계획에 관한 사항과 대통령령으로 정하는 사항이 포함된 소방계획서의 작성 및 시행
 • 자위소방대(自衛消防隊) 및 초기대응체계의 구성, 운영 및 교육
 • 피난시설, 방화구획 및 방화시설의 관리
 • 소방시설이나 그 밖의 소방관련 시설의 관리
 • 소방훈련 및 교육
 • 화기(火氣) 취급의 감독
 • 소방안전관리에 관한 업무수행에 관한 기록·유지
 • 화재발생 시 초기대응
 • 그 밖에 소방안전관리에 필요한 업무

정답 46 ② 47 ③ 48 ① 49 ③ 50 ②

51 소방안전관리자의 업무 중 소방안전관리에 관한 업무수행에 관한 기록·유지와 관련 없는 업무는?

① 자위소방대 및 초기대응체계의 구성, 운영 및 교육
② 피난시설, 방화구획 및 방화시설의 관리
③ 소방시설이나 그 밖의 소방 관련 시설의 관리
④ 화기(火氣) 취급의 감독

> 소방안전관리에 관한 업무수행에 관한 기록·유지 업무
> • 피난시설, 방화구획 및 방화시설의 관리
> • 소방시설이나 그 밖의 소방 관련 시설의 관리
> • 화기(火氣) 취급의 감독

52 소방안전관리자는 소방안전관리 업무에 관한 기록을 작성한 날부터 얼마 동안 보관하여야 하는가?

① 1년간
② 2년간
③ 3년간
④ 5년간

> 소방안전관리자는 업무수행에 관한 기록을 작성한 날부터 2년간 보관해야 한다.

53 소방안전관리자는 소방안전관리업무 수행 중 보수 또는 정비가 필요한 사항을 발견한 경우에는 누구에게 알려야 하는가?

① 소방서장
② 경찰서장
③ 한국소방안전원장
④ 관계인

> 소방안전관리자는 소방안전관리업무 수행 중 보수 또는 정비가 필요한 사항을 발견한 경우에는 이를 지체 없이 관계인에게 알리고, 소방안전관리자 업무 수행 기록표에 기록해야 한다.

54 관리업자로 하여금 소방안전관리업무 중 일부를 대행하게 할 수 있는 소방안전관리대상물에 해당되지 않는 것은?

① 아파트
② 지하구
③ 국보로 지정된 목조건축물
④ 150세대 공공주택

> 업무대행 가능한 소방안전관리대상물
> • 지상층의 층수가 11층 이상인 1급 소방안전관리대상물(단, 연면적 15,000m² 이상인 특정소방대상물과 아파트 제외)
> • 2급 및 3급 소방안전관리대상물

55 관리업자로 하여금 소방안전관리업무를 대행시키고자 할 때 대행 가능한 업무는?

① 소방훈련 및 교육
② 자위소방대 및 초기대응체계의 구성, 운영 및 교육
③ 피난시설, 방화구획 및 방화시설의 관리
④ 소방안전관리에 관한 업무수행에 관한 기록·유지

> 관계인은 소방안전관리업무 중 다음의 업무를 관리업자로 하여금 대행하게 할 수 있으며, 선임된 소방안전관리자는 관리업자의 대행 업무수행을 감독하고 대행업무 외의 소방안전관리업무는 직접 수행하여야 한다.
> • 피난시설, 방화구획 및 방화시설의 관리
> • 소방시설이나 그 밖의 소방관련 시설의 관리

56 다음 보기의 내용에 들어갈 내용이 옳은 것은?

> 소방안전관리자는 소방안전관리 업무수행에 관한 기록을 시행규칙 별지 제12호 서식에 따라 (   ) 이상 작성·관리해야 하며, 업무 수행에 관한 기록은 작성한 날부터 (   ) 보관해야 한다.

① 월 1회, 2년간
② 월 2회, 1년간
③ 주 1회, 2년간
④ 주 1회, 1년간

정답 51 ① 52 ② 53 ④ 54 ① 55 ③ 56 ①

🔍 소방안전관리자는 소방안전관리 업무수행에 관한 기록을 시행규칙 별지 제12호 서식에 따라 월 1회 이상 작성·관리해야 한다.
- 업무수행 중 보수 또는 정비가 필요한 사항을 발견한 경우에는 이를 지체없이 관계인에게 알리고, 별지 제12호서식에 기록해야 한다.
- 소방안전관리자는 업무 수행에 관한 기록을 작성한 날부터 2년간 보관해야 한다.

57 건설현장 소방안전관리자 선임에 관한 사항으로 옳지 않은 것은?

① 선임 사유 : 건축주가 화재발생 및 화재피해의 우려가 큰 건설현장 소방안전관리대상물을 신축하는 경우
② 선임될 수 있는 자격 : 소방안전관리자 자격증을 발급받은 소방안전관리자로서 건설현장 소방안전관리자 강습교육을 받은 사람
③ 선임 기간 : 소방시설공사 착공 신고일부터 건축물 사용승인일까지 선임
④ 선임 신고 : 공사시공자가 선임한 날로부터 14일 이내에 소방본부장 또는 소방서장에게 신고

🔍 공사시공자가 화재발생 및 화재피해의 우려가 큰 건설현장 소방안전관리대상물을 신축·증축·개축·재축·이전·용도변경 또는 대수선하는 경우에는 소방안전관리자 자격증을 발급받은 소방안전관리자로서 건설현장 소방안전관리자 강습교육을 받은 사람을 소방시설공사 착공 신고일부터 건축물 사용승인일까지 건설현장 소방안전관리자로 선임하고 선임한 날로부터 14일 이내에 소방본부장 또는 소방서장에게 신고하여야 한다.

58 건설현장 소방안전관리자의 선임은 누가 하여야 하는가?

① 건물소유자
② 소방서장
③ 현장소장
④ 공사시공자

🔍 공사시공자가 화재발생 및 화재피해의 우려가 큰 대통령령으로 정하는 특정소방대상물을 신축·증축·개축·재축·이전·용도변경 또는 대수선하는 경우에 소방안전관리자 자격증을 받은 소방안전관리자로서 건설현장 소방안전관리자 강습교육을 받은 사람을 건설현장 소방안전관리자로 선임하고 소방본부장 또는 소방서장에게 신고하여야 한다.

59 신축·증축·개축·재축·이전·용도변경 또는 대수선을 하려는 부분의 연면적의 합계가 얼마 이상인 경우 건설현장 소방안전관리자를 선임하여야 하는가?

① 6,000m^2
② 10,000m^2
③ 15,000m^2
④ 30,000m^2

🔍 건설현장 소방안전관리대상물
- 신축·증축·개축·재축·이전·용도변경 또는 대수선을 하려는 부분의 연면적의 합계가 15,000m^2 이상인 것
- 신축·증축·개축·재축·이전·용도변경 또는 대수선을 하려는 부분의 연면적이 5,000m^2 이상인 것으로서 다음의 어느 하나에 해당하는 것
  - 지하층의 층수가 2개 층 이상인 것
  - 지상층의 층수가 11층 이상인 것
  - 냉동창고, 냉장창고 또는 냉동·냉장창고

60 공사시공자가 건설현장 소방안전관리자를 선임한 날로부터 며칠 이내에 선임신고를 하여야 하는가?

① 3일 이내
② 7일 이내
③ 14일 이내
④ 30일 이내

🔍 건설현장 소방안전관리대상물의 공사시공자는 소방안전관리자를 선임한 경우에는 선임한 날부터 14일 건설현장 소방안전관리자 선임신고서(전자문서를 포함)에 다음의 서류를 첨부하여 소방본부장 또는 소방서장에게 신고해야 한다.
- 소방안전관리자 자격증
- 건설현장 소방안전관리자가 되려는 사람에 대한 강습교육 수료증
- 건설현장 소방안전관리대상물의 공사 계약서 사본

61 신축·증축·개축·재축·이전·용도변경 또는 대수선을 하려는 부분의 연면적이 5,000m^2 이상인 것으로서 지상층의 층수가 (   ) 이상인 경우 건설현장 소방안전관리자를 선임하여야 한다. (   ) 안에 들어갈 내용으로 옳은 것은?

① 3층
② 5층
③ 7층
④ 11층

정답 57 ① 58 ④ 59 ③ 60 ③ 61 ④

🔍 신축·증축·개축·재축·이전·용도변경 또는 대수선을 하려는 부분의 연면적이 15,000㎡ 이상인 것과 5,000㎡ 이상인 것으로서 다음의 어느 하나에 해당하는 경우 건설현장 소방안전관리자를 선임하여야 한다.
- 지하층의 층수가 2개 층 이상인 것
- 지상층의 층수가 11층 이상인 것
- 냉동창고, 냉장창고 또는 냉동·냉장창고

62. 화재의 예방 및 안전관리에 관한 법률상 소방안전관리대상물의 관계인이 피난계획을 수립할 때 포함되어야 할 사항으로 거리가 먼 것은?

① 화재진압의 수단 및 방식
② 층별, 구역별 피난대상 인원의 연령별·성별 현황
③ 피난약자의 현황
④ 각 거실에서 옥외로 이르는 피난경로

🔍 피난계획에 포함될 사항
- 화재경보의 수단 및 방식
- 층별, 구역별 피난대상 인원의 연령별·성별 현황
- 피난약자(장애인, 노인, 임산부, 영유아 및 어린이 등 이동이 어려운 사람)의 현황
- 각 거실에서 옥외(옥상 또는 피난안전구역을 포함)로 이르는 피난경로
- 피난약자 및 피난약자를 동반한 사람의 피난동선과 피난방법
- 피난시설, 방화구획, 그 밖에 피난에 영향을 줄 수 있는 제반 사항

63. 피난유도 안내정보를 피난안내 교육으로 제공하는 경우 1년에 몇 차례 실시하여야 하는가?

① 1회 실시
② 2회 실시
③ 3회 이상 실시
④ 수시로 실시

🔍 피난유도 안내정보는 다음의 어느 하나의 방법으로 제공한다.
- 연 2회 피난안내 교육을 실시하는 방법
- 분기별 1회 이상 피난안내방송을 실시하는 방법
- 피난안내도를 층마다 보기 쉬운 위치에 게시하는 방법
- 엘리베이터, 출입구 등 시청이 용이한 장소에 피난안내영상을 제공하는 방법

64. 소방안전관리대상물의 관계인은 소방훈련과 교육을 1년에 몇 회 이상 실시해야 하는가?

① 1회   ② 2회
③ 3회   ④ 4회

🔍 소방안전관리대상물의 관계인은 소방훈련과 교육을 연 1회 이상 실시해야 한다. 다만, 소방본부장 또는 소방서장이 화재예방을 위하여 필요하다고 인정하여 2회의 범위에서 추가로 실시할 것을 요청하는 경우에는 소방훈련과 교육을 추가로 실시해야 한다.

65. 소방훈련·교육 실시 기록은 실시한 날로부터 얼마 동안 보관해야 하는가?

① 1년   ② 2년
③ 3년   ④ 5년

🔍 소방안전관리대상물의 관계인은 소방훈련과 교육을 실시했을 때에는 그 실시 결과를 별지 소방훈련·교육 실시 결과 기록부에 기록하고, 이를 소방훈련 및 교육을 실시한 날부터 2년간 보관해야 한다.

66. 소방안전관리대상물 중 소방안전관리업무의 전담이 필요한 소방안전관리대상물의 관계인은 소방훈련 및 교육을 한 날부터 며칠 이내에 그 결과를 소방본부장 또는 소방서장에게 제출하여야 하는가?

① 3일   ② 7일
③ 14일   ④ 30일

🔍 소방안전관리대상물 중 소방안전관리업무의 전담이 특급 및 1급 소방안전관리대상물의 관계인은 소방훈련 및 교육을 한 날부터 30일 이내에 소방훈련 및 교육 결과를 소방본부장 또는 소방서장에게 제출하여야 한다.

67. 소방본부장 또는 소방서장은 특정소방대상물의 근무자에게 불시에 소방훈련과 교육을 실시할 수 있다. 이에 해당되는 특정소방대상물이 아닌 것은?

① 의료시설   ② 판매시설
③ 교육연구시설 ④ 노유자시설

정답 62 ① 63 ② 64 ① 65 ② 66 ④ 67 ②

🔍 불시 소방훈련 대상 특정소방대상물
- 의료시설, 교육연구시설, 노유자시설
- 화재 발생 시 불특정 다수의 인명피해가 예상되어 소방본부장 또는 소방서장이 소방 훈련·교육이 필요하다고 인정하는 특정소방대상물

68 소방안전관리자는 선임된 날부터 언제까지 실무교육을 받아야 하는가?

① 1개월 이내
② 3개월 이내
③ 6개월 이내
④ 1년 이내

🔍 소방안전관리자는 선임된 날부터 6개월 이내(소방안전관련업무 경력으로 선임된 보조자의 경우는 3개월 이내), 그 후에는 2년마다(최초 실무교육을 받은 날을 기준일로 하여 매 2년이 되는 해의 기준일과 같은 날 전까지를 말함) 1회 이상 실무교육을 받아야 한다.

69 소방안전관리자 및 소방안전관리보조자에 대해 실무교육의 주기 등에 대한 설명으로 옳은 것은?

① 실무교육의 실시기관은 한국소방산업기술원이다.
② 소방안전관리자로 선임된 날부터 3개월 이내에 교육을 받아야 한다.
③ 소방안전관련업무 경력으로 선임된 소방안전관리보조자는 선임된 날부터 3개월 이내에 실무교육을 받아야 한다.
④ 실무교육은 1년마다 1회 받아야 한다.

🔍
- 실무교육의 실시기관은 한국소방안전원이다.
- 선임된 날부터 6개월 이내(소방안전관련업무 경력으로 선임된 소방안전관리보조자는 3개월 이내), 그 후에는 2년마다(최초 실무교육을 받은 날을 기준일로 하여 매 2년이 되는 해의 기준일과 같은 날 전까지를 말함) 1회 이상 실무교육을 받아야 한다.
- 소방안전관리자 강습 또는 실무교육을 받은 후 1년 이내에 소방안전관리자로 선임된 경우 해당 강습·실무교육을 받은 날에 실무교육을 받은 것으로 본다.
- 소방안전관리보조자의 경우, 소방안전관리자 강습 또는 실무교육이나 소방안전관리보조자 실무교육을 받은 후 1년 이내에 선임된 경우 해당 강습·실무교육을 받은 날에 실무교육을 받은 것으로 본다.

70 화재의 예방 및 안전관리에 관한 법률상 '화재안전조사 결과에 따른 조치명령을 정당한 사유없이 위반한 자'에 대한 벌칙은?

① 300만원 이하의 벌금
② 1년 이하의 징역 또는 1천만원 이하의 벌금
③ 3년 이하의 징역 또는 3천만원 이하의 벌금
④ 5년 이하의 징역 또는 5천만원 이하의 벌금

🔍 3년 이하의 징역 또는 3천만원 이하의 벌금
- 화재안전조사 결과에 따른 조치명령을 정당한 사유 없이 위반한 자
- 화재예방안전진단 결과에 따른 보수·보강 등의 조치명령을 정당한 사유 없이 위반한 자

71 화재의 예방 및 안전관리에 관한 법률상 '소방안전관리자 자격증을 다른 사람에게 빌려 주거나 빌리거나 이를 알선한 자'에 대한 벌칙은?

① 3년 이하의 징역 또는 3천만원 이하의 벌금
② 1년 이하의 징역 또는 1천만원 이하의 벌금
③ 300만원 이하의 벌금
④ 300만원 이하의 과태료

🔍 1년 이하의 징역 또는 1천만원 이하의 벌금
- 소방안전관리자 자격증을 다른 사람에게 빌려 주거나 빌리거나 이를 알선한 자
- 화재예방안전진단을 받지 아니한 자

72 화재의 예방 및 안전관리에 관한 법률상 그 위반 행위가 300만원 이하의 벌금에 해당하는 것은?

① 소방안전관리자에게 불이익한 처우를 한 관계인
② 건설현장 소방안전관리대상물의 소방안전관리자의 업무를 하지 아니한 소방안전관리자
③ 피난유도 안내정보를 제공하지 아니한 자
④ 실무교육을 받지 아니한 소방안전관리자 및 소방안전관리보조자

정답 68 ③ 69 ③ 70 ③ 71 ② 72 ①

🔍 **300만원 이하의 벌금**
- 화재안전조사를 정당한 사유 없이 거부·방해 또는 기피한 자
- 화재예방조치 명령을 정당한 사유 없이 따르지 아니하거나 방해한 자
- 소방안전관리자, 총괄소방안전관리자 또는 소방안전관리보조자를 선임하지 아니한 자
- 소방시설·피난시설·방화시설 및 방화구획 등이 법령에 위반된 것을 발견하였음에도 필요한 조치를 할 것을 요구하지 아니한 소방안전관리자
- 소방안전관리자에게 불이익한 처우를 한 관계인

73 화재의 예방 및 안전관리에 관한 법률상 '소방훈련 및 교육을 하지 아니한 자'에 대한 벌칙은?

① 1년 이하의 징역 또는 1천만원 이하의 벌금
② 300만원 이하의 벌금
③ 300만원 이하의 과태료
④ 200만원 이하의 과태료

🔍 **300만원 이하의 과태료**
- 정당한 사유 없이 화재예방조치를 위반하여 화기취급 등을 한 자
- 전기·가스·위험물 등의 안전관리 업무에 종사하는 자가 소방안전관리자를 겸할 수 없음에도 이를 위반하여 소방안전관리자를 겸한 자
- 건설현장 소방안전관리대상물의 소방안전관리자의 업무를 하지 아니한 소방안전관리자
- 소방안전관리업무를 하지 아니한 특정소방대상물의 관계인 또는 소방안전관리대상물의 소방안전관리자
- 피난유도 안내정보를 제공하지 아니한 자
- 소방훈련 및 교육을 하지 아니한 자

74 화재의 예방 및 안전관리에 관한 법률상 '기간 내에 소방안전관리(보조)자 선임신고를 하지 않은 자'에 대한 벌칙은?

① 300만원 이하의 벌금
② 300만원 이하의 과태료
③ 200만원 이하의 과태료
④ 100만원 이하의 과태료

🔍 **200만원 이하의 과태료**
- 기간 내에 소방안전관리(보조)자 선임신고를 하지 아니하거나 소방안전관리자의 성명 등을 게시하지 아니한 자
- 건설현장 소방안전관리자 선임해야 하는 공사시공자가 이를 위반하여 기간 내에 건설현장 소방안전관리자 선임신고를 하지 아니한 자
- 기간 내에 소방훈련 및 교육 결과를 제출하지 아니한 자

75 화재의 예방 및 안전관리에 관한 법률 시행령에 따른 '실무교육을 받지 않은 소방안전관리자 및 소방안전관리보조자'에 과태료 부과 개별기준은?

① 과태료 50만원이 부과된다.
② 과태료 100만원이 부과된다.
③ 과태료 200만원이 부과된다.
④ 과태료 300만원이 부과된다.

🔍 화재의 예방 및 안전관리에 관한 법률에 따르면 실무교육을 받지 아니한 소방안전관리자 및 소방안전관리보조자에 대한 벌칙은 100만원 이하의 과태료이며, 이는 같은 법의 시행령의 과태료 부과 개별기준에 따라 50만원의 과태료가 부과된다.

● **4. 소방시설 설치 및 관리에 관한 법률**

76 소방시설 설치 및 관리에 관한 법률상 소화설비, 경보설비, 피난구조설비, 소화용수설비, 그 밖에 소화활동설비로서 대통령령으로 정하는 것을 무엇이라 하는가?

① 특정소방대상물
② 피난층
③ 소방시설
④ 무창층

🔍 **용어의 정의**
- 소방시설: 소화설비, 경보설비, 피난구조설비, 소화용수설비, 그 밖에 소화활동설비로서 대통령령으로 정하는 것
- 특정소방대상물: 건축물 등의 규모·용도 및 수용인원 등을 고려하여 소방시설을 설치하여야 하는 소방대상물로서 대통령령으로 정하는 것
- 무창층(無窓層): 지상층 중 법령이 정한 요건을 모두 갖춘 개구부(건축물에서 채광·환기·통풍 또는 출입을 위하여 만든 창·출입구, 그 밖에 이와 비슷한 것)의 면적의 합계가 해당 층의 바닥면적의 30분의 1 이하가 되는 층
- 피난층: 곧바로 지상으로 갈 수 있는 출입구가 있는 층

77 소방시설 설치 및 관리에 관한 법률상 무창층의 요건으로 옳지 않은 것은?

① 크기는 지름 50cm 이상의 원이 통과할 수 있을 것
② 해당 층의 바닥면으로부터 개구부 밑부분까지의 높이가 1.2m 이내일 것

정답 73 ③ 74 ④ 75 ① 76 ③ 77 ④

③ 도로 또는 차량이 진입할 수 있는 빈터를 향할 것
④ 내부 또는 외부에서 쉽게 부술 수 없을 것

🔍 무창층(無窓層) : 지상층 중 다음의 요건을 모두 갖춘 개구부(건축물에서 채광·환기·통풍 또는 출입 등을 위하여 만든 창·출입구, 그 밖에 이와 비슷한 것)의 면적의 합계가 해당 층의 바닥면적의 30분의 1 이하가 되는 층
- 크기는 지름 50cm 이상의 원이 통과할 수 있을 것
- 해당 층의 바닥면으로부터 개구부 밑부분까지의 높이가 1.2m 이내일 것
- 도로 또는 차량이 진입할 수 있는 빈터를 향할 것
- 화재 시 건축물로부터 쉽게 피난할 수 있도록 창살이나 그 밖의 장애물이 설치되지 않을 것
- 내부 또는 외부에서 쉽게 부수거나 열 수 있을 것

78 소방시설법상 무창층은 개구부의 면적의 합계가 해당 층의 바닥면적의 얼마 이하가 되는 층을 말하는가?

① 10분의 1
② 20분의 1
③ 30분의 1
④ 40분의 1

🔍 77번 문제 해설 참조

79 소방시설법상 곧바로 지상으로 갈 수 있는 출입구가 있는 층을 무엇이라 하는가?

① 지상층　② 피난층
③ 지하층　④ 무창층

🔍 곧바로 지상으로 갈 수 있는 출입구가 있는 층을 피난층이라 한다.

80 소방시설법상 법에서 정한 소방시설을 화재안전기준에 따라 설치·관리하여야 하는 사람은 누구인가?

① 관계인　② 시공자
③ 소방서장　④ 경찰서장

🔍 특정소방대상물의 관계인은 대통령령으로 정하는 소방시설을 화재안전기준에 따라 설치·관리하여야 한다. 이 경우 장애인 등이 사용하는 경보설비 및 피난구조설비는 대통령령으로 정하는 바에 따라 장애인등에 적합하게 설치·관리하여야 한다.

81 소방시설법상 단독주택 및 공동주택의 소유자가 설치하여야 하는 소방시설로 옳은 것은?(단, 아파트 및 기숙사는 제외한 경우이다.)

① 소화기
② 단독경보형감지기
③ 소화기 및 단독경보형감지기
④ 소화기 또는 단독경보형감지기

🔍 단독주택 및 공동주택(아파트 및 기숙사 제외)의 소유자는 소화기 및 단독경보형 감지기를 설치하여야 한다.

82 다음 중 '방염(防炎) 및 방염가공'의 필요성에 대한 설명으로 가장 거리가 먼 것은?

① 화재 시 연소 확대 방지
② 화재 시 연소 지연을 통한 피난시간 확보
③ 화재의 근본적인 예방 및 억제
④ 화재 시 가연성 가스의 발생 억제

🔍 방염의 필요성은 화재 시 연소 확대 방지와 지연을 통해 피난자에게 피난시간을 확보하고 인명 및 재산피해를 줄이는 데 있다. 또한, 이를 위한 방염가공이란 연소가 확대되기 쉬운 물질에 가연성 가스의 발생을 억제하여 연쇄반응을 중단시키고 결정성 또는 탄소분해물을 생성시키도록 처리하는 것으로, 커튼이나 카펫 등과 같이 불에 잘 타는 실내장식물에 자기소화성 또는 난연성을 부여한 것으로 화재 초기에 연소 확대의 방지를 위한 것이다.

83 다음 중 '방염성능 기준 이상의 실내장식물 등을 설치하여야 할 장소'가 아닌 것은?

① 근린생활시설 중 의원, 조산원, 산후조리원, 체력단련장, 공연장 및 종교집회장
② 숙박시설, 노유자시설 및 숙박이 가능한 수련시설
③ 단란주점영업, 유흥주점영업, 노래연습장업의 영업장
④ 건축물의 층수가 11층 이하인 것(아파트 포함)

🔍 아파트를 제외한 건축물의 층수가 11층 이상인 특정소방대상물은 방염대상물품을 사용하여야 한다.

정답　78 ③　79 ②　80 ①　81 ③　82 ③　83 ④

84 '방염성능 기준 이상의 실내장식물' 등을 설치하여야 하는 특정대상물에 속하지 않은 것은?

① 방송국 및 촬영소
② 종교시설
③ 옥내에 있는 수영장
④ 옥내에 있는 시설로서 문화 및 집회시설

🔍 방염성능기준 이상의 실내장식물 등을 설치해야 하는 특정소방대상물
- 근린생활시설 중 의원, 조산원, 산후조리원, 체력단련장, 공연장 및 종교집회장
- 건축물의 옥내에 있는 문화 및 집회시설, 종교시설, 운동시설(수영장은 제외)
- 의료시설
- 교육연구시설 중 합숙소
- 노유자 시설
- 숙박이 가능한 수련시설
- 숙박시설
- 방송통신시설 중 방송국 및 촬영소
- 다중이용업소
- 위에 열거된 시설에 해당하지 않는 것으로서 층수가 11층 이상인 것(아파트등은 제외)

85 다음 중 '방염대상 물품'이 아닌 것은?

① 창문에 설치하는 커튼류(블라인드를 포함)
② 두께가 2mm 미만인 종이벽지
③ 전시용 합판·목재 또는 섬유판, 무대용 합판·목재
④ 암막·무대막

🔍 방염대상 물품
- 제조 또는 가공공정에서 방염처리를 한 물품(합판·목재류의 경우 설치현장에 방염처리한 것 포함)
  - 창문에 설치하는 커튼류(블라인드를 포함)
  - 카펫
  - 벽지류(두께가 2mm 미만인 종이벽지는 제외)
  - 전시용 합판·목재 또는 섬유판, 무대용 합판·목재 또는 섬유판(합판·목재류의 경우 불가피하게 설치 현장에서 방염처리한 것 포함)
  - 암막·무대막(영화영상관에서 설치하는 스크린과 가상체험 체육시설업에 설치하는 스크린 포함)
  - 섬유류 또는 합성수지류 등을 원료로 하여 제작된 소파·의자(단란주점, 유흥주점 및 노래연습장에 한함)
- 건축물 내부의 천장이나 벽에 부착하거나 설치하는 종이류(두께 2mm 이상), 합성수지류, 섬유류, 합판이나 목재, 공간을 구획하기 위하여 설치하는 간이칸막이, 흡음재 또는 방음재

86 제조 또는 가공공정에서 방염처리를 한 섬유류 또는 합성수지류 등을 원료로 하여 제작된 소파·의자를 의무적으로 사용해야 하는 특정소방대상물은?

① 단란주점영업, 유흥주점영업, 노래연습장업의 영업장
② 방송국 및 촬영소
③ 의료시설
④ 의원, 조산원, 산후조리원

🔍 단란주점영업, 유흥주점영업, 노래연습장업의 영업장에서는 반드시 제조 또는 가공공정에서 방염처리를 한 섬유류 또는 합성수지류 등을 원료로 하여 제작된 소파·의자를 의무적으로 사용해야 한다.

87 방염처리 물품의 성능검사 중 제조 또는 가공과정에서 방염처리하는 선처리물품의 경우의 성능검사 실시기관은?

① 한국소방산업기술원
② 한국표준협회
③ 한국소방안전원
④ 시·도지사

🔍 방염처리 물품의 성능검사 실시기관
- 선처리물품 : 한국소방산업기술원
- 현장처리물품 : 시·도지사(관할 소방서장)

88 방염처리 물품의 성능검사에 대한 설명으로 틀린 것은?

① 제조 또는 가공과정에서 방염처리하는 선처리물품의 성능검사 실시기관은 한국소방산업기술원이다.
② 선처리물품의 검사방법은 검사신청수량 중 일정한 수량을 표본추출하여 실시한다.
③ 설치현장에서 방염처리하는 현장처리물품은 일반적으로 커튼류 및 카펫이다.
④ 성능검사에 합격하면 선처리물품과 현장처리물품 모두 방염성능검사 합격표시를 부착한다.

정답 84 ③ 85 ② 86 ① 87 ① 88 ③

🔍 **방염처리 물품의 성능검사**
- 선처리물품 : 제조 또는 가공과정에서 방염처리(커튼류, 카펫, 합판·목재류 등)
  - 실시기관 : 한국소방산업기술원
  - 검사방법 : 검사신청수량 중 일정한 수량을 표본추출하여 실시
  - 합격표시 : 방염성능검사 합격표시 부착
- 현장처리물품 : 설치현장에서 방염처리(목재 및 합판)
  - 실시기관 : 시·도지사(관할 소방서장)
  - 검사방법 : 일정한 크기·수량의 표본을 제출받아 실시
  - 합격표시 : 방염성능검사 확인표시 부착

89 소방시설법에 따른 소방시설등의 자체점검 구분으로 옳은 것은?

① 작동점검과 정밀점검
② 작동점검과 종합점검
③ 정기점검과 수시점검
④ 정기점검과 특별점검

🔍 소방시설등에 대한 자체점검 구분 : 작동점검, 종합점검(최초점검과 그 밖의 종합점검으로 구분)

90 소방시설법에 따른 소방시설등의 자체점검 중 최초점검에 대한 설명이다. ( ) 안에 들어갈 내용으로 옳은 것은?

> 최초점검은 소방시설이 새로 설치되는 경우 「건축법」 제22조에 따라 건축물을 사용할 수 있게 된 날부터 ( ) 이내 점검하는 것을 말한다.

① 7일
② 14일
③ 30일
④ 60일

🔍 소방시설등에 대한 자체점검 구분
- 작동점검 : 소방시설등을 인위적으로 조작하여 소방시설이 정상적으로 작동하는지를 소방청장이 정하여 고시하는 소방시설등 작동점검표에 따라 점검하는 것을 말한다.
- 종합점검 : 소방시설등의 작동점검을 포함하여 소방시설등의 설비별 주요 구성부품의 구조기준이 화재안전기준과 「건축법」 등 관련 법령에서 정하는 기준에 적합한 지 여부를 소방청장이 정하여 고시하는 소방시설등 종합점검표에 따라 점검하는 것을 말하며, 다음과 같이 구분한다.
  - 최초점검 : 소방시설이 새로 설치되는 경우 「건축법」 제22조에 따라 건축물을 사용할 수 있게 된 날부터 60일 이내 점검하는 것을 말한다.
  - 그 밖의 종합점검 : 최초점검을 제외한 종합점검을 말한다.

91 소방시설법에 따른 자체점검 중 종합점검을 수행해야 하는 대상이 아닌 것은?

① 스프링클러설비가 설치된 특정소방대상물
② 제연설비가 설치된 터널
③ 자동화재탐지설비가 설치된 특정소방대상물
④ 물분무등소화설비(호스릴 방식의 물분무등소화설비만을 설치한 경우 제외)가 설치된 연면적 5,000㎡ 이상인 특정소방대상물(위험물제조소등은 제외)

🔍 종합점검 대상
- 스프링클러설비가 설치된 특정소방대상물
- 물분무등소화설비(호스릴방식의 물분무등소화설비만을 설치한 경우는 제외)가 설치된 연면적 5,000㎡ 이상인 특정소방대상물(위험물제조소등 제외)
- 단란주점영업, 유흥주점영업, 영화상영관, 비디오물감상실업, 복합영상물제공업, 노래연습장업, 산후조리업, 고시원업, 안마시술소의 다중이용업의 영업장이 설치된 특정소방대상물로서 연면적 2,000㎡ 이상인 것
- 제연설비가 설치된 터널
- 공공기관 중 연면적(터널·지하구의 경우 그 길이와 평균폭을 곱하여 계산된 값을 말함)이 1,000㎡ 이상인 것으로 옥내소화전설비 또는 자동화재탐지설비가 설치된 것(단, 소방대가 근무하는 공공기관은 제외)

92 소방시설법에 따른 자체점검 중 작동점검에서 제외되는 대상이 아닌 것은?

① 소방안전관리자를 선임하지 않는 대상
② 위험물제조소
③ 특급소방안전관리대상물
④ 자동화재탐지설비가 설치된 특정소방대상물

🔍 작동점검 제외 대상
- 소방안전관리자를 선임하지 않는 대상
- 위험물제조소등
- 특급소방안전관리대상물

정답 89 ② 90 ④ 91 ③ 92 ④

93 소방시설법에 따른 자체점검 중 작동점검에 대한 설명으로 틀린 것은?

① 작동점검은 연 2회 이상 실시한다.
② 종합점검 대상은 종합점검을 받은 달부터 6개월이 되는 달에 실시한다.
③ 3급 소방안전관리대상물의 작동점검은 관계인이 실시할 수 있다.
④ 소방시설등을 인위적으로 조작하여 소방시설이 정상적으로 작동하는지를 점검한다.

🔍 작동점검은 연 1회 이상 실시한다.

94 보기 중에서 3급 소방안전관리대상물의 작동점검을 실시할 수 있는 점검자의 자격을 모두 고르면?

> a. 관계인
> b. 소방안전관리자로 선임된 소방시설관리사
> c. 소방안전관리자로 선임된 소방기술사
> d. 소방시설관리업에 등록된 기술인력 중 소방시설관리사

① b, c, d
② a, b, c
③ a, b, d
④ a, b, c, d

🔍 3급 소방안전관리대상물의 작동점검 점검자의 자격
• 관계인(소방대상물의 소유자, 관리자 또는 점유자)
• 관리업에 등록된 기술인력 중 소방시설관리사
• 특급점검자
• 소방안전관리자로 선임된 소방시설관리사 및 소방기술사

95 소방시설법에 따른 종합점검의 횟수 및 점검시기에 대한 설명이다. 틀린 것은?

① 특급 소방안전관리대상물은 연 1회 이상 실시한다.
② 학교의 경우는 해당 건축물의 사용승인일이 1월에서 6월 사이에 있는 경우 6월 30일까지 실시할 수 있다.
③ 건축물 사용승인일 이후 다중이용업소에 따라 종합점검 대상에 해당하게 된 때는 그 다음 해부터 실시한다.
⑤ 하나의 대지경계선 안에 2개 이상의 점검대상 건축물 등이 있는 경우 그 건축물 중 사용승인일이 가장 빠른 연도의 건축물의 사용승인일을 기준으로 점검할 수 있다.

🔍 종합점검은 연 1회 이상 실시한다. 단, 특급 소방안전관리대상물은 반기에 1회 이상 실시하여야 한다.

96 스스로 자체점검을 실시한 관계인은 자체점검이 끝난 날부터 며칠 이내에 소방본부장 또는 소방서장에게 서면이나 소방청장이 지정하는 전산망을 통하여 보고해야 하는가?

① 7일 이내
② 15일 이내
③ 30일 이내
④ 60일 이내

🔍 관리업자등으로부터 자체점검 실시결과 보고서를 제출받거나 스스로 자체점검을 실시한 관계인은 자체점검이 끝난 날부터 15일 이내에 소방시설등 자체점검 실시결과 보고서(전자문서로 된 보고서를 포함)에 점검인력 배치확인서(관리업자가 점검한 경우에만 해당) 및 소방시설등의 자체점검 결과 이행계획서를 첨부하여 소방본부장 또는 소방서장에게 서면이나 소방청장이 지정하는 전산망을 통하여 보고해야 한다.

97 관리업자등이 자체점검을 실시한 경우 점검이 끝난 날부터 며칠 이내에 그 결과를 관계인에게 제출해야 하는가?

① 7일 이내
② 10일 이내
③ 15일 이내
④ 30일 이내

🔍 관리업자 또는 소방안전관리자로 선임된 소방시설관리사 및 소방기술사(이하 "관리업자등"이라 함)는 자체점검을 실시한 경우에는 그 점검이 끝난 날부터 10일 이내에 소방시설등 자체점검 실시결과 보고서(전자문서로 된 보고서를 포함)에 소방청장이 정하여 고시하는 소방시설등점검표를 첨부하여 관계인에게 제출해야 한다.

정답 93 ① 94 ④ 95 ① 96 ② 97 ②

98 다음 보기의 ( ) 안에 들어갈 내용으로 옳은 것은?

> 자체점검을 실시한 관계인은 자체점검이 끝난 날부터 (a) 이내에 소방시설등 자체점검 실시결과 보고서를 소방본부장 또는 소방서장에게 서면이나 소방청장이 지정하는 전산망을 통하여 보고해야 한다. 또한, 자체점검 실시 결과보고서를 보고한 관계인은 그 점검결과를 점검이 끝난 날부터 (b) 자체 보관해야 한다.

① a. 7일   b. 2년
② a. 15일 b. 1년
③ a. 7일   b. 1년
④ a. 15일 b. 2년

🔍 자체점검 결과는 자체점검이 끝난 날부터 15일 이내에 보고하여야 하며, 점검결과는 점검이 끝난 날부터 2년간 자체 보관하여야 한다.

99 자체점검 결과 소방시설등을 전부 또는 일부 철거하고 새로 설치하는 이행계획을 제출한 경우 보고일로부터 며칠 이내에 완료하여야 하는가?

① 10일   ② 20일
③ 30일   ④ 45일

🔍 이행계획의 완료
- 소방시설등을 구성하고 있는 기계·기구를 교체하거나 정비하는 경우 : 보고일로부터 10일 이내
- 소방시설등을 전부 또는 일부 철거하고 새로 설치하는 경우 : 보고일로부터 20일 이내
- 그 밖의 경우 : 공사의 규모 등을 고려하여 소방본부장 또는 소방서장이 지정하는 기간 이내

100 다음 보기의 ( ) 안에 들어갈 내용으로 옳은 것은?

> 자체점검결과 보고를 마친 관계인은 보고한 날로부터 (a) 이내에 자체점검기록표를 작성하여 특정소방대상물의 출입자가 쉽게 볼 수 있는 장소에 (b) 이상 게시하여야 한다.

① a. 7일   b. 15일
② a. 10일 b. 30일
③ a. 15일 b. 30일
④ a. 7일   b. 30일

🔍 자체점검결과 보고를 마친 관계인은 보고한 날로부터 10일 이내에 자체점검기록표를 작성하여 특정소방대상물의 출입자가 쉽게 볼 수 있는 장소에 30일 이상 게시하여야 한다.

101 소방시설법상 소방시설에 폐쇄·차단 등의 행위를 한 사람에 대한 벌칙은?(단, 가중처벌 사유에 해당하지 않은 경우이다.)

① 5년 이하의 징역 또는 5천만원 이하의 벌금
② 3년 이하의 징역 또는 3천만원 이하의 벌금
③ 1년 이하의 징역 또는 1천만원 이하의 벌금
④ 300만원 이하의 벌금

🔍 소방시설에 폐쇄·차단 등의 행위를 한 자 : 5년 이하의 징역 또는 5천만원 이하의 벌금
- 가중처벌 규정
  - 소방시설에 폐쇄·차단 등의 행위를 하여 사람을 상해에 이르게 한 때 : 7년 이하의 징역 또는 7천만원 이하의 벌금
  - 소방시설에 폐쇄·차단 등의 행위를 하여 사람을 사망에 이르게 한 때 : 10년 이하의 징역 또는 1억원 이하의 벌금

102 소방시설 설치 및 관리에 관한 법률상 '소방시설에 폐쇄·차단 등의 행위를 하여 사람을 사망에 이르게 한 때'의 처벌 규정으로 옳은 것은?

① 3년 이하의 징역 또는 3천만원 이하의 벌금
② 5년 이하의 징역 또는 5천만원 이하의 벌금
③ 7년 이하의 징역 또는 7천만원 이하의 벌금
④ 10년 이하의 징역 또는 1억원 이하의 벌금

🔍 가중처벌 규정
- 소방시설에 폐쇄·차단 등의 행위를 하여 사람을 상해에 이르게 한 때 : 7년 이하의 징역 또는 7천만원 이하의 벌금
- 소방시설에 폐쇄·차단 등의 행위를 하여 사람을 사망에 이르게 한 때 : 10년 이하의 징역 또는 1억원 이하의 벌금

정답 98 ④ 99 ② 100 ② 101 ① 102 ④

103 소방시설 설치 및 관리에 관한 법률상 '3년 이하의 징역 또는 3천만원 이하의 벌금'형을 받는 경우가 아닌 것은?

① 소방시설이 화재안전기준에 따라 설치 · 관리되고 있지 아니할 때 소방본부장 또는 소방서장이 관계인에게 명령한 필요한 조치를 정당한 사유 없이 위반한 자
② 피난시설, 방화구획 및 방화시설의 유지 · 관리를 위하여 필요한 조치명령을 정당한 사유 없이 위반한 자
③ 소방시설 자체점검 결과에 따른 이행계획을 완료하지 않아 필요한 조치의 이행 명령을 하였으나 이 명령을 정당한 사유 없이 위반한 자
④ 소방시설등에 대하여 스스로 점검을 하지 아니하거나 관리업자등으로 하여금 정기적으로 점검하게 하지 아니한 자

🔍 소방시설등에 대하여 스스로 점검을 하지 아니하거나 관리업자등으로 하여금 정기적으로 점검하게 하지 아니한 자 : 1년 이하의 징역 또는 1천만원 이하의 벌금

104 소방시설 설치 및 관리에 관한 법률상 '300만원 이하의 벌금'형에 처해지는 경우는?

① 자체점검 결과 소화펌프 고장 등 중대위반사항이 발견된 경우 필요한 조치를 하지 않은 관계인
② 소방시설을 화재안전기준에 따라 설치 · 관리하지 아니한 자
③ 자체점검 결과를 보고하지 아니하거나 거짓으로 보고한 자
④ 피난시설, 방화구획 또는 방화시설의 폐쇄 · 훼손 · 변경 등의 행위를 한 자

🔍 자체점검 결과 소화펌프 고장 등 중대위반사항이 발견된 경우 필요한 조치를 하지 않은 관계인 또는 관계인에게 중대위반사항을 알리지 아니한 관리업자등 : 300만원 이하의 벌금

105 소방시설 설치 및 관리에 관한 법률상 '300만원 이하의 과태료'가 부과되는 사항은?

① 소방시설에 폐쇄 · 차단 등의 행위를 한 자
② 자체점검 결과 관계인에게 중대위반사항을 알리지 아니한 관리업자등
③ 자체점검 이행계획을 기간 내에 완료하지 아니한 자
④ 소방시설등에 대하여 스스로 점검을 하지 아니한 자

🔍 300만원 이하의 과태료
 • 소방시설을 화재안전기준에 따라 설치 · 관리하지 아니한 자
 • 공사 현장에 임시소방시설을 설치 · 관리하지 아니한 자
 • 피난시설, 방화구획 또는 방화시설의 폐쇄 · 훼손 · 변경 등의 행위를 한 자
 • 관계인에게 점검 결과를 제출하지 아니한 관리업자등
 • 자체점검 결과를 보고하지 아니하거나 거짓으로 보고한 자
 • 자체점검 이행계획을 기간 내에 완료하지 아니한 자 또는 이행계획 완료 결과를 보고하지 아니하거나 거짓으로 보고한 자
 • 자체점검기록표를 기록하지 아니하거나 특정소방대상물의 출입자가 쉽게 볼 수 있는 장소에 게시하지 아니한 관계인

106 소방시설 설치 및 관리에 관한 법률 시행령에 따라 '피난시설, 방화구획 또는 방화시설의 폐쇄 · 훼손 · 변경 등의 행위를 한 자'에 대한 과태료 부과 개별기준은?(단, 1차 위반인 경우이다.)

① 50만원　　② 100만원
③ 200만원　④ 300만원

🔍 피난시설, 방화구획 또는 방화시설의 폐쇄 · 훼손 · 변경 등의 행위를 한 자
 • 1차 : 100만원
 • 2차 : 200만원
 • 3차 이상 : 300만원

107 소방시설 설치 및 관리에 관한 법률 시행령에 따라 자체점검결과를 축소 · 삭제하는 등 거짓으로 보고한 경우 과태료 부과 개별기준은?

① 50만원　　② 100만원
③ 200만원　④ 300만원

정답 103 ④　104 ①　105 ③　106 ②　107 ④

🔍 점검결과를 보고하지 아니하거나 거짓으로 보고한 관계인에 대한 과태료 부과 개별기준
- 지연보고 기간이 10일 미만인 경우 : 50만원
- 지연보고 기간이 10일 이상 1개월 미만인 경우 : 100만원
- 지연보고 기간이 1개월 이상 또는 보고하지 않은 경우 : 200만원
- 점검 결과를 축소·삭제하는 등 거짓으로 보고한 경우 : 300만원

108 다음 중 소방시설 설치 및 관리에 관한 법률상 양벌규정에 해당하는 벌칙사항으로 맞는 것은?

① 소방시설에 폐쇄·차단 등의 행위를 한 자
② 피난시설, 방화구획 또는 방화시설의 폐쇄·훼손·변경 등의 행위를 한 자
③ 공사 현장에 임시소방시설을 설치·관리하지 아니한 자
④ 자체점검 이행계획을 기간 내에 완료하지 아니한 자

🔍 양벌규정은 법인의 대표자나 법인 또는 개인의 대리인, 사용인, 그 밖의 종업원이 그 법인 또는 개인의 업무에 관하여 징역 또는 벌금형의 어느 하나에 해당하는 위반행위를 하면 그 행위자를 벌하는 외에 그 법인 또는 개인에게도 해당 조문의 벌금형을 과(科)하는 것으로 보기 중 ②, ③, ④항은 과태료에 해당하는 벌칙사항으로 양벌규정에 해당되지 않는다.

● **5. 건축관계법령**

109 다음 중 '건축법에서 정의한 용어'의 뜻으로 틀린 것은?

① 건축물이란 토지에 정착하는 공작물 중 지붕과 기둥 또는 벽이 있는 것과 이에 딸린 시설물을 말한다.
② 지하층이란 건축물의 바닥이 지표면 아래에 있는 층으로서 바닥에서 지표면까지 평균높이가 해당 층 높이의 4분의 1 이상인 것을 말한다.
③ 주요구조부란 내력벽(耐力壁), 기둥, 바닥, 보, 지붕틀 및 주계단(主階段)을 말한다.
④ 건축이란 건축물을 신축·증축·개축·재축(再築)하거나 건축물을 이전하는 것을 말한다.

🔍 건축법에 사용하는 용어의 뜻(건축법 제2조)
- 대지(垈地) : 「공간정보의 구축 및 관리 등에 관한 법률」에 따라 각 필지(筆地)로 나눈 토지
- 건축물 : 토지에 정착하는 공작물 중 지붕과 기둥 또는 벽이 있는 것과 이에 딸린 시설물
- 건축물의 용도 : 건축물의 종류를 유사한 구조, 이용목적 및 형태별로 묶어 분류한 것
- 지하층 : 건축물의 바닥이 지표면 아래에 있는 층으로서 바닥에서 지표면까지 평균높이가 해당 층 높이의 2분의 1 이상인 것
- 주요구조부 : 내력벽(耐力壁), 기둥, 바닥, 보, 지붕틀 및 주계단(主階段)
- 건축 : 건축물을 신축·증축·개축·재축(再築)하거나 건축물을 이전하는 것
- 대수선 : 건축물의 기둥, 보, 내력벽, 주계단 등의 구조나 외부형태를 수선·변경하거나 증설하는 것
- 리모델링 : 건축물의 노후화를 억제하거나 기능향상을 위하여 대수선하거나 건축물의 일부를 증축 또는 개축하는 행위

110 건축법상 건축물의 기둥, 보, 내력벽, 주계단 등의 구조나 외부형태를 수선·변경하거나 증설하는 것을 무엇이라 하는가?

① 개축
② 리모델링
③ 대수선
④ 증축

🔍 대수선이란 건축물의 기둥, 보, 내력벽, 주계단 등의 구조나 외부형태를 수선·변경하거나 증설하는 것.(건축법 제2조)

111 다음 중 건축법상 '주요구조부'에 해당되지 않는 것은?

① 내력벽(耐力壁)
② 주계단(主階段)
③ 바닥
④ 발코니

🔍 주요구조부란 내력벽, 기둥, 바닥, 보, 지붕틀 및 주계단을 말한다.(건축법 제2조)

정답 108 ① 109 ② 110 ③ 111 ④

112 건축관계법령상 '용어의 뜻'이 잘못된 것은?

① 내수재료 : 인조석·콘크리트 등 내수성을 가진 재료
② 내화구조 : 화재에 견딜 수 있는 성능을 가진 구조
③ 방화구조 : 화염의 확산을 막을 수 있는 성능을 가진 구조
④ 난연재료 : 불에 타지 아니하는 성능을 가진 재료

🔍 건축법 시행령 제2조(정의)
- 내수재료(耐水材料) : 인조석·콘크리트 등 내수성을 가진 재료
- 내화구조(耐火構造) : 화재에 견딜 수 있는 성능을 가진 구조
- 방화구조(防火構造) : 화염의 확산을 막을 수 있는 성능을 가진 구조
- 난연재료(難燃材料) : 불에 잘 타지 아니하는 성능을 가진 재료
- 불연재료(不燃材料) : 불에 타지 아니하는 성능을 가진 재료
- 준불연재료 : 불연재료에 준하는 성질을 가진 재료

🔍 용어의 정의
㉮ 신축 : 건축물이 없는 대지에 새로 건축물을 축조하는 것
㉯ 증축 : 기존 건축물이 있는 대지에서 건축물의 건축면적, 연면적, 층 수 또는 높이를 늘이는 것
㉰ 개축 : 기존 건축물의 전부 또는 일부를 철거하고 그 대지에 종전과 같은 규모의 범위에서 건축물을 다시 축조 하는 것
㉱ 재축(再築) : 건축물이 천재지변이나 그 밖의 재해(災害)로 멸실된 경우 그 대지에 다음 목의 요건을 갖추어 다시 축조하는 것
- 연면적 합계는 종전규모의 이하로 할 것
- 동(棟) 수, 층 수 및 높이는 다음 어느 하나에 해당할 것
  - 동 수, 층 수 및 높이가 모두 종전 규모의 이하일 것
  - 동 수, 층 수 또는 높이의 어느 하나가 종전 규모를 초과하는 경우에는 해당 동 수, 층 수 및 높이가 「건축법」, 이 영 또는 건축조례에 모두 적합할 것
㉲ 이전 : 건축물의 주요구조부를 해체하지 아니하고 같은 대지의 다른 위치로 옮기는 것

114 다음 중 '소방관련법과 건축법의 연결'이 잘못된 것은?

① 소화활동설비 : 소방시설법
② 소방대상물의 소방안전관리 : 화재예방법
③ 화재확산의 한계 : 건축법
④ 건축허가등 동의 : 건축법

🔍 소방관련법과 건축법의 관계
- 소방관련법 : 소화활동설비, 건축허가등 동의
- 건축법 : 방화구획 등의 화재확산의 제한, 마감재 등의 화재의 발생방지 등

113 건축관련법상 '용어의 뜻'이 잘못된 것은?

① 개축이란 건축물의 주요구조부를 해체하지 아니하고 같은 대지의 다른 위치로 옮기는 것을 말한다.
② 신축이란 건축물이 없는 대지에 새로 건축물을 축조하는 것을 말한다.
③ 증축이란 기존 건축물이 있는 대지에서 건축물의 건축면적, 연면적, 층 수 또는 높이를 늘이는 것을 말한다.
④ 재축이란 건축물이 천재지변이나 그 밖의 재해(災害)로 멸실된 경우 요건을 갖추어 다시 축조하는 것을 말한다.

115 다음 중 건축관련법령에서 '대수선의 범위'에 속하지 않는 것은?

① 내력벽을 증설하거나 또는 해체하거나 그 벽면적을 30m² 이상 수선 또는 변경하는 것
② 기둥을 증설 또는 해체하거나 3개 이상 수선 또는 변경하는 것
③ 보를 증설 또는 해체하거나 1개 이상 수선 또는 변경하는 것
④ 다가구주택의 가구 간 경계벽을 증설 또는 해체하거나 수선 또는 변경하는 것

정답 112 ④ 113 ① 114 ④ 115 ③

🔍 **대수선의 범위**
- 내력벽을 증설하거나 또는 해체하거나 그 벽면적을 30m² 이상 수선 또는 변경하는 것
- 기둥을 증설 또는 해체하거나 3개 이상 수선 또는 변경하는 것
- 보를 증설 또는 해체하거나 3개 이상 수선 또는 변경하는 것
- 지붕틀(한옥의 경우에는 지붕틀의 범위에서 서까래는 제외)을 증설 또는 해체하거나 3개 이상 수선 또는 변경하는 것
- 방화벽 또는 방화구획을 위한 바닥 또는 벽을 증설 또는 해체하거나 수선 또는 변경하는 것
- 주계단·피난계단 또는 특별피난계단을 증설 또는 해체하거나 수선 또는 변경하는 것
- 다가구주택의 가구 간 경계벽 또는 다세대주택의 세대 간 경계벽을 증설 또는 해체하거나 수선 또는 변경하는 것
- 건축벽의 외벽에 사용하는 마감재료를 증설 또는 해체하거나 벽면적 30m² 이상 수선 또는 변경하는 것

116 건축관련법령상 '대수선의 범위'에 속하지 않는 것은?

① 방화벽 또는 방화구획을 위한 바닥 또는 벽을 증설 또는 해체하거나 수선 또는 변경하는 것
② 지붕틀을 증설 또는 해체하거나 2개 이상 수선 또는 변경하는 것
③ 주계단·피난계단 또는 특별피난계단을 증설 또는 해체하거나 수선 또는 변경하는 것
④ 건축벽의 외벽에 사용하는 마감재료를 증설 또는 해체하거나 벽면적 30m² 이상 수선 또는 변경하는 것

🔍 지붕틀(한옥의 경우에는 지붕틀의 범위에서 서까래는 제외)을 증설 또는 해체하거나 3개 이상 수선 또는 변경하는 것(건축법 시행령 제3조)

117 건축관련법령상 건축물의 연면적 산정 시 제외되는 면적으로 볼 수 없는 것은?

① 지하층의 면적
② 초고층 건축물과 준초고층 건축물에 설치하는 피난안전구역의 면적
③ 옥상의 면적
④ 건축물의 경사지붕 아래에 설치하는 대피공간의 면적

🔍 **건축물의 연면적**
하나의 건축물 각 층의 바닥면적의 합계로 하되, 용적률을 산정할 때에는 다음에 해당하는 면적은 제외한다.
- 지하층의 면적
- 지상층의 주차용(해당 건축물의 부속용도인 경우만 해당)으로 쓰는 면적
- 초고층 건축물과 준초고층 건축물에 설치하는 피난안전구역의 면적
- 건축물의 경사지붕 아래에 설치하는 대피공간의 면적

118 건축관련법령에서 정한 건축물 면적의 산정에 대한 용어 설명으로 옳지 않은 것은?

① 연면적이란 하나의 건축물 각 층의 바닥면적의 합계로 한다.
② 바닥면적이란 건축물의 각 층 또는 그 일부로서 벽, 기둥 그 밖에 이와 비슷한 구획의 중심선으로 둘러싸인 부분의 수평투영면적으로 한다.
③ 용적률이란 대지면적에 대한 바닥면적의 비율을 말한다.
④ 건폐율이란 대지면적에 대한 건축면적의 비율을 말한다.

🔍 **건축관련법령상 용어의 정의**
- 건축면적 : 건축물의 외벽(외벽이 없는 경우에는 외곽부분의 기둥)의 중심선으로 둘러싸인 수평투영면적
- 연면적 : 하나의 건축물 각 층의 바닥면적의 합계
- 바닥면적 : 건축물의 각 층 또는 그 일부로서 벽, 기둥, 그 밖에 이와 비슷한 구획의 중심선으로 둘러싸인 부분의 수평투영면적
- 건폐율 : 대지면적에 대한 건축면적(대지에 2개 이상의 건축물이 있는 경우에는 이들 건축면적의 합계)의 비율
- 용적률 : 대지면적에 대한 연면적(대지에 2개 이상의 건축물이 있는 경우에는 이들 연면적의 합계)의 비율

119 건축관계법령상 구역, 지역, 지구에 대한 설명으로 틀린 것은?

① 구역 : 도시개발구역
② 지역 : 주거지역, 상업지역
③ 지구 : 방화지구, 방재지구, 경관지구
④ 넓이는 지구 > 지역 > 구역 순이다.

정답 116 ② 117 ③ 118 ③ 119 ④

> 구역, 지역, 지구
> - 구역 : 도시개발구역
> - 지역 : 주거지역, 상업지역
> - 지구 : 방화지구, 방재지구, 경관지구 등
> - 넓이는 지역 > 구역 > 지구 순이다.

120 건축관련법상 '건축물의 높이'에 대한 산정방식으로 옳은 것은?

① 건축물의 높이는 지하층으로부터 그 건축물의 상단까지의 높이로 한다.
② 건축물의 높이는 전면도로의 제일 윗선으로부터 높이로 산정한다.
③ 건축물의 옥상에 설치되는 승강기탑·계단탑·옥탑·망루·장식탑 등으로서 그 수평투영면적의 합계가 해당 건축물 건축면적의 8분의 1 이하인 경우로서 그 부분의 높이가 12미터를 넘는 경우에는 그 넘는 부분만 해당 건축물의 높이에 산정한다.
④ 건축물 대지의 지표면과 인접대지의 지표면간에 고저차가 있는 경우에는 그 지표면의 제일 아랫면을 지표면으로 한다.

> 건축물의 높이 : 지표면으로부터 그 건축물의 상단까지의 높이
> - 건축물의 높이 : 전면도로의 중심선으로부터 높이를 산정.
> - 건축물 대지의 지표면과 인접 대지의 지표면 간에 고저차가 있는 경우 : 그 지표면의 평균수평면을 지표면으로 한다.
> - 건축물의 옥상에 설치되는 승강기탑·계단탑·옥탑·망루·장식탑 등으로서 그 수평투영면적의 합계가 해당 건축물 건축면적의 8분의 1 이하인 경우로서 그 부분의 높이가 12미터를 넘는 경우에는 그 넘는 부분만 해당 건축물의 높이에 산정한다.

121 다음 중 건축물의 외벽(외벽이 없는 경우에는 외곽부분의 기둥)의 중심선으로 둘러싸인 수평투영면적을 무엇이라 하는가?

① 건축면적   ② 바닥면적
③ 연면적   ④ 건폐율

> 건축면적 : 건축물의 외벽(외벽이 없는 경우에는 외곽부분의 기둥)의 중심선으로 둘러싸인 수평투영면적

122 건축관련법령상 '건축물의 층 수'에 대한 내용으로 틀린 것은?

① 건축물이 부분에 따라 그 층 수가 다른 경우에는 그 중 가장 많은 층 수를 그 건축물의 층 수로 본다.
② 건축물의 층의 구분이 명확하지 않은 건축물은 그 건축물의 4m가 하나의 층 수로 보고 층 수를 산정한다.
③ 승강기탑·계단탑·옥탑·망루·장식탑, 그 밖에 이와 비슷한 건축물의 옥상부분으로서 그 수평투영면적의 합계가 해당 건축물 건축면적의 8분의 1 이하인 것은 건축물의 층 수에 산입하지 아니한다.
④ 건축물의 지하층은 층 수에 산입한다.

> 건축물의 층 수 산정(건축법 시행령 제119조)
> - 승강기탑·계단탑·옥탑·망루·장식탑, 그 밖에 이와 비슷한 건축물의 옥상부분으로서
>   - 그 수평투영면적의 합계가 해당 건축물 건축면적의 8분의 1 이하인 것과 지하층은 층 수에 산입하지 아니하고,
>   - 층의 구분이 명확하지 아니한 건축물은 그 건축물의 높이 4m가 하나의 층 수로 보고 그 층 수를 산정하며,
> - 건축물이 부분에 따라 그 층 수가 다른 경우에는 그 중 가장 많은 층 수를 그 건축물의 층 수로 본다.

123 건축관련법령상 규정된 방화문에 해당되지 않는 것은?

① 60분+ 방화문
② 60분 방화문
③ 30분+ 방화문
④ 30분 방화문

> 방화문의 구분
> - 60분+ 방화문 : 연기 및 불꽃을 차단할 수 있는 시간이 60분 이상이고, 열을 차단할 수 있는 시간이 30분 이상인 방화문
> - 60분 방화문 : 연기 및 불꽃을 차단할 수 있는 시간이 60분 이상인 방화문
> - 30분 방화문 : 연기 및 불꽃을 차단할 수 있는 시간이 30분 이상 60분 미만인 방화문

124 다음 중 '방화구획의 용도로 화재 시 연기 및 열을 감지하여 자동 폐쇄되는 것'으로, 공항·체육관 등 넓은 공간에 부득이하게 내화구조로 된 벽을 설치하지 못하는 경우에 사용하는 것은?

① 방화문
② 방화댐퍼
③ 하향식피난구
④ 자동방화셔터

🔍 용어의 정의
- 방화문 : 화재의 확대, 연소를 방지하기 위해 방화구획의 개구부에 설치하는 문
- 방화댐퍼 : 내화구조의 벽 또는 바닥을 관통하는 덕트에 설치해 화재 발생 시 자동으로 댐퍼를 폐쇄하면서 화재의 확대를 차단하는 용도로 설치
- 하향식피난구 : 건축물의 기준과 규칙에 따른 구조로 발코니 바닥에 설치하는 수평피난설비
- 자동방화셔터 : 방화구획의 용도로 화재 시 연기 및 열을 감지하여 자동폐쇄되는 것으로 공항, 체육관 등 넓은 공간에 부득이하게 내화구조로 된 벽을 설치하지 못하는 경우에 사용하는 것

125 자동방화셔터의 설치기준으로 옳지 않은 것은?

① 60분+ 또는 60분 방화문으로부터 2m 이내에 별도로 설치
② 전동방식이나 수동방식으로 개폐할 수 있을 것
③ 불꽃이나 연기를 감지한 경우 일부 폐쇄되는 구조일 것
④ 열을 감지한 경우 완전 폐쇄되는 구조일 것

🔍 자동방화셔터의 설치
- 피난이 가능한 60분+ 방화문 또는 60분 방화문으로부터 3m 이내에 별도로 설치할 것
- 전동방식이나 수동방식으로 개폐할 수 있을 것
- 불꽃감지기 또는 연기감지기 중 하나와 열감지기를 설치할 것
- 불꽃이나 연기를 감지한 경우 일부 폐쇄되는 구조일 것
- 열을 감지한 경우 완전 폐쇄되는 구조일 것

정답 124 ④ 125 ①

CHAPTER 02

소방학 개론

Section 01 연소이론
Section 02 화재이론
Section 03 소화이론

SECTION 01 연소이론

STEP 01 연소의 정의

연소란 가연물이 공기 중의 산소 또는 산화제와 반응하여 열과 빛을 발생하면서 산화하는 현상을 말한다. 이러한 연소의 화학반응은 연소할 수 있는 가연물질이 공기 중의 산소뿐만 아니라 산소를 함유하고 있는 산화제에서도 일어나며, 반응을 일으키기 위해서는 활성화에너지(최소 점화에너지)가 필요하다.

STEP 02 연소의 요소

1. 연소의 3요소 및 4요소

① 연소의 3요소 : 가연물질이 연소하기 위해서는 산소를 공급하는 산소공급원 및 점화에너지(점화원)이 있어야만 정상적인 연소의 화학반응을 유지할 수 있다. 이와 같이 연소반응을 유지하기 위해 필요한 가연물질, 산소공급원, 점화에너지를 연소의 3요소라 한다.
② 연소의 4요소 : 연소의 3요소에 화학적인 연쇄반응을 합하여 연소의 4요소라고도 한다.

2. 가연성 물질

① 가연물은 유기화합물의 대부분과 나트륨(Na), 마그네슘(Mg) 등의 금속, 비금속, LPG, LNG, CO 등의 가연성 가스가 해당되며, 이들 물질은 모두 산화하기 쉬운 물질 즉, 산소와 발열반응을 일으키는 물질이다.
② 가연물질의 구비조건
  ㉮ 화학반응을 일으킬 때 필요한 활성화에너지(최소 점화에너지)의 값이 작아야 한다.
  ㉯ 열의 축적이 용이하도록 열전도도가 작아야 한다.
  ㉰ 산화되기 쉬운 물질로서 산소와 결합할 때 발열량이 커야 한다.
  ㉱ 지연성(조연성)가스인 산소·염소와의 친화력이 강해야 한다.
  ㉲ 산소와 접촉할 수 있는 표면적(비교면적)이 큰 물질이어야 한다.(기체 > 액체 > 고체)
  ㉳ 연쇄반응을 일으킬 수 있는 물질이어야 한다.

 참고 **열전도율**
열전도율은 기체 < 액체 < 고체 순서로 커지며, 연소순서는 반대이다.

③ 가연물이 될 수 없는 조건
  ㉮ 불활성기체 : 산소와 결합하지 못하는 기체(헬륨, 네온, 아르곤 등)
  ㉯ 산소와 화학반응을 일으킬 수 없는 물질 : 물(H_2O), 이산화탄소(CO_2) 등
  ㉰ 산소와 화합하여 흡열반응하는 물질 : 질소 또는 질소 산화물 등
  ㉱ 자체가 연소하지 아니하는 물질 : 돌, 흙 등

> **참고** 일산화탄소(CO)
> 일산화탄소(CO)는 산소와 반응하기 때문에 가연물이 될 수 있다.

3. 산소(공급원)

① 공기
  ㉮ 일반적으로 공기 중 산소(O_2)의 농도는 약 21%이다.(체적비 약 21%, 중량비 약 23%)
  ㉯ 산소의 농도가 높을수록 연소는 잘 일어나며, 일반 가연물인 경우 산소농도 15% 이하에서는 연소가 어렵다.
② 산화성 물질
  ㉮ 위험물 중 제1류(산화성고체), 제6류(산화성액체) 위험물로 가열 · 충격 · 마찰에 의해 산소를 발생
  ㉯ 제1류 위험물(산화성고체)은 산소를 함유하고 있는 강산화제로 염소산염류, 과염소산염류, 무기과산화물, 질산염류, 과망가니즈산염류, 다이크로뮴산염류 등이며, 제6류 위험물(산화성액체)은 과염소산, 과산화수소, 질산 등이다.
③ 자기반응성 물질
  ㉮ 분자 내에 가연물과 산소를 충분히 함유하고 있는 제5류 위험물로서 연소속도가 빠르고 폭발을 일으킬 수 있는 물질이다.
  ㉯ 나이트로글리세린(NG), 셀룰로이드, 트라이나이트로톨루엔(TNT) 등

4. 점화원

① 전기불꽃 : 에너지 밀도가 높은 점화원으로 대부분 가연성 기체나 증기가 발화의 대상이 된다.
② 충격 및 마찰 : 두 개 이상의 물체가 충격 또는 마찰을 일으키면서 불꽃을 일으키며 이에 의해 가연성 가스에 착화가 일어날 수 있다.
③ 단열압축 : 기체를 높은 압력으로 압축하면 온도가 상승하며, 이에 따라 열분해된 저온 발화물이 생성된다.
④ 불꽃 및 고온표면 : 불꽃이란 항상 화염을 가지고 있는 열 또는 화기로 위험한 화학물질 및 가연물이 존재하고 있는 장소에서의 사용은 대단히 위험하다.
⑤ 정전기 불꽃 : 물체가 접촉하거나 결합한 후 떨어질 때 양전하와 음전하로 전하의 분리가 일어나 발생한 과잉전하가 축적되는 현상을 말한다.

> **참고** 정전기를 방지하기 위한 예방 대책
> • 정전기의 발생이 우려되는 장소에 접지시설을 한다.
> • 실내의 공기를 이온화하여 정전기의 발생을 예방한다.
> • 정전기는 습도가 낮거나 압력이 높을 때 많이 발생하므로 습도를 70% 이상으로 한다.
> • 전기 저항이 큰 물질은 대전이 용이하므로 전도체 물질을 사용한다.

⑥ 자연발화 : 물질이 외부로부터 에너지를 공급받지 않는 가운데 자체적으로 온도가 상승하여 발화하는 현상을 말한다.
⑦ 복사열 : 비교적 약한 복사열도 물질에 따라 장시간 방사되면 발화될 수 있다.

5. 연쇄반응

가연성물질과 산소 분자가 점화에너지(활성화 에너지)를 받으면 불안전한 과도기적 물질로 나누어지면서 활성화 된다. 물질이 활성화된 상태를 라디칼(radical)이라 하는데, 극도로 불안정한 과도기적 물질로서 주변 분자를 공격하려는 성향, 즉 반응성이 매우 강하여 리디칼의 수는 기하급수적으로 증가하는 현상을 연쇄반응이라 한다.

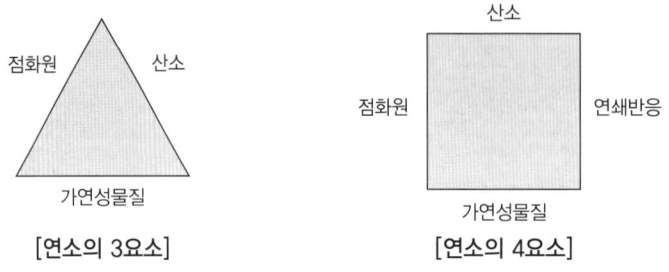

[연소의 3요소]   [연소의 4요소]

STEP 03 연소용어

1. 인화점(Flash point, 인화온도)

① 연소범위에서 외부의 직접적인 점화원에 의해 인화될 수 있는 최저온도 즉, 공기 중에서 가연물 가까이 점화원을 투여하였을 때 착화되는 최저온도이다.
② 주요 액체가연물의 인화점

액체가연물질	인화점(℃)	액체가연물질	인화점(℃)
휘발유	-43℃	메틸알코올	11.11℃
아세톤	-18.5℃	에틸알코올	13℃
등유	39℃ 이상	중유	70℃ 이상

③ 액체와 고체의 인화현상의 차이점

구분	액체	고체
가연성가스 공급	증발과정	열분해과정
인화에 필요한 에너지	적다	크다

2. 발화점(착화점, 발화온도)

① 외부로부터 직접적인 에너지 공급 없이 물질 자체의 열 축적에 의하여 발화가 되는 최저온도를 말한다.

② 산소와 친화력이 큰 물질일수록 발화점이 낮고 발화하기 쉬운 경향이 있으며, 고체 가연물의 발화점은 가열공기의 유량, 가열속도, 가연물의 시료나 크기, 모양에 따라 달라진다.
③ 액체가연물질의 발화점

물질	발화점(℃)	물질	발화점(℃)
아세톤	465℃	휘발유	280 ~ 456℃
등유	210℃	중유	400℃ 이상
메틸알코올	464℃	암모니아	651℃

3. 연소점(Fire point)

① 인화점은 점화에너지에 의해 화염이 발생하기 시작하는 온도이고, 연소점은 발생한 화염이 꺼지지 않고 지속되는 온도이다.
② 연소점은 점화에너지를 제거하여도 5초 이상 연소상태가 유지되는 온도로 일반적으로 인화점보다 5~10℃ 높다.
③ 온도의 차이 : 발화점 〉 연소점 〉 인화점

4. 연소(폭발)범위

① 가연성 증기와 공기와의 혼합상태, 즉 가연성 혼합기가 연소(폭발)할 수 있는 범위를 말하며, 연소농도의 최저한도를 하한, 최고한도를 상한이라 한다.
② 연소범위는 온도와 압력이 상승함에 따라 대개 확대되어 위험성이 증가한다.
③ 가연성증기의 연소범위

기체 또는 증기	연소범위(vol%)	기체 또는 증기	연소범위(vol%)
수소	4.1~75	메틸알코올	6~36
아세틸렌	2.5~81	암모니아	15~28
중유	1~5	아세톤	2.5~12.8
등유	0.7~5	휘발유	1.2~7.6

5. 증기비중

같은 온도, 같은 압력 하에서 같은 부피의 공기의 무게를 비교한 것을 증기비중이라 한다.
① 증기비중이 1보다 큰 기체는 공기보다 무겁다.
② 증기비중이 1보다 작은 기체는 공기보다 가볍다.

 연소의 형태
- 고체의 연소 : 분해연소, 증발연소, 표면연소, 자기연소
- 액체의 연소 : 증발연소, 분해연소
- 기체의 연소 : 확산연소, 예혼합연소

SECTION 02 화재이론

STEP 01 화재의 정의 및 분류

1. 화재의 정의

'화재'란 사람의 의도에 반하거나 고의에 의해 발생하는 연소현상으로서 소화시설 등을 사용하여 소화할 필요가 있는 것 또는 화학적인 폭발현상을 말한다.

2. 화재의 분류

분류	내용	소화방법
일반화재 (A급화재)	• 면화류, 고무, 석탄, 목재, 종이, 천 등 일반 가연물의 화재 • 물로 소화가 가능하고 다른 화재보다 발생건수가 월등히 많으며 연소후 재를 남김	다량의 물 또는 수용액 (냉각소화)
유류화재 (B급화재)	• 인화성 액체, 가연성 액체 알코올 등과 같은 유류가 타는 화재 • 연소 후 재를 남기지 않으며, 연소열이 크고 연소성이 좋아 일반화재보다 위험하다.	포 등을 이용(질식·냉각소화)
전기화재 (C급화재)	• 전류가 흐르고 있는 전기기기, 배선과 관련된 화재 • 소화 시 물 등의 전기전도성을 가진 약제를 사용하면 감전 위험이 있으며, 전체 화재 건수 중 많은 비율을 차지한다.	가스소화약제 이용(질식소화)
금속화재 (D급화재)	• 가연성 금속류가 가연물이 되는 화재로 칼륨(K), 나트륨(Na), 마그네슘(Mg), 알루미늄(Al) 등이 대표적이며, 분말상으로 존재할 때 가연성이 현저히 증가한다. • 물과 반응하여 폭발성이 강한 수소를 발생시키므로 수계소화약제(물, 포, 강화액 등)를 사용해서는 안 된다.	마른모래 및 특수분말 이용 (질식소화)
주방화재 (K급화재)	• 주방에서 동식물유를 취급하는 조리기구에서 일어나는 화재 • 연소물의 표면을 차단하는 비누화작용 및 식용유 자체의 온도를 발화점 이하로 빠르게 하강시켜주는 냉각작용이 동시에 필요하다.	비누화작용 및 냉각작용

3. 열 전달

① 전도(Conduction)
- ㉮ 화재 시 화염과 격리된 인접 가연물에 불이 옮겨 붙는 것은 전도열로서 하나의 물체가 다른 물체와 직접 접촉하여 열이 전달되는 열의 전도에 의한 전달이다.
- ㉯ 전도라는 열 전달방식에 의해 화염이 확산되는 경우는 드물다.
- ㉰ 가늘고 긴 금속막대의 한 끝을 불꽃으로 가열하면 불꽃이 닿지 않는 다른 부분에도 열이 전달되어 점점 뜨거워지는 현상이 열전도현상의 예이다.

② 대류(Convection)
- ㉮ 기체 혹은 액체와 같은 유체의 흐름에 의하여 열이 전달되는 방식이다.
- ㉯ 난로에 의해 방안의 공기가 더워지는 것이나 냉장고를 보면 위쪽에 있는 냉각 부분의 찬 공기가 아래로 흘러들도록 하여 전체를 차게 하는 것이 대류현상이다.

③ 복사(Radiation)
- ㉮ 화재 시 열의 이동에 가장 크게 작용하는 열 이동방식으로 모든 물체의 온도 때문에 열에너지를 파장의 형태로 계속적으로 방사하며, 이렇게 방사하는 에너지를 열복사라 한다.
- ㉯ 화재에서 화염의 접촉없이 인접 건물로 연소가 확산되는 현상이나 햇볕에 얼굴이 빨개지는 것 등이 복사에 해당된다.

4. 연소생성물

건축재료, 가구, 의류 등 유기가연물은 일반적으로 화재열을 받으며 열분해한 다음 공기 중의 산소와 반응하여 연소하며 여러 가지 생성물을 발생시킨다.

① 연소물질과 생성가스

연소물질	생성가스
탄화수소류 등	일산화탄소 및 탄산가스
셀룰로이드, 폴리우레탄 등	질소산화물
질소성분을 갖고 있는 모사, 비단, 피혁 등	시안화수소
PVC, 방염수지, 플루오린수지, 플루오린화수소 등의 할로겐화물	HF, HCl, HBr, 포스겐 등
멜라민, 나일론, 요소수지 등	암모니아
폴리스티렌(스티로폼) 등	벤젠

② 불완전한 연소생성물(검은색 연기)의 인체에 미치는 영향
- ㉮ 시야를 감퇴하며 피난행동 및 소화활동을 저해한다.
- ㉯ 연기성분 중 유독물(일산화탄소, 포스겐 등)의 발생으로 생명이 위험하다.
- ㉰ 정신적으로 긴장 또는 패닉현상에 빠지게 되는 2차적 재해가 우려가 있다.
- ㉱ 최근 건물화재의 특징은 방염(난연)처리된 물질을 사용하여 연소 그 자체는 억제되고 있지만 다량의 연기입자 및 유독가스를 발생하는 특징이 있다.

③ 연기의 유동 및 확산은 벽 및 천장을 따라 진행하며
  ㉮ 수평방향 이동속도 : 0.5 ~1m/sec
  ㉯ 수직방향 이동속도 : 2~3m/sec
  ㉰ 계단실 내의 수직이동속도 : 3~5m/sec
④ 일산화탄소(CO) : 무색, 무취, 무미의 환원성이 강한 가스로 상온에서 염소와 작용하여 유독성가스 포스겐($COCl_2$)을 생성하기도 하며 인체 내 헤모글로빈과 결합하여 산소의 운반기능을 약화시켜 질식하게 한다.

[일산화탄소의 공기 중의 농도와 중독증상]

농도(ppm)	인체에 미치는 영향
50	허용농도
200	2~3시간 내에 가벼운 두통
400	1~2시간 내 앞 두통, 2.5~3.5시간 내 후 두통
800	45분 내 두통, 매스꺼움, 구토, 2시간 내 실신
1,600	20분 내 두통, 매스꺼움, 구토, 2시간에서부터 사망
3,200	5~10분에 두통, 매스꺼움, 30분에서부터 사망
6,400	1~2분에 두통, 매스꺼움, 10~15분에서부터 사망
12,800	1~3분에서부터 사망

⑤ 이산화탄소(CO_2) : 무색, 무미의 기체로 공기보다 무거우며 가스 자체는 독성은 거의 없으나 다량이 존재할 때 사람의 호흡속도를 증가시키고 혼합된 유해가스의 흡입을 증기시켜 위험을 가중시킨다.
⑥ 기타 연소생성가스
  황화수소(H_2S), 이산화황(SO_2), 암모니아(NH_3), 시안화수소(HCN), 포스겐($COCl_2$)

STEP 02 건물 화재성상

1. 건물화재 특성

① 건축물 화재는 화원의 불이 가연물에 착화한 후 서서히 진행하여 수직으로 있는 가연물에 착화하는 것으로 시작한다.
② 천장으로 타들어가는 것에 의해 본격적인 화재가 된다.
③ 다시 확대되면 옆방으로 연소하여 건물 전체의 화재로 되며 때로는 인접건물까지도 연소시키게 된다.

2. 화재성상 단계

① 초기
   ㉮ 실내의 온도가 아직 크게 상승하지 않으며 해당시간은 화원, 착화물질의 종류에 따라 다르다.
   ㉯ 발화부위는 훈소현상(불꽃을 동반하지 않고 낮은 산소 농도에서 천천히 진행되는 연소현상)으로부터 시작되는 경우가 많다.
② 성장기 : 내장재 등에 착화된 시점으로, 그 후 실내온도는 급격히 상승하여 이 후 천장 부근에 축적된 가연성가스가 착화되면 실내 전체가 화염에 휩싸이는 플래시오버(Flash over)상태로 된다.
③ 최성기
   ㉮ 실내 전체에 화염이 충만하며, 연소가 최고조에 달한다.
   ㉯ 내화구조의 경우는 20~30분이 되면 최성기에 이르며, 실내온도는 통상 800~1,050℃에 달한다.
   ㉰ 목조건물은 최성기까지 약 10분이 소요되며, 이 때의 실내온도는 약 1,100~1,350℃에 달한다.
④ 감쇠기(감퇴기) : 최성기 이 후 가연물은 대부분 타버리고 화세가 감쇠하면서 온도는 점차 내려가기 시작한다.

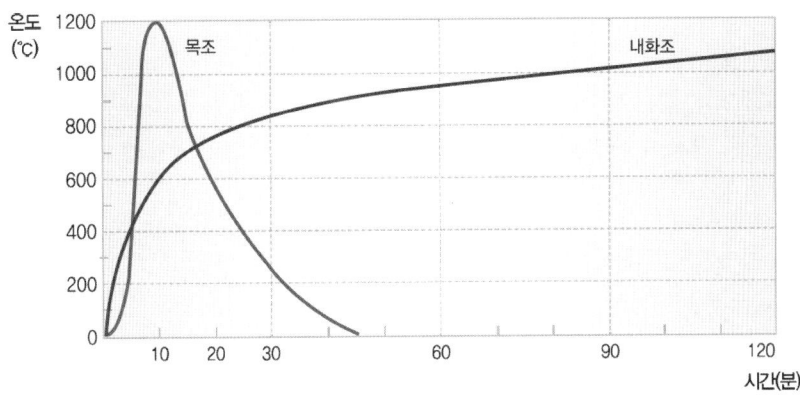

[실내화재의 진행과 온도 변화]

SECTION 03 소화이론

STEP 01 연소의 조건에 따른 제어분류

1. 소화의 원리

연소가 일어나려면 가연물, 산소, 에너지원(점화에너지), 연쇄반응의 4요소가 구비되어야 하고, 이 요소 중 어느 하나 이상 또는 전부를 제거하면 연소현상이 제어된다.
① 연소의 3요소 분리
② 연쇄반응 인자의 전달 차단(부촉매)

2. 소화방법

① 제거소화 : 연소반응에 관계된 가연물이나 그 주위의 가연물을 제거함으로써 연소반응을 중지시켜 소화하는 방법
  ㉠ 가스밸브의 폐쇄
  ㉡ 가연물 직접 제거 및 파괴
  ㉢ 촛불을 입으로 강하게 불어 가연성 증기를 순간적으로 날려 보내는 방법
  ㉣ 산불화재 시 화재 진행 방향의 나무 등의 가연물 제거
② 질식소화 : 산소공급원을 차단하여 소화하는 방법(공기 중 산소 농도를 15% 이하로 억제)
  ㉠ 불연성 기체로 연소물을 덮는 방법
  ㉡ 불연성 포(Foam)로 연소물을 덮는 방법
  ㉢ 불연성 고체로 연소물을 덮는 방법
③ 냉각소화 : 가연물로부터 연소를 지속하기 위한 열(에너지)을 뺏어 연소물을 착화온도 이하로 내리는 방법(가장 일반적인 소화방법)
  ㉠ 주수에 의한 냉각작용
  ㉡ 이산화탄소(CO_2) 소화약제에 의한 냉각작용
④ 억제소화 : 연속적인 산화반응, 즉 연쇄반응을 약화시켜 연소가 계속되는 것을 불가능하게 하여 소화하는 것(화학적 작용에 의한 소화방법)
  ㉠ 할론, 할로겐화합물 및 불활성기체소화약제에 의한 억제(부촉매) 작용
  ㉡ 분말소화약제에 의한 억제(부촉매) 작용

STEP 02 소화약제의 종류

① 물소화약제 : 냉각, 질식효과
② 포소화약제 : 질식, 냉각효과
③ 분말소화약제 : 질식, 억제(부촉매) 효과
④ 이산화탄소(CO_2) 소화약제 : 질식, 냉각효과
⑤ 할로겐화합물 소화약제 : 질식, 억제(부촉매), 냉각효과

> **참고** 제거요소별 소화법
>
> | 제거요소 | 소화법 | 제거요소 | 소화법 |
> |---|---|---|---|
> | 가연물 | 제거소화 | 산소 | 질식소화 |
> | 열 | 냉각소화 | 연쇄반응 | 억제소화 |

제02장_ 소방학 개론
적중예상문제
CHECK POINT QUESTION

1. 연소이론

01 '가연물이 공기 중의 산소 또는 산화제와 반응하여 열과 빛을 발생하면서 산화하는 현상'을 무엇이라 하는가?

① 발열반응
② 자연발화
③ 착화
④ 연소

🔍 연소란 '가연물이 공기 중의 산소 또는 산화제와 반응하여 열과 빛을 발생하면서 산화하는 현상'을 말한다.

02 다음 중 '연소의 3요소'가 아닌 것은?

① 가연물질
② 산소
③ 화학적인 연쇄반응
④ 점화원

🔍 • 연소의 3요소: 가연물질, 산소(공급원), 점화원
• 연소의 4요소: 가연물질, 산소(공급원), 점화원, 화학적 연쇄반응

03 다음 '연소의 3요소의 설명' 중 틀린 것은?

① 가연성물질은 고체, 액체, 기체로 되어 있다.
② 연쇄반응이 없으면 연소는 더 이상 진행되지 않아 연쇄반응까지 포함해야 한다.
③ 산소공급원은 공기 중의 산소, 산화성 물질, 자기반응성 물질 등이다.
④ 고열물체, 전기불꽃, 정전기, 불꽃, 마찰과 충격, 전기스파크 등 점화원이 있어야 한다.

🔍 가연물질은 연쇄반응이 없으면 더 이상 진행되지 않아 연쇄반응을 포함하여 연소의 4요소라고 한다.

04 연소현상에 대한 설명으로 가장 옳은 것은?

① 공기 중의 수소와 열이 산화하는 현상이다.
② 가연물이 산소와 반응하여 열과 빛을 내는 현상이다.
③ 연소생성물은 액체이다.
④ 가연성가스를 발생시키기 위한 화학반응이다.

🔍 연소란 '가연물이 공기 중의 산소 또는 산화제와 반응하여 열과 빛을 발생하면서 산화하는 현상'을 말한다.

05 가연물질이 산화제와 반응을 일으키기 위해서 필요한 '활성화에너지'로 볼 수 없는 것은?

① 복사열
② 충격과 마찰
③ 전기불꽃
④ 적외선

🔍 연소반응이 일어나려면 가연물과 산소공급원이 적절한 조화를 이루어 연소범위를 만들었을 때 외부로부터 필요한 최소의 활성화에너지를 점화원이라 하며 전기불꽃, 충격 및 마찰, 단열압축, 불꽃 및 고온표면, 정전기 불꽃, 자연발화, 복사열, 자외선 등이 있다.

06 연소의 3요소인 산소를 공급하는 산소공급원으로 볼 수 없는 것은?

① 공기 · 오존
② 질소산화물
③ 산화성 물질(제1류 · 제6류 위험물)
④ 자기반응성 물질(제5류 위험물)

🔍 가연물이 될 수 없는 조건
• 불활성기체 : 산소와 결합하지 못하는 기체(헬륨, 네온, 아르곤 등)
• 산소와 화학반응을 일으킬 수 없는 물질 : 물(H_2O), 이산화탄소(CO_2) 등
• 산소와 화합하여 흡열반응하는 물질 : 질소 또는 질소 산화물 등
• 자체가 연소하지 아니하는 물질 : 돌, 흙 등

정답 01 ④ 02 ③ 03 ② 04 ② 05 ④ 06 ②

07 다음 중 연소의 3요소인 가연물질이 아닌 것은?

① 헬륨, 네온, 아르곤
② 유기화합물 대부분
③ Na, Mg 등의 금속, 비금속
④ LPG, LNG, CO 등의 가연성가스

🔍 산소와 결합하지 못하는 불활성기체(헬륨, 네온, 아르곤 등)는 가연물질이 될 수 없다.

08 가연물질이 되기 위한 구비조건으로 적합하지 않은 것은?

① 화학반응을 일으킬 때 필요한 활성화에너지의 값이 커야 한다.
② 일반적으로 산화되기 쉬운 물질로서 산소와 결합할 때 발열량이 커야 한다.
③ 열의 축적이 용이하도록 열전도의 값이 적어야 한다.
④ 지연성 가스인 산소 · 염소와의 친화력이 강해야 한다.

🔍 가연물질의 구비조건
- 화학반응을 일으킬 때 필요한 활성화 에너지(최소 점화에너지)의 값이 적어야 한다.
- 일반적으로 산화되기 쉬운 물질로서 산소와 결합할 때 발열량이 커야 한다.
- 열의 축적이 용이하도록 열전도의 값이 적어야 한다.
- 지연성(조연성) 가스인 산소 · 염소와의 친화력이 강해야 한다.
- 산소와 접촉할 수 있는 표면적이 큰 물질이어야 한다.(기체 〉 액체 〉 고체)
- 연쇄반응을 일으킬 수 있는 물질이어야 한다.

09 가연성물질인 고체, 액체, 기체의 열전도율의 순서로 옳은 것은?

① 액체 〈 기체 〈 고체 순서로 커진다.
② 액체 〈 고체 〈 기체 순서로 커진다.
③ 기체 〈 고체 〈 액체 순서로 커진다.
④ 기체 〈 액체 〈 고체 순서로 커진다.

🔍 가연물질이 되기 위해서는 열의 축적이 용이하도록 열전도의 값이 적어야 하며, 열전도율은 기체 〈 액체 〈 고체 순서로 커지고, 연소순서는 반대이다.

10 다음 중 가연물질이 될 수 있는 물질은?

① 산소와 화합하여 흡열반응하는 물질
② 산소와 결합하지 못하는 기체
③ 조연성가스인 산소 · 염소와 친화력이 강한 물질
④ 자체가 연소하지 아니하는 물질

🔍 가연물이 될 수 없는 조건
- 불활성기체 : 산소와 결합하지 못하는 기체(헬륨, 네온, 아르곤 등)
- 산소와 화학반응을 일으킬 수 없는 물질 : 물(H_2O), 이산화탄소(CO_2) 등
- 산소와 화합하여 흡열반응하는 물질 : 질소 또는 질소 산화물 등
- 자체가 연소하지 아니하는 물질 : 돌, 흙 등

11 다음 중 연소의 3요소인 '가연물질'이 될 수 있는 것은?

① 헬륨(He)
② 질소(N) 또는 질소화합물
③ 이산화탄소(CO_2)
④ 일산화탄소(CO)

🔍 일산화탄소(CO)는 산소와 반응하기 때문에 가연물이 될 수 있다.

12 보통 공기 중의 산소농도로 맞는 것은?

① 약 10%   ② 약 15%
③ 약 21%   ④ 약 26%

🔍 보통 공기 중에는 약 21%의 산소가 포함되어 있어서 공기는 산소공급원 역할을 한다. 일반적으로 산소의 농도가 높을수록 연소는 잘 일어나고 일반 가연물인 경우 산소농도 15% 이하에서는 연소가 어렵다.

13 일반적으로 공기 중의 산소농도는 체적비 약 21%이고, 중량비는 얼마인가?

① 약 10%   ② 약 15%
③ 약 21%   ④ 약 23%

🔍 일반적으로 공기 중의 산소농도는 체적비 약 21% 이고, 중량비 약 23% 이다.

정답 07 ① 08 ① 09 ④ 10 ③ 11 ④ 12 ③ 13 ④

14 '물질 자체가 분자 내에 산소를 보유하고 있어서 마찰·충격 등의 자극에 의해 산소를 방출하는 물질'을 무엇이라 하는가?

① 산화성물질 ② 질소산화물
③ 불활성기체 ④ 가연물

> 산화성물질은 물질 자체가 분자 내에 산소를 보유하고 있어서 마찰·충격 등의 자극에 의해 산소를 방출하는 물질로, 화재에서 산소공급원 역할을 하는 위험한 물질이기도 하므로 '위험물안전관리법'에서 위험물로 분류하여 관리하고 있다.

15 산소공급원 역할을 하는 산화성 물질로 '위험물 제1류'에 포함되지 않은 물질은?

① 염소산염류
② 무기과산화물
③ 나이트로글리세린(NG)
④ 질산염류와 과망간산염류

> 산화성 물질
> • 제1류 위험물(산화성 고체) : 염소산염류, 과염소산염류, 무기과산화물, 질산염류, 과망가니즈산염류, 다이크로뮴산염류 등
> • 제6류 위험물(산화성 액체) : 과염소산, 과산화수소, 질산 등

16 산소공급원 역할을 하는 '자기반응성 물질'이 아닌 것은?

① 질산염류
② 나이트로글리세린(NG)
③ 셀룰로이드
④ 트라이나이트로톨루엔(TNT)

> 자기반응성 물질은 분자 내에 가연물과 산소를 충분히 함유하고 있는 제5류 위험물로 연소속도가 빠르고 폭발을 일으킬 수 있는 물질이다. 나이트로글리세린(NG), 셀룰로이드, 트라이나이트로톨루엔(TNT) 등이 해당된다.

17 '위험물안전관리법'에서 위험물로 분류하여 관리하는 제5류 위험물의 대표적인 성질에 해당하는 것은?

① 자연발화성 ② 자기반응성
③ 자기휘발성 ④ 산화성

> 위험물관리법상 위험물의 분류
> • 제1류 위험물 : 산화성 고체
> • 제2류 위험물 : 가연성 고체
> • 제3류 위험물 : 자연발화성 및 금수성물질
> • 제4류 위험물 : 인화성 액체
> • 제5류 위험물 : 자기반응성 물질
> • 제6류 위험물 : 산화성 액체

18 '연소반응이 일어나려면 가연물과 산소공급원이 적절한 조화를 이루어 연소범위를 만들었을 때 외부로부터 최소의 활성화에너지'가 필요한데 이것을 무엇이라 하는가?

① 가연물질
② 산화제
③ 자기반응성 물질
④ 점화원

> 점화원은 전기불꽃, 충격 및 마찰, 단열압축, 나화 및 고온표면, 정전기불꽃, 자연발화, 복사열 등이 있다.

19 다음 중 연소 3요소인 '점화원'으로 볼 수 없는 것은?

① 전기불꽃, 충격 및 마찰
② 나화 및 고온표면
③ 대기압
④ 정전기불꽃

> 점화원
> • 전기불꽃 : 에너지 밀도가 높은 점화원으로 대부분 가연성 기체나 증기가 발화의 대상이 된다.
> • 충격 및 마찰 : 두 개 이상의 물체가 충격 또는 마찰을 일으키면서 불꽃을 일으키며 이에 의해 가연성 가스에 착화가 일어날 수 있다.
> • 단열압축 : 기체를 높은 압력으로 압축하면 온도가 상승하며, 이에 따라 열분해된 저온 발화물이 생성된다.
> • 나화 및 고온표면 : 나화란 항상 화염을 가지고 있는 열 또는 화기로 위험한 화학물질 및 가연물이 존재하고 있는 장소에서의 사용은 대단히 위험하다.
> • 정전기 불꽃 : 물체가 접촉하거나 결합한 후 떨어질 때 양전하와 음전하로 전하의 분리가 일어나 발생한 과잉전하가 축적되는 현상을 말한다.
> • 자연발화 : 외부로부터 에너지를 공급받지 않는 가운데 자체적으로 온도가 상승하여 발화하는 현상을 말한다.
> • 복사열 : 비교적 약한 복사열도 물질에 따라 장시간 방사되면 발화될 수 있다.

정답 14 ① 15 ③ 16 ① 17 ② 18 ④ 19 ③

20 물체가 접촉하거나 결합한 후 떨어질 때 전하의 분리가 일어나 발생한 과잉전하가 축적되는 현상과 관계가 깊은 것은?

① 전기불꽃
② 자연발화
③ 복사열
④ 정전기

🔍 정전기는 물체가 접촉하거나 결합한 후 떨어질 때 양전하와 음전하로 전하의 분리가 일어나 발생한 과잉전하가 축적되는 현상을 말한다.

21 점화원인 정전기불꽃을 발생시키는 정전기를 방지하기 위한 예방대책이 아닌 것은?

① 정전기의 발생이 우려되는 장소에 접지시설을 한다.
② 실내의 공기를 이온화한다.
③ 건조한 상태를 유지한다.
④ 전기의 저항이 큰 물질은 전도체 물질을 사용한다.

🔍 정전기를 방지하기 위한 예방 대책
• 정전기의 발생이 우려되는 장소에 접지시설을 한다.
• 실내의 공기를 이온화하여 정전기의 발생을 예방한다.
• 정전기는 습도가 낮거나 압력이 높을 때 많이 발생하므로 습도를 70% 이상으로 한다.
• 전기의 저항이 큰 물질은 대전이 용이하므로 전도체 물질을 사용한다.

22 정전기가 발생되어도 즉시 이를 방전하고 전하의 축적을 방지하면 위험성이 제거된다. 정전기에 관한 내용으로 틀린 것은?

① 대전하기 쉬운 금속부분에 접지한다.
② 작업장 내 습도를 높여 방전을 촉진한다.
③ 공기를 이온화하여 (+)는 (-)로 중화시킨다.
④ 절연도가 높은 플라스틱류는 전하의 방전을 촉진시킨다.

🔍 흡습성이 낮은 플라스틱은 전기절연성이 높고, 마찰 등으로 정전기를 발생하기 쉬우며, 한번 대전되면 그 정전기는 여간해서 사라지지 않는다. 따라서, 제전제로 표면에 혼합 제조하여 사용하는 것이 효과적이다.

23 물질이 외부로부터 에너지를 공급받지 않아도 자체적으로 온도가 상승하여 발화하는 현상을 무엇이라 하는가?

① 정전기불꽃
② 단열압축
③ 불꽃 및 고온표면
④ 자연발화

🔍 자연발화 : 물질이 외부로부터 에너지를 공급받지 않아도 자체적으로 온도가 상승하여 발화하는 현상

24 다음 중 '햇빛이 유리나 거울에 반사되어 가연성 물질에 장시간 노출 시 열이 축적되어 발화'되는 것과 가장 관계가 깊은 것은?

① 나화 및 고온표면
② 단열압축
③ 복사열
④ 충격 및 마찰

🔍 물질에 따라서 비교적 약한 복사열도 장시간 방사로 발화될 수 있다.

25 '가연물이 연소범위에서 직접적인 점화원에 의해 인화될 수 있는 최저온도'를 무엇이라 하는가?

① 발화점
② 인화점
③ 착화점
④ 비등점

🔍 인화점(인화온도)은 연소범위에서 외부의 직접적인 점화원에 의해 인화될 수 있는 최저온도, 즉 공기 중에서 가연물 가까이 점화원을 투여하였을 때 착화되는 최저의 온도이다.

26 액체 가연물질의 인화점이 낮은 것부터 높은 순서로 옳게 나열된 것은?

① 휘발유 〈 아세톤 〈 메틸알코올
② 휘발유 〈 중유 〈 등유
③ 등유 〈 메틸알코올 〈 중유
④ 아세톤 〈 휘발유 〈 등유

🔍 주요 액체 가연물질의 인화점

액체가연물질	인화점(℃)	액체가연물질	인화점(℃)
휘발유	-43℃	에틸알코올	13℃
아세톤	-18.5℃	등유	39℃ 이상
메틸알코올	11.11℃	중유	70℃ 이상

정답 20 ④ 21 ③ 22 ④ 23 ④ 24 ③ 25 ② 26 ①

27 다음 액체 가연물질에서 인화점이 가장 낮은 것은?

① 에틸알코올 ② 메틸알코올
③ 아세톤   ④ 휘발유

🔍 26번 문제 해설 참조

28 다음 중 아세톤의 인화점으로 맞는 것은?

① 39℃ 이상
② 13℃
③ -18.5℃
④ -43℃

🔍 26번 문제 해설 참조

29 가연물질이 외부의 직접적인 점화원 없이 가열된 열의 축척에 의하여 발화에 이르는 최저의 온도를 무엇이라 하는가?

① 인화점   ② 발화점
③ 연소점   ④ 산화점

🔍 발화점(착화점, 발화온도)은 가연물질이 외부의 도움 없이 가열된 축척에 의하여 발화되는 최저의 온도, 즉 가연성물질을 공기 또는 산소 중에서 가열함으로써 발화되는 최저온도를 말한다.

30 다음 중 발화점에 대한 설명으로 틀린 것은?

① 일반적으로 산소와의 친화력이 큰 물질일수록 발화점이 높다.
② 고체가연물의 발화점은 가열공기의 유량, 가열속도에 따라 달라진다.
③ 발화점은 인화점보다 높은 온도이다.
④ 화재진압 후 계속 물을 뿌리는 것은 발화점 이상으로 가열된 건축물이 다시 연소되는 것을 방지하기 위한 것이다.

🔍 일반적으로 산소와의 친화력이 큰 물질일수록 발화점이 낮고 발화하기 쉬운 경향이 있다.

31 다음 가연물질 중 발화점이 가장 낮은 것은?

① 등유   ② 중유
③ 아세톤   ④ 암모니아

🔍 가연물질의 발화점(착화점, 발화온도)

물질	발화점(℃)	물질	발화점(℃)
등유	210℃	메틸알코올	464℃
휘발유	280 ~ 456℃	아세톤	465℃
중유	400℃ 이상	암모니아	651℃

32 가연물질의 연소상태가 계속될 수 있는 온도를 무엇이라 하는가?

① 인화점   ② 산화점
③ 발화점   ④ 연소점

🔍 연소점
• 연소상태가 계속될 수 있는 온도
• 인화점보다 약 10℃ 높으며, 연소상태가 5초 이상 유지될 수 있는 온도
• 연소를 지속시킬 수 있는 최저온도

33 한 번 발화된 후 연소를 지속시킬 수 있는 충분한 증기를 발생시키는 최저온도를 무엇이라 하는가?

① 착화점   ② 연소점
③ 인화점   ④ 산화점

🔍 연소점이란 연소상태가 계속될 수 있는 온도를 말하며 일반적으로 인화점보다 약 10℃ 정도 높은 온도로서 연소상태가 5초 이상 유지될 수 있는 온도이다.

34 인화점, 발화점, 연소점의 온도 순서로 옳은 것은?

① 연소점 < 인화점 < 발화점
② 연소점 < 발화점 < 인화점
③ 인화점 < 연소점 < 발화점
④ 인화점 < 발화점 < 연소점

🔍 인화점이 가장 낮고, 발화점이 가장 높다.

정답 27 ④ 28 ③ 29 ② 30 ① 31 ① 32 ④ 33 ② 34 ③

35 다음 중 가연물질의 연소(폭발)범위와 관계가 없는 것은?

① 가연성증기와 공기와의 혼합상태에서 증기의 부피를 말한다.
② 연소농도의 최저 한도와 최고 한도를 가지고 있다.
③ 혼합물 중 가연성가스의 농도가 너무 희박해도, 너무 농후해도 연소는 일어나지 않는다.
④ 연소범위는 온도와 압력이 낮아짐에 따라 확대되어 위험하다.

🔍 일반적으로 연소범위는 온도와 압력이 상승함에 따라 확대되어 위험성이 증가한다.

36 다음 중 가연성 증기의 연소범위가 가장 좁은 것은?

① 수소
② 아세틸렌
③ 중유
④ 메틸알코올

🔍 연소범위

종류	연소범위	종류	연소범위
수소	4.1~75	아세틸렌	2.5~81
중유	1~5	메틸알코올	6~36

37 다음 중 가연성 증기의 연소범위가 가장 넓은 것은?

① 아세틸렌
② 수소
③ 중유
④ 암모니아

🔍 연소범위

종류	연소범위	종류	연소범위
아세틸렌	2.5~81	수소	4.1~75
중유	1~5	암모니아	15~25

38 다음 중 수소의 연소범위(vol%)로 맞는 것은?

① 2.5~82
② 1~5
③ 6~36
④ 4.1~75

🔍 연소범위

기체 또는 증기	연소범위(vol%)	기체 또는 증기	연소범위(vol%)
수소	4.1~75	메틸알코올	6~36
아세틸렌	2.5~81	암모니아	15~25
중유	1~5	아세톤	2.5~12.8
등유	0.7~5	휘발유	1.2~7.6

39 다음 중 가연성물질의 연소범위에 대한 설명으로 옳은 것은?

① 하한계가 높을수록, 상한계가 낮을수록 위험하다.
② 연소범위가 넓을수록 위험하다.
③ 온도가 높을수록 위험도는 낮아진다.
④ 압력이 낮을수록 위험도는 증가한다.

🔍 연소범위
• 하한계가 낮을수록, 상한계가 높을수록 위험하다.
• 연소범위가 넓을수록 위험하다.
• 온도나 압력이 높을수록 위험하다.

40 다음 중 같은 온도, 같은 압력 하에서 같은 부피의 공기의 무게에 비교한 것을 무엇이라 하는가?

① 증기비중
② 연소비중
③ 공기비중
④ 분자량

🔍 어떤 증기의 '증기비중'은 같은 온도, 같은 압력 하에서 같은 부피의 공기의 무게와 비교한 것이다.

41 다음 중 '증기비중'에 관한 설명으로 옳은 것은?

① 증기비중이 1보다 큰 기체는 공기보다 무겁다.
② 증기비중이 1보다 큰 기체는 공기보다 가볍다.
③ 증기비중이 1보다 작은 기체는 공기의 무게가 같다.
④ 증기비중이 1보다 작은 기체는 공기보다 무겁다.

🔍 증기비중이 1보다 큰 기체는 공기보다 무겁고, 1보다 작으면 공기보다 가벼운 것이 된다.

정답 35 ④ 36 ③ 37 ① 38 ④ 39 ② 40 ① 41 ①

2. 화재이론

42 다음 ( ) 안에 들어갈 내용으로 맞는 것은?

> ( )란 사람의 의도에 반하거나 고의에 의해 발생하는 연소현상으로서 소화시설 등을 사용하여 소화할 필요가 있는 상황 또는 화학적인 폭발현상을 말한다.

① 연소　　　　② 화재
③ 가연물질　　④ 점화원

🔍 '화재'란 사람의 의도에 반하거나 고의에 의해 발생하는 연소현상으로서 소화시설 등을 사용하여 소화할 필요가 있는 상황 또는 화학적인 폭발현상을 말한다.

43 다음 중 '화재의 분류'로 틀린 것은?

① 일반화재 - A급화재
② 유류화재 - B급화재
③ 전기화재 - C급화재
④ 화학화재 - D급화재

🔍 D급화재 - 금속화재, K급화재 - 주방화재

44 '화재의 분류' 중 설명이 잘못 된 것은??

① A급화재는 재가 남지 않는 일반화재를 말한다.
② B급화재는 석유류 화재를 말한다.
③ C급화재는 전류가 흐르고 있는 전기기기, 배선과 관련된 화재를 말한다.
④ D급화재는 가연성 금속류가 가연물이 되는 화재이다.

🔍 A급화재(일반화재)
· 생활주변에 가장 많이 존재하는 면화류, 고무, 석탄, 목재, 종이, 천 등 일반가연물의 화재로 물로 소화가 가능하고 다른 화재보다 발생건수가 월등히 많으며 연소 후 재를 남긴다.
· 화재 소화 시 냉각효과가 가장 효율적이므로 다량의 물 또는 수용액으로 냉각소화가 적응성이 있다.

45 다음 중 생활 주변에 존재하는 목재·석탄화재는 무슨 화재에 속하는가?

① 유류화재　　② 전기화재
③ 일반화재　　④ 금속화재

🔍 44번 문제 해설 참조

46 연소 후 재가 남지 않으며, 상온에서 액체 상태로 존재하는 유류가 가연물이 되는 화재는?

① 유류화재　　② 일반화재
③ 금속화재　　④ 전기화재

🔍 B급화재(유류화재) 상온에서 액체상태로 존재하는 유류가 가연물이 되는 화재로 연소 후 재를 남기지 않으며, 연소열이 크고 연소성이 좋아 일반화재보다 위험하다.

47 다음 중 C급화재의 소화방법으로 가장 적합한 것은?

① 마른 모래 사용
② 다량의 물 또는 수용액 사용
③ 가스소화약제 이용
④ 포말 소화기 사용

🔍 C급화재(전기화재)는 변압기, 전열기 등 전기를 취급하는 장소에서 일어나는 화재로 가스소화약제를 이용한 질식소화가 가장 적합한 소화방법이다.

48 다음 중 금속화재에 대한 설명으로 틀린 것은?

① 가연성 금속류가 가연물이 되는 화재이다.
② 물과 반응하여 강한 수소를 발생시키는 것이 대부분이다.
③ 화재 시 수계소화약제(물, 포, 강화액 등)를 사용해야 한다.
④ D급화재로 과상보다는 분말상으로 존재할 때 가연성이 현저히 증가한다.

🔍 가연성 금속류는 물과 반응하여 폭발성이 강한 수소를 발생시키는 것이 대부분이므로 화재 시 수계소화약제(물, 포, 강화액 등)를 사용해서는 안 된다.

정답　42 ②　43 ④　44 ①　45 ③　46 ①　47 ③　48 ③

49 다음 화재 중 다량의 물 또는 수용액으로 소화할 수 있는 화재는?

① 금속화재
② 전기화재
③ 유류화재
④ 일반화재

🔍 일반화재는 소화할 때 냉각효과가 가장 효율적이므로 다량의 물 또는 수용액을 이용한 냉각소화가 효과적이다.

50 화재의 분류 중 연소물의 표면을 차단하는 비누화작용 및 식용유 자체의 온도를 발화점 이하로 빠르게 하강시켜주는 냉각작용이 동시에 필요한 화재는?

① A급화재
② C급화재
③ B급화재
④ K급화재

🔍 주방화재(K급화재)는 식용유, 식물성·동물성 유지 등의 음식 조리용 기름에서 발생하는 화재로 연소물의 표면을 차단하는 비누화작용 및 식용유 자체의 온도를 발화점 이하로 빠르게 하강시켜주는 냉각작용이 동시에 필요하다.

51 다음 화재 중 소화를 위해서 포 등을 이용한 질식·냉각소화가 적응성이 있는 화재는?

① 일반화재
② 유류화재
③ 전기화재
④ 금속화재

🔍 화재의 분류

분류	내용	소화방법
일반화재 (A급화재)	• 면화류, 고무, 석탄, 목재, 종이, 천 등 일반 가연물의 화재 • 물로 소화가 가능하고 다른 화재보다 발생건수가 월등히 많으며 연소 후 재를 남긴다.	다량의 물 또는 수용액 (냉각소화)
유류화재 (B급화재)	• 인화성 액체, 가연성 액체 알코올 등과 같은 유류가 타는 화재 • 연소 후 재를 남기지 않으며, 연소열이 크고 연소성이 좋아 일반화재보다 위험하다.	포 등을 이용 (질식·냉각소화)
전기화재 (C급화재)	• 전류가 흐르고 있는 전기기기, 배선과 관련된 화재 • 물을 사용하면 감전 위험이 있으며, 전체 화재 건수 중 많은 비율을 차지한다.	가스소화 약제 이용 (질식소화)
금속화재 (D급화재)	• 가연성 금속류가 가연물이 되는 화재로 칼륨(K), 나트륨(Na), 마그네슘(Mg), 알루미늄(Al) 등이 대표적이며, 분말상으로 존재할 때 가연성이 현저히 증가한다. • 물과 반응하여 폭발성이 강한 수소를 발생시키므로 수계소화약제(물, 포, 강화액 등)를 사용해서는 안 된다.	마른모래 및 특수분말 이용 (질식소화)
주방화재 (K급화재)	• 주방에서 동식물유를 취급하는 조리기구에서 일어나는 화재 • 연소물의 표면을 차단하는 비누화작용 및 식용유 자체의 온도를 발화점 이하로 빠르게 하강시켜주는 냉각작용이 동시에 필요하다.	비누화작용 및 냉각작용

52 다음 중 열전달의 대표적인 3가지 방법에 해당하지 않은 것은?

① 복사
② 전도
③ 대류
④ 방사

🔍 열전달

종류	설명
전도 (Conduction)	화재 시 하나의 물체가 다른 물체와 직접 접촉하여 전달되는 것
대류 (Convection)	기체 혹은 액체와 같은 유체의 흐름에 의하여 열이 전달되는 것
복사 (Radiation)	화재 시 열의 이동에 가장 크게 작용하는 열이동 방식으로 화염의 접촉없이 연소가 확산되는 현상을 복사열에 의한 것이라 함

53 화재발생 시 열전달을 설명하는 것이 아닌 것은?

① 전도
② 연쇄
③ 대류
④ 복사

🔍 52번 문제 해설 참조

정답 49 ④ 50 ④ 51 ② 52 ④ 53 ②

54 열전달 방식과 관련하여 대류(Convection)현상의 원인은 무엇에 원인하는가?

① 온도차 ② 밀도차
③ 압력차 ④ 습도차

🔍 대류(Convection)는 기체 혹은 액체와 같은 유체의 흐름에 의하여 열이 전달되는 방식으로 대류현상의 원인은 밀도차에 의한다.

55 열전달의 종류 중 화재 시 하나의 물체가 직접 접촉하여 전달되는 것은?

① 전도(Conduction) ② 대류(Convection)
③ 복사(Radiation)   ④ 방사(Emanation)

🔍 전도(Conduction)
- 하나의 물체가 다른 물체와 직접 접촉하여 열이 전달되는 과정으로 온도가 높은 물체의 분자운동이 충돌이라는 과정을 통해 분자운동이 느린 분자를 빠르게 운동시키는 열의 전달이다.
- 전도라는 열 전달방식에 의해 화염이 확산되는 경우는 드물다.

56 다음 [보기]에서 설명하는 열전달 방식은?

> 난로에 의하여 방안의 공기가 더워지는 것은 난로에 가까운 공기가 전도에 의하여 더워져서 팽창하여 상승하기 때문에 열을 받는 물질이 이동·순환하여 열이 전달되는 것이다.

① 방사 ② 복사
③ 대류 ④ 전도

🔍 대류(Convection)
- 기체 혹은 액체와 같은 유체의 흐름에 의하여 열이 전달되는 방식이다.
- 난로에 의해 방안의 공기가 더워지는 것이 대류의 대표적인 예로 대류현상의 원인은 밀도차에 의한다.

57 다음 [보기]에서 설명하는 열전달 방식은?

> - 화재 시 열의 이동에 가장 크게 작용하는 열 이동 방식
> - 화재 시 화염의 접촉 없이 연소가 확산되는 현상

① 전도(Conduction) ② 대류(Convection)
③ 복사(Radiation)   ④ 방사(Emanation)

🔍 복사(Radiation)
- 화재 시 열의 이동에 가장 크게 작용하는 열 이동방식으로 모든 물체의 온도 때문에 열에너지를 파장의 형태로 계속적으로 방사하며, 이렇게 방사하는 에너지를 열복사라 한다.
- 화재에서 화염의 접촉없이 인접 건물로 연소가 확산되는 현상은 복사열에 의한 것이다.

58 다음 중 화재현장에서 인접 건물을 연소시키는 주요 원인이 되는 것은?

① 전도
② 대류
③ 복사
④ 연쇄

🔍 화재에서 화염의 접촉없이 인접 건물로 연소가 확산되는 현상은 복사열에 의한 것이다.

59 다음 중 '연소물질과 연소생성가스'가 잘못 연결된 것은?

① 탄화수소류 등 - 일산화탄소 및 탄산가스
② 셀룰로이드, 폴리우레탄 - 질소산화물
③ 모시, 비단, 피혁 - 시안화수소
④ 멜라민, 나일론 - 벤젠

🔍 연소물질과 생성가스

연소물질	생성가스
탄화수소류 등	일산화탄소 및 탄산가스
셀룰로이드, 폴리우레탄 등	질소산화물
질소성분을 갖는 모시, 비단, 피혁 등	시안화수소
PVC, 방염수지, 플루오린화수지, 플루오린화수소 등의 할로겐화물	HF, HCl, HBr, 포스겐 등
멜라민, 나일론, 요소수지 등	암모니아
폴리스티렌(스티로폼) 등	벤젠

정답 54 ② 55 ① 56 ③ 57 ③ 58 ③ 59 ④

60 PVC, 방염수지, 플루오린화수지 등의 할로겐화물의 연소생성가스는?

① HF, HCl, 포스겐 등
② 암모니아
③ 벤젠
④ 시안화수소

🔍 59번 문제 해설 참조

61 다음 중 질소 성분을 갖는 모시, 비단, 피혁 등의 연소생성가스는?

① 질소산화물   ② 시안화수소
③ 아황산가스   ④ 암모니아

🔍 59번 문제 해설 참조

62 불완전 연소생성물인 검은색 연기가 인체에 미치는 영향으로 볼 수 없는 것은?

① 시야를 감퇴하며 피난행동 및 소화 활동을 저해한다.
② 정신적으로 긴장 또는 패닉현상에 빠지게 되는 우려가 있다.
③ 연기성분 중 일산화탄소, 포스겐 등이 발생하나 생명에는 지장이 없다.
④ 최근 건물화재 특징은 다량의 연기입자 및 유독가스를 발생하는 특징이 있다.

🔍 화재 시 연기가 인체에 미치는 영향
• 시야를 감퇴하며 피난행동 및 소화활동을 저해한다.
• 연기성분 중 유독물(일산화탄소, 포스겐 등)의 발생으로 생명이 위험하다.
• 정신적으로 긴장 또는 패닉현상에 빠지게 되는 2차적 재해의 우려가 있다.
• 방염(난연) 처리된 물질의 화재 시 다량의 연기입자 및 유독가스가 발생한다.

63 화재발생 시 '건물 내에서 연기의 수평방향 이동속도'는 몇 m/sec 인가?

① 0.2 ~ 0.3m/sec   ② 0.5 ~ 1.0m/sec
③ 1.0 ~ 1.5m/sec   ④ 1.5 ~ 3.0m/sec

🔍 화재 시 연기의 유동 및 확산속도(벽 및 천장을 따라 진행)
• 수평방향 이동속도 : 0.5 ~ 1.0m/sec
• 수직방향 이동속도 : 2.0 ~ 3.0m/sec
• 계단실 내 수직이동속도 : 3.0 ~ 5.0m/sec

64 화재이론에 의하면 건물 내 연기의 이동속도에 대한 설명으로 옳은 것은?

① 수평방향 속도가 가장 빠르다.
② 수직방향 속도가 가장 빠르다.
③ 계단실 내의 수직방향 속도가 가장 빠르다.
④ 수평, 수직 방향의 이동속도는 동일하다.

🔍 연기는 수직방향 이동속도가 빠르며, 특히 계단실 내의 수직이동속도는 3~5m/s로 가장 빠르다.

65 다음 [보기]에서 설명하는 물질은 무엇인가?

• 상온에서 염소와 작용하여 유독성가스(COCl$_2$)를 생성한다.
• 인체 내 헤모글로빈과 결합하여 산소의 운반기능을 약화시켜 질식하게 한다.

① 일산화탄소(CO)   ② 이산화탄소(CO$_2$)
③ 이산화황(SO$_2$)   ④ 시안화수소(HCN)

🔍 일산화탄소(CO)는 무색·무미·무취의 환원성이 강한 가스로 상온에서 염소(Cl)와 작용하여 유독성의 포스겐(COCl$_2$) 가스를 생성하기도 하며 인체 내의 헤모글로빈과 결합하여 산소의 운반기능을 약화시킴으로 질식하게 한다.

66 다음 가스 중 인체 내의 헤모글로빈과 결합하여 산소의 운반기능을 약화시켜 질식하게 하는 것은?

① 포스겐(COCl$_2$)
② 시안화수소(HCN)
③ 이산화탄소(CO$_2$)
④ 일산화탄소(CO)

🔍 일산화탄소(CO)는 인체 내의 헤모글로빈과 결합하여 산소의 운반기능을 약화시킴으로 질식하게 한다.

정답 60 ① 61 ② 62 ③ 63 ② 64 ③ 65 ① 66 ④

67 연소생성가스 중 이산화탄소(CO_2)의 특성으로 볼 수 없는 것은?

① 무색·무미의 기체이다.
② 공기보다 가볍다.
③ 가스 자체에는 독성이 거의 없다.
④ 가스가 다량 존재할 때 사람의 호흡속도를 증가시킨다.

🔍 이산화탄소(CO_2)는 무색·무미의 기체로서 공기보다 무거우며, 가스 자체에는 독성이 거의 없으나 다량이 존재할 때 사람의 호흡속도를 증가시키고 혼합된 유해가스의 흡입을 증가시켜 위험을 가중시킨다.

68 다음 중 '일산화탄소(CO)'의 성질에 대한 설명으로 옳지 않은 것은?

① 무색·무취·무미의 환원성이 강한 가스이다.
② 상온에서 염소와 작용하여 유독성 가스인 포스겐($COCl_2$)을 생성한다.
③ 공기보다 무거운 가스이다.
④ 인체 내의 헤모글로빈과 결합하여 산소의 운반기능을 약화시켜 질식하게 한다.

🔍 일산화탄소(CO)의 성질
  • 무색·무취·무미의 환원성이 강한 가스이다.
  • 상온에서 염소와 작용하여 유독성 가스인 포스겐($COCl_2$)을 생성한다.
  • 공기보다 가볍다(비중 0.6정도).
  • 인체 내의 헤모글로빈과 결합하여 산소의 운반기능을 약화시켜 질식하게 한다.

69 연소생성가스 중 가스 자체에는 독성이 거의 없는 것은?

① 이산화탄소(CO_2)
② 일산화탄소(CO)
③ 시안화수소(HCN)
④ 이산화황(SO_2)

🔍 이산화탄소(CO_2)는 무색·무미의 기체로 공기보다 무겁고, 가스 자체는 독성이 거의 없다.

70 다음 중 건물화재의 특성으로 볼 수 없는 것은?

① 건축물화재는 가연물에 착화한 후 서서히 수직으로 있는 가연물에 착화하는 것으로부터 시작한다.
② 천장으로 타들어가는 것에 의해 본격적인 화재가 된다.
③ 화재가 확대되면 옆방으로 옮겨 연소한다.
④ 확산된 화재는 건물 전체의 화재로 되지만 인접 건물까지는 연소시키지 못한다.

🔍 화재가 다시 확대되면 옆방으로 연소하여 건물 전체의 화재로 되며, 때로는 인접 건물까지도 연소시키게 한다.

71 건물의 화재성상 단계로 옳은 것은?

① 초기 → 감소기 → 최성기 → 성장기
② 초기 → 최성기 → 감쇠기 → 성장기
③ 초기 → 감쇠기 → 성장기 → 최성기
④ 초기 → 성장기 → 최성기 → 감쇠기

🔍 화재의 성상 단계 : 초기(화재발생) → 성장기(내장재에 옮겨붙음) → 최성기(연소가 최고조에 달함) → 감쇠기(화재가 줄어듦)

72 다음 중 건물 천장 부근에 축척된 가연성 가스가 착화되면 실내 전체가 화염에 휩싸이는 현상은?

① 오일오버(Oil over)
② 파이어오프(Fire Off)
③ 플래시오버(Flash over)
④ 플래시 온(Flash On)

🔍 화재성상 단계 중 성장기는 내장재 등에 착화된 시점으로, 실내온도는 급격히 상승하며 이후 천장 부근에 축척된 가연성 가스가 착화되면 실내 전체가 화염에 휩싸이는 플래시오버(Flash over) 상태가 된다.

73 화재성상 단계 중 플래시오버(Flashover) 상태가 되는 단계는?

① 초기
② 성장기
③ 최성기
④ 감쇠기

🔍 72번 문제 해설 참조

정답 67 ② 68 ③ 69 ① 70 ④ 71 ④ 72 ③ 73 ②

74 화재성상 단계 중 '최성기'의 설명으로 틀린 것은?

① 내화구조의 건축물인 경우 30분~1시간이 되면 최성기에 이른다.
② 실내 전체에 화염이 충만하며, 연소가 최고조에 달한다.
③ 내화구조의 경우 화재가 최성기에 이르면 실내온도는 800~1,050℃이다.
④ 목조건물인 경우 최성기까지 약 10분이 소요되며, 실내온도는 1,100~1,350℃에 달한다.

🔍 내화구조의 경우 20~30분이 되면 최성기에 이르며 실내온도는 통상 800~1,050℃에 달한다.

75 다음 그래프는 실내화재의 진행과 온도변화를 보여주는 것이다. 목조건축물의 곡선을 표시한 것은?

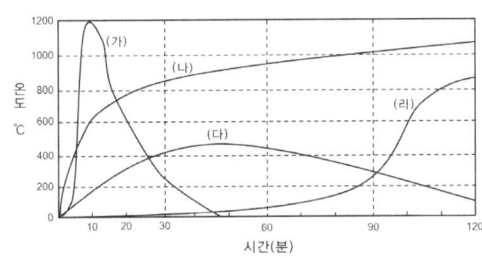

① (가)　　② (나)
③ (다)　　④ (라)

🔍 목조건물은 가구 등 내장재가 타기 쉬운 가연물로 되어 있기 때문에 순식간에 플래시오버에 도달하며 온도도 급상승한다. 일반적으로 목조건물의 경우 최성기까지 약 10분 소요되며, 실내온도는 1,100~1,350℃에 달한다. 따라서, 그래프에서는 (가)의 곡선이 목조, (나)의 곡선이 내화조에 해당된다.

3. 소화이론

76 '소화의 원리'의 설명으로 옳지 않은 것은?

① 소화란 연소의 반대 개념이다.
② 연소의 3요소 중 어느 하나 이상 또는 전부를 제거하면 된다.
③ 연쇄반응인자의 전달을 차단하면 된다.
④ 연소의 4요소는 분리할 필요가 없다.

🔍 소화란 연소의 반대 개념으로 연소의 3요소(가연물, 산소공급원, 점화원) 중 하나 이상 또는 전부를 제거하거나, 연쇄반응 인자의 전달을 차단하면 소화되는 원리이다.

77 화재 시 소화방법으로 틀린 것은?

① 제거소화
② 질식소화
③ 냉각소화
④ 촉매소화

🔍 소화방법에는 제거소화, 질식소화, 냉각소화, 억제소화가 있다. 특히, 이 중 억제소화는 산화반응(연쇄반응)을 약화시켜 소화하는 화학적 작용에 의한 소화방법으로 억제(부촉매) 작용에 의한 소화방법이다.

78 연소반응에 관계된 가연물을 제거하여 연소반응을 중지시켜 소화하는 방법은?

① 제거소화
② 질식소화
③ 냉각소화
④ 억제소화

🔍 소화방법
- 제거소화 : 연소반응에 관계된 가연물이나 그 주위의 가연물을 제거
- 질식소화 : 산소공급원을 차단하여 소화하는 방법(공기 중 산소 농도를 15% 이하로 억제)
- 냉각소화 : 연소하고 있는 가연물로부터 열을 뺏어 연소물을 착화온도 이하로 내리는 방법
- 억제소화 : 산화반응(연쇄반응)을 약화시켜 소화하는 방법(화학적 작용에 의한 소화방법)

79 화재 시 산소공급원을 차단하여 소화하는 방법은?

① 제거소화　　② 질식소화
③ 냉각소화　　④ 억제소화

🔍 질식소화란 산소공급원을 차단하여 소화하는 방법(공기 중 산소 농도를 15% 이하로 억제)으로 불연성 기체·포말·고체로 연소물을 덮는 방법이 주로 사용된다.

정답　74 ①　75 ①　76 ④　77 ④　78 ①　79 ②

80 화재 시 가연물의 열을 뺏어 연소물을 착화온도 이하로 내려서 소화하는 방법은?

① 제거소화 ② 질식소화
③ 냉각소화 ④ 억제소화

🔍 연소하고 있는 가연물의 열을 뺏어 착화온도 이하로 내리는 것, 즉 냉각함으로써 소화하는 방법이다.

81 화재 시 연쇄반응을 약화시켜 연소가 계속되는 것을 불가능하게 하여 소화하는 방법은?

① 제거소화
② 질식소화
③ 냉각소화
④ 억제소화

🔍 연소의 4요소 중 연쇄반응을 약화시켜 연소가 계속되는 것을 불가능하게 하여 소화하는 것을 억제소화라 한다.

82 다음 중 제거소화방법으로 볼 수 없는 것은?

① 가스밸브의 폐쇄
② 가연물 직접 제거 및 파괴
③ 촛불을 입으로 불어 가연성 증기를 순간적으로 날려 보내는 방법
④ 산불화재 시 화재 진행 방향의 반대편 나무 제거

🔍 제거소화 방법
• 가스밸브의 폐쇄
• 가연물 직접 제거 및 파괴
• 촛불을 입으로 불어 가연성 증기를 순간적으로 날려 보내는 방법
• 산불화재 시 화재 진행 방향의 나무 제거

83 소화약제 중 물소화약제의 소화효과는?

① 질식, 냉각효과
② 냉각, 질식효과
③ 질식, 부촉매
④ 질식, 부촉매, 냉각효과

🔍 소화약제의 종류
• 물소화약제 : 냉각, 질식효과
• 포소화약제 : 질식, 냉각효과
• 분말소화약제 : 질식, 억제(부촉매) 효과
• 이산화탄소(CO_2) 소화약제 : 질식, 냉각효과
• 할로겐화합물 소화약제 : 질식, 억제(부촉매), 냉각효과

84 소화약제 중 포소화약제의 소화효과는?

① 냉각, 질식효과
② 질식, 부촉매
③ 질식, 냉각효과
④ 질식, 부촉매, 냉각효과

🔍 83번 문제 해설 참조

85 다음 중 연소의 4요소와 제거방법이 가장 올바르게 연결된 것은?

① 가연물 - 질식소화
② 산소 - 냉각소화
③ 에너지 - 제거소화
④ 연쇄반응 - 억제소화

🔍 제거요소별 소화법

제거요소	소화법	제거요소	소화법
가연물	제거소화	산소	질식소화
에너지	냉각소화	연쇄반응	억제소화

정답 80 ③ 81 ④ 82 ④ 83 ② 84 ③ 85 ④

CHAPTER 03

화기취급 감독 및 화재위험작업 허가·관리

Section 01 화기취급작업 및 화재위험작업
Section 02 위험물 안전관리
Section 02 전기 및 가스안전관리

SECTION 01 화기취급작업 및 화재위험작업

STEP 01 화기취급작업 안전관리규정

1. 화기취급작업

화기취급작업은 용접, 용단, 연마, 땜, 드릴 등 화염 또는 불꽃(스파크)를 발생시키는 작업 또는 가연성 물질의 점화원이 될 수 있는 모든 기기를 사용하는 작업을 말한다.

2. 화기 등의 관리

① 위험물이 있어 폭발이나 화재가 발생할 우려가 있는 장소 또는 그 상부에서 불꽃이나 아크를 발생하거나 고온으로 될 우려가 있는 화기·기계·기구 및 공구 등을 사용해서는 아니 된다.
② 위험물, 위험물 외의 인화성 유류 또는 인화성 고체가 있을 우려가 있는 배관·탱크 또는 드럼 등의 용기에 대하여 미리 해당 위험물을 제거하는 등 폭발이나 화재의 예방을 위한 조치를 한 후가 아니면 화재위험작업을 시켜서는 아니 된다.
③ 통풍이나 환기가 충분하지 않은 장소에서 화재위험작업을 하는 경우에는 통풍 또는 환기를 위하여 산소를 사용해서는 아니 된다.
④ 가연성물질이 있는 장소에서 화재위험작업을 하는 경우에는 다음의 사항을 준수하여야 한다.
  ㉮ 작업 준비 및 작업 절차 수립
  ㉯ 작업장 내 위험물의 사용·보관 현황 파악
  ㉰ 화기작업에 따른 인근 가연성물질에 대한 방호조치 및 소화기구 비치
  ㉱ 용접불티 비산방지덮개, 용접방화포 등 불꽃, 불티 등 비산방지조치
  ㉲ 인화성 액체의 증기 및 인화성 가스가 남아 있지 않도록 환기 등의 조치
  ㉳ 작업근로자에 대한 화재예방 및 피난교육 등 비상조치
⑤ 화재위험작업이 시작되는 시점부터 종료될 때까지 작업내용, 작업일시, 안전점검 및 조치에 관한 사항 등을 해당 작업장소에 서면으로 게시해야 한다.
⑥ 다음의 어느 하나에 해당하는 장소에서 용접·용단 작업을 하도록 하는 경우에는 화재감시자를 지정하여 용접·용단 작업 장소에 배치해야 한다. 다만, 같은 장소에서 상시·반복적으로 용접·용단작업을 할 때 경보용 설비·기구, 소화설비 또는 소화기가 갖추어진 경우에는 화재감시자를 지정·배치하지 않을 수 있다.

㉮ 작업반경 11m 이내에 건물구조 자체나 내부(개구부 등으로 개방된 부분을 포함)에 가연성물질이 있는 장소
㉯ 작업반경 11m 이내의 바닥 하부에 가연성물질이 11m 이상 떨어져 있지만 불꽃에 의해 쉽게 발화될 우려가 있는 장소
㉰ 가연성물질이 금속으로 된 칸막이·벽·천장 또는 지붕의 반대쪽 면에 인접해 있어 열전도나 열복사에 의해 발화될 우려가 있는 장소
⑦ 화재감시자는 다음의 업무를 수행한다.
  ㉮ 위 ⑥항의 ㉮, ㉯, ㉰항에 해당하는 장소에 가연성물질이 있는지 여부의 확인
  ㉯ 가스 검지, 경보 성능을 갖춘 가스 검지 및 경보 장치의 작동 여부의 확인
  ㉰ 화재 발생 시 사업장 내 근로자의 대피 유도
⑧ 사업주는 배치된 화재감시자에게 업무 수행에 필요한 확성기, 휴대용 조명기구 및 화재 대피용 마스크 등 대피용 방연장비를 지급해야 한다.
⑨ 화학설비 또는 위험물 건조설비가 있는 장소, 그 밖에 위험물이 아닌 인화성 유류 등 폭발이나 화재의 원인이 될 우려가 있는 물질을 취급하는 장소에는 소화설비를 설치하여야 한다.
⑩ 화로, 가열로, 가열장치, 소각로, 철제굴뚝, 그 밖에 화재를 일으킬 위험이 있는 설비 및 건축물과 그 밖에 인화성 액체와의 사이에는 방화에 필요한 안전거리를 유지하거나 불연성 물체를 차열(遮熱)재료로 하여 방호하여야 한다.
⑪ 흡연장소 및 난로 등 화기를 사용하는 장소에 화재예방에 필요한 설비를 하여야 하며, 화기를 사용한 사람은 불티가 남지 않도록 뒤처리를 확실하게 하여야 한다.
⑫ 소각장을 설치하는 경우 화재가 번질 위험이 없는 위치에 설치하거나 불연성 재료로 설치하여야 한다.

3. 주요 화기취급작업 및 안전대책

① 용접 및 용단
  ㉮ 용접 : 접합하고자 하는 둘 이상의 물체(주로 금속)의 접합 부분에 존재하는 방해물질을 제거하여 결합시키는 과정으로 주로 열을 이용하여 두 금속을 용융시켜 접합하는 것
  ㉯ 용단 : 고체 금속을 절단하는 방법으로 금속 절단 부분에 산화 반응 등을 일으켜 그 열로 재료를 녹여서 절단하는 것
② 용접방법에 따른 구분
  ㉮ 아크용접 : 전기회로에 있는 2개의 금속을 서로 접촉시켜 전류를 흐르게 하고 이를 조금 떼어 놓을 때 발생하는 고열의 청백색 아크(Arc)로 금속을 용융시킨 뒤 용착시키는 방법
  ㉯ 가스용접 : 가연성 가스와 산소와의 반응에서 발생하는 가스 연소열을 용접의 열원으로 사용하는 용접법으로 산소-아세틸렌가스를 주로 사용
③ 용접작업의 화재 위험성
  ㉮ 스패터(spatter) 현상 : 용접작업시 작은 입자의 용적들이 비산되는 현상
  ㉯ 용접작업 시 비산불티의 특성
    ㉠ 용접작업 시 수천 개의 비산된 불티 발생
    ㉡ 용접작업 시 작업높이, 철판두께, 풍속 등에 따른 불티의 비산거리는 조건 및 환경에

ⓒ 비산불티는 약 1,600℃ 이상의 고온체
ⓓ 발화원이 될 수 있는 비산불티의 직경은 약 0.3~3mm
ⓔ 비산불티는 짧게는 작업과 동시~수 분 사이, 길게는 수 시간 이후에도 화재 가능성이 있음

> **참고** **불꽃비산에 의해 화재발생 방지대책**
> - 불꽃받이나 방염시트 사용
> - 불꽃비산구역 내 가연물 제거 및 정리·정돈
> - 소화기 비치

STEP 02 화재위험작업 허가·관리

1. 화기취급작업의 일반적인 절차

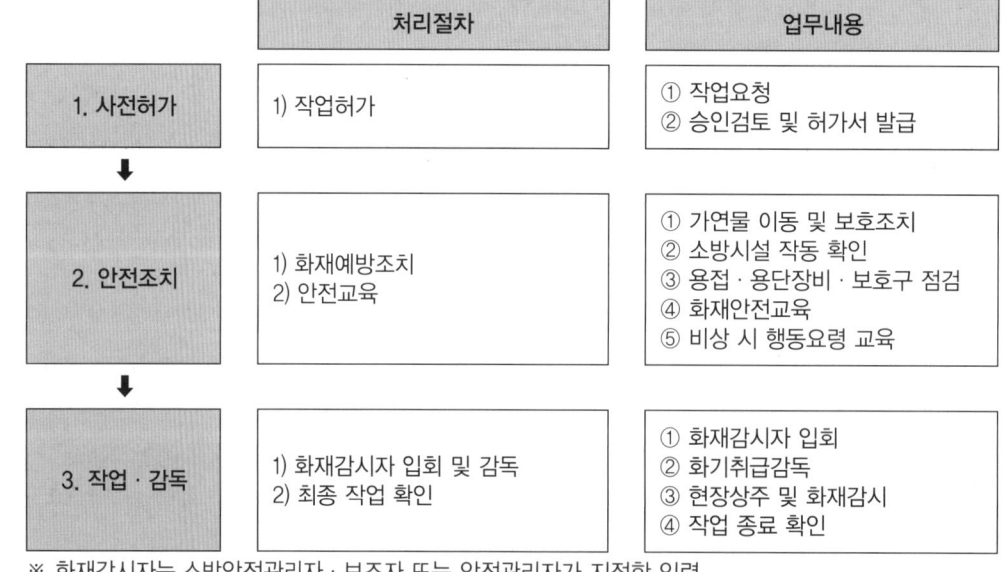

※ 화재감시자는 소방안전관리자·보조자 또는 안전관리자가 지정한 인력

2. 화재위험작업 관리감독

① 화재안전 감독자(감독관)는 예상되는 화기작업의 위치를 확정하고, 화기작업 시작 전 작업현장의 화재안전조치 상태 및 예방대책을 확인하여야 한다.
② 화재위험작업시 주요 확인사항
  ㉮ 소화기 및 방화수 배치
  ㉯ 불꽃방지포 설치
  ㉰ 작업현장 주변 가연물 및 위험물 이격상태
  ㉱ 전기를 이용한 화기작업 시 전기인입 상태 등

SECTION 02 위험물 안전관리

STEP 01 위험물안전관리법

1. 위험물안전관리법의 목적 및 정의
① 위험물안전관리법의 목적
  ㉮ 위험물의 저장·취급 및 운반과 이에 따른 안전관리에 관한 사항을 규정
  ㉯ 위험물로 인한 위해를 방지하여 공공의 안전 확보
② 용어의 정의
  ㉮ 위험물 : 인화성 또는 발화성 등의 성질을 가지는 것으로서 대통령령이 정하는 물품
  ㉯ 지정수량 : 위험물의 종류별로 위험성을 고려하여 대통령령으로 정하는 수량으로서 제조소등의 설치허가 등에 있어서 최저기준이 되는 수량

> **참고** 주요 위험물의 지정수량
>
> | 휘발유 | 등유경유 | 중유 | 알코올류 | 황 | 질산 |
> |---|---|---|---|---|---|
> | 200L | 1,000L | 2,000L | 400L | 100kg | 300kg |

2. 위험물안전관리자 선임 및 해임
① 제조소등의 관계인은 위험물의 안전관리에 관한 직무를 수행하기 위하여 제조소등마다 대통령령이 정하는 위험물의 취급에 관한 자격이 있는 자를 안전관리자로 선임하여야 한다.
② 해임하거나 퇴직한 때에는 그날로부터 30일 이내에 다시 선임하여야 한다.
③ 선임한 날로부터 14일 이내에 소방본부장 또는 소방서장에게 신고하여야 한다.

STEP 02 위험물 류별 특성

구분	성질	특성	소화방법
제1류 위험물	산화성고체	• 강산화제로 다량의 산소를 함유 • 가열, 충격, 마찰 등에 의해 분해하여 산소방출	물에 의한 냉각소화
제2류 위험물	가연성고체	• 저온 착화하기 쉬운 가연성물질 • 연소 시 연소열이 크고 유독가스 발생	물에 의한 냉각소화

구분	성질	특성	소화방법
제3류 위험물	자연발화성물질 및 금수성물질	• 물과 반응거나 자연발화에 의해 발열 또는 가연성가스를 발생 • 저장용기 파손 또는 누출에 주의	마른 모래 등에 의한 질식소화
제4류 위험물	인화성액체	• 인화가 용이 • 대부분 물보다 가볍고, 증기는 공기보다 무거움 • 주수소화가 불가능한 것이 대부분임	포, 분말 등 소화약제에 의한 질식소화
제5류 위험물	자기반응성물질	• 가연성으로 산소를 함유하여 자기연소하는 자기반응성물질 • 가열, 충격, 마찰 등에 의해 착화, 폭발의 위험 • 연소속도가 매우 빨라서 소화가 곤란	화재 초기 대량의 물에 의한 냉각소화 그 후 자연진화
제6류 위험물	산화성액체	• 강산으로 산소를 발생하는 무색, 투명의 조연성액체(자체는 불연) • 일부는 물과 접촉하면 발열	마른 모래 등에 의한 질식소화

STEP 03 인화성액체의 성질 및 취급

1. 제4류 위험물의 공통적인 성질

① 인화하기 쉽다.
② 증기는 대부분 공기보다 무겁다.
③ 증기는 공기와 혼합되어 연소·폭발한다.
④ 착화온도가 낮은 것은 위험하다.
⑤ 물보다 가볍고 대부분 물에 녹지 않는다.

2. 유류(油類) 취급 시 주의사항

① 기름을 주입할 때는 반드시 난로 불을 끈 후 연료를 주입하고 기름이 넘치지 않도록 한다.
② 이동식 석유난로는 넘어지기 쉽고 화재위험이 많으므로 이용 시 고정하여 사용한다.
③ 난로는 가연물로부터 충분히 거리를 띄우고 불씨가 있는 부근에는 가연물질을 방치하지 않는다.
④ 불이 붙은 상태에서 석유난로를 이동하지 않는다.
⑤ 불을 켜둔 상태에서 장시간 자리를 비우지 않는다.
⑥ 음식물 조리 중에는 전화를 받는 등 자리를 떠나지 않는다.
⑦ 유류가 들어있던 빈 드럼통을 사용하기 위해 절단할 때에는 빈 드럼통 속에 남아있던 유증기는 완전히 배출 후 작업한다.
⑧ 유류통의 연료량을 확인하기 위해 라이터나 성냥을 사용하지 말고 반드시 손전등을 사용하며, 실내에서 페인트, 신나 등의 도색작업 시 충분한 환기를 시킨다.

SECTION 03 전기 및 가스안전관리

STEP 01 전기안전관리

1. 전기의 위험성
전기는 눈에 보이지 않고 냄새도 없어 감지가 어려워 화재 및 감전에 대한 위험성이 많으므로 사용 시 항상 주의하여야 한다.

2. 전기에 의한 주요 화재 원인
① 전선의 합선(단락)에 의한 발화
② 누전에 의한 발화
③ 과전류(과부하)에 의한 발화
④ 기타 규격미달의 전선 또는 전기기계기구 등의 과열, 배선 및 전기기계기구 등의 절연불량 또는 정전기로부터의 불꽃

3. 전기화재 예방요령
① 하나의 콘센트에 여러 가지 전기기구를 꽂아서 사용하지 않는다.
② 사용하지 않는 기구는 전원을 끄고 플러그를 뽑아 둔다.
③ 플러그를 뽑을 때는 선을 당기지 말고 몸체를 잡고 뽑는다.
④ 과전류 차단장치를 설치한다.
⑤ 규격 퓨즈를 사용하고 끊어질 경우 그 원인을 조치한다.
⑥ 전기시설 설치 시 등록업체에 의뢰하여 정확하게 시공한다.
⑦ 콘센트에 플러그는 흔들리지 않게 완전히 꽂아 사용한다.
⑧ 누전차단기를 설치하고 월 1~2회 동작 여부를 확인한다.
⑨ 전선은 묶거나 꼬이지 않도록 한다.
⑩ 전기담요는 접힌 부분에 열이 발생하므로 밟거나 접어서 사용하지 않는다.
⑪ 비닐전선은 열에 약하므로 백열전등이나 전열기구 등 고열을 발생하는 기구에는 고무코드 전선을 사용한다.
⑫ 비닐장판이나 양탄자 밑으로는 전선이 지나지 않도록 한다.
⑬ 전기기구는 'KS' 마크 부착제품을 사용하고, 사용 전에는 반드시 사용설명서를 읽어본다.
⑭ 전선이 쇠붙이나 움직이는 물체와 접촉되지 않도록 한다.

STEP 02 가스안전관리

1. 가스의 위험성

가스는 사용하기 편리, 열량이 높고 공해가 적어 가정용·공업용·차량용 등 사용량이 계속 증가하고 있으나, 잘못 다루면 가스 중독 또는 폭발을 동반하는 대형화재를 유발시킬 수 있다.

2. 연료가스의 종류와 특성

구분	액화석유가스 (LPG : Liquefied Petroleum Gas)	액화천연가스 (LNG : Liquefied Natural Gas)
주성분	프로판(C_3H_8), 부탄(C_4H_{10})	메탄(CH_4)
용도	가정용, 공업용, 자동차 연료용	도시가스
비중	1.5~2(누출 시 낮은 곳 체류)	0.6(누출 시 천장쪽에 체류)
폭발범위	프로판 2.1~9.5%, 부탄 1.8~8.4%	5~15%

3. 가스화재의 주요원인

① 가스화재의 공급자 원인
  ㉮ 용기 밸브의 오조작
  ㉯ 용기 교체 작업 중 누설화재
  ㉰ 잔량 가스처리 및 취급 미숙
  ㉱ 가스충전 작업 중 누설폭발
  ㉲ 고압가스 운반기준 미이행
  ㉳ 배관 내의 공기치환작업 미숙
  ㉴ 용기 보관실 점화원(성냥 등) 사용
  ㉵ 배달원의 안전의식 결여

② 가스화재의 사용자 원인
  ㉮ 실내에 용기보관 중 가스누설
  ㉯ 점화 미확인으로 인한 누설폭발
  ㉰ 환기불량에 의한 질식사
  ㉱ 가스사용 중 장시간 자리 이탈
  ㉲ 성냥불로 누설확인 중 폭발
  ㉳ 호스접속 불량 방치
  ㉴ 조정기 분해 오조작
  ㉵ 콕크 조작 미숙
  ㉶ 인화성물질 동시 사용

4. 가스사용 시 주의사항

시기	주의사항
사용 전	• 가스가 새고 있는지 냄새로 확인하고, 환기를 시킨다.(연료용가스는 안전상 누출 시 감지할 수 있도록 메르캅탄류의 자극적인 냄새가 나는 화학물질을 첨가) • 가스연소기 부근에는 가연성 물질을 두지 않는다. • 콕크, 호스 등 연결부는 호스 밴드로 확실하게 조이고, 호스가 낡거나 손상이 있을 때에는 즉시 새것으로 교체한다. • 연소기구는 자주 청소하여 불구멍 등이 막히지 않도록 한다.
사용 중	• 콕크를 돌려 점화 시 불이 붙었는지 확인한다. • 파란불꽃 상태가 되도록 조절한다.(황색, 적색의 불꽃은 불완전 연소로 일산화탄소가 발생된다.) • 장시간 자리를 비우지 말고 주의하여 지켜본다.
사용 후	• 가스연소기에 부착된 콕크는 물론 중간밸브도 확실하게 잠근다. • 장기간 외출 시 중간밸브와 함께 용기밸브도 잠그고, 도시가스 사용 시 메인밸브까지 잠근다.

5. 가스누설경보기

① 개요 : 가스누설경보기는 가스시설이 되어 있는 소방대상물에 설치하여 가스의 누출현상이 나타나면 자동적으로 경보를 발함으로써 가스로 인한 화재 및 인명피해를 미연에 방지할 수 있는 설비를 말한다.

② 가스누설경보기의 설치 위치
   ㉮ 증기비중이 1보다 작은 가스의 경우(LNG)
      ㉠ 가스연소기로부터 수평거리 8m 이내의 위치에 설치
      ㉡ 탐지기의 하단은 천장면의 하방 30cm 이내의 위치에 설치
   ㉯ 증기비중이 1보다 큰 가스의 경우(LPG)
      ㉠ 가스연소기 또는 관통부로부터 수평거리 4m 이내의 위치에 설치
      ㉡ 탐지기의 상단은 바닥면의 상방 30cm 이내의 위치에 설치

제03장_ 화기취급 감독 및 화재위험작업 허가·관리
적중예상문제

1. 화기취급작업 및 화재위험작업

01 가연성물질이 있는 장소에서 화재위험작업을 하는 경우의 준수사항으로 거리가 먼 것은?

① 작업장 내 위험물의 사용·보관 현황 파악
② 화기작업에 따른 인근 가연성물질에 대한 방호조치 및 소화기구 비치
③ 용접불티 비산방지덮개, 용접방화포 등 불꽃, 불티 등 비산방지조치
④ 인화성 액체의 증기 및 인화성 가스의 잔류조치

🔍 인화성 액체의 증기 및 인화성 가스는 폭발 및 화재의 위험이 크기 때문에 남아 있지 않도록 환기 등의 조치를 하여야 한다.

02 화재위험작업의 관리감독에 대한 내용으로 옳지 않은 것은?

① 용접·용단 작업 시 건물구조 자체나 가연성물질이 5m 이내인 경우 화재감시인을 배치하여야 하며, 그 이상의 거리가 떨어져 있는 경우에는 화재감시인을 배치하지 않아도 된다.
② 통풍이나 환기가 충분하지 않은 장소에서 화재위험작업을 하는 경우에는 통풍 또는 환기를 위하여 산소를 사용해서는 아니 된다.
③ 사업주는 배치된 화재감시자에게 업무 수행에 필요한 확성기, 휴대용 조명기구 및 화재 대피용 마스크 등 대피용 방연장비를 지급해야 한다.
④ 소각장을 설치하는 경우 화재가 번질 위험이 없는 위치에 설치하거나 불연성 재료로 설치하여야 한다.

🔍 다음의 어느 하나에 해당하는 장소에서 용접·용단 작업을 하도록 하는 경우에는 화재감시자를 지정하여 용접·용단 작업 장소에 배치해야 한다.
- 작업반경 11m 이내에 건물구조 자체나 내부(개구부 등으로 개방된 부분을 포함)에 가연성물질이 있는 장소
- 작업반경 11m 이내의 바닥 하부에 가연성물질이 11m 이상 떨어져 있지만 불꽃에 의해 쉽게 발화될 우려가 있는 장소
- 가연성물질이 금속으로 된 칸막이·벽·천장 또는 지붕의 반대쪽 면에 인접해 있어 열전도나 열복사에 의해 발화될 우려가 있는 장소

03 화재위험작업의 관리감독 절차와 관련하여 다음 보기의 ( ) 안에 들어갈 내용으로 옳은 것은?

- 작업완료 시 화재감시자는 해당작업구역 내에 (㉠) 이상 더 상주하면서 발화 및 착화 발생 여부에 대한 감시를 진행하여야 한다.
- 화재안전 감독자에게 작업종료를 통보한 이후 추가적으로 (㉡) 이후까지는 순찰점검 등을 통한 현장 관찰이 필요하다.

① ㉠ 10분, ㉡ 1시간
② ㉠ 10분, ㉡ 3시간
③ ㉠ 30분, ㉡ 3시간
④ ㉠ 30분, ㉡ 1시간

🔍
- 작업완료 후 30분 이상 화기취급작업 현장에 상주
- 작업종료 통보 이후 추가적으로 3시간 이후까지 화재 발생 여부 감시

04 용접작업 시 작은 입자의 용적들이 비산되는 현상은?

① 스패터   ② 오버랩
③ 언더컷   ④ 크레이터

🔍 스패터(spatter) 현상은 용접작업 시 작은 입자의 용적들이 비산되는 현상으로 아크용접에서는 가스폭발, 아크 휨, 긴 아크 등일 경우 주로 발생한다.

정답 01 ④ 02 ① 03 ③ 04 ①

05 화기취급작업의 일반적 절차상 안전조치 업무내용과 가장 거리가 먼 것은?

① 가연물 이동 및 보호조치
② 현장상주 및 화재감시
③ 소방시설 작동 확인
④ 용접·용단장비 및 보호구 점검

🔍 안전조치 업무내용
- 가연물 이동 및 보호조치
- 소방시설 작동 확인
- 용접·용단장비·보호구 점검
- 화재안전교육
- 비상 시 행동요령 교육

2. 위험물 안전관리

06 다음 ( ) 안에 들어갈 내용으로 맞는 것은?

> '위험물안전관리법'에서 규제하는 위험물은 ( ) 또는 ( ) 등의 성질을 가지는 것으로 대통령령이 정하는 물품을 말한다.

① 점화성, 가연성
② 점화성, 발화성
③ 인화성, 발화성
④ 산화성, 점화성

🔍 위험물이란 인화성 또는 발화성의 성질을 가지는 것으로 대통령령이 정하는 물품을 말한다.

07 다음 중 위험물안전관리법의 목적과 가장 거리가 먼 것은?

① 위험물로 인한 위해를 방지
② 국민의 생명, 신체 및 재산을 보호하기 위해
③ 위험물의 저장·취급 및 운반에 관한 사항을 규정
④ 위험물의 안전관리에 관한 사항을 규정

🔍 위험물안전관리법은 위험물의 저장·취급 및 운반과 이에 따른 안전관리에 관한 사항을 규정함으로써 위험물로 인한 위해를 방지하여 공공의 안전을 확보함을 목적으로 한다.

08 위험물안전관리법에서 규제하는 위험물은 누가 정하는가?

① 소방본부장   ② 행정안전부장관
③ 국무총리   ④ 대통령

🔍 "위험물"이라 함은 인화성 또는 발화성 등의 성질을 가지는 것으로서 대통령령이 정하는 물품을 말한다.

09 다음 단어의 설명 중 틀린 것은?

① 위험물이란 인화성 또는 발화성 등의 성질을 가지는 것으로 대통령령으로 정하는 물품을 말한다.
② 지정수량이란 위험물의 종류별로 위험성을 고려하여 국무총리령이 정하는 수량을 말한다.
③ 제조소는 위험물을 제조할 목적으로 지정수량 이상의 위험물을 취급하기 위하여 허가를 받은 장소를 말한다.
④ 저장소는 지정수량 이상의 위험물을 저장하기 위해 허가를 받은 장소이다.

🔍 "지정수량"이라 함은 위험물의 종류별로 위험성을 고려하여 대통령령이 정하는 수량으로서 제조소등의 설치허가 등에 있어서 최저의 기준이 되는 수량을 말한다.

10 위험물과 지정수량의 연결이 잘못된 것은?

① 휘발유 - 500L
② 등유, 경유 - 1,000L
③ 중유 - 2,000L
④ 알코올류 - 400L

🔍 주요 위험물의 지정수량

휘발유	등유·경유	중유	알코올류	황	질산
200L	1,000L	2,000L	400L	100kg	300kg

정답 05 ② 06 ③ 07 ② 08 ④ 09 ② 10 ①

11 제조소등의 관계인은 위험물안전관리자를 해임 또는 퇴직할 때에는 그 날로부터 며칠 이내에 다시 선임하여야 하는가?

① 10일 이내
② 14일 이내
③ 20일 이내
④ 30일 이내

🔍 제조소등의 관계인은 위험물안전관리자를 해임하거나 퇴직할 때에는 그 날로부터 30일 이내에 다시 선임하여야 한다.

12 위험물안전관리법상 제조소 등의 관계인은 위험물안전관리자를 재선임한 경우 선임한 날부터 며칠 이내에 신고하여야 하는가?

① 7일 이내
② 14일 이내
③ 20일 이내
④ 30일 이내

🔍 위험물안전관리자를 재선임한 경우 선임한 날부터 14일 이내에 소방본부장 또는 소방서장에게 신고하여야 한다.

13 위험물안전관리법상 재선임한 위험물안전관리자를 누구에게 신고하여야 하는가?

① 시·도지사
② 행정안전부장관
③ 소방본부장 또는 소방서장
④ 관할경찰서장

🔍 14일 이내에 소방본부장 또는 소방서장에게 신고하여야 한다.

14 위험물안전관리법상 위험물안전관리자 선임과 해임의 설명으로 틀린 것은?

① 제조소등의 관계인은 제조소등마다 위험물의 취급에 관한 자격이 있는 자를 안전관리자로 선임하여야 한다.
② 관계인은 위험물안전관리자를 해임하거나 퇴직한 때에는 그 날로부터 30일 이내에 다시 선임하여야 한다.
③ 관계인은 위험물안전관리자를 재선임한 날부터 14일 이내에 소방본부장 또는 소방서장에게 신고하여야 한다.
④ 관계인은 소방본부장이나 소방서장 허락없이 위험물안전관리자를 해임시킬 수 없다.

🔍 제조소등의 관계인은 대통령령에 따라 위험물안전관리자로 해임 또는 선임할 수 있다.

15 각 위험물(류별)의 특성으로 옳지 않은 것은?

① 제1류 위험물 – 산화성고체
② 제2류 위험물 – 가연성고체
③ 제3류 위험물 – 산화성액체
④ 제4류 위험물 – 인화성액체

🔍 각 위험물의 류별 특성
  • 제1류 위험물 – 산화성고체
  • 제2류 위험물 – 가연성고체
  • 제3류 위험물 – 자연발화성물질 및 금수성물질
  • 제4류 위험물 – 인화성액체
  • 제5류 위험물 – 자기반응성물질
  • 제6류 위험물 – 산화성액체

16 다음 중 제1류 위험물의 특성이 아닌 것은?

① 강산화제로서 다량의 산소를 함유하고 있다.
② 산화성 고체이다.
③ 비중은 1보다 작다.
④ 다른 가연물의 연소를 돕는다.

🔍 제1류 위험물의 비중은 1보다 크며, 물에 녹는 것도 있다.

17 제1류 위험물 특성의 설명으로 맞는 것은?

① 가열, 충격, 마찰 등에 의해 분해, 산소를 방출한다.
② 연소 시 유독가스를 발생한다.
③ 연소속도가 빨라 소화가 곤란하다.
④ 일부는 물과 접촉하면 발열한다.

🔍 제1류 위험물
  • 무색결정 또는 백색분말의 무기화합물로 산화성고체이다.
  • 강산화물질로 다량의 산소를 함유하고 있다.
  • 가열, 충격, 마찰 등에 의해 분해하여 산소를 방출한다.
  • 비중은 1보다 크며 물에 녹는 것도 있다.

정답 11 ④ 12 ② 13 ③ 14 ④ 15 ③ 16 ③ 17 ①

18 제1류 위험물 화재 시 소화방법으로 가장 적절한 것은?

① 마른 모래 등에 의한 질식소화
② 물에 의한 냉각소화
③ 포, 분말 등 소화약제에 의한 질식소화
④ 자연진화되도록 기다려야 함

🔍 각 위험물 화재 시 소화방법
• 제1류 위험물, 제2류 위험물 : 물에 의한 냉각소화
• 제3류 위험물, 제6류 위험물 : 마른 모래 등에 의한 질식소화
• 제4류 위험물 : 포, 분말 등 소화약제에 의한 질식소화
• 제5류 위험물 : 화재 초기에만 대량의 물에 의한 냉각소화 그 후엔 자연진화 되도록 기다려야 함

19 위험물안전관리법상 제1류 위험물에 해당되는 것은?

① 가연성고체
② 산화성고체
③ 자연발화성 물질 또는 금수성 물질
④ 산화성 액체

🔍 각 위험물의 류별 특성
• 제1류 위험물 - 산화성고체
• 제2류 위험물 - 가연성고체
• 제3류 위험물 - 자연발화성물질 및 금수성물질
• 제4류 위험물 - 인화성액체
• 제5류 위험물 - 자기반응성물질
• 제6류 위험물 - 산화성액체

20 다음 중 제2류 위험물 특성으로 맞지 않는 것은?

① 가연성 고체이다.
② 저온착화하기 쉬운 가연성 물질이다.
③ 연소 시 유독가스가 발생된다.
④ 산소와 결합이 어려워 산화되기 어렵다.

🔍 제2류 위험물의 특성
• 비교적 낮은 온도에서 착화하기 쉬운 가연성고체이며 환원성물질이다.
• 비중은 1보다 크고 물에는 녹지 않는다.
• 연소시 연소열이 크고 유독가스를 발생한다.

21 위험물안전관리법상 제2류 위험물에 해당되는 것은?

① 산화성고체
② 산화성액체
③ 가연성고체
④ 자연발화성물질 및 금수성물질

🔍 • 산화성고체 - 제1류 위험물
• 산화성액체 - 제6류 위험물
• 자연발화성물질 및 금수성물질 - 제3류 위험물

22 제2류 위험물 화재 시 소화방법으로 옳은 것은?

① 마른 모래 등에 의한 질식소화
② 포, 분말 등 소화 약제에 의한 질식소화
③ 물에 의한 냉각소화
④ 자연진화

🔍 각 위험물 화재 시 소화방법
• 제1류 위험물, 제2류 위험물 : 물에 의한 냉각소화
• 제3류 위험물, 제6류 위험물 : 마른 모래 등에 의한 질식소화
• 제4류 위험물 : 포, 분말 등 소화약제에 의한 질식소화
• 제5류 위험물 : 화재 초기에만 대량의 물에 의한 냉각소화 그 후엔 자연진화 되도록 기다려야 함

23 다음 중 제3류 위험물 특성으로 맞지 않는 것은?

① 자연발화성물질 및 금수성물질이다.
② 공기 또는 물과 접촉하여도 반응하지 않는다.
③ 자연발화에 의해 발열 또는 가연성가스가 발생된다.
④ 저장 시 용기 파손 또는 누출에 주의해야 한다.

🔍 제3류 위험물의 특성
• 자연발화성물질 및 금수성물질이다.
• 대부분 무기화합물이며 고체이고 일부는 액체이다.
• 물과 반응하거나 자연발화에 의해 발열·가연성가스를 발생한다.
• 저장용기는 공기와 수분과의 접촉을 피하여, 용기 파손 또는 누출에 주의한다.

정답 18 ② 19 ② 20 ④ 21 ③ 22 ③ 23 ②

24 위험물안전관리법상 제3류 위험물에 해당하는 것은?

① 산화성고체
② 산화성액체
③ 가연성고체
④ 자연발화물질 및 금수성물질

> • 산화성고체 - 제1류 위험물
> • 산화성액체 - 제6류 위험물
> • 가연성고체 - 제2류 위험물

25 제3류 위험물 화재 시 소화 방법으로 옳은 것은?

① 마른 모래 및 탄산수소 염류 분말 소화약제 등에 의한 질식소화
② 주수소화
③ 물에 의한 냉각소화
④ 포, 분말 등 소화약제에 의한 질식소화

> 제3류 위험물 화재 시 소화방법은 마른 모래 등에 의한 질식소화, 팽창질석, 팽창진주암이 더 효과적이다.

26 위험물안전관리법상 제4류 위험물에 해당되는 것은?

① 산화성고체 ② 가연성고체
③ 인화성액체 ④ 산화성액체

> • 산화성고체 - 제1류 위험물
> • 가연성고체 - 제2류 위험물
> • 산화성액체 - 제6류 위험물

27 다음 중 제4류 위험물의 특성으로 맞지 않는 것은?

① 인화성액체이다.
② 인화점이 낮아 인화하기 쉽다.
③ 대부분 물보다 가볍고, 증기는 공기보다 무겁다.
④ 대부분 주수소화가 가능하다.

> 제4류 위험물의 특성
> • 인화가 쉬운 인화성액체이다.
> • 물에 녹지 않고 물보다 가볍다.
> • 증기비중은 공기보다 무거워 낮은 곳에 체류한다.
> • 주수소화가 불가능한 것이 대부분이다.

28 제4류 위험물 화재 시 소화방법으로 옳은 것은?

① 포, 분말 등 소화약제에 의한 질식소화
② 물에 의한 냉각소화
③ 마른 모래 등에 의한 질식소화
④ 자연진화

> 각 위험물 화재 시 소화방법
> • 제1류 위험물, 제2류 위험물 : 물에 의한 냉각소화
> • 제3류 위험물, 제6류 위험물 : 마른 모래 등에 의한 질식소화
> • 제4류 위험물 : 포, 분말 등 소화약제에 의한 질식소화
> • 제5류 위험물 : 화재 초기에만 대량의 물에 의한 냉각소화 그 후엔 자연진화 되도록 기다려야 함

29 위험물안전관리법상 제5류 위험물에 해당되는 것은?

① 산화성고체
② 자기반응성물질
③ 산화성액체
④ 자연발화성물질 및 금수성물질

> • 산화성고체 - 제1류 위험물
> • 산화성액체 - 제6류 위험물
> • 자연발화성물질 및 금수성물질 - 제3류 위험물

30 다음 중 제5류 위험물의 특성으로 맞지 않는 것은?

① 자기반응성 물질이다.
② 연소속도가 느려 소화하기가 쉽다.
③ 가연성으로 산소를 함유하여 자기연소를 한다.
④ 가열, 충격, 마찰 등에 의해 착화, 폭발한다.

> 제5류 위험물의 특성
> • 가연성으로 산소를 함유하여 자기연소하는 자기반응성물질이다.
> • 가열, 충격, 마찰 등에 의해 착화, 폭발의 위험이 있다.
> • 연소속도가 매우 빨라서 소화가 곤란하다.

31 제5류 위험물 화재 시 소화방법으로 옳은 것은?

① 물에 의한 냉각소화
② 마른 모래 등에 의한 질식소화
③ 포, 분말 등 소화약제에 의한 질식소화

정답 24 ④ 25 ① 26 ③ 27 ④ 28 ① 29 ② 30 ② 31 ④

④ 화재 초기에만 대량의 물에 의한 냉각소화이고, 그 이후엔 자연진화 되도록 기다려야 함

🔍 각 위험물 화재 시 소화방법
- 제1류 위험물, 제2류 위험물 : 물에 의한 냉각소화
- 제3류 위험물, 제6류 위험물 : 마른 모래 등에 의한 질식소화
- 제4류 위험물 : 포, 분말 등 소화약제에 의한 질식소화
- 제5류 위험물 : 화재 초기에만 대량의 물에 의한 냉각소화 그 후엔 자연진화 되도록 기다려야 함

32 위험물안전관리법상 제6류 위험물에 해당되는 것은?

① 산화성액체
② 산화성고체
③ 인화성액체
④ 가연성고체

🔍
- 산화성고체 – 제1류 위험물
- 인화성액체 – 제4류 위험물
- 가연성고체 – 제2류 위험물

33 다음 중 제6류 위험물의 특성으로 맞지 않는 것은?

① 비중은 1보다 작다.
② 강산성이고 강산화성 액체이다.
③ 강산으로 산소를 발생하는 조연성 액체이다.
④ 일부는 물과 접촉하면 발열한다.

🔍 제6류 위험물의 특성
- 강산으로 산소를 발생하는 무색, 투명의 조연성액체(자체는 불연)이다.
- 비중은 1보다 크고 물에 녹기 쉽다.
- 일부는 물과 접촉하면 심하게 발열한다.
- 증기는 유독하며 피부와 접촉 시 점막을 부식시킨다.

34 제6류 위험물의 화재 시 소화방법으로 가장 적절하지 않은 것은?

① 마른모래를 사용한다.
② 주수소화를 한다.
③ 질식소화기를 사용한다.
④ 할론소화기를 사용한다.

🔍 제6류 위험물의 화재 시 마른모래, 주수소화, 질식소화기(이산화탄소, 할로겐화합물은 부적합)를 이용하여 소화한다.

35 위험물안전관리법상 제1류 위험물의 종류가 아닌 것은?

① 염소산염류
② 질산염류
③ 과망가니즈산염류
④ 황화인

🔍 제1류 위험물은 강산화성물질(산화성고체)로 염소산염류, 과염소산염류, 질산염류, 과망가니즈산염류 등이 있다.

36 위험물안전관리법상 제2류 위험물의 종류가 아닌 것은?

① 석유류
② 황화인
③ 황
④ 금속분

🔍 제2류 위험물은 환원성물질(가연성고체)로 황화인, 적린, 황, 철분, 금속분, 마그네슘, 인화성고체 등이 있다.

37 위험물안전관리법상 제3류 위험물 종류가 아닌 것은?

① 황린
② 칼륨
③ 황
④ 나트륨

🔍 제3류 위험물은 금수성물질(자연발화성물질)로 칼륨, 나트륨, 황린, 알킬알루미늄, 알킬리튬, 알칼리금속, 금속의 수소화물, 금속의 인화물 등이 있다.

38 위험물안전관리법상 제4류 위험물 종류가 아닌 것은?

① 제1류~4류 석유류
② 과산화수소
③ 알코올
④ 윤활유

🔍 제4류 위험물은 인화성물질(인화성액체)로 제1류~제4류 석유류, 알코올, 윤활유, 동식물유류 등이 있다.

정답 32 ① 33 ① 34 ④ 35 ④ 36 ① 37 ③ 38 ②

39 위험물안전관리법상 제5류 위험물 종류가 아닌 것은?

① 유기과산화물
② 나이트로화합물
③ 질산염류
④ 질산에스터류

🔍 제5류 위험물은 자기반응성액체(폭발성물질)로 유기과산화물, 질산에스터류, 하이드록실아민, 나이트로화합물 등이 있다.

40 위험물안전관리법상 제6류 위험물 종류가 아닌 것은?

① 질산
② 할로겐화합물
③ 과산화수소
④ 황

🔍 제6류 위험물은 산화성액체로 과염소산, 과산화수소, 질산, 할로겐화합물(할로젠간화합물) 등이 있다.

41 다음 중 유류의 공통적인 성질에 해당되지 않는 것은?

① 인화하기 쉽다.
② 증기는 대부분 공기보다 가볍다.
③ 증기는 공기와 혼합되어 연소, 폭발한다.
④ 착화온도가 낮은 것은 위험하다.

🔍 유류의 공통적인 성질
 • 인화하기 쉽다.
 • 증기는 대부분 공기보다 무겁다.
 • 증기는 공기와 혼합되어 연소 · 폭발한다.
 • 착화온도가 낮은 것은 위험하다.
 • 물보다 가볍고 물에 녹지 않는다.

42 다음 중 유류의 공통적인 성질에 해당되는 것은?

① 착화온도가 높은 것은 위험하다.
② 물보다 무겁고, 물에 잘 녹는다
③ 증기는 공기와 혼합되어 연소, 폭발한다.
④ 증기는 대부분 공기보다 가볍다.

🔍 41번 문제 해설 참조

43 다음 중 유류 취급 시 주의사항으로 틀린 것은?

① 기름을 주입할 때는 난로 불을 끈 후 연료를 주입한다.
② 이동식 석유난로는 이용 시 고정하여 사용한다.
③ 난로는 가연물로부터 충분히 거리를 띄우고 불씨가 있는 부근에서 가연물질을 방치하지 않는다.
④ 불이 붙은 상태에서 석유난로 이동 시 조심하여야 한다.

🔍 불이 붙은 상태에서 석유난로를 이동하면 안 된다.

44 다음 중 유류 취급 시 주의사항으로 볼 수 없는 것은?

① 불을 켜 두고 장시간 자리를 비우지 않는다.
② 유류통의 연료량을 확인하기 위해 라이터나 성냥을 사용하지 말고 손전등을 사용한다.
③ 음식물 조리 중에는 전화통화도 짧게 받는다.
④ 유류용 빈드럼통 절단 시에는 통 속에 남아 있던 유증기를 배출 후 작업한다.

🔍 음식물 조리 중에는 전화를 받는 등 자리를 떠나지 않는다.

● **2. 전기 및 가스안전관리**

45 다음 중 전기화재의 주요 원인으로 볼 수 없는 것은?

① 전선의 합선(단락)에 의한 발화
② 누전에 의한 발화
③ 전압의 승압에 의한 발화
④ 과전류(과부하)에 의한 발화

🔍 전기화재의 주요 원인
 • 전선의 합선(단락)에 의한 발화
 • 누전에 의한 발화
 • 과전류(과부하)에 의한 발화
 • 기타 규격미달의 전선 또는 전기기계기구 등의 과열, 배선 및 전기기계기구 등의 절연불량 또는 정전기로부터의 불꽃

정답 39 ③ 40 ④ 41 ② 42 ③ 43 ④ 44 ③ 45 ③

46 다음 중 전기로 인한 화재요인 별 발생상황 분석 시 화재 발생 비율이 가장 높은 것은?

① 합선(다락) ② 과전류
③ 누전 및 스파크 ④ 절연불량

🔍 전기로 인한 화재요인은 과전류에 의한 화재발생이 가장 높다.

47 다음 중 전기로 인한 화재예방요령으로 틀린 것은?

① 하나의 콘센트에 여러 가지 전기기구를 꽂아서 사용하지 않는다.
② 사용하지 않는 기구는 전원을 끄고 플러그를 뽑아 둔다.
③ 과전류 차단장치를 설치한다.
④ 전선은 풀리지 않도록 잘 묶어 놓아야 한다.

🔍 전선을 묶거나 꼬이지 않도록 한다.

48 다음 중 전기로 인한 화재예방요령으로 옳지 않은 것은?

① 비닐장판, 양탄자 밑으로 전선을 지나게 하여 외부에 보이지 않게 한다.
② 규격퓨즈를 사용하고 끊어질 경우 그 원인을 조치한다.
③ 누전차단기를 설치하고 월 1~2회 동작 여부를 확인한다.
④ 콘센트에 플러그를 흔들리지 않게 완전히 꽂아 사용한다.

🔍 비닐장판이나 양탄자 밑으로 전선이 지나지 않도록 한다.

49 액화석유가스(LPG)의 특성으로 옳지 않은 것은?

① 주성분은 프로판(C_3H_8), 부탄(C_4H_{10})이다.
② 용도는 가정용, 공업용, 자동차 연료용이 있다.
③ 비중은 공기보다 가벼운 0.6 정도이다.
④ 프로판(C_3H_8)의 폭발범위는 2.1~9.5%이다.

🔍 연료가스의 종류와 특성

구분	액화석유가스(LPG)	액화천연가스(LNG)
주성분	프로판(C_3H_8), 부탄(C_4H_{10})	메탄(CH_4)
용도	가정용, 공업용, 자동차 연료용	도시가스
비중	1.5~2(누출 시 낮은 곳 체류)	0.6 (누출 시 천장쪽에 체류)
폭발범위	프로판 2.1~9.5%, 부탄 1.8~8.4%	5~15%

50 연료가스 중 액화천연가스(LNG)의 특성으로 볼 수 없는 것은?

① 주성분은 메탄(CH_4)이다.
② 용도는 도시가스로 사용된다.
③ 누출 시 낮은 곳에 체류한다.
④ 메탄(CH_4)의 폭발범위는 5~15%이다.

🔍 49번 문제 해설 참조

51 가스화재의 주요원인 중 공급자 측의 원인으로 볼 수 없는 것은?

① 용기밸브의 오조작
② 용기교체 작업 중 누설 화재
③ 가스충전 작업 중 누설 폭발
④ 가스사용 중 장시간 자리 이탈

🔍 공급자 원인
- 용기밸브의 오조작
- 용기교체 작업 중 누설화재
- 잔량 가스처리 및 취급 미숙
- 가스충전 작업 중 누설폭발
- 고압가스 운반기준 미 이행
- 배관 내의 공기치환작업 미숙
- 용기 보관실 점화원(성냥 등) 사용
- 배달원의 안전의식 결여

정답 46 ② 47 ④ 48 ① 49 ③ 50 ③ 51 ④

52 LPG와 LNG의 설명 중 틀린 것은?

① LPG는 누출 시 낮은 곳에 체류한다.
② LNG는 누출 시 천장 쪽에 체류한다.
③ LPG의 주성분은 프로판(C_3H_8), 부탄(C_4H_{10})이다.
④ LNG의 주성분은 벤젠(C_6H_6)이다.

> LNG의 주성분은 메탄(CH_4)이고, 비중은 0.6, 폭발범위는 5~15(%)이다.

53 가스화재의 주요 원인 중 사용자 측의 원인으로 볼 수 없는 것은?

① 실내에 용기보관 중 가스 누설
② 점화 미확인으로 인한 누설폭발
③ 잔량 가스처리 및 취급 미숙
④ 환기불량에 의한 질식사

> 사용자 원인
> - 실내에 용기보관 중 가스누설
> - 점화 미확인으로 인한 누설폭발
> - 환기불량에 의한 질식사
> - 가스사용 중 장기간 자리 이탈
> - 성냥불로 누설확인 중 폭발
> - 호스접속 불량 방치
> - 조정기 분해 오 조작
> - 콕크 조작 미숙
> - 인화성물질(연탄 등) 동시 사용

54 가스 사용 전 주의사항으로 맞지 않는 것은?

① 가스가 새고 있는지 냄새로 확인하고, 환기시킨다.
② 가스연소기 부근에는 가연성 물질을 두지 않는다.
③ 가스연소기에 부착된 콕크와 중간밸브를 확실하게 잠근다.
④ 연소기구는 자주 청소하여 불구멍이 막히지 않도록 한다.

> 가스연소기에 부착된 콕크와 중간밸브를 잠그는 것은 가스 사용 후 주의사항이다.

55 가스 사용 중 주의사항으로 맞지 않는 것은?

① 콕크, 호스 등 연결부는 호스밴드로 확실하게 조인다.
② 콕크를 돌려 점화 시 불이 붙었는지 확인한다.
③ 파란불꽃 상태가 되도록 조정한다.
④ 장시간 자리를 비우지 말고 주의하여 지켜본다.

> 콕크, 호스 등 연결부는 호스밴드로 확실하게 조이고 호스가 낡거나 손상이 있을 때에는 즉시 새것으로 교체하는 것은 가스 사용 전 주의사항이다.

56 가스누설경보기에 대한 설명으로 옳지 않은 것은?

① LPG가스는 공기보다 무거워 바닥에서 30cm 이내에 가스누설경보기를 설치한다.
② LNG가스는 공기보다 가벼워 가스기구 위쪽에 가스누설경보기를 설치한다.
③ LPG가스는 비중이 1보다 작고, LNG가스는 비중이 1보다 크다.
④ 가스누설경보기는 매일 1회 이상 표시 등에 의하여 전기가 통하는 여부를 확인하여야 한다.

> LPG가스 비중은 〉 1, LNG가스 비중 〈 1 이다.

57 가스누설경보기는 탐지대상가스의 증기 비중이 1보다 작은 경우, 연소기로부터 수평거리 몇 m 이내의 위치에 설치하여야 하는가?

① 5m 이내　　② 8m 이내
③ 10m 이내　　④ 15m 이내

> 가스누설 경보기 설치 위치
> - 가스의 증기 비중이 1보다 작은 경우
>   - 연소기로부터 수평거리 8m 이내의 위치에 설치
>   - 탐지기의 하단은 천장면의 하방 30cm 이내의 위치에 설치
> - 가스의 증기 비중이 1보다 큰 경우
>   - 연소기 또는 관통부로부터 수평거리 4m 이내의 위치에 설치
>   - 탐지기의 상단은 바닥면의 상방 30cm 이내의 위치에 설치

정답　52 ④　53 ③　54 ③　55 ①　56 ③　57 ②

CHAPTER 04

피난시설, 방화구획 및 방화시설의 유지·관리

Section 01 방화구획 등
Section 02 피난시설, 방화구획 및 방화시설의 유지·관리

SECTION 01 방화구획 등

STEP 01 방화구획 개요 및 기준

1. 방화구획

① 건축물 내의 어느 부분에서 발생한 화재에 의해 건물 전체에 화재가 확대되는 것을 방지하기 위한 구획
② 고층 및 지하 심층 건축물, 규모가 큰 일반 건축물이나 공장 등에서의 화재 발생 시 연기 및 화염의 확산방지를 위한 구획
③ 공간을 구성하는 바닥, 천장, 벽, 문 등의 부재는 연소방지상 내화적인 것이 요구됨

 방화구획의 중요성
건축물 내에서 그 내부를 일정한 크기의 면적 및 층으로 구분하여 화재를 하나의 공간으로 한정함으로써 화재가 다른 공간으로 확산되는 것을 방지

2. 방화구획 기준

주요 구조부가 내화구조 또는 불연재료로 된 건축물로서 연면적이 1,000m²를 넘는 것은 다음 기준에 의한 방화구획을 하여야 한다.

구획의 종류	구획단위	구획부분의 구조
면적별 구획	• 10층 이하의 층은 바닥면적 1,000m² 이내마다 구획 • 11층 이상의 층은 바닥면적 200m²(내장재가 불연재인 경우 500m²) 이내마다 구획 ※ 스프링클러설비 기타 이와 유사한 자동식 소화설비를 설치한 경우에는 상기 면적의 3배 이내마다 구획	1. 내화구조의 바닥, 벽 2. 60분+ 방화문 · 60분 방화문 3. 자동방화셔터(국토교통부장관이 정하는 기준에 맞는 것)
층별 구획	• 매층마다 구획(다만, 지하 1층에서 지상으로 직접 연결하는 경사로 부위 제외)	
필로티 등	• 필로티 등(벽면적의 2분의 1 이상이 그 층의 바닥면에서 위층 바닥 아래면까지 공간으로 된 것)의 부분을 주차장으로 사용하는 경우 그 부분은 건축물의 다른 부분과 구획할 것	

 공동주택 중 아파트로서 4층 이상인 층에 대피공간을 설치하는 경우 그 대피공간과 실내의 다른 부분과 방화구획해야 함

STEP 02 방화구획의 구조 및 확인사항

1. 방화구획의 구조

① 방화구획으로 사용하는 60분+ 방화문 또는 60분 방화문은 언제나 닫힌 상태를 유지하거나 화재로 인한 연기 또는 불꽃을 감지하여 자동적으로 닫히는 구조로 할 것. 다만, 연기 또는 불꽃을 감지하여 자동적으로 닫히는 구조로 할 수 없는 경우에는 온도를 감지하여 자동적으로 닫히는 구조로 할 수 있다.

② 다음에 해당하는 경우 그 부분을 내화시간 이상 견딜 수 있는 내화채움성능이 인정된 구조로 메울 것
  ㉮ 급수관·배전관 또는 그 밖의 관이나 전선 등이 방화구획을 관통하여 관통부가 생기는 경우
  ㉯ 방화구획의 벽과 벽, 벽과 바닥, 바닥과 바닥 사이에 접합부가 생기는 경우
  ㉰ 방화구획과 외벽 사이에 접합부가 생기는 경우
  ㉱ 방화구획에 그 밖의 틈이 생기는 경우

③ 환기·난방 또는 냉방시설의 풍도가 방화구획을 관통하는 경우에는 그 관통 부분 또는 그 근접하는 부분에 다음의 기준에 적합한 댐퍼를 설치할 것. 다만 반도체공장 건축물로서 방화구획을 관통하는 풍도의 주위에 스프링클러헤드를 설치하는 경우에는 그렇지 않다.
  ㉮ 화재로 인한 연기 또는 불꽃을 감지하여 자동적으로 닫히는 구조로 할 것, 다만, 주방 등 연기가 항상 발생하는 부분에는 온도를 감지하여 자동적으로 닫히는 구조로 할 수 있다.
  ㉯ 국토교통부장관이 정하여 고시하는 비차열(非遮熱) 성능 및 방연성능 등의 기준에 적합할 것

2. 방화구획 중점 확인사항

① 방화구획을 관통하는 배관, 덕트, 케이블트레이 등 틈새상태 : 배관 등이 방화구획 되어있는 벽 등을 관통하여 틈이 생긴 경우 내화충진재로 메워져 있는 확인

② 방화구획 관통 덕트에 방화댐퍼 설치 여부 : 공조설비와 제연설비의 풍도가 내화구조의 벽, 계산, 부속실, 벽 등을 관통할 경우 방화댐퍼 설치 여부 확인

③ 필로티 구조 1층 거실의 계단실 부분과 복도의 구획 여부 : 건축물 내부에서 피난계단의 계단실, 특별피난계단의 노대 및 부속실로 통하는 출입구에 방화문 설치 여부 확인

④ 필로티 구조 1층 거실과 승강기의 승강로 부분의 구획 여부 : 승강로비 부분을 포함한 승강기의 승강로 1층 부분이 건축물의 다른 부분과 방화구획으로 구획되었는지 여부 확인(구획되지 않은 경우 승강기 문이 방화문으로 되어 있는지 확인)

SECTION 02 피난시설, 방화구획 및 방화시설의 유지·관리

STEP 01 피난·방화시설 및 옥상광장

1. 피난시설

계단(직통계단·피난계단 등), 복도, 출입구(비상구 포함), 그 밖의 피난시설(옥상광장, 피난안전구역, 피난용 승강기 및 승강장 등)

① 피난계단은 건물의 각 층에서 피난층으로 통하는 직통계단을 말하며, 건물 내부에서 피난계단으로 통하는 출입구에는 방화문을 설치하고, 이곳으로 통하는 통로에는 쉽게 찾을 수 있도록 피난구유도등 또는 유도표지를 설치한다.

② 피난계단의 종류 및 피난 시 이동경로

피난계단의 종류	피난 시 이동경로
옥내피난계단	옥내 ⇨ 계단실 ⇨ 피난층
옥외피난계단	옥내 ⇨ 옥외계단 ⇨ 지상층
특별피난계단	옥내 ⇨ 부속실 ⇨ 계단실 ⇨ 피난층

2. 방화시설

① 방화구획(방화문, 자동방화셔터, 내화구조의 바닥과 벽)
② 방화벽 및 내화성능을 갖춘 내부마감재 등

3. 옥상광장 등의 설치

① 개요 : 옥상광장 또는 2층 이상인 층에 노대(露臺) 등의 주위에는 높이 1.2m 이상의 난간을 설치하여야 한다.
② 옥상광장 설치 대상 : 5층 이상의 층이 다음의 용도로 쓰이는 대상물
　㉮ 근린생활시설 중 공연장·종교집회장·인터넷컴퓨터게임시설제공업소(해당 용도로 쓰는 바닥면적의 합계가 각각 300m² 이상인 경우)
　㉯ 문화 및 집회시설(전시장 및 동·식물원은 제외)
　㉰ 종교시설, 판매시설·위락시설 중 주점영업 또는 장례시설

③ 옥상으로 통하는 출입문에 비상문자동개폐장치(화재 등 비상시에 소방시스템과 연동되어 잠김상태가 자동으로 풀리는 장치)를 설치해야 하는 대상
  ㉮ 위 ②항에 따라 피난 용도로 쓸 수 있는 광장을 옥상에 설치해야 하는 건축물
  ㉯ 피난용도로 쓸 수 있는 광장을 옥상에 설치하는 다음의 건축물
    ㉠ 다중이용 건축물
    ㉡ 연면적 1,000m² 이상인 공동주택
    ㉢ 아래 ④에 해당하는 출입문
④ 옥상공간을 확보하여야 하는 대상 : 층수가 11층 이상인 건축물로써 11층 이상인 층의 바닥면적 합계가 10,000m² 이상인 건축물
  ㉮ 건축물 지붕을 평지붕으로 하는 경우 : 헬리포트를 설치하거나 헬리콥터를 통하여 인명 등을 구조할 수 있는 공간
  ㉯ 건축물 지붕을 경사지붕으로 하는 경우 : 경사지붕 아래에 설치하는 대피공간

STEP 02 피난시설, 방화구획 및 방화시설 관련 금지 행위

1. 피난시설, 방화구획 및 방화시설의 폐쇄행위
① 건축법령에 의거 설치한 피난·방화시설을 화재 시 사용할 수 없도록 폐쇄하는 행위
② 계단, 복도 등에 방범철책(창) 등을 설치하여 화재 시 피난할 수 없도록 하는 행위
③ 비상구 등에 잠금장치(고정식 잠금장치 등)를 설치하여 누구나 쉽게 열 수 없도록 하는 행위
④ 용접, 조적, 쇠창살, 석고보드 또는 합판 등으로 비상(탈출)구의 개방이 불가능하도록 하는 행위
⑤ 기타 객관적인 판단하에 누구라도 폐쇄라고 볼 수 있는 행위

2. 피난시설, 방화구획 및 방화시설의 훼손행위
① 방화문을 철거(제거)하는 행위나 방화문에 고임장치(도어스톱) 등 설치 또는 자동폐쇄장치를 제거하여 그 기능을 저해하는 행위
② 배연설비가 작동되지 아니하도록 기능에 지장을 주는 행위
③ 객관적인 판단하에 누구라도 피난·방화시설을 훼손하였다고 볼 수 있는 행위(구조적인 시설을 물리력을 가하여 훼손한 때)

3. 피난시설, 방화구획 및 방화시설의 주위에 물건적치 또는 장애물 설치행위
① 계단, 복도(통로) 또는 출입구에 물건을 쌓아놓거나 또는 장애물을 방치하는 행위
② 계단 또는 복도에 방범철책(쇠창살)을 설치하는 행위
  ※ 방범철책에 고정식 잠금장치를 설치하는 행위는 피난·방화시설의 폐쇄행위에 해당
③ 방화셔터 주위에 물건 또는 장애물을 방치하거나 설치하여 그 기능에 지장을 주는 행위

4. 피난시설, 방화구획 및 방화시설의 변경행위

① 방화구획 및 내부마감재료를 임의로 변경하여 건축법령을 위반하였다고 볼 수 있는 행위
　㉮ 임의구획으로 무창층을 발생하게 하는 행위
　㉯ 방화구획에 개구부를 설치하여 그 기능에 지장을 주는 행위 등
② 방화문을 철거하고 목재, 유리문 등으로 변경하는 행위
③ 기타 객관적인 판단하에 누구라도 피난·방화시설을 변경하여 건축법령을 위반하였다고 볼 수 있는 행위

5. 피난시설, 방화구획 및 방화시설의 용도장애 또는 소방활동 지장 초래행위

① 위에 열거된 1.부터 4.까지의 폐쇄·훼손·물건적치 또는 설치·변경행위로 피난시설, 방화구획 및 방화시설의 용도에 장애를 유발하거나, 화재 시 소방호스 전개상 걸림·꼬임현상 등 소방활동에 지장을 초래한다고 판단되는 행위
② 위에 열거된 1.부터 4.까지에서 적시하지 않은 행위로 피난시설, 방화구획 및 방화시설의 용도에 장애를 주거나 소방활동에 지장을 초래한다고 판단되는 행위

> **참고** 피난시설, 방화구획 및 방화시설의 유지·관리에 대한 조치명령권자
> 소방본부장 또는 소방서장

제04장_ 피난시설, 방화구획 및 방화시설의 유지·관리

적중예상문제

1. 방화구획 등

01 주요 구조부가 내화구조 또는 불연재료로 된 건축물로서 연면적이 얼마 이상을 넘은 경우 방화구획을 하여야 하는가?

① 500m²
② 1,000m²
③ 2,000m²
④ 3,000m²

🔍 주요 구조부가 내화구조 또는 불연재료로 된 건축물로서 연면적이 1,000m²를 넘는 것은 기준에 따라 방화구획을 하여야 한다.

02 방화구획 단위는 11층 이상일 경우 층내 바닥면적의 몇 m² 이내마다 구획하여야 하는가?(단, 내장재는 불연재, 스프링클러설비 기타 이와 유사한 자동식소화설비를 설치하지 않은 경우)

① 200m²
② 250m²
③ 400m²
④ 500m²

🔍 방화구획의 면적별 구획
- 10층 이하의 층은 바닥면적 1,000m² 이내마다 구획
- 11층 이상의 층은 바닥면적 200m²(내장재가 불연재인 경우 500m²) 이내마다 구획
※ 스프링클러설비 기타 이와 유사한 자동식 소화설비를 설치한 경우에는 상기 면적의 3배 이내마다 구획

03 방화구획의 설치기준 중 스프링클러설비 기타 이와 유사한 자동식소화설비를 설치한 10층 이하의 층은 몇 m² 이내마다 구획할 수 있는가?

① 1,000m²
② 1,500m²
③ 2,000m²
④ 3,000m²

🔍 10층 이하의 층은 바닥면적 1,000m² 이내마다 구획. 단, 스프링클러설비 기타 이와 유사한 자동식 소화설비를 설치한 경우 이 면적의 3배 이내마다 구획가능하므로 3000m² 이내마다 구획할 수 있다.

04 다음 ( ) 안에 들어갈 내용으로 옳은 것은?

> 공동주택 중 아파트로서 ( ) 이상인 층에 대피공간을 설치하는 경우 그 대피공간과 실내의 다른 부분과 방화구획하여야 한다.

① 4층
② 6층
③ 10층
④ 15층

🔍 공동주택 중 아파트로서 4층 이상인 층에 대피공간을 설치하는 경우 그 대피공간과 실내의 다른 부분과 방화구획해야 한다.

05 방화구획의 구조에 대한 내용으로 틀린 것은?

① 60분+ 방화문 또는 60분 방화문은 언제나 열려있는 상태를 유지하거나 화재로 인한 연기 또는 불꽃을 감지하여 자동적으로 열리는 구조여야 한다.
② 외벽과 바닥 사이에 틈이 생긴 때나 급수관·배전관 그 밖의 관이 방화구획으로 되어 있는 부분을 관통하는 경우 그 틈을 규정에 따른 내화시간 이상 견딜 수 있는 내화채움성능이 인정된 구조로 메워야 한다.
③ 환기·난방 또는 냉방시설의 풍도가 방화구획을 관통하는 경우에는 그 관통 부분 또는 그 근접하는 부분에 기준에 적합한 댐퍼를 설치하여야 한다.
④ 댐퍼는 화재로 인한 연기 또는 불꽃을 감지하여 자동적으로 닫히는 구조로 하여야 한다.

🔍 방화구획으로 사용하는 60분+ 방화문 또는 60분 방화문은 언제나 닫힌 상태를 유지하거나 화재로 인한 연기 또는 불꽃을 감지하여 자동적으로 닫히는 구조로 할 것. 다만, 연기 또는 불꽃을 감지하여 자동적으로 닫히는 구조로 할 수 없는 경우에는 온도를 감지하여 자동적으로 닫히는 구조로 할 수 있다.

정답 01 ② 02 ④ 03 ④ 04 ① 05 ①

2. 피난시설, 방화구획 및 방화시설의 유지·관리

06 건축법상 피난시설에 해당하지 않는 것은?

① 직통계단 ② 비상구
③ 방화문 ④ 피난안전구역

🔍 피난시설 및 방화시설
- 피난시설 : 계단(직통계단·피난계단 등), 복도, 출입구(비상구 포함), 그 밖의 피난시설(옥상광장, 피난안전구역, 피난용 승강기 및 승강장 등)
- 방화시설 : 방화구획(방화문, 방화셔터, 내화구조의 바닥과 벽), 방화벽 및 내화성능을 갖춘 내부마감재 등

07 피난시설 중 피난계단에 대한 설명으로 틀린 것은?

① 피난계단은 건물의 각 층에서 피난안전구역으로 통하는 계단을 말한다.
② 건물 내부에서 피난계단으로 통하는 출입구에는 방화문을 설치하여야 한다.
③ 통로에는 쉽게 찾을 수 있도록 피난구유도등 또는 유도표지를 설치한다.
④ 옥내피난계단의 피난 시 이동경로는 옥내 → 계단실 → 피난층이다.

🔍 피난계단은 건물의 각 층에서 피난층으로 통하는 직통계단을 말하며, 피난층은 곧바로 지상으로 갈 수 있는 출입구가 있는 층을 말한다.

08 건축법상 피난계단의 종류 중 '옥외피난계단'의 피난 시 이동경로로 적절한 것은?

① 옥내 → 계단실 → 피난층
② 옥내 → 옥외계단 → 지상층
③ 옥내 → 부속실 → 계단실 → 피난층
④ 옥내 → 계단실 → 부속실 → 피난층

🔍 피난계단의 종류 및 피난 시 이동경로

피난계단의 종류	피난 시 이동경로
옥내피난계단	옥내 ⇨ 계단실 ⇨ 피난층
옥외피난계단	옥내 ⇨ 옥외계단 ⇨ 지상층
특별피난계단	옥내 ⇨ 부속실 ⇨ 계단실 ⇨ 피난층

09 다음 조건을 고려하여 피난계단 수 및 피난계단의 종류를 선정할 경우 옳은 것은?

- 건물의 남측 및 북측에 계단이 하나씩 설치되어 있다.
- 피난 시 이동경로는 옥내 → 부속실 → 계단실 → 피난층이다.

① 총 계단수 : 1개, 옥내피난계단
② 총 계단수 : 2개, 옥내피난계단
③ 총 계단수 : 1개, 특별피난계단
④ 총 계단수 : 2개, 특별피난계단

🔍 문제 08번의 해설 참조

10 건축법상 '피난계단'과 관련한 설명이다. ( ) 안에 들어갈 a와 b의 내용으로 옳은 것은?

피난계단은 건물의 각 층에서 피난층으로 통하는 (a)을 말하며, 건물 내부에서 피난계단으로 통하는 출입구에는 (b)을 설치하고, 이곳으로 통하는 통로에는 쉽게 찾을 수 있도록 피난구유도등 또는 유도표지를 설치하여야 한다.

① a : 직통계단, b : 방화문
② a : 직통계단, b : 방화셔터
③ a : 방화구획, b : 방화문
④ a : 방화구획, b : 방화셔터

🔍 피난계단은 건물의 각 층에서 피난층으로 통하는 직통계단을 말하며, 건물 내부에서 피난계단으로 통하는 출입구에는 방화문을 설치하고, 이곳으로 통하는 통로에는 쉽게 찾을 수 있도록 피난구유도등 또는 유도표지를 설치한다.

11 옥상광장 또는 2층 이상인 층에 노대(露臺) 등의 주위에는 높이 몇 m 이상의 난간을 설치하여야 하는가?

① 0.7m ② 1m
③ 1.2m ④ 2m

🔍 옥상광장 또는 2층 이상인 층에 노대(露臺) 등의 주위에는 높이 1.2m 이상의 난간을 설치하여야 한다.

정답 06 ③ 07 ① 08 ② 09 ④ 10 ① 11 ③

12 5층 이상의 층이 특정한 용도로 쓰이는 경우 옥상광장을 설치하여야 한다. 그 용도에 해당하지 않는 것은?

① 종교시설　　② 장례시설
③ 주점영업　　④ 전시장

🔍 5층 이상의 층이 다음 용도로 쓰이는 경우 옥상광장 설치 대상에 해당된다.
- 근린생활시설 중 공연장, 종교집회장, 인터넷컴퓨터게임시설제공업소(해당 용도로 쓰는 바닥면적의 합계가 각각 300m² 이상인 경우)
- 문화 및 집회시설(전시장 및 동·식물원은 제외)
- 종교시설, 판매시설·위락시설 중 주점영업 또는 장례시설

13 다음 보기의 ( ) 안에 들어갈 내용으로 옳은 것은?

> 피난용도로 쓸 수 있는 광장을 옥상에 설치해야 하는 건축물에는 옥상으로 통하는 출입문에 (　　)을(를) 설치해야 한다.

① 비상방화문　　② 비상문자동개폐장치
③ 방화문　　　　④ 방화구획

🔍 옥상으로 통하는 출입문에 비상문자동개폐장치(화재 등 비상시에 소방시스템과 연동되어 잠김 상태가 자동으로 풀리는 장치)를 설치해야 하는 대상
- 피난용도로 쓸 수 있는 광장을 옥상에 설치해야 하는 건축물
- 피난용도로 쓸 수 있는 광장을 옥상에 설치하는 다음의 건축물
  - 다중이용 건축물
  - 연면적 1,000m² 이상인 공동주택
  - 옥상공간을 확보하여야 하는 대상(층수가 11층 이상인 건축물로써 11층 이상인 층의 바닥면적 합계가 10,000m² 이상인 건축물)의 출입문

14 소방시설법상 '피난시설, 방화구획 및 방화시설의 관련 금지 행위'로 볼 수 없는 것은?

① 피난시설, 방화구획 및 방화시설의 잠금장치를 풀어놓는 행위
② 피난시설, 방화구획 및 방화시설의 주위에 물건을 쌓아두거나 장애물을 설치하는 행위
③ 피난시설, 방화구획 및 방화시설의 용도에 장애를 주거나 소방활동에 지장을 주는 행위
④ 그 밖의 피난시설, 방화구획 및 방화시설을 변경하는 행위

🔍 피난시설, 방화구획 및 방화시설 관련 금지 행위
- 피난시설, 방화구획 및 방화시설을 폐쇄하거나 훼손하는 등의 행위
- 피난시설, 방화구획 및 방화시설의 주위에 물건을 쌓아두거나 장애물을 설치하는 행위
- 피난시설, 방화구획 및 방화시설의 용도에 장애를 주거나 소방활동에 지장을 주는 행위
- 그 밖에 피난시설, 방화구획 및 방화시설을 변경하는 행위

15 소방시설법상 피난시설, 방화구획 및 방화시설의 유지·관리에 대한 조치명령권자는?

① 관계인
② 소방본부장 또는 소방서장
③ 경찰서장
④ 행정안전부장관

🔍 소방본부장이나 소방서장은 특정소방대상물의 관계인이 피난시설, 방화구획 및 방화시설에 대하여 정당한 사유없이 법에서 정한 금지행위를 한 경우에는 피난시설, 방화구획 및 방화시설의 관리를 위하여 필요한 조치를 명할 수 있다.

16 다음 중 피난시설, 방화구획 및 방화시설 관련 금지 행위 중 폐쇄행위에 해당하지 않는 것은?

① 계단, 복도 등에 방범철책(창) 등을 설치하여 화재 시 피난할 수 없도록 하는 행위
② 비상구 등에 잠금장치(고정식 잠금장치 등)를 설치하여 누구나 쉽게 열 수 없도록 하는 행위
③ 방화문에 고임장치(도어스톱) 등 설치 또는 자동폐쇄장치를 제거하여 그 기능을 저해하는 행위
④ 용접, 조적, 쇠창살, 석고보드 또는 합판 등으로 비상(탈출)구의 개방이 불가능하도록 하는 행위

🔍 피난시설, 방화구획 및 방화시설의 폐쇄행위
- 건축법령에 의거 설치한 피난·방화시설을 화재 시 사용할 수 없도록 폐쇄하는 행위
- 계단, 복도 등에 방범철책(창) 등을 설치하여 화재 시 피난할 수 없도록 하는 행위
- 비상구 등에 잠금장치(고정식 잠금장치 등)를 설치하여 누구나 쉽게 열 수 없도록 하는 행위
- 용접, 조적, 쇠창살, 석고보드 또는 합판 등으로 비상(탈출)구의 개방이 불가능하도록 하는 행위
- 기타 객관적인 판단하에 누구라도 폐쇄라고 볼 수 있는 행위

정답　12 ④　13 ②　14 ①　15 ②　16 ③

CHAPTER 05

소방시설의 종류, 구조·점검

Section 01 소방시설의 종류
Section 02 소화설비
Section 03 경보설비
Section 04 피난구조설비

SECTION 01 소방시설의 종류

STEP 01 소화설비

물 및 그 밖의 소화약제를 사용하여 소화하는 기계, 기구 또는 설비

1. 소화기구
① 소화기
② 간이소화용구 : 에어로졸식 소화용구, 투척용 소화용구, 소공간용 소화용구 및 소화약제 외의 것을 이용한 간이소화용구
③ 자동확산소화기

2. 자동소화장치
① 주거용 주방자동소화장치
② 상업용 주방자동소화장치
③ 캐비닛형 자동소화장치
④ 가스자동소화장치
⑤ 분말자동소화장치
⑥ 고체에어로졸자동소화장치

3. 옥내소화전설비(호스릴옥내소화전설비를 포함)

4. 스프링클러설비등
① 스프링클러설비
② 간이스프링클러설비(캐비닛형 간이스프링클러설비를 포함)
③ 화재조기진압용 스프링클러설비

5. 물분무등소화설비
① 물분무소화설비
② 미분무소화설비
③ 포소화설비
④ 이산화탄소소화설비
⑤ 할론소화설비
⑥ 할로겐화합물 및 불활성기체소화설비
⑦ 분말소화설비
⑧ 강화액소화설비
⑨ 고체에어로졸소화설비

6. 옥외소화전설비

STEP 02 경보설비

화재발생 사실을 통보하는 기계 · 기구 또는 설비
① 단독경보형 감지기
② 비상경보설비 : 비상벨설비 및 자동식사이렌설비
③ 시각경보기
④ 자동화재탐지설비
⑤ 화재알림설비
⑥ 비상방송설비
⑦ 자동화재속보설비
⑧ 통합감시시설
⑨ 누전경보기
⑩ 가스누설경보기

STEP 03 피난구조설비

화재가 발생할 경우 피난하기 위하여 사용하는 기구 또는 설비
① 피난기구 : 피난사다리, 구조대, 완강기, 간이완강기 그 밖에 화재안전기준으로 정하는 것
② 인명구조기구 : 방열복, 방화복(안전모, 보호장갑 및 안전화를 포함), 공기호흡기, 인공소생기
③ 유도등 : 피난유도선, 피난구유도등, 통로유도등, 객석유도등, 유도표지
④ 비상조명등 및 휴대용비상조명등

STEP 04 소화용수설비

화재를 진압하는데 필요한 물을 공급하거나 저장하는 설비
① 상수도소화용수설비
② 소화수조 · 저수조, 그 밖의 소화용수설비

STEP 05 소화활동설비

화재를 진압하거나 인명구조활동을 위하여 사용하는 설비
① 제연설비　　　　　　　　② 연결송수관설비
③ 연결살수설비　　　　　　④ 비상콘센트설비
⑤ 무선통신보조설비　　　　⑥ 연소방지설비

SECTION 02 소화설비

STEP 01 소화기구

1. 소화기구의 종류

① 소화기 : 소화약제를 압력에 따라 방사하는 기구로 사람이 수동으로 조작하여 작동
② 간이소화용구 : 초기진화에 간편하게 사용할 수 있는 소화용구
③ 자동확산소화기 : 화재를 감지하여 자동으로 소화약제를 방출·확산시켜 국소적으로 소화하는 소화장치

[소화기]　　　[간이소화용구]　　　[자동확산소화기]

2. 소형·대형 소화기 구분(능력단위 : 소화기구의 소화능력을 나타내는 수치)

종류	능력단위기준
소형소화기	능력단위가 1단위 이상이고 대형소화기의 능력단위 미만인 것
대형소화기	화재 시 사람이 운반할 수 있도록 운반대와 바퀴가 설치되어 있고 능력단위가 A급 화재 10단위 이상, B급 화재 20단위 이상인 것

3. 소화기 적응화재

종류	기준	표시
일반화재(A급 화재)	나무, 섬유, 종이, 고무, 플라스틱류와 같은 일반 가연물이 타고 나서 재가 남는 화재	A
유류화재(B급 화재)	인화성 액체, 가연성 액체, 석유, 그리스, 타르, 솔벤트, 래커, 알코올 및 인화성 가스와 같은 유류가 타고 나서 재가 남지 않는 화재	B
전기화재(C급 화재)	전류가 흐르고 있는 전기기기, 배선과 관련된 화재	C
금속화재(D급 화재)	마그네슘 합금 등 가연성 금속에서 일어나는 화재	D
주방화재(K급 화재)	주방에서 동식물유를 취급하는 조리기구에서 일어나는 화재	K

4. 소화기의 구조원리

① 소화기의 종류

구분	적용화재	주성분	약제의 색	소화효과	기타
분말소화기	ABC급	제1인산암모늄($NH_4H_2PO_4$)	담홍색	질식, 억제 (부촉매)	가압식, 축압식
	BC급	탄산수소나트륨($NaHCO_3$)	백색		
		탄산수소칼륨($KHCO_3$)	담회색		
		탄소수소칼륨($KHCO_3$) + 요소($NH_2)_2CO$	회색		
이산화탄소 소화기	BC급	이산화탄소(CO_2)	-	질식, 냉각	방사 중지 가능, 안전밸브 장치
할론소화기	ABC급	할론1211(CF_2ClBr)	-	질식, 억제 (부촉매)	할론약제 중 1301의 소화능력이 가장 좋고, 독성이 적다.
		할론1301(CF_3Br)	-		
	BC급	할론2402($C_2F_4Br_2$)	-		

② 소화기의 구조

㉮ 분말소화기의 구조
- ㉠ 가압식 소화기 : 본체 용기 내부에 가압용 가스용기가 별도로 설치되어 있는 구조로, 현재는 생산이 중단되었다.
- ㉡ 축압식 소화기 : 본체 용기 내에는 규정량의 소화약제와 함께 압력원인 질소가스가 충전되어 있으며, 용기 내 압력을 확인할 수 있도록 지시압력계가 부착되어 사용가능한 범위가 0.7~0.98MPa로 녹색으로 되어 있다.

㉯ 할로겐화합물 소화기
- ㉠ 할론1211, 할론2402 소화기 : 용기 내 압력을 지시하는 지시압력계가 붙어 있어 사용 가능한 압력 범위가 녹색으로 되어 있다.
- ㉡ 할론1301 : 고압가스로 가스 자체의 압력(증기압)으로 방사하며, 지시압력계는 부착되어 있지 않다.

> **분말소화기 내용연수**
> 소화기의 내용연수를 10년으로 하고 내용연수가 지난 제품은 교체 또는 성능검사에 합격한 소화기는 내용 연수등이 경과한 날의 다음 달부터 다음의 기간동안 사용할 수 있다.
> • 내용연수 경과 후 10년 미만 : 3년
> • 내용연수 경과 후 10년 이상 : 1년

5. 소화기구의 설치 기준

① 특정소방대상물의 설치 장소에 따라 적응성이 있는 소화기구를 설치한다.
② 특정소방대상물에 따라 소화기구의 능력단위를 기준 이상으로 한다.
③ 보일러실, 발전실, 변전실 등 부속용도별로 사용되는 부분에 대하여는 소화기구 및 자동소화장치를 추가하여 설치하여야 한다.

④ 소화기는 다음 기준에 따라 설치한다.
  ㉮ 각 층마다 설치하되, 특정소방대상물의 각 부분으로부터 1개의 소화기까지의 보행거리가 소형소화기의 경우 20m 이내, 대형소화기의 경우 30m 이내가 되도록 배치한다.
  ㉯ 특정소방대상물의 각 층이 2 이상의 거실로 구획된 경우 각 층마다 설치하는 것 외에 바닥면적이 33m² 이상으로 구획된 각 거실에 배치(아파트인 경우 각 세대를 말함)도 배치한다.
⑤ 능력단위가 2단위 이상이 되도록 소화기를 설치하여야 하는 특정소방대상물 또는 그 부분에 있어서는 간이소화용구의 능력단위가 전체 능력단위의 2분의 1을 초과하지 아니하게 한다.(노유자시설의 경우에는 이를 제외)
⑥ 소화기구(자동확산소화기 제외)는 바닥으로부터 높이 1.5m 이하의 곳에 비치하여야 한다.
⑦ 자동확산소화기는 다음의 기준에 따라 설치한다.
  ㉮ 방호대상물에 소화약제가 유효하게 방사될 수 있도록 설치할 것
  ㉯ 작동에 지장이 없도록 견고하게 고정할 것

> **참고** 특정소방대상물별 소화기구의 능력단위 기준
>
> | 소방대상물 | 소화기구의 능력단위 |
> |---|---|
> | 위락시설 | 해당 용도의 바닥면적 30m²마다 능력단위 1단위 이상 |
> | 공연장 · 집회장 · 관람장 · 문화재 · 장례시설 및 의료시설 | 해당 용도의 바닥면적 50m²마다 능력단위 1단위 이상 |
> | 근린생활시설 · 판매시설 · 운수시설 · 숙박시설 · 노유자시설 · 전시장 · 공동주택 · 업무시설 · 방송통신시설 · 공장 · 창고시설 · 항공기 및 자동차 관련시설 및 관광휴게시설 | 해당 용도의 바닥면적 100m²마다 능력단위 1단위 이상 |
> | 그 밖의 것 | 해당 용도의 바닥면적 200m²마다 능력단위 1단위 이상 |
>
> 단, 소화기구의 능력단위를 산출함에 있어서 건축물의 주요구조부가 내화구조이고, 벽 및 반자의 실내에 면하는 부분이 불연재료 · 준불연재료 또는 난연재료로 된 소방대상물에 있어서는 위 표의 기준면적의 2배를 해당 특정소방대상물의 기준면적으로 한다.

6. 소화기 점검

① 소화기 적응성 : 화재의 종류에 따라 적응성 있는 소화기를 사용한다.
  • A – 일반화재, • B – 유류화재, • C – 전기화재, • K – 주방화재
② 본체 용기 점검 : 본체 용기가 변형, 손상 또는 부식된 경우 교체한다.
③ 누름쇠 · 레버 등의 조작 장치 점검 : 손잡이 누름쇠 변형이나 파손 시 소화약제가 방출되지 않을 수 있다.
④ 호스 · 혼 · 노즐 : 호스가 찢어지거나 노즐 · 혼이 파손되거나 탈락 상태를 점검한다.
⑤ 지시압력계
  ㉮ 녹색 : 정상
  ㉯ 노란색(황색) : 소화기 내의 압력 부족, 소화약제 재충전 또는 소화기 교체 필요
  ㉰ 적색 : 과압(압력이 높음) 상태
⑥ 소화약제 점검 : 지시압력계가 정상(녹색)범위라 하더라도 소화약제가 굳어 있다면 화재 시 정상 사용이 불가능하며, 손실량이 제원표 약제중량의 5% 초과 시 불량이다.

⑦ 안전핀 점검 : 안전핀의 탈락 여부, 안전핀의 변형 여부를 점검한다.
⑧ 자동확산소화기 점검 : 소화기의 지시압력계 상태를 확인한다.

7. 소화기 사용방법(실습)

① 소화기를 불이 난 곳으로 옮긴다.(화점에서 2~3m 떨어짐)
② 소화기를 바닥에 내려놓은 후 한 손은 소화기 몸통을 잡고 다른 한 손은 안전핀을 잡아 당긴다.
③ 한 손은 손잡이를, 다른 한 손은 노즐을 잡고 화점을 향하게 한다.
④ 완전히 소화가 될 때까지 약제를 화점을 향해 골고루 방사한다.

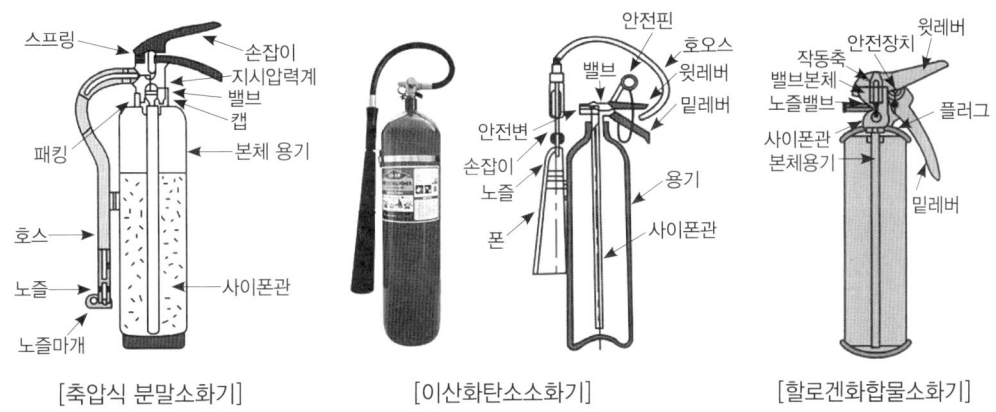

[축압식 분말소화기]   [이산화탄소소화기]   [할로겐화합물소화기]

STEP 02 자동소화장치

1. 개요

자동소화장치란 화재 시 소화약제를 자동으로 방사하여 소화하는 장치를 말한다.

2. 주거용 주방자동소화장치

주거용 주방자동소화장치는 주거용 주방에 설치된 열발생 조리기구의 사용으로 인한 화재 발생 시 열원(전기 또는 가스)을 자동으로 차단하며 소화약제를 방출하는 소화장치를 말한다.
① 설치 대상 : 아파트등(주택으로 쓰는 층수가 5층 이상인 주택) 및 오피스텔의 모든 층
② 주거용 주방자동소화장치 점검
  ㉮ 가스누설탐지부 점검 : 점검용 가스를 가스누설탐지부에 분사
    ㉠ 화재경보음이 발생하는지 확인
    ㉡ 가스누설차단밸브가 작동하는지 확인(가스차단밸브가 잠긴다.)
  ㉯ 가스누설차단밸브 시험 : 수동 작동 버튼을 눌러 작동이 되는지 확인
  ㉰ 예비전원 시험 : 전원의 플러그를 뽑은 상태에서 제어판넬(수신부)의 예비전원램프가 점등되면 정상

㉑ 감지부 시험 : 감지센서에 가열시험기로 가열하여 작동하는 방법
  ㉠ 1차 감지 : 경보 및 가스차단밸브 작동
  ㉡ 2차 감지 : 소화약제 방출
㉒ 제어반(수신부) 점검 : 소화기 상태 이상 시 경보음 발생
㉓ 약제 저장용기 점검
  ㉠ 축압식소화기(대부분의 경우) : 지시압력계가 녹색 범위에 있는 지 확인
  ㉡ 가압식소화기 : 가압설비 및 약제상태 점검

STEP 03 옥내소화전설비

1. 개요

옥내소화전설비란 건축물 내에서 화재가 발생했을 때 관계자 또는 자체소방대원이 화재발생 초기에 신속하게 소화할 수 있도록 건물 내에 설치하는 물소화설비이다.

2. 옥내소화전설비의 성능

소방대상물의 어느 층이나 해당 층의 옥내소화전(2개 이상인 경우 2개, 고층건축물의 경우 최대 5개)을 동시에 방수할 경우 각 소화전 노즐에서의 방수량과 방수압이 다음과 같아야 한다. 여기서 고층건축물이란 층수가 30층 이상이거나 높이가 120m 이상인 건축물을 말한다.

① 방수량 : 130L/min 이상
② 방수압 : 0.17MPa 이상 0.7MPa 이하

3. 옥내소화전설비의 구성

① 수원
  ㉮ 수원의 저수량 : 옥내소화전의 설치개수가 가장 많은 층의 설치개수 N(2개 이상 설치된 경우 2개)에 $2.6m^3$(130L/min·개 ×20min)를 곱한 양 이상(호스릴 옥내소화전 설비 포함)
    ㉠ 30~49층 : N × $5.2m^3$(130L/min × 40min) 이상
    ㉡ 50층 이상 : N × $7.8m^3$(130L/min × 60min) 이상
  ㉯ 유효수량 : 타 소화설비와 수원이 겸용인 경우 각각의 소화설비 유효수량을 가산한 양 이상으로 한다.
  ㉰ 전용수조(30층 이상 건축물 : 옥상수조 의무) : 일반수조, 압력수조, 고가수조, 가압수조
② 가압송수장치
  ㉮ 펌프방식 : 기동용 수압개폐장치(압력챔버, 전자식 압력스위치)를 설치하여 소화전의 개폐밸브 개방 시 배관 내 압력 저하에 의하여 압력스위치가 작동함으로써 펌프를 기동하는 방식이며, 주펌프는 전동기에 따른 펌프로 설치한다.
  ㉯ 고가수조방식 : 고가수조로부터 자연낙차압을 이용하는 방식으로 일반 건물에 거의 사용되지 못한다.

- ⓒ 압력수조방식 : 압력수조 내 물을 압입하고 압축된 공기를 충전하여 송수하는 방식으로 탱크의 설치 위치에 구애받지 않는 장점이 있다.
- ⓓ 가압수조방식 : 별도의 압력탱크에 압축공기 또는 불연성 고압기체에 의해 소방용수를 가압하여 송수하는 방식으로 전원이 필요 없다.

③ 배관
- ㉮ 순환배관 : 펌프의 체절운전 시 수온이 상승하여 펌프에 무리가 발생하므로 순환배관상의 릴리프밸브를 통해 과압을 방출하여 수온상승을 방지하기 위해 설치한다.
- ㉯ 성능시험배관 : 정기적으로 펌프의 성능을 시험하여 펌프 성능곡선의 양부(良否) 및 방수압과 토출량을 검사하기 위하여 설치한다.
- ㉰ 기동용 수압개폐장치 : 펌프를 자동으로 기동 시 사용하는 설비
    - ㉠ 배관 내 설정압력 유지 : 압력챔버 내 수압의 변화를 감지하여 설정된 펌프의 기동, 정지점이 될 때 펌프를 자동으로 기동, 정지시켜 준다.
    - ㉡ 완충작용 : 펌프의 기동 시 챔버 상부의 공기가 완충작용을 하여 공기의 압축 및 팽창으로 인하여 급격한 압력변화를 방지하게 된다.

압력챔버의 일반적 역할
펌프의 자동기동 및 정지, 압력변화의 완충작용, 압력변동에 따른 설비 보호

4. 옥내소화전함 설치기준

① 소화전함
- ㉮ 「소화전함의 성능인증 및 제품검사의 기술기준」에 적합한 것으로 설치
- ㉯ 옥내소화전설비의 함에는 그 표면에 "소화전"이라고 표시를 해야 하며, 함 가까이보기 쉬운 곳에 그 사용 요령을 기재한 표지판을 부착
- ㉰ 표지판을 함의 문에 붙이는 경우 문의 내부 및 외부 모두에 부착(사용 요령은 외국어와 시각적인 그림을 포함하여 작성)

② 방수구
- ㉮ 설치기준 : 층마다 설치하되 소방대상물의 각 부분으로부터 1개의 옥내소화전 방수구까지의 수평거리 25m 이하가 되도록 할 것(호스릴 옥내소화전 설비를 포함)
- ㉯ 복층형 구조의 공동주택일 경우에는 세대의 출입구가 설치된 층에만 설치
- ㉰ 바닥으로부터 높이 1.5m 이하의 위치에 설치

③ 호스 : 구경 40mm 이상의 것으로 물이 유효하게 뿌려질 수 있는 길이로 설치(호스릴 옥내소화전 설비는 25mm)

④ 관창(노즐) : 방사모양에 따라 봉상으로 방수되는 직사형과 봉상 및 분무상태로 방수되는 방사형이 있다.

공동주택 옥내소화전설비 설치 기준(공동주택의 화재안전기술기준, NFTC 608)
- 호스릴(hose reel)방식으로 설치할 것
- 복층형 구조인 경우에는 출입구가 없는 층에 방수구를 설치하지 않을 수 있다.
- 감시제어반 전용실은 피난층 또는 지하 1층에 설치할 것. 다만, 상시 사람이 근무하는 장소 또는 관계인이 쉽게 접근할 수 있고 관리가 용이한 장소에 감시제어반 전용실을 설치할 경우에는 지상 2층 또는 지하 2층에 설치할 수 있다.

창고시설 옥내소화전설비 설치 기준(창고시설의 화재안전기술기준, NFTC 609)
- 수원의 저수량은 옥내소화전의 설치개수가 가장 많은 층의 설치개수(2개 이상 설치된 경우에는 2개)에 5.2m³(호스릴옥내소화전설비 포함)를 곱한 양 이상이 되도록 해야 한다.
- 비상전원은 자가발전설비, 축전지설비 또는 전기저장장치로서 옥내소화전설비를 유효하게 40분 이상 작동할 수 있어야 한다.

5. 옥내소화전설비 점검

① 수원의 점검 : 수조의 수위계 등을 이용한 수원의 양 적정 여부

② 방수압력 및 방수량 측정 : 소화전이 2개 이상 설치된 경우 2개를 동시에 개방시켜 놓고 측정

 ㉮ 방수압력 측정 : 방수구에 호스를 결속한 상태로 노즐의 선단에 방수압력측정계(피토게이지)를 근접(D/2)시켜서 측정하여 방수압력측정계의 압력계상의 눈금을 확인한다.

 ㉯ 방수량 산정 : $Q = 2.065 \times D^2 \times \sqrt{p}$ (Q : 분당방수량(L/min), p : 방수압력(MPa), D : 관경 또는 노즐의 구경(mm) [옥내소화전 : 13mm, 옥외소화전 : 19mm])

 ㉰ 주의사항

  ㉠ 반드시 직사형 관창을 이용하여 측정하여야 한다.

  ㉡ 초기 방수 시 물 속에서 이물질이나 공기 등이 완전히 배출된 후에 측정하여야 한다.

  ㉢ 방수압력측정계(피토게이지)는 봉상주수상태에서 직각으로 측정하여야 한다.

  점검 시 최상층소화전을 이용한 방수상태 확인사항
- 방수압력 측정 시 0.17MP 이상
- 최상층 소화전 개방 시 소화펌프 자동기동 및 기동표시등 확인

STEP 04 옥외소화전설비

1. 개요

옥외소화전설비란 건축물 외부에 설치하는 물소화설비로 화재 시 소방대상물의 외부에서 소화 및 인접 건축물에 대한 연소확대 방지를 위하여 설치하는 설비이다.

2. 옥외소화전설비의 구조

① 옥외소화전설비의 성능

 ㉮ 방수량 : 350L/min 이상

 ㉯ 방수압력 : 2개의 소화전(설치개수 1개인 경우에는 1개)을 동시에 사용할 경우 각 노즐선단 방수압력이 0.25MPa 이상 0.7MPa 이하

② 수원의 용량 : 소화전 설치개수(2개 이상일 때는 2개)에 $7m^3$를 곱한 양 이상일 것
③ 종류 : 지상용과 지하용(승하강식을 포함)으로 구분
④ 기타 : 옥내소화전설비의 구조와 유사하며 소화전함, 방수구의 규격 등은 다름

3. 옥외소화전설비 설치기준

① 소방대상물의 각 부분으로부터 호스접결구까지의 수평거리가 40m 이하가 되도록 설치
② 호스의 구경은 65mm의 것으로 하여야 함
③ 옥외소화전의 토출구(방수구) 안지름은 63.5mm로 65mm 호스와 연결하여 사용(지상용과 지하용 동일)

4. 옥외소화전함 등

① 옥외소화전설비에는 옥외소화전마다 그로부터 5m 이내의 장소에 소화전함을 다음과 같이 설치
  ㉮ 옥외소화전함이 10개 이하 설치된 때 : 옥외소화전마다 5m 이내의 장소에 1개 이상의 소화전함 설치
  ㉯ 옥외소화전함이 11개 이상 30개 이하 설치된 때 : 11개 이상의 소화전함을 각각 분산하여 설치
  ㉰ 옥외소화전함이 31개 이상 설치된 때 : 옥외소화전 3개마다 1개 이상의 소화전함 설치
② 호스 : 구경 65mm

[옥외소화전함]

STEP 05 스프링클러설비

1. 개요

스프링클러설비는 물을 소화약제로 하는 자동식소화설비로 화재 발생 시 소방대상물의 천장, 벽 등에 설치되어 있는 스프링클러 헤드에서 자동으로 물이 방사되어 냉각 및 질식효과를 통해 화재를 진압할 수 있는 소화설비이다.

2. 스프링클러설비의 장·단점

장점	단점
• 초기 진화에 절대적인 효과가 있다. • 소화약제가 물이며 경제적이고 소화 후 복구가 용이하다. • 기계적이므로 오동작이 거의 없다. • 자동적으로 화재를 감지하여 화재경보 및 소화를 할 수 있다.	• 초기 시설비가 많이 든다. • 시공 시 다른 시설보다 복잡하다. • 물로 인한 피해가 심하다.

3. 스프링클러설비의 구조원리

① 헤드 : 화재 시의 가압된 물이 내뿜어져 분산됨으로써 소화기능을 하는 것
  ㉮ 프레임(Frame) : 스프링클러헤드의 나사부분과 디플렉터를 연결하는 이음쇠부분
  ㉯ 감열체 : 정상상태에서는 방수구를 막고 있으나 화재 시 파괴 또는 용해되어 헤드에서 이탈되어 방수구가 개방되어 스프링클러 헤드가 작동되도록 하는 부분. 퓨즈블링크와 유리벌브(글라스벌브)가 많이 사용됨
  ㉰ 반사판(디플렉타) : 헤드의 방수구에서 유출되는 물을 세분시키는 작용

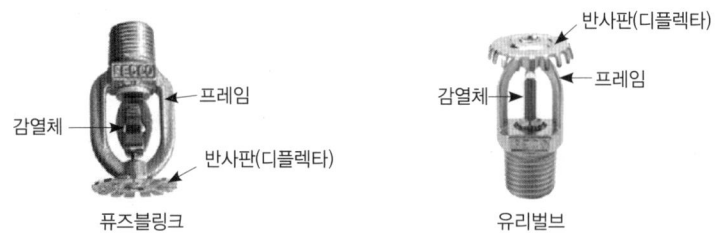

[스프링클러헤드의 구조]

② 스프링클러설비의 성능(기준 개수의 모든 헤드로부터)
  ㉮ 방수량 : 분당 80L/min 이상
  ㉯ 방수압력 : 0.1MPa 이상 1.2MPa 이하

③ 스프링클러설비의 구성
  ㉮ 헤드 : 감열체 유무에 따라 폐쇄형과 개방형, 부착방식에 따라 상향형, 하향형, 측벽형으로 구분
  ㉯ 수원
  ㉰ 가압송수장치
  ㉱ 배관 : 주배관, 교차배관, 가지배관
  ㉲ 음향장치 및 기동장치
  ㉳ 송수구
  ㉴ 유수검지장치 : 습식, 건식, 준비작동식

④ 스프링클러 헤드의 기준 개수

스프링클러설비 설치장소			기준개수(개)
지하층을 제외한 층수가 10층 이하인 소방대상물	공장 또는 창고 (랙크식창고 포함)	특수가연물을 저장·취급하는 것	30
		그 밖의 것	20
	근린생활시설·판매시설·운수시설 또는 복합건축물	판매시설 또는 복합건축물 (판매시설이 설치되는 복합건축물)	30
		그 밖의 것	20
	그 밖의 것	헤드의 부착높이가 8m 이상인 것	20
		헤드의 부착높이가 8m 미만인 것	10
아파트			10
• 지하층을 제외한 층수가 11층 이상인 소방대상물(아파트 제외) • 지하가 또는 지하역사			30

⑤ 수원의 저수량
　㉮ 폐쇄형 스프링클러헤드를 사용 시 : 헤드의 기준개수 × 1.6m³ 이상
　　※ 단, 30층 이상 특정소방대상물 중
　　　• 30층 이상 ~ 49층 이하 : 헤드 기준개수 × 3.2m³ 이상
　　　• 50층 이상 : 헤드 기준개수 × 4.8m³ 이상
　㉯ 개방형 스프링클러헤드를 사용 시
　　㉠ 최대 방수구역에 설치된 헤드의 개수가 30개 이하 : 설치헤드 수 × 1.6m³ 이상
　　㉡ 30개를 초과하는 경우 : 가압송수장치의 1분당 송수량 × 20min
⑥ 배관 : 스프링클러설비의 배관은 가지배관, 교차배관, 주배관 등
　㉮ 가지배관 : 스프링클러헤드가 설치되어 있는 배관
　　㉠ 토너먼트방식이 아닐 것
　　㉡ 교차배관에서 분기되는 지점을 기준으로 한쪽 가지배관에 설치되는 헤드 개수 : 8개 이하
　㉯ 교차배관 : 직접 또는 수직배관을 통하여 가지배관에 급수하는 배관
　　㉠ 위치 : 가지배관과 수평 또는 밑에 설치
　　㉡ 교차배관 끝에 청소구를 설치하고 나사보호용의 캡으로 마감
⑦ 유수검지장치 : 배관 내의 유수현상을 자동적으로 검지하여 신호 또는 경보를 발하는 장치로 방식에 따라 습식 · 건식 · 준비작동식으로 구분됨

> **참고 공동주택 스프링클러 설치 기준(공동주택의 화재안전기술기준, NFTC 608)**
> • 폐쇄형스프링클러헤드를 사용하는 아파트등은 기준개수 10개(스프링클러헤드의 설치개수가 가장 많은 세대에 설치된 스프링클러헤드의 개수가 기준개수보다 작은 경우에는 그 설치개수를 말한다)에 1.6m³를 곱한 양 이상의 수원이 확보되도록 할 것. 다만, 아파트등의 각 동이 주차장으로 서로 연결된 구조인 경우 해당 주차장 부분의 기준개수는 30개로 할 것
> • 하나의 방호구역은 2개 층에 미치지 아니하도록 할 것. 다만, 복층형 구조의 공동주택에는 3개 층 이내로 할 수 있다.
> • 거실에는 조기반응형 스프링클러헤드를 설치할 것
> • 감시제어반 전용실은 피난층 또는 지하 1층에 설치할 것. 다만, 상시 사람이 근무하는 장소 또는 관계인이 쉽게 접근할 수 있고 관리가 용이한 장소에 감시제어반 전용실을 설치할 경우에는 지상 2층 또는 지하 2층에 설치할 수 있다.
> • 건축법 시행령의 관련 규정에 따라 설치된 대피공간에는 헤드를 설치하지 않을 수 있다.

4. 스프링클러설비의 종류

① 습식 스프링클러 : 습식 유수검지장치(알람밸브)를 중심으로 1,2차측 배관이 가압수로 유지되어 있다가 화재 시 열에 의한 헤드 개방으로 배관내의 유수가 발생하여 소화하는 방식
② 건식 스프링클러 : 건식 밸브를 중심으로 1차측 배관은 가압수로, 2차측 배관은 압축공기 또는 축압된 가스상태로 유지되며 화재 시 열에 의한 헤드 개방 후 압축공기 또는 가압가스의 방출로 인한 배관의 압력차의 발생으로 살수되는 방식
③ 준비작동식 스프링클러 : 준비작동식 유수검지장치(프리액션밸브)를 중심으로 1차측은 가압수로, 2차측은 대기압 상태로 유지되어 있다가 화재 시 감지기의 작동으로 2차측 배관에 소화수가 충수된 후에 화재 열에 의한 헤드개방으로 배관내의 유수가 발생하여 소화하는 방식

④ 일제살수식 스프링클러 : 일제개방밸브를 중심으로 1차측은 가압수로, 2차측은 대기압 상태이며 감지기 작동 시 담당구역의 모든 헤드에서 살수되는 방식

[스프링클러설비의 종류]

구분		중심 밸브	배관	작동	특징
폐쇄형 헤드	습식	자동경보 밸브	1차 및 2차측 가압수	화재 시 열에 의해 헤드가 개방되고 가압수가 즉시 살수·소화	구조 간단, 공사비 저렴
	건식	건식밸브	1차측 가압수, 2차측 압축공기 또는 질소	화재 시 헤드가 개방되면 2차측 압축공기가 유출되어 압력 저하가 생기고 1차측 가압수가 2차측으로 유입되어 소화	동결 우려 장소 및 옥외 사용 가능
	준비 작동식	준비작동 밸브	1차측 가압수, 2차측 대기압	화재 시 감지기가 작동하여 준비작동밸브를 개방하고 2차측에 가압수가 유입되어 대기상태로 있다가 헤드가 열에 의해 개방되는 즉시 살수·소화	동결 우려 장소 사용 가능, 시공비 고가
	부압식	준비작동 밸브	1차측 가압수, 2차측 부압	화재 시 감지기 동작에 의해 준비작동밸브가 개방되고 2차측이 가압수로 전환되며, 헤드가 열에 의해 개방되면 즉시 살수	배관파손 또는 오동작 시 수손(水損) 피해 방지
개방형 헤드	일제 살수식	일제개방 밸브	1차측 가압수, 2차측 대기압	화재감지기 동작으로 일제개방밸브가 개방되고 담당구역에 설치된 개방형 헤드를 통해 일제히 살수·소화	초기화재에 신속 대처가 용이, 화재감지장치가 별도로 필요함

5. 스프링클러설비의 점검

① 습식 스프링클러설비의 점검 시 확인사항
  ㉮ 감시제어반(수신기)확인사항
    ㉠ 화재표시등 점등 확인
    ㉡ 해당구역 밸브개방표시등 점등 확인
  ㉯ 해당 방호구역의 경보(사이렌)상태 확인
  ㉰ 소화펌프 자동기동 여부 확인
② 준비작동식 스프링클러설비의 점검 : 준비작동식 유수검지장치를 작동시키는 방법
  ㉮ 해당 방호구역의 감지기 2개 회로 작동
  ㉯ SVP(수동조작함)의 수동조작스위치 작동
  ㉰ 밸브 자체에 부착된 수동 기동밸브 개방
  ㉱ 감시제어반(수신기)측의 준비작동식 유수검지장치 수동 기동스위치 작동
  ㉲ 감시제어반(수신기)에서 동작시험 스위치 및 회로선택 스위치로 작동(2회로 작동)

> **참고** 비화재 시 알람밸브의 경보로 인한 혼선방지를 위한 장치
> • 구형의 경우 : 리타딩챔버(Retarding Chamber) 설치
> • 신형의 경우 : 최근 생산되는 알람밸브는 대부분 압력스위치 내부에 지연회로가 설치(약 4~7초 정도 지연)되어 출고

6. 펌프성능시험

① 준비
   ㉮ 제어반에서 주펌프, 충압펌프 정지
      ㉠ 감시제어반 : 선택스위치 정지위치
      ㉡ 동력제어반 : 선택스위치 수동위치

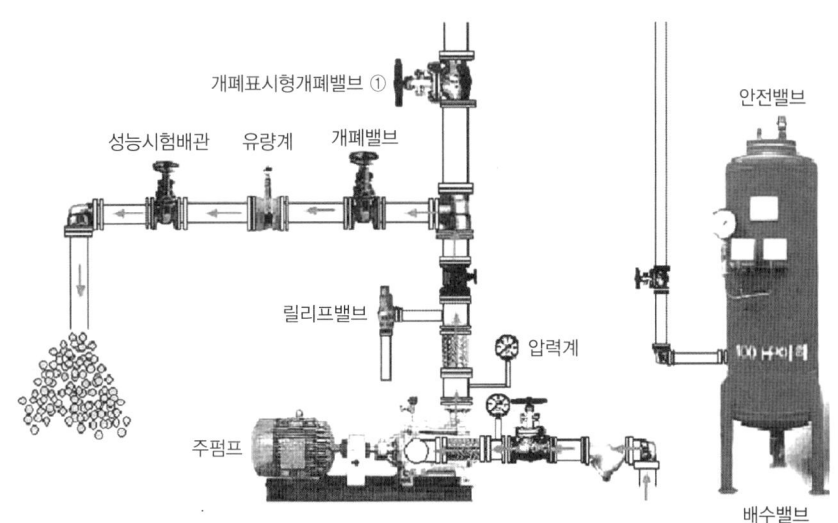

[펌프성능시험]

   ㉯ 펌프토출측 밸브(그림①) 폐쇄
   ㉰ 설치된 펌프의 현황(토출량, 양정)을 파악하여 펌프성능시험을 위한 표 작성
   ㉱ 유량계에 100%, 150% 유량표시
② 체절운전 : 펌프토출측 밸브와 성능시험배관의 유량조절밸브를 잠근 상태, 즉 펌프의 토출량을 "0"인 상태로 하여 펌프를 기동하여 체절압력을 확인하여 정격토출압력의 140% 이하인지와 체절운전 시 체절압력 미만에서 릴리프밸브가 동작하는지를 확인하는 시험
③ 정격부하운전(100% 유량운전) : 펌프를 기동한 상태에서 유량조절밸브를 개방하여 유량계의 유량이 정격유량상태(100%)일 때, 정격토출압 이상이 되는지를 확인하는 시험
④ 최대운전(150% 유량운전) : 유량조절밸브를 더욱 개방하여 유량계의 유량이 정격토출량의 150%가 되었을 때 정격토출압의 65% 이상이 되는지를 확인하는 시험
⑤ 펌프성능시험 시 주의사항
   ㉮ 성능시험 시 유량계에 작은 기포가 통과하면 안된다. 유량측정 시 기포가 통과할 경우 유량측정이 곤란하기 때문이며, 기포가 통과하는 원인은 아래와 같다.
      ㉠ 흡입배관의 이음부로 공기가 유입될 때
      ㉡ 후드밸브와 수면 사이가 너무 가까울 때
      ㉢ 펌프에 공동현상이 발생할 때
   ㉯ 개폐밸브의 급격한 개폐금지(이유 : 수격현상이 발생함)
   ㉰ 배수처리 관계에 유의(이유 : 집수정의 배수펌프 용량은 소화펌프에 비해 작음)
   ㉱ 위험하므로 펌프·모터의 회전축 근처에 있지 말 것

⑪ 제어반과 현장측과의 의사전달을 확실하게 할 것(무전 시 복명복창 철저)
⑫ 펌프성능시험 시 토출측 개폐밸브를 완전히 폐쇄한 후 점검에 임한다.

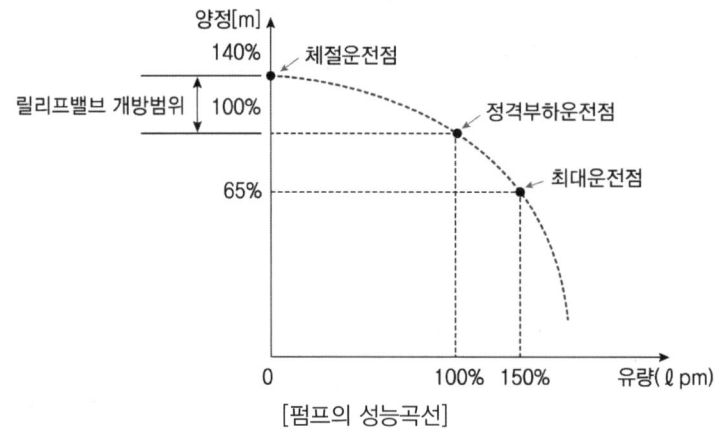

[펌프의 성능곡선]

STEP 06 물분무등소화설비 – 가스계소화설비

1. 약제종류에 의한 분류

① 이산화탄소소화설비
  ㉮ 이산화탄소를 고압가스용기에 저장해 두었다가 화재 발생 시 수동 또는 자동조작에 의하여 배관을 통해 화재지점에 이산화탄소를 방출하여 질식 및 냉각작용으로 화재를 소화하는 설비
  ㉯ 고압식과 저압식으로 분류
② 할론소화설비
  ㉮ 불연성가스인 할론 소화약제를 사용하여 화재 발생 시 할로겐 원자의 억제작용에 의하여 질식·냉각작용 및 연쇄반응을 억제하는 소화설비
  ㉯ 축압식과 가압식으로 분류
③ 할로겐화합물 및 불활성기체소화설비
  ㉮ 할론(1211, 1301, 2402) 외의 할로겐화합물 및 불활성기체 계열의 소화약제를 이용하여 소화하는 설비
  ㉯ 전기적으로 비전도성이며, 휘발성이 있거나 증발 후 잔여물이 남지 않아 전자기기 보호가 중요한 장소에 적합

2. 약제방출방식에 의한 분류

① 전역방출방식 : 고정식 소화약제 공급장치에 배관 및 분사헤드를 고정 설치하여 밀폐 방호구역 내에 소화약제를 방출하는 설비
② 국소방출방식 : 고정식 소화약제 공급장치에 배관 및 분사헤드를 설치하여 직접 화점에 소화약제를 방출하는 설비로 화재 발생 부분에만 집중적으로 소화약제를 방출하도록 설치하는 방식
③ 호스릴방식 : 분사헤드가 배관에 고정되어 있지 않고 소화약제 저장용기에 호스를 연결하여 사람이 직접 화점에 소화약제를 방출하는 이동식소화설비

3. 이산화탄소소화설비의 장·단점

장점	단점
• 가연물 내부에서 연소하는 심부화재에 적합하다. • 화재진화 후 깨끗하다. • 피연소물에 피해가 적다. • 비전도성이므로 전기화재에 좋다.	• 사람에게 질식의 우려가 있다. • 방사 시 동상의 우려와 소음이 크다. • 설비가 고압으로 특별한 주의와 관리가 필요하다.

4. 가스계소화설비의 구성요소

저장용기, 기동용 가스용기, 솔레노이드밸브, 압력스위치, 선택밸브, 수동조작함(수동식기동장치), 방출표시등, 방출헤드 등

5. 가스계소화설비 점검

① 점검 전 안전조치
  ㉮ 기동용기에서 선택밸브에 연결된 조작동관 분리
  ㉯ 기동용기에서 저장용기에 연결된 개방용 동관 분리
  ㉰ 제어반의 솔레노이드밸브 연동정지
  ㉱ 솔레노이드밸브 안전핀 체결 후 분리, 안전핀 제거 후 격발 준비

② 점검 및 확인
  ㉮ 기동용기 솔레이드밸브 격발시험방법
    ㉠ 수동조작버튼 작동(즉시 격발)
    ㉡ 수동조작함 작동
    ㉢ 교차회로 감지기 동작
    ㉣ 제어반 수동조작 스위치 동작
  ㉯ 기동용기 솔레노이드밸브 격발동작 확인사항
    ㉠ 제어반에서 화재표시 확인
    ㉡ 경보발령 여부 확인
    ㉢ 지연장치의 지연시간 체크 확인
    ㉣ 솔레노이드밸브 작동 여부 확인
    ㉤ 자동폐쇄장치 작동 및 환기장치 정지 여부 확인

③ 가스계소화설비 점검 후 복구방법
  ㉮ 제어반의 복구스위치 복구
  ㉯ 제어반의 솔레노이드밸브 연동정지
  ㉰ 솔레노이드밸브 복구 : 작동점검 시 격발된 솔레노이드밸브를 복구
  ㉱ 솔레노이드밸브에 안전핀을 체결 후 기동용기에 결합
  ㉲ 제어반의 스위치를 연동상태 확인 후 솔레노이드밸브에서 안전핀 분리
  ㉳ 점검 전 분리했던 조작동관을 결합

SECTION 03 경보설비

STEP 01 자동화재탐지설비

1. 개요
자동화재탐지설비는 화재초기에 발생되는 열, 연기 또는 불꽃 등을 감지하여 자동적으로 경보를 발함으로써 화재를 조기에 발견하여 조기통보, 초기소화, 조기피난을 가능하게 하기 위한 설비이다.

2. 자동화재탐지설비의 구조원리
감지기, 수신기, 발신기, 음향장치, 표시등, 전원, 배선, 시각경보기, 중계기 등으로 구성된다.
① 수신기 : 감지기 또는 발신기로부터의 신호를 직접 또는 중계기를 거쳐 수신하여 화재의 발생을 해당 건물 관계자에게 표시하고 음향장치로 알려 주는 것
  ㉮ 수신기의 종류
    ㉠ P형 수신기 : 일반적으로 소형건물에 사용되며 각 회로별 경계구역을 표시하는 지구표시등이 설치되어 있다.
    ㉡ R형 수신기 : 고유의 신호를 수신하는 것으로서 숫자 등의 기록장치에 의해 표시되며 동일구내에 다수의 동이 있거나 초고층빌딩 등과 같이 회선수가 매우 많은 대상물에 설치한다.

> **참고** 경계구역
> 경계구역이란 자동화재탐지설비의 1회선(회로)이 화재의 발생을 효율적으로 감지할 수 있도록 적당한 범위를 정한 구역을 말하며, 다음과 같은 기준에 따라 나눈다.
> - 하나의 경계구역이 2개 이상의 건축물에 미치지 아니하도록 할 것
> - 하나의 경계구역이 2개 이상의 층에 미치지 아니하도록 할 것. 다만, 500m² 이하의 범위 안에서는 2개의 층을 하나의 경계구역으로 할 수 있다.
> - 하나의 경계구역의 면적은 600m² 이하로 하고 한 변의 길이는 50m 이하로 할 것. 다만, 해당 소방대상물의 주된 출입구에서 그 내부 전체가 보이는 것에 있어서는 한 변의 길이가 50m의 범위 내에서 1,000m² 이하로 할 수 있다.

㉢ P형과 R형 수신기의 배선비교

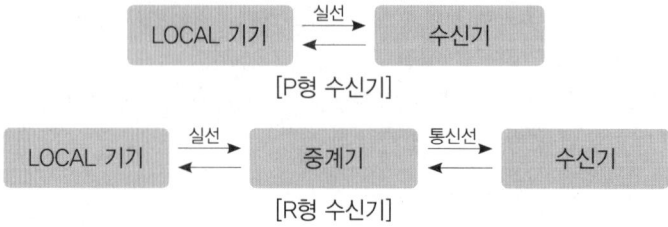

④ 수신기 설치기준
　　㉠ 수신기가 설치된 장소에는 경계구역 일람도를 비치할 것
　　㉡ 수신기 조작스위치의 높이는 바닥으로부터 높이가 0.8m 이상 1.5m 이하
　　㉢ 경비실 등 상시 사람이 근무하고 있는 장소에 설치
② 발신기 : 화재발견자가 수동으로 누름버튼을 눌러 수신기에 신호를 보내는 것
　㉮ 발신기의 종류 : P형, T형, M형
　㉯ 발신기 설치기준
　　㉠ 스위치는 바닥으로부터 0.8m 이상 1.5m 이하의 높이에 설치
　　㉡ 층마다 설치하되, 하나의 발신기까지의 수평거리가 25m 이하가 되도록 설치
　㉰ 동작원리
　　㉠ 동작 : 발신기 누름스위치 누름 → 수신기 동작(화재표시등, 지구표시등, 발신기표시등, 경보장치 동작) → 응답표시등 점등
　　㉡ 복구 : 발신기 누름스위치 원 위치로 복구 → 수신기 복구스위치를 누름 → 응답표시등 소등, 수신기의 동작표시등 소등
③ 감지기 : 화재로 인하여 발생되는 열이나 연기 또는 불꽃 등을 감지하여 자동적으로 화재신호를 수신기에 전달하는 장치
　㉮ 감지기의 종류

감지대상	종류	형식	비고
열감지기	차동식	분포형, 스포트형	주위 온도가 일정상승률 이상이 되는 경우에 작동(거실, 사무실 등)
	정온식	감지선형, 스포트형	주위 온도가 일정온도 이상이 되었을 때 작동(보일러실, 주방 등)
	보상식	–	–
연기감지기	이온화식	비축적형, 축적형	주위 공기가 일정농도 이상의 연기를 포함하게 될 경우 작동
	광전식	산란광식, 감광식	연기에 포함된 미립자가 산란반사를 일으키는 것을 이용(계단, 복도 등)

　㉯ 감지기 종류별 구조
　　㉠ 차동식스포트형 감지기
　　　• 구조 : 감열실, 다이아프램, 리크구멍, 접점 등으로 구분
　　　• 동작원리 : 화재 시 온도상승 → 감열실 내의 공기가 팽창 → 다이아프램을 압박 → 접점이 붙어 화재신호를 수신기에 보냄
　　㉡ 정온식스포트형 감지기
　　　• 구조 : 바이메탈, 감열판 및 접점 등으로 구분
　　　• 동작원리 : 화재 시 감열판에 열전달 → 바이메탈이 휘어져 기동접점으로 이동 → 접점이 붙어 화재신호를 수신기에 보냄
　㉰ 연기감지기
　　㉠ 이온화식 스포트형 : 주위 공기가 일정농도 이상의 연기를 포함하게 될 경우 작동

ⓒ 광전식 스포트형 : 연기에 포함된 미립자가 광원에서 방사되는 광속에 의해 산란반사를 일으키는 것을 이용

ⓒ 이온화식 감지기와 광전식 감지기의 차이점

구분	이온화식	광전식
동작원리	이온전류의 감소	광량의 감소 또는 증가
연기입자	작은 연기입자(0.01~0.3㎛)에 유리	큰 연기입자(0.3~1㎛)에 유리
연기의 색상	연기의 색상은 감도와 관련이 없음	검은색보다 엷은 회색 연기가 감도에 유리
적응성	B급화재 등 불꽃화재	A급화재 등 훈소화재

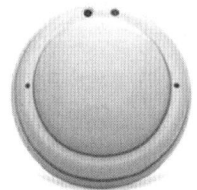
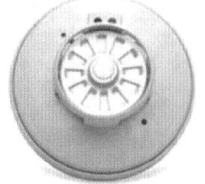
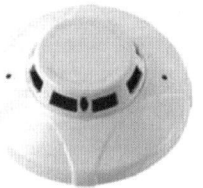

[열감지기(차동식)] [열감지기(정온식)] [연기감지기]

④ 음향장치
  ㉮ 종류
    ㉠ 주음향장치 : 수신기 내부 또는 직근에 설치
    ㉡ 지구음향장치 : 각 경계구역에 설치
  ㉯ 설치기준
    ㉠ 층마다 설치, 수평거리 25m 이하가 되도록 설치
    ㉡ 음량 크기는 1m 떨어진 곳에서 90dB 이상
  ㉰ 경보방식 : 층수가 11층(공동주택의 경우에는 16층) 이상의 특정소방대상물은 다음의 기준에 따라 경보를 발할 수 있도록 할 것
    ㉠ 2층 이상의 층에서 발화한 때 : 발화층 및 그 직상 4개 층에 경보를 발할 것
    ㉡ 1층에서 발화한 때 : 발화층·그 직상 4개 층 및 지하층에 경보를 발할 것
    ㉢ 지하층에서 발화한 때 : 발화층·그 직상층 및 기타의 지하층에 경보를 발할 것
  ㉱ 시각경보장치(청각장애인용) 설치기준
    ㉠ 복도·통로·청각장애인용 객실 및 공용으로 사용되는 거실(로비, 회의실, 강의실, 식당, 휴게실, 오락실, 대기실, 체력단련실, 접객실, 안내실, 전시실, 기타 이와 유사한 장소)에 설치하며, 각 부분으로부터 유효하게 경보를 발할 수 있는 위치에 설치할 것
    ㉡ 공연장·집회장·관람장 또는 이와 유사한 장소에 설치하는 경우에는 시선이 집중되는 무대부 부분 등에 설치할 것
    ㉢ 설치 높이는 바닥으로부터 2m 이상 2.5m 이하의 장소에 설치할 것. 다만, 천장의 높이가 2m 이하인 경우에는 천장으로부터 0.15m 이내의 장소에 설치
⑤ 배선 : 감지기 사이의 회로 배선은 도통시험(선로의 정상연결 유무를 확인하기 위한 시험)을 원활히 하기 위한 배선방식인 송배전식으로 한다.

3. 자동화재탐지설비의 점검

① P형 수신기 : 화재발생 시 감지기, 발신기의 신호를 수신하여 화재발생을 알려주는 장치이다.

② 퓨즈(Fuse)
   ㉮ 퓨즈가 단선되면 수신기의 기능 상실을 초래한다.
   ㉯ AC용 및 DC용 경종, 표시등, 배터리, 전원부 등에 퓨즈를 사용한다.
   ㉰ 퓨즈가 끊어지면 퓨즈 옆에 있는 적색의 LED가 점등되며, 로컬(Local) 기기의 고장개소를 수리하고 퓨즈를 끼우면 LED가 소등된다.

③ 전원스위치 및 110V/220V 절환스위치 : 수신기 압력전원의 ON/OFF 스위치이며, 전원에 따른 110V/220V 절환스위치이다.

④ 오동작방지기 : 일시적으로 발생한 열·연기 또는 먼지 등 때문에 감지기가 화재신호를 발신할 우려가 있다면 축적 기능의 수신기를 설치하여 비화재보(非火災報)를 방지하여야 한다.

⑤ 스포트형 감지기 작동 점검(단계별 절차)
   ㉮ 1단계 : 감지기 동작시험 실시
   ㉯ 2단계 : LED 미점등 시 감지기 회로전압 확인
   ㉰ 3단계 : 감지기 동작시험 재실시

⑥ P형 발신기 작동 점검(단계별 절차)
   ㉮ 발신기 누름버튼 누름
   ㉯ 수신기에서 발신기등 및 발신기 응답램프 점등 확인
   ㉰ 주경종, 지구경종, 비상방송 등 연동설비 확인
   ㉱ 발신기의 누름버튼을 복구(빼냄), 결합
   ㉲ 수신기에서 화재신호 복구

4. 자동화재탐지설비 실습(P형 수신기 기능시험)

① 동작시험 : 수신기에 화재신호를 수동으로 입력하여 수신기가 정상적으로 동작되는지를 확인하기 위한 시험
   ㉮ 로터리 방식 동작시험
      ㉠ 동작시험 순서 : 동작시험스위치 누름 → 자동복구스위치 누름 → 회로시험스위치 돌림
      ㉡ 동작시험 복구순서 : 회로시험스위치 돌림 → 동작스위치 누름 → 자동복구스위치 누름
   ㉯ 버튼 방식 동작시험
      ㉠ 동작시험 순서 : 동작(화재)시험스위치 및 자동복구스위치 누름 → 각 회로(경계구역) 버튼 누름
      ㉡ 동작시험 복구 순서 : 동작(화재)시험스위치 및 자동복구스위치 누름(초기상태로 복구) → 표시등 소등 확인

② 회로도통시험 : 수신기에서 감지기 사이 회로의 단선 유무와 기기 등의 접속 상황을 확인하기 위한 시험
  ㉮ 회로시험스위치 – 로터리 방식
  ㉯ 적부판정방법

구분	전압계가 있는 경우	도통시험 확인등이 있는 경우
정상	4 ~ 8[V]	정상 확인등 점등(녹색)
단선	0[V]	단선 확인등 점등(적색)

③ 예비전원시험 : 상용전원이 정전된 경우
  ㉮ 자동적으로 예비전원으로 절환이 되며 또한 복구 시 자동적으로 상용전원으로 절환 여부와 화재 시 수신기가 정상적으로 동작할 수 있는 전압을 가지고 있는지를 확인하는 시험
  ㉯ 적부판정방법(로터리 방식) : 예비전원 시험스위치 누른 후
    ㉠ 전압계인 경우, 정상 : 19 ~ 29[V]
    ㉡ 램프방식인 경우, 정상 : 녹색
    ㉢ 예비전원의 전압 및 상호 자동절환이 정상인지 확인

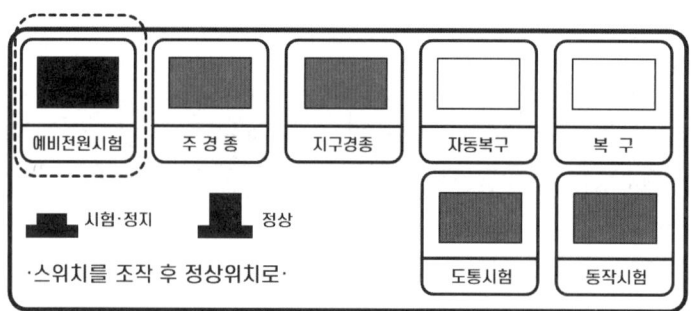

1. 예비전원 시험스위치 누름
(누르고 있는 동안 시험 확인)

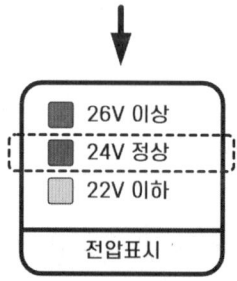

2. 예비전원 결과 확인
(전압 적정여부 확인)

[로터리 방식 예비전원시험]

STEP 02 자동화재탐지설비의 유지관리 및 비화재보 대처방법

1. 비화재보(非火災報)

비화재보란 화재에 의한 열, 연기 또는 불꽃 이외의 요인에 의하여 자동화재탐지설비가 작동하여 화재경보를 발하는 것이다. 즉, 자동화재탐지설비가 정상적으로 작동하였다 하더라도 화재가 아닌 경우의 경보를 말한다.

2. 비화재보의 원인과 대책

주요 원인	대책
주방에 '비적응성 감지기'가 설치된 경우	적응성 감지기(정온식 감지기등)로 교체
'천장형 온풍기'에 밀접하게 설치된 경우	기류 흐름 방향 외 이격 설치
'장마철 공기 중 습도 증가'에 의한 감지기 오동작	복구스위치 누름 혹은 동작된 감지기 복구
'청소불량(먼지·분진)'에 의한 감지기 오동작	내부 먼지 제거 후 복구스위치 누름 또는 감지기 교체
'건축물 누수'로 인한 감지기 오동작	누수부분 방수처리 및 감지기 교체
'담배연기'로 인한 연기감지기 동작	흡연구역에 환풍기 등 설치
'발신기'를 장난으로 눌러 발신기 동작	입주자 소방안전교육을 통한 계도

3. 비화재보 시 대처방법

단계	조치	설명
1단계	수신기 확인	화재표시등, 지구표시등 확인
2단계	실제 화재 여부 확인	해당구역으로 이동하여 실제 화재여부 확인
3단계	음향장치 정지	음향장치(주경종, 지구경종, 비상방송, 사이렌 등) 정지
4단계	비화재보 원인 제거	감지기 교체, 발신기 누름스위치 복구
5단계	수신기 복구	복구스위치를 눌러 수신기 정상으로 전환
6단계	음향장치 복구	음향장치를 정상 또는 연동으로 전환
7단계	스위치주의등 확인	스위치주의등 소등 확인

SECTION 04 피난구조설비

STEP 01 피난기구

1. 피난기구의 종류

종류	내용
구조대	화재 시 건물의 창, 발코니 등에서 지상까지 포대를 사용하여 활강하는 피난기구
완강기	사용자의 몸무게에 의해 자동으로 내려올 수 있는 기구 중 연속적으로 사용할 수 있는 것으로 조속기, 조속기의 연결부, 로프, 연결금속구, 벨트 등으로 구성됨
간이완강기	완강기 중 사용자가 교대하여 연속적으로 사용할 수 없는 일회용의 것
피난사다리	안전한 장소로 피난하기 위해 건축물의 개구부에 설치하는 기구로 고정식, 올림식, 내림식으로 구분
미끄럼대	지상으로 피난할 수 있도록 제조된 피난기구로 장애인 복지시설, 노약자 수용시설 및 병원 등에 적합
다수인피난장비	화재 시 2인 이상의 피난자가 동시에 해당층에서 지상 또는 피난층으로 하강하는 피난기구
기타 피난기구	피난용트랩, 공기안전매트 등

2. 소방대상물의 설치장소별 피난기구의 적응성

① 간이완강기의 적응성은 숙박시설의 3층 이상에 있는 객실
② 영업장의 위치가 4층 이하인 다중이용업소 : (2층~4층) 미끄럼대, 피난사다리, 구조대, 완강기, 다수인피난장비, 승강식피난기
③ 구조대 : 장애인 관련 시설로서 주된 사용자 중 스스로 피난이 불가한 자가 있는 경우 추가로 설치한 경우에 한함

3. 완강기 사용방법(순서)

① 완강기 후크를 고리에 걸고 지지대와 연결 후 나사를 조인다.
② 창 밖으로 릴을 놓는다.(로프의 길이가 해당 층의 건축물 높이에 맞는지 확인)
③ 벨트를 머리에서부터 뒤집어 쓰고 뒤틀림이 없도록 겨드랑이 밑에 건다.
④ 고정링을 조절해 벨트를 가슴에 확실히 조인다.
⑤ 지지대를 창밖으로 향하게 한다.
⑥ 두 손으로 조절기 바로 밑의 로프 2개를 잡고 발부터 창밖으로 내민다.

⑦ 몸이 벽에 부딪히지 않도록 벽을 가볍게 손으로 밀면서 내려온다.

> **완강기 사용 시 주의사항**
> • 두 팔을 위로 들지 말 것 : 벨트가 빠져 추락이 위험이 있다.
> • 사용 전 지지대를 흔들어 볼 것 : 앵커볼트가 아닌 일반 볼트로 고정한 곳도 있으므로, 사용 전에 지지대를 흔들어 보아서 흔들린다면 절대 사용하지 말아야 한다.

4. 소방대상물의 설치장소별 피난기구의 적응성

설치 장소별	층별	1층	2층	3층	4층 이상 10층 이하
노유자시설		• 미끄럼대 • 구조대 • 피난교 • 다수인피난장비 • 승강식피난기	• 미끄럼대 • 구조대 • 피난교 • 다수인피난장비 • 승강식피난기	• 미끄럼대 • 구조대 • 피난교 • 다수인피난장비 • 승강식피난기	• 구조대[1] • 피난교 • 다수인피난장비 • 승강식피난기
의료시설 · 근린생활시설 중 입원실이 있는 의원 · 접골원 · 조산원				• 미끄럼대 • 구조대 • 피난교 • 피난용트랩 • 다수인피난장비 • 승강식피난기	• 구조대 • 피난교 • 피난용트랩 • 다수인피난장비 • 승강식피난기
영업장의 위치가 4층 이하인 다중이용업소			• 미끄럼대 • 피난사다리 • 구조대 • 완강기 • 다수인피난장비 • 승강식피난기	• 미끄럼대 • 피난사다리 • 구조대 • 완강기 • 다수인피난장비 • 승강식피난기	• 미끄럼대 • 피난사다리 • 구조대 • 완강기 • 다수인피난장비 • 승강식피난기
그 밖의 것				• 미끄럼대 • 피난사다리 • 구조대 • 완강기 • 피난교 • 피난용트랩 • 간이완강기[2] • 공기안전매트[3] • 다수인피난장비 • 승강식피난기	• 피난사다리 • 구조대 • 완강기 • 피난교 • 간이완강기[2] • 공기안전매트 • 다수인피난장비 • 승강식피난기

1) 구조대의 적응성은 장애인 관련 시설로서 주된 사용자 중 스스로 피난이 불가한 자가 있는 경우 추가로 설치하는 경우에 한한다.
2) 간이완강기의 적응성은 숙박시설의 3층 이상에 있는 객실에 추가로 설치하는 경우에 한한다.

STEP 02 인명구조기구

① 방열복 : 고온의 복사열에 가까이 접근하여 소방활동을 수행할 수 있는 내열피복
② 공기호흡기 : 유독가스로부터 인명을 보호하기 위해 용기에 압축한 공기를 저장하여 두었다가 필요 시 마스크를 통해 호흡에 이용토록 하는 호흡기구
③ 인공소생기 : 화재의 발생으로 인하여 유독성 가스에 질식되었거나 중독 등에 의해서 심폐기능이 악화되어 정상적으로 호흡할 수 없는 사람에게 인공호흡시켜 소생하도록 하는 구급용 기구로서 소방용으로 사용되는 것
④ 방화복 : 화재 진압 등의 소방활동을 수행할 수 있는 피복(안전모, 보호장갑, 안전화 포함)

STEP 03 비상조명등

1. 개요
비상조명등은 화재발생 등에 따른 정전 시에 안전하고 원활한 피난활동을 할 수 있도록 거실 및 피난통로 등에 설치되어 자동 점등되는 조명등이다.

2. 비상조명등의 설치
① 설치 기준 : 공동주택의 세대 내에는 출입구 인근 통로에 1개 이상 설치
② 조도 : 각 부분의 바닥에서 1럭스(lx) 이상
③ 유효 작동시간
  ㉮ 유효 작동시간 : 20분 이상(아래의 60분 이상인 경우를 제외한 경우)
  ㉯ 유효 작동시간 : 60분 이상
    ㉠ 지하층을 제외한 층수가 11층 이상의 층
    ㉡ 지하층 또는 무창층으로서 용도가 도매시장·소매시장·여객자동차터미널·지하역사 또는 지하상가인 경우

3. 휴대용비상조명등의 설치
① 설치대상
  ㉮ 숙박시설
  ㉯ 수용인원 100명 이상의 영화상영관, 판매시설 중 대규모점포, 철도 및 도시철도 중 지하상가, 지하가 중 지하상가
② 설치기준
  ㉮ 숙박시설 또는 다중이용업소에는 객실·영업장안의 구획된 실마다 잘 보이는 곳에 설치
  ㉯ 20분 이상 유효하게 사용할 수 있는 건전지 및 배터리를 사용
  ㉰ 어둠속에서 위치를 확인할 수 있고, 사용 시 자동 점등되는 구조
  ㉱ 건전지를 사용 시 방전방지조치를 하여야 하고, 충전식 배터리의 경우 상시 충전되는 구조

STEP 04 유도등 및 유도표지

1. 유도등의 작동 기준

① 정상 상태에서는 상용전원으로 점등
② 정전 시에는 비상전원으로 자동절환되어 20분 이상(지하층을 제외한 층수가 11층 이상의 층, 지하층 또는 무창층으로서 용도가 도매시장·소매시장·여객자동차터미널·지하역사·지하상가의 경우는 60분 이상) 작동

2. 유도등 및 유도표지의 종류

설치장소	유도등·유도표지의 종류
1. 공연장·집회장(종교집회장 포함)·관람장·운동시설	• 대형피난구유도등 • 통로유도등 • 객석유도등
2. 유흥주점영업시설(손님이 춤출 수 있는 무대가 설치된 카바레, 나이트클럽 또는 그 밖에 이와 비슷한 영업시설만 해당)	
3. 위락시설·판매시설·운수시설·관광숙박업·의료시설·장례시설·방송통신시설·전시장·지하상가·지하철역사	• 대형피난구유도등 • 통로유도등
4. 숙박시설(위 제3호의 관광숙박업 외의 것을 말함)·오피스텔	• 중형피난구유도등 • 통로유도등
5. 위 제1호부터 제3호까지 외의 건축물로 지하층·무창층 또는 층수가 11층 이상인 특정소방대상물	
6. 위 제1호부터 제5호까지 외의 건축물로서 근린생활시설·노유자시설·업무시설·발전시설·종교시설(집회장 용도로 사용하는 부분 제외)·교육연구시설·수련시설·공장·교정 및 군사시설(국방·군사시설 제외)·자동차정비공장·운전학원 및 정비학원·다중 이용업소·복합건축물	• 소형피난구유도등 • 통로유도등
7. 그 밖의 것	• 피난구유도표지등 • 통로유도표지

※ 소방서장은 특정소방대상물의 위치·구조 및 설비의 상황을 판단하여 대형피난구유도등을 설치하여야 할 장소에 중형피난구유도등 또는 소형피난구유도등을, 중형피난구유도등을 설치하여야 할 장소에 소형피난구유도등을 설치하게 할 수 있다.
※ 복합건축물의 주택의 세대 내에는 유도등을 설치하지 않을 수 있다.

3. 유도등의 설치

① 피난구유도등
　㉮ 용도 : 피난구 또는 피난 경로로 사용되는 출입구를 표시하여 피난을 유도하는 등
　㉯ 설치기준 : 피난구의 바닥으로부터 높이 1.5m 이상으로 출입구에 인접하도록 설치
　㉰ 설치위치
　　㉠ 옥내로부터 직접 지상으로 통하는 출입구 및 그 부속실의 출입구
　　㉡ 직통계단·직통계단의 계단실 및 그 부속실의 출입구
　　㉢ 위 ㉠ 및 ㉡에 따른 출입구에 이르는 복도 또는 통로로 통하는 출입구
　　㉣ 안전구획된 거실로 통하는 출입구

ⓜ 피난층으로 향하는 피난구의 위치를 안내할 수 있도록 ㉠ 또는 ㉡에 따라 설치된 피난구유도등의 면과 수직이 되도록 피난구유도등을 추가로 설치(단, 피난구유도등이 입체형인 경우에는 제외)
　　　ⓗ 위 ⓜ)에 따라 추가로 설치하는 피난구유도등은 피난구의 식별이 용이하도록 피난구 방향의 화살표가 함께 표시된 것으로 설치
　② 통로유도등
　　㉮ 복도통로유도등
　　　㉠ 복도에 설치하되 피난구유도등이 설치된 옥내로부터 직접 지상으로 통하는 출입구 및 그 부속실의 출입구 또는 직통계단·직통계단의 계단실 및 그 부속실의 출입구의 맞은편 복도에는 입체형으로 설치하거나 또는 바닥에 설치할 것
　　　㉡ 구부러진 모퉁이 및 위 ㉠에 따라 설치된 통로유도등을 기점으로 보행거리 20m마다 설치할 것
　　　㉢ 바닥으로부터 높이 1m 이하의 위치에 설치할 것. 다만, 지하층 또는 무창층의 용도가 도매시장·소매시장·여객자동차터미널·지하역사 또는 지하상가인 경우에는 복도·통로 중앙부분의 바닥에 설치
　　　㉣ 바닥에 설치하는 통로유도등은 하중에 따라 파괴되지 않는 강도의 것으로 할 것
　　㉯ 거실통로유도등
　　　㉠ 거실의 통로에 설치할 것. 다만, 거실 통로가 벽체 등으로 구획된 경우에는 복도통로유도등 설치
　　　㉡ 구부러진 모퉁이 및 보행거리 20m마다 설치할 것
　　　㉢ 바닥으로부터 높이 1.5m 이상의 위치에 설치할 것(다만, 거실통로에 기둥이 설치된 경우 기둥부분 바닥으로부터 높이 1.5m 이하 위치에 설치할 수 있다.)
　　㉰ 계단통로유도등
　　　㉠ 각층의 경사로 참 또는 계단참(1개 층에 경사로 참 또는 계단참이 2 이상 있는 경우 2개의 계단참)마다 설치할 것
　　　㉡ 바닥으로부터 높이 1m 이하의 위치에 설치할 것
　③ 객석유도등
　　㉮ 설치 위치 : 객석의 통로·바닥 또는 벽에 설치
　　㉯ 객석유도등 설치개수(개) = $\dfrac{\text{객석통로의 직선부분의 길이(m)}}{4} - 1$　(소수점 이하의 수는 1로 봄)

4. 유도등 점검

① 항상 점등상태를 유지하는 2선식 배선을 하는 것이 원칙
② 예외로 상시 충전되는 3선식 배선이 가능한 경우
　㉮ 특정소방대상물 또는 그 부분에 사람이 없는 장소
　㉯ 외부의 빛에 의해 피난구 또는 피난방향을 쉽게 식별할 수 있는 장소
　㉰ 공연장, 암실(暗室) 등으로서 어두워야 할 필요가 있는 장소
　㉱ 소방대상물에 관계인 또는 종사원이 주로 사용하는 장소

5. 유도등의 3선식 배선 시 자동으로 점등되는 경우
① 자동화재탐지설비의 감지기 또는 발신기가 작동되는 때
② 비상경보설비의 발신기가 작동되는 때
③ 상용전원이 정전되거나 전원선이 단선되는 때
④ 방재업무를 통제하는 곳 또는 전기실의 배전반에서 수동으로 점등하는 때
⑤ 자동소화설비가 작동되는 때

[피난구유도등]

[통로유도등]

[객석유도등]

> **참고**
>
> **공동주택의 화재안전기술기준(NFTC 608)**
> - 소형 피난구유도등을 설치할 것(다만, 세대 내에는 유도등을 설치하지 않을 수 있다.)
> - 주차장으로 사용되는 부분은 중형 피난구유도등을 설치할 것
> - 비상문자동개폐장치가 설치된 옥상 출입문에는 대형 피난구유도등을 설치할 것
>
> **창고시설의 화재안전기술기준(NFTC 609)**
> - 피난구유도등과 거실통로유도등은 대형으로 설치해야 한다.
> - 피난유도선은 연면적 15,000㎡ 이상인 창고시설의 지하층 및 무창층에 다음의 기준에 따라 설치해야 한다.
>   - 광원점등방식으로 바닥으로부터 1m 이하의 높이에 설치할 것
>   - 각 층 직통계단 출입구로부터 건물 내부 벽면으로 10m 이상 설치할 것
>   - 화재 시 점등되며 비상전원 30분 이상을 확보할 것

제05장_ 소방시설의 종류, 구조·점검 적중예상문제

1. 소방시설의 종류 및 기준

01 소방관계법령상 소방시설의 종류가 아닌 것은?

① 소화설비
② 경보설비
③ 방화설비
④ 피난설비

> 소방시설의 종류 : 소화설비, 경보설비, 피난설비, 소화용수설비, 소화활동설비

02 다음 소방설비 중 소화기구의 종류가 아닌 것은?

① 소화기
② 간이소화용구
③ 자동확산소화기
④ 옥내소화전설비

> 소화기구
> • 소화기
> • 간이소화용구 : 에어로졸식 소화용구, 투척용 소화용구 및 소화약제 외의 것을 이용한 간이 소화용구
> • 자동확산소화기

03 소화설비 중 '자동소화장치의 종류'가 아닌 것은?

① 주거용 주방자동소화장치
② 박스형 자동소화장치
③ 상업용 주방자동소화장치
④ 고체에어로졸자동소화장치

> 자동소화장치의 종류
> • 주거용 주방자동소화장치
> • 상업용 주방자동소화장치
> • 캐비닛형 자동소화장치
> • 가스자동소화장치
> • 분말자동소화장치
> • 고체에어로졸자동소화장치

04 다음 중 옥내소화전설비의 구성과 가장 거리가 먼 것은?

① 펌프전동기
② 수원
③ 가압송수장치
④ 배관 및 소화전함

> 옥내소화전설비는 수원, 가압송수장치, 배관 및 소화전함으로 되어있고, 소화전함에는 소화전 밸브, 호스 및 노즐이 내장되어 있다.

05 화재발생 시 '이상고온을 감지하여 자동적으로 방수하는 소화설비'는 무엇인가?

① 소화기
② 가스자동소화장치
③ 분말소화장치
④ 스프링클러설비

> 스프링클러설비는 물을 소화약제로 하는 자동식소화설비로 화재발생 시 소방대상물의 천장, 벽 등에 설치되어 있는 스프링클러헤드로 자동으로 물이 방사되어 화재를 진압할 수 있는 소화설비이다.

06 다음 소방설비 중 물분무등소화설비에 해당되지 않는 것은?

① 미분무소화설비
② 포소화설비
③ 스프링클러설비
④ 이산화탄소소화설비

> 소방설비 중 물분무등소화설비 종류
> • 물분무소화설비   • 미분무소화설비
> • 포소화설비   • 이산화탄소소화설비
> • 할로겐화합물소화설비 • 청정소화약제소화설비
> • 분말소화설비   • 강화액소화설비

정답 01 ③ 02 ④ 03 ② 04 ① 05 ④ 06 ③

07 화재 발생 사실을 통보하는 기계·기구 또는 설비에 해당하지 않는 것은?

① 비상콘센트설비 ② 자동화재탐지설비
③ 가스누설경보기 ④ 시각경보기

🔍 경보설비(화재발생 사실을 통보하는 기계·기구 또는 설비)의 종류
- 단독경보형 감지기
- 비상경보설비 : 비상벨설비 및 자동식사이렌설비
- 시각경보기
- 자동화재탐지설비
- 화재알림설비
- 비상방송설비
- 자동화재속보설비
- 통합감시시설
- 누전경보기
- 가스누설경보기

08 화재발생 시 피난하기 위한 '피난구조설비'가 아닌 것은?

① 인명구조기구
② 피난기구
③ 비상조명등
④ 무선통신보조설비

🔍 피난구조설비 : 화재가 발생할 경우 피난하기 위하여 사용하는 기구 또는 설비
- 피난기구 : 피난사다리, 구조대, 완강기 그 밖에 화재안전기준으로 정하는 것
- 인명구조기구 : 방열복, 방화복(안전모, 보호장갑 및 안전화를 포함), 공기호흡기, 인공소생기
- 유도등 : 피난유도선, 피난구유도등, 통로유도등, 객석유도등, 유도표지
- 비상조명등 및 휴대용비상조명등

09 화재진압 시 필요한 물을 공급·저장하는 소화용수설비가 아닌 것은?

① 상수도소화용수설비
② 소화수조
③ 제연설비
④ 저수조

🔍 소화용수설비
- 상수도소화용수설비
- 소화수조, 저수조 그 밖의 소화용수설비 등

10 화재를 진압하거나 인명구조 활동 시 사용하는 소화활동설비가 아닌 것은?

① 제연설비
② 통합감시시설
③ 연결송수관설비
④ 비상콘센트설비

🔍 소화활동설비의 종류
- 제연설비   • 연결송수관설비
- 연결살수설비   • 비상콘센트설비
- 무선통신보조설비   • 연소방지설비

2. 소화설비

11 화재발생 시 '화염이나 열에 따라 소화약제가 확산하여 국소적으로 소화하는 소화장치'는?

① 소화기
② 간이소화용구
③ 자동확산소화기
④ 스프링클러설비장치

🔍 소화기구의 종류
- 소화기 : 소화약제를 압력에 따라 방사하는 기구로 사람이 수동으로 조작하여 작동
- 간이소화용구 : 에어로졸식 소화용구, 투척용 소화용구, 소공간용 소화용구 및 소화약제 외의 것을 이용한 간이소화용구
- 자동확산소화기 : 화재 시 화염이나 열에 따라 소화약제가 확산하여 국소적으로 소화하는 소화장치

12 소화기구의 종류 중 '간이소화용구'에 해당하지 않은 것은?

① 에어로졸식 소화용구
② 투척용 소화용구
③ 소화약제를 이용한 간이소화용구
④ 소화약제 외의 것을 이용한 간이소화용구

🔍 11번 문제 해설 참조

정답 07 ① 08 ④ 09 ③ 10 ② 11 ③ 12 ③

13 다음 중 '소화약제를 압력에 따라 방사하는 기구로 사람이 수동으로 조작하여 작동하는 소화기구'는?

① 투척용 소화용구
② 소공간용 소화용구
③ 자동확산소화기
④ 소화기

🔍 11번 문제 해설 참조

14 다음 [보기]의 내용을 소화기 사용방법에 따라 올바르게 나열한 것은?

> 가. 소화기를 불이 난 곳으로 옮긴다.
> 나. 안전핀을 뽑는다.
> 다. 호스를 불 쪽으로 향한다.
> 라. 손잡이를 눌러 골고루 방사한다.

① 가 → 나 → 다 → 라
② 나 → 가 → 다 → 라
③ 가 → 다 → 나 → 라
④ 나 → 라 → 다 → 가

🔍 소화기 사용방법
가) 소화기를 불이 난 곳으로 옮긴다.
나) 소화기를 바닥에 내려놓은 후 한 손은 소화기 몸통을 잡고 다른 한 손은 안전핀을 잡아 당긴다.
다) 한 손은 손잡이를, 다른 한 손은 노즐을 잡고 화점을 향하게 한다.
라) 완전히 소화가 될 때까지 약제를 화점을 향해 골고루 방사한다.

15 다음 중 '대형소화기에서 A급 화재의 소화능력 단위기준'으로 맞는 것은?

① 10단위 이상   ② 15단위 이상
③ 20단위 이상   ④ 30단위 이상

🔍 소형·대형 소화기 구분(능력단위 : 소화기구의 소화능력을 나타내는 수치)
• 소형소화기 : 능력단위가 1단위 이상이고, 대형소화기의 능력단위 미만인 것
• 대형소화기 : 화재 시 사람이 운반할 수 있도록 운반대와 바퀴가 설치되어 있고 능력단위가 A급 화재 10단위 이상, B급 화재 20단위 이상인 것

16 다음 중 '소형소화기의 능력단위'로 맞는 것은?

① 능력단위가 1단위 이상인 것
② 능력단위가 5단위 미만인 것
③ 능력단위가 1단위 이상이고 대형소화기의 능력단위 미만인 것
④ 능력단위가 10단위 이상인 것

🔍 15번 문제 해설 참조

17 대형소화기의 소화능력 단위기준으로 옳은 것은? (단, 화재 시 사람이 운반할 수 있도록 운반대와 바퀴가 설치되어있는 경우이다.)

① A급 화재 - 5단위 이상, B급 화재 - 10단위 이상
② A급 화재 - 10단위 이상, B급 화재 - 20단위 이상
③ A급 화재 - 15단위 이상, B급 화재 - 25단위 이상
④ A급 화재 - 20단위 이상, B급 화재 - 30단위 이상

🔍 15번 문제 해설 참조

18 소화기에 표시된 적응화재 A, B, C의 설명으로 맞지 않은 것은?

① A - 일반화재용
② B - 유류화재용
③ C - 전기화재용
④ ABC - 금속화재용

🔍 소화기 적응화재
• A급 화재 : 일반화재, 소화기의 적응 화재별 표시는 'A'
• B급 화재 : 유류화재, 소화기의 적응 화재별 표시는 'B'
• C급 화재 : 전기화재, 소화기의 적응 화재별 표시는 'C'
• K급 화재 : 주방화재, 소화기의 적응 화재별 표시는 'K'

정답 13 ④ 14 ① 15 ① 16 ③ 17 ② 18 ④

19 분말소화기 소화약제 중 ABC급 소화기 소화약제의 색상으로 맞는 것은?

① 백색
② 담홍색
③ 담회색
④ 검은색

🔍 분말소화기

구분	적응화재	주성분	약제의 색	소화효과	기타
분말소화기	ABC급	제1인산암모늄 ($NH_4H_2PO_4$)	담홍색	질식, 억제 (부촉매)	가압식, 축압식
	BC급	탄산수소나트륨 (NaHCO₃)	백색		
		탄산수소칼륨 (KHCO₃)	담회색		
		탄산수소칼륨 (KHCO₃) + 요소($(NH_2)_2CO$)	회색		

20 분말소화기 ABC급 소화기의 소화약제의 주성분은?

① 탄산수소나트륨($NaHCO_3$)
② 탄산수소칼륨($KHCO_3$)
③ 제1인산암모늄($NH_4H_2PO_4$)
④ 벤젠(C_6H_6)

🔍 19번 문제 해설 참조

21 다음 분말소화기의 설명 중 맞지 않은 것은?

① 분말소화기는 ABC급과 BC급으로 구분된다.
② 현재 시중에 판매되는 분말소화기는 대부분 BC급이다.
③ ABC급 분말소화기의 주성분은 제1인산암모늄($NH_4H_2PO_4$)이다.
④ BC급 분말소화기의 소화약제의 색상은 백색·담회색이다.

🔍 현재 시중에 판매되는 분말소화기는 대부분 ABC급이다.

22 축압식 분말소화기의 설명 중 틀린 것은?

① 본체 용기 내에는 소화약제와 질소가스가 충전되어 있다.
② 용기 내 압력을 확인하기 위해 지시압력계가 부착되어 있다.
③ 사용가능한 압력범위는 0.7~0.98MPa이다.
④ 지시압력계의 사용 가능한 압력범위는 적색으로 되어 있다.

🔍 축압식 분말소화기는 용기 내 압력을 확인할 수 있도록 지시압력계가 부착되어 사용가능한 범위가 0.7~0.98MPa로 녹색으로 되어 있다.

23 소화기 중 압축식 분말소화기의 사용가능한 용기 내 압력범위는?

① 0.1~0.4MPa
② 0.3~0.7MPa
③ 0.7~0.98MPa
④ 1.0~1.5MPa

🔍 분말소화기의 사용 가능한 범위는 0.7~0.98MPa로 녹색으로 되어 있다.

24 다음 〈그림〉의 소화기의 명칭은?

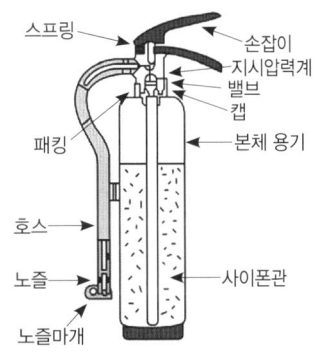

① 축압식 분말소화기
② 가압식 분말소화기
③ 액화탄산(CO_2)가스 소화기
④ 할로겐화합물 소화기

🔍 보기의 〈그림〉은 축압식 분말소화기이다.

정답 19 ② 20 ③ 21 ② 22 ④ 23 ③ 24 ①

25 이산화탄소 소화기의 소화약제의 설명 중 맞지 않은 것은?

① 주성분은 이산화탄소 일명 액화탄산(CO_2) 가스이다.
② 적응화재는 BC급이다.
③ 소화효과는 질식, 냉각소화이다.
④ 약제의 색상은 담홍색이다.

🔍 액화탄산(CO_2) 가스의 색은 무색이다.

26 다음 〈그림〉의 소화기의 명칭은?

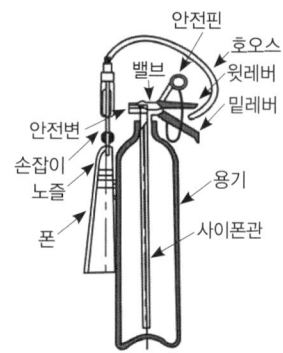

① 축압식 분말소화기
② 이산화탄소 소화기
③ 가압식 분말소화기
④ 할로겐화합물소화기

🔍 보기의 〈그림〉은 이산화탄소 소화기이다.

27 할로겐화합물 소화기의 특성으로 맞지 않은 것은?

① 주성분은 할론1211, 할론 1301, 할론2402이다.
② 적응화재는 모두 ABC급이다.
③ 소화재는 부촉매 및 질식소화를 가진다.
④ 할론1301 소화기는 할론소화약제 중 가장 소화능력이 좋으며, 독성이 가장 적고 냄새가 없다.

🔍 할론1211과 할론1301은 ABC급이며, 할론2402는 BC급이다.

28 할로겐화합물 소화기의 소화약제 설명 중 틀린 것은?

① 소화약제는 할론1211, 할론2402, 할론1301를 사용한다.
② 할론1211, 할론2402 소화기 용기 내 지시압력계의 사용가능한 압력범위는 녹색이다.
③ 할론1301 소화기는 저압가스로서 가스 자체의 압력으로 방사한다.
④ 할론1301은 할론소화약제 중 가장 소화능력이 좋으며, 독성이 가장 적고 냄새가 없다.

🔍 할론1301 소화기는 고압가스로서 가스 자체의 압력(증기압)으로 방사하며, 지시압력계는 부착되어 있지 않다.

29 소화기구의 설치기준에 의한 '위락시설'의 소화기구의 능력단위는 얼마인가?

① 해당 용도의 바닥면적 $30m^2$마다 능력단위 1단위 이상
② 해당 용도의 바닥면적 $50m^2$마다 능력단위 1단위 이상
③ 해당 용도의 바닥면적 $100m^2$마다 능력단위 1단위 이상
④ 해당 용도의 바닥면적 $200m^2$마다 능력단위 1단위 이상

🔍 특정소방대상물별 소화기구의 능력단위 기준

소방대상물	소화기구의 능력단위
위락시설	해당 용도의 바닥면적 $30m^2$마다 능력단위 1단위 이상
공연장·집회장·관람장·문화재·장례시설 및 의료시설	해당 용도의 바닥면적 $50m^2$마다 능력단위 1단위 이상
근린생활시설·판매시설·운수시설·숙박시설·노유자시설·전시장·공동주택·업무시설·방송통신시설·공장·창고시설·항공기 및 자동차 관련시설 및 관광휴게시설	해당 용도의 바닥면적 $100m^2$마다 능력단위 1단위 이상
그 밖의 것	해당 용도의 바닥면적 $200m^2$마다 능력단위 1단위 이상

단. 소화기구의 능력단위를 산출함에 있어서 건축물의 주요구조부가 내화구조이고, 벽 및 반자의 실내에 면하는 부분이 불연재료·준불연재료 또는 난연재료로 된 소방대상물에 있어서는 위 표의 기준면적의 2배를 해당 특정소방대상물의 기준면적으로 한다.

정답 25 ④ 26 ② 27 ② 28 ③ 29 ①

30 다음 중 해당 용도의 바닥면적 50m²마다 능력단위 1단위 이상인 특정소방대상물이 아닌 것은?

① 공연장 및 집회장
② 운수시설 및 숙박시설
③ 관람장 및 문화재
④ 장례시설 및 의료시설

🔍 29번 문제 해설 참조

31 바닥면적 300m²인 공연장에 ABC급 분말소화기를 비치하고자 한다. 최소 A급 몇 단위가 필요한가?

① 2단위　　② 4단위
③ 6단위　　④ 8단위

🔍 공연장은 해당 용도의 바닥면적 50m²마다 능력단위 1단위 이상이므로 바닥면적이 300m²인 경우 최소 6단위가 필요하다.

32 바닥면적 1,600m²인 근린생활시설에 ABC급 분말소화기를 비치하고자 한다. 최소 A급 몇 단위가 필요한가?(단, 이 시설의 주요구조부가 내화구조이고, 벽 및 반자의 실내에 면하는 부분이 불연재료이다)

① 2단위　　② 4단위
③ 6단위　　④ 8단위

🔍 근린생활시설은 해당 용도의 바닥면적 100m²마다 능력단위 1단위 이상인데, 이 시설이 내화구조이고, 벽 및 반자의 실내에 면하는 부분이 불연재료이므로 기준면적의 2배를 근린생활시설의 기준면적으로 계산한다.
따라서, 1,600m²/(2×100m²) = 8(단위)이다.

33 다음 (　) 안에 들어갈 숫자로 맞는 것은?

> 소화기구의 설치기준에 의해 소화기를 설치할 때 각 층마다 설치하되, 특정소방대상물의 각 부분으로부터 1개의 소화기까지의 보행거리가 소형소화기의 경우에는 (　)m 이내, 대형소화기의 경우에는 (　)m 이내가 되도록 배치한다.'

① 10m, 20m　　② 20m, 30m
③ 30m, 40m　　④ 50m, 50m

🔍 소화기 설치
 • 각 층마다 설치하되, 특정소방대상물의 각 부분으로부터 1개의 소화기까지의 보행거리가 소형소화기의 경우 20m 이내, 대형소화기의 경우 30m 이내가 되도록 배치한다.
 • 특정소방대상물의 각 층이 2 이상의 거실로 구획된 경우 각 층마다 설치하는 것 외에 바닥면적이 33m² 이상으로 구획된 각 거실에 배치(아파트인 경우 각 세대를 말함)도 배치한다.

34 소화기에 붙어 있는 라벨 표에 〈능력단위 : A3, B5, C적응〉이 의미하는 것과 거리가 먼 것은?

① A급 화재(일반화재)는 3단위이다.
② B급 화재(유류화재)는 5단위이다.
③ C급 화재(전기화재)에는 적응성이 있음을 표시한다.
④ 능력단위는 소화기의 총용량을 의미한다.

🔍 A3는 A급 화재 3단위, B5는 B급 화재 5단위이며, C적응은 C급 화재에는 적응성이 있음을 표시하는 것이다.

35 다음 중 소화기구의 설치기준으로 맞지 않은 것은? (단, 자동확산소화기가 아닌 경우이다.)

① 소화기구는 바닥으로부터 높이 1.5m 이하의 곳에 비치한다.
② 소형소화기의 배치거리는 20m 이내이다.
③ 대형소화기의 배치거리는 30m 이내이다.
④ 특정소방대상물의 각 층이 2 이상의 거실로 구획된 경우에는 각 층마다 설치하지 않아도 된다.

🔍 특정소방대상물의 각 층이 2 이상의 거실로 구획된 경우에는 각 층마다 설치하는 것 외에 바닥면적이 33m² 이상으로 구획된 각 거실에도 소화기를 배치하여야 한다.

36 이산화탄소 또는 할로겐화합물을 방사하는 소화기는 지하층, 무창층 또는 밀폐된 거실로서 그 바닥면적이 몇 m² 미만인 장소에는 설치할 수 없는가?

① 10m² 미만　　② 20m² 미만
③ 30m² 미만　　④ 40m² 미만

정답　30 ②　31 ③　32 ④　33 ②　34 ④　35 ④　36 ②

🔍 이산화탄소, 할로겐화합물을 방사하는 소화기는 지하층, 무창층, 또는 밀폐된 거실의 바닥면적의 20m² 미만인 장소에는 설치할 수 없다.

37 능력단위가 2단위 이상이 되도록 소화기를 설치하여야 할 특정소방대상물은 간이소화용구의 능력단위가 전체 능력단위의 얼마를 초과하지 않아야 하는가?(단, 노유자시설이 아닌 경우이다.)

① 1/5 초과
② 1/3 초과
③ 1/2 초과
④ 1배 초과

🔍 능력단위가 2단위 이상이 되도록 소화기를 설치하여야 하는 특정소방대상물 또는 그 부분에 있어서는 간이소화용구의 능력단위가 전체 능력단위의 2분의 1을 초과하지 아니하게 한다.(노유자시설의 경우에는 이를 제외)

38 소화기에 부착되어 있는 지시압력계 특성의 설명으로 맞지 않는 것은?

① 지시압력계는 녹색 범위에 있어야 정상이다.
② 지시압력계의 노란색(황색) 부분은 소화기 내의 압력이 부족한 것이다.
③ 지시압력계의 노란색(황색) 부분은 소화약제를 정상 방출할 수 없어 재충전이 필요하다.
④ 지시압력계가 적색 부분에 있으면 저압(압력이 낮음) 상태를 나타낸다.

🔍 지시압력계가 적색부분에 있으면 과압(압력이 높음) 상태를 나타낸다.

39 지시압력계가 없는 이산화탄소 소화기는 소화기 총중량에서 손실량이 제원표 약제 중량의 몇 % 초과 시 불량인가?

① 3% 초과   ② 5% 초과
③ 7% 초과   ④ 10% 초과

🔍 소화기 총중량에서 용기 무게를 빼면 약제 중량이 계산되며, 손실량이 제원표 약제 중량의 5% 초과 시 불량이다.

40 분말소화기의 내용연수 연한은 제조일로부터 몇 년인가?

① 3년
② 5년
③ 7년
④ 10년

🔍 분말소화기 내용연수
소화기의 내용연수를 10년으로 하고 내용연수가 지난 제품은 교체 또는 성능검사에 합격한 소화기는 내용연수등이 경과한 날의 다음 달부터 다음의 기간동안 사용할 수 있다.
• 내용연수 경과 후 10년 미만 : 3년
• 내용연수 경과 후 10년 이상 : 1년

41 다음 중 소화기 점검과 관련한 내용으로 틀린 것은?

① 지시압력계가 녹색범위라면 소화약제가 굳어 있더라도 정상사용이 가능하다.
② 화재의 종류에 따라 적응성 있는 소화기를 사용한다.
③ 호스가 찢어지거나 노즐·혼이 파손되거나 탈락 상태를 점검한다.
④ 안전핀의 탈락 여부, 안전핀의 변형 여부를 점검한다.

🔍 분말소화기는 분말소화약제가 굳거나 고형화된 것이 있는지 점검하여야 하며, 지시압력계가 녹색(정상)범위라 하더라도 소화약제가 굳어 있다면 화재 시 정상사용이 불가능하다.

42 자동확산소화기 점검 방법 중 잘못된 것은?

① 소화기의 자동압력계 상태를 확인한다.
② 지시압력계가 녹색의 범위 내에 있어야 적합하다.
③ 빨간색 부분은 저압의 범위이다.
④ 노란색 부분은 소화기 내의 압력이 부족한 것으로서 소화약제를 정상적으로 방출할 수 없다.

🔍 지시압력계가 빨간색 부분은 과압의 범위이다.

정답 37 ③ 38 ④ 39 ② 40 ④ 41 ① 42 ③

43 화재 시 소화기 사용방법으로 옳지 않은 것은?

① 한 손으로 손잡이를 잡은 후 다른 손으로 소화기 밑바닥을 받친다.
② 바람을 등지고 화점 부근으로 접근하여 안전핀을 뽑는다.
③ 노즐이 화점으로 하게 한다.
④ 손잡이를 누르고 떼기를 반복하여 골고루 방사한다.

🔍 소화기 사용방법
- 한 손으로 손잡이를 잡은 상태에서 다른 손으로 소화기 밑바닥을 받친다.
- 바람을 등지고 화점 부근으로 접근하여 안전핀을 뽑는다.
- 손잡이를 누르자마자 놓거나 간헐적으로 누르지 않도록 강하게 누른 후 골고루 방사한다.
- 소화가 완전히 되었는지 확인한다.
- 사용 후 주변을 정리한다.

44 자동소화장치 중 주거용주방자동소화장치의 설치 대상은?

① 주택으로 쓰는 층수가 5층 이상인 주택 및 10층 오피스텔의 모든 층
② 주택으로 쓰는 층수가 10층 이상인 주택 및 오피스텔의 모든 층
③ 주택으로 쓰는 층수가 5층 이상인 주택 및 오피스텔의 모든 층
④ 주택으로 쓰는 층수가 10층 이상인 주택 및 10층 오피스텔의 모든 층

🔍 주거용 주방자동소화장치는 주거용 주방에 설치된 열발생 조리기구의 사용으로 인한 화재 발생시 열원(전기 또는 가스)을 자동으로 차단하며 소화약제를 방출하는 소화장치를 말하며, 아파트등(주택으로 쓰는 층수가 5층 이상인 주택) 및 오피스텔의 모든 층에 설치해야 한다.

45 다음 중 주거용 주방자동소화장치 점검사항이 아닌 것은?

① 가스누설탐지부 점검
② 가스누설차단밸브 자동 작동버튼 점검
③ 제어반(수신부) 점검
④ 약제저장용기 점검

🔍 주거용 주방자동소화장치 점검
- 가스누설탐지부 점검
- 예비전원 시험
- 제어반(수신부) 점검
- 가스누설차단밸브 시험
- 감지부 시험
- 약제 저장용기 점검

46 주방용 자동소화장치에서 약제 저장용기의 점검사항 중 옳지 않은 것은?

① 주방용 자동소화장치는 가압식이 대부분이다.
② 소화약제로 분말소화약제, 강화액소화약제 등이 생산된다.
③ 축압식소화기에 설치된 지시압력계의 압력상태가 초록색 범위 내에 있는지를 확인한다.
④ 가압식소화기는 가압설비 및 약제상태를 점검한다.

🔍 주방용 자동소화장치는 축압식과 가압식이 있으나 대부분 축압식으로 생산되고 있다.

47 다음 [보기]는 무엇을 설명한 것인가?

> 건축물 내에서 화재가 발생하였을 때 소방대상물 관계자 또는 자체소방대원이 화재발생 초기에 신속하게 소화할 수 있도록 건물 내에 설치하는 물소화설비이다.

① 스프링클러설비   ② 옥내소화전설비
③ 물분무등소화설비   ④ 옥외소화전설비

🔍 옥내소화전설비란 건축물 내에서 화재가 발생했을 때 소방대상물 관계자 또는 자체소방대원이 화재발생 초기에 신속하게 소화할 수 있도록 건물 내에 설치하는 물소화설비를 말한다.

48 소방대상물의 각 층 옥내소화전을 동시에 방수할 경우 각 소화전 노즐에서의 방수량은 얼마 이상인가?

① 100L/min 이상   ② 110L/min 이상
③ 120L/min 이상   ④ 130L/min 이상

🔍 옥내소화전설비의 성능 : 소방대상물의 어느 층이나 해당 층의 옥내소화전(2개 이상인 경우 2개)을 동시에 방수할 경우 각 소화전 노즐에서의 방수량과 방수압이 다음과 같아야 한다.
- 방수량 : 130L/min 이상
- 방수압 : 0.17MPa 이상 0.7MPa 이하

정답 43 ④ 44 ③ 45 ② 46 ① 47 ② 48 ④

49 소방대상물의 각층 옥내소화전을 동시에 방수할 경우 각 소화전 노즐에서 방수압은?

① 0.05MPa 이상 0.2MPa 이하
② 0.1MPa 이상 0.3MPa 이하
③ 0.17MPa 이상 0.7MPa 이하
④ 0.25MPa 이상 0.9MPa 이하

🔍 48번 문제 해설 참조

50 옥내소화전설비의 구성 중 옥상수조(수원)을 의무적으로 설치해야 하는 것은?

① 10층 이상 건축물
② 20층 이상 건축물
③ 30층 이상 건축물
④ 50층 이상 건축물

🔍 옥상수조를 의무적으로 설치해야 하는 건축물은 30층 이상 건축물이다.

51 옥내소화전설비에 대한 설명으로 옳지 않은 것은?

① 각 소화전 노즐의 방수량은 130L/min 이상이고, 방수압은 0.17MPa 이상 0.7MPa 이하이다.
② 방수구는 바닥으로부터 높이가 1.5m 이상인 위치에 설치한다.
③ 30층 이상 건축물의 경우 옥상수조는 의무적으로 설치하여야 한다.
④ 유효수량은 타 소화설비와 수원이 겸용인 경우 각각의 소화설비 유효수량을 가산한 양 이상으로 한다.

🔍 방수구는 바닥으로부터 높이가 1.5m 이하인 위치에 설치한다.

52 옥내소화전설비 중 수원(가압송수장치)의 종류가 아닌 것은?

① 지하수조 ② 일반수조
③ 압력수조 ④ 고가수조

53 옥내소화전설비 중 가압송수장치 방식으로 볼 수 없는 것은?

① 펌프방식
② 고가수조방식
③ 압력수조방식
④ 각층 수돗물 이용방식

🔍 가압송수장치
- 펌프방식 : 압력스위치가 작동함으로써 펌프를 기동하는 방식이며, 주펌프는 전동기에 따른 펌프로 설치한다.
- 고가수조방식 : 고가수조로부터 자연낙차압을 이용하는 방식으로 일반 건물에 거의 사용되지 못한다.
- 압력수조방식 : 압력수조 내 물을 압입하고 압축된 공기를 충전하여 송수하는 방식으로 탱크의 설치 위치에 구애받지 않는 장점이 있다.
- 가압수조방식 : 별도의 압력탱크에 압축공기 또는 불연성 고압기체에 의해 소방용수를 가압하여 송수하는 방식으로 전원이 필요없다.

54 별도의 압력탱크에 소방용수를 가압하여 송수하는 방식으로 전원이 필요 없는 가압송수장치는?

① 펌프방식   ② 고가수조방식
③ 압력수조방식   ④ 가압수조방식

🔍 53번 문제 해설 참조

55 가압송수장치 중 압력수조 내 물을 압입하고 압축된 공기를 충전하여 송수하는 방식으로 탱크의 설치 위치에 구애받지 않는 장점이 있는 방식은?

① 압력수조방식   ② 가압수조방식
③ 펌프방식   ④ 고가수조방식

🔍 53번 문제 해설 참조

정답 49 ③ 50 ③ 51 ② 52 ① 53 ④ 54 ④ 55 ①

56 옥내소화전설비 중 펌프 내 수온이 상승하여 펌프에 무리가 발생하므로 릴리프밸브를 통해 과압방출하여 수온 상승을 방지하기 위하여 설치하는 것은?

① 성능시험배관
② 펌프배관
③ 순환배관
④ 솔레노이드배관

🔍 펌프의 체절운전 시 수온이 상승하여 펌프에 무리가 발생하므로 순환배관상의 릴리프배관을 통해 과압을 방출하여 수온 상승을 방지하기 위하여 순환배관을 설치한다.

57 옥내소화전설비 중 정기적으로 펌프의 성능을 시험하여 펌프 성능곡선의 양부(良否) 및 방수압과 토출량을 검사하기 위하여 설치하는 것은?

① 순환배관 ② 성능시험배관
③ 펌프배관 ④ 솔레노이드배관

🔍 옥내소화전설비의 배관
• 순환배관 : 순환배관상의 릴리프밸브를 통해 과압을 방출하여 수온상승을 방지하기 위하여 설치한다.
• 성능시험배관 : 펌프 성능곡선의 양부(良否) 및 방수압과 토출량을 검사하기 위하여 설치한다.
• 기동용수압 개폐장치 : 펌프를 자동으로 기동 시 사용하는 설비로 배관 내 설정압력 유지 및 완충작용의 역할을 한다.

58 다음 중 옥내소화전함 등 설치기준에 대한 설명으로 옳지 않은 것은?

① 표시등은 옥내소화전함의 하부에 설치한다.
② 방수구는 층마다 설치하며, 소방대상물 각 부분으로부터 1개의 옥내소화전 방수구까지의 수평거리는 25m 이하가 되도록 한다.
③ 방수구는 바닥으로부터 높이가 1.5m 이하의 위치에 설치한다.
④ 호스릴 옥내소화전설비가 아닌 경우 소화전 호스는 구경 40mm 이상의 것으로 설치한다.

🔍 옥내소화전함의 표시등
• 설치위치 : 옥내소화전함의 상부
• 기동표시등 설치 위치 : 가압송수장치의 기동을 표시하는 표시등은 옥내소화전함의 상부 또는 그 직근(적색등)

59 호스릴 옥내소화전설비의 경우 호스의 구경은 몇 mm 이상의 것으로 설치하여야 하는가?

① 10mm 이상
② 15mm 이상
③ 20mm 이상
④ 25mm 이상

🔍 옥내소화전설비 호스 구경
• 일반호스 옥내소화전설비 : 40mm 이상
• 호스릴 옥내소화전설비 : 25mm 이상

60 옥내소화전함 설치기준에 따른 방수구의 설치기준으로 옳지 않은 것은?

① 소방대상물의 각 층마다 설치한다.
② 소방대상물의 각 부분으로부터 옥내소화전 방수구까지의 수평거리는 25m 이하가 되도록 한다.
③ 복층형구조의 공동주택에도 각 층마다 설치하여야 한다.
④ 바닥으로부터 높이가 1.5m 이하의 위치에 설치한다.

🔍 방수구는 각 층마다 설치하되 소방대상물의 각 부분으로부터 1개의 옥내소화전 방수구까지의 수평거리는 25m 이하가 되도록 한다. 다만, 복층형 구조의 공동주택의 경우에는 세대의 출입구가 설치된 층에만 설치할 수 있다.

61 다음 중 '옥내소화전함의 설비'로 볼 수 없는 것은?

① 방수구
② 수원
③ 표시등
④ 호스 및 노즐

🔍 옥내소화전함 설비 : 소화전함, 방수구, 표시등, 호스, 관창(노즐) 등

정답 56 ③ 57 ② 58 ① 59 ④ 60 ③ 61 ②

62 '옥내소화전 실기실습' 내용으로 옳지 않은 것은?

① 발신기를 누르고 소화전함을 신속히 연다.
② 한 사람이 호스와 노즐을 화점 가까이 전개하여 이동한 후 소화전함에 대기하고 있는 조력자에게 '밸브개방'이라고 외친다.
③ 방수 시 두 손으로 관창선단을 잡고 방수한다.
④ 방수완료 후 '밸브폐쇄'라고 외친 후 밸브를 폐쇄한다.

🔍 옥내소화전 실기실습 순서
- 발신기를 눌러 호재 사실을 알린 후 소화전함을 신속히 연다.
- 한 사람이 호스와 노즐을 화점에 가까이 전개하여 이동한 후 호화전함에 대기하고 있는 조력자에게 '밸브개방'이라고 외친다.
- 밸브를 개방하고 노즐을 조작하여 한 손은 관청선단을 잡고 다른 한 손은 결합부를 잡은 상태에서 호스를 최대한 몸에 밀착시켜 방수한다.
- 소화전 사용이 끝나면 '밸브폐쇄'라고 외친 후 밸브를 폐쇄한다.

63 방수압력이 0.25MPa인 옥내소화전의 분당방수량은 얼마인가?(단, 옥내소화전의 노즐 구경은 13mm이다.)

① 130(L/min)
② 150(L/min)
③ 175(L/min)
④ 200(L/min)

🔍 분당방수량 $Q = 2.065 \times D^2 \times \sqrt{P}$
∴ $Q = 2.065 \times 13^2 \times \sqrt{0.25}$ (옥내소화전 관경 13mm이므로)
= 174.49 ≒ 175(L/min)

64 옥내소화전함 '방수압력 및 방수량' 측정 시 주의사항으로 옳지 않은 것은?

① 초기 방수 즉시 측정하여야 한다.
② 반드시 직사형 관창을 이용하여 측정하여야 한다.
③ 방수압력측정계(피토게이지)는 봉상주수상태에서 직각으로 측정하여야 한다.
④ 방수압력측정계(피토게이지)의 입구구경이 작기 때문에 발생하는 막힘이나 고장에 주의하여야 한다.

🔍 옥내소화전함의 방수압력 및 방수량 측정 시 주의사항
- 반드시 직사형 관창을 이용하여 측정하여야 한다.
- 초기 방수 시 물속에 존재하는 이물질이나 공기 등이 완전히 배출된 후에 측정하여야 방수압력측정계(피토게이지)의 입구구경이 작기 때문에 발생하는 막힘이나 고장을 방지할 수 있다.
- 방수압력측정계(피토게이지)는 봉상수주상태에서 직각으로 측정하여야 한다.

65 옥외소화전설비의 성능 기준 중 방수량(L/min) 기준은 얼마인가?

① 100 L/min 이상
② 200 L/min 이상
③ 300 L/min 이상
④ 350 L/min 이상

🔍 옥외소화전설비의 성능
- 방수량 : 350L/min 이상이 되도록 설치한다.
- 방수압력 : 2개의 소화전(설치개수 1개인 경우에는 1개)을 동시에 사용할 경우 각 노즐선단 방수압력이 0.25~0.7MPa

66 옥외 소화전설비의 성능기준 중 수원의 용량은 얼마인가?

① 소화전 설치개수에 $3m^3$를 곱한 양 이상일 것
② 소화전 설치개수에 $5m^3$를 곱한 양 이상일 것
③ 소화전 설치개수에 $7m^3$를 곱한 양 이상일 것
④ 소화전 설치개수에 $10m^3$를 곱한 양 이상일 것

🔍 수원의 용량은 소화전 설치개수(2개 이상일 때는 2개)에 $7m^3$를 곱한 양 이상이어야 한다.

67 옥외소화전은 소방대상물의 각 부분으로부터 호스접결구까지의 수평거리가 몇 m 이하가 되도록 설치하여야 하는가?

① 10m 이하
② 20m 이하
③ 30m 이하
④ 40m 이하

🔍 옥외소화전은 소방대상물의 각 부분으로부터 호스접결구까지의 수평거리가 40m 이하가 되도록 설치하여야 하고, 호스접결구 높이는 지면으로부터 0.5m 이상 1.0m 이하에 설치하여야 한다.

정답 62 ③ 63 ③ 64 ① 65 ④ 66 ③ 67 ④

68 옥외소화전 설치 기준 상 호스접결구의 설치 위치로 맞는 것은?

① 지면으로부터 0.3m 이상 0.5m 이하에 설치
② 지면으로부터 0.5m 이상 1.0m 이하에 설치
③ 지면으로부터 0.7m 이상 1.5m 이하에 설치
④ 지면으로부터 1.0m 이상 2.0m 이하에 설치

🔍 호스접결구 높이는 지면으로부터 0.5m 이상 1.0m 이하에 설치하여야 한다.

69 옥외소화전함 호스의 구경은 몇 mm인가?

① 30mm   ② 45mm
③ 65mm   ④ 75mm

🔍 옥외소화전함 등
- 옥외소화전설비에는 옥외소화전마다 그로부터 5m 이내의 장소에 소화전함을 설치
- 가압송수장치의 조작부 또는 그 부근에는 가압송수장치의 기동을 명시하는 적색등을 설치
- 호스는 구경 65mm
- 기타 가압송수장치 등은 옥내소화전과 동일
- 소화전함 표면에는 "옥외소화전" 표시를 한 표지

70 소화설비 중 스프링클러설비의 특징에 대한 설명으로 틀린 것은?

① 물을 소화약제로 하는 자동식 소화설비이다.
② 화재의 초기소화에 절대적인 효과를 가지고 있다.
③ 조작이 간편하고 안전하여 자동적으로 화재감지, 경보, 소화할 수 있다.
④ 시공 시 간단하고 비용이 적게 든다.

🔍 스프링클러설비의 장점 및 단점

장점	단점
• 초기 진화에 절대적인 효과가 있다. • 소화약제가 물이며 경제적이고 소화 후 복구가 용이하다. • 기계적이므로 오동작이 거의 없다. • 자동적으로 화재를 감지하여 화재경보 및 소화를 할 수 있다.	• 초기 시설비가 많이 든다. • 시공 시 다른 시설보다 복잡하다. • 물로 인한 피해가 심하다.

71 다음 중 스프링클러설비의 단점이 아닌 것은?

① 기계적으로 오동작이 많다.
② 초기 시설비가 많이 든다.
③ 시공 시 다른 시설보다 복잡하다.
④ 물로 인한 피해가 심하다.

🔍 스프링클러의 장점
- 초기 진화에 절대적인 효과가 있다.
- 소화약제가 물이며 경제적이고 소화 후 복구가 용이하다.
- 기계적이므로 오동작이 거의 없다.
- 자동적으로 화재를 감지하여 화재경보 및 소화를 할 수 있다.

72 소화설비 중 스프링클러설비의 기준 대수의 모든 헤드로부터 규정 방수량과 방수압은?

① 50L/min, 0.05MPa 이상 0.5MPa 이하
② 60L/min, 0.1MPa 이상 1.0MPa 이하
③ 80L/min, 0.1MPa 이상 1.2MPa 이하
④ 100L/min, 0.5MPa 이상 2.0MPa 이하

🔍 스프링클러설비의 성능(기준 개수의 모든 헤드로부터)
- 방수량 : 분당 80L/min 이상
- 방수압력 : 0.1MPa 이상 1.2MPa 이하

73 다음 중 '스프링클러설비의 구성요소'가 아닌 것은?

① 헤드   ② 유수검지장치
③ 배관   ④ 호스

🔍 스프링클러설비의 구성요소 : 헤드, 수원, 가압송수장치, 배관, 음향장치 및 기동장치, 송수구, 유수검지장치 등으로 구성되어 있다.

74 스프링클러설비의 구성요소 중 '유수검지장치'방식이 아닌 것은?

① 습식 유수검지장치
② 개방식 유수검지장치
③ 건식 유수검지장치
④ 준비작동식 유수검지장치

🔍 유수검지장치
- 스프링클러설비 중 배관 내의 유수현상을 자동적으로 검지하여 신호 또는 경보를 발하는 장치
- 방식에 따라 습식, 건식, 준비작동식 유수검지장치로 구분된다.

정답 68 ② 69 ③ 70 ④ 71 ① 72 ③ 73 ④ 74 ②

75 스프링클러설비의 '배관의 종류'로 볼 수 없는 것은?

① 주배관
② 가지배관
③ 교차배관
④ 성능시험배관

> 스프링클러설비의 구성요소 중 배관은 가지배관, 교차배관, 주배관 등이 있다.

76 스프링클러설비의 구성요소 중 부착방식에 따른 헤드의 구분에 해당되지 않는 것은?

① 상향형
② 하향형
③ 폐쇄형
④ 측벽형

> 감열체 유무에 따라 폐쇄형과 개방형, 부착방식에 따라 상향형, 하향형, 측벽형으로 구분

77 스프링클러설비 중 폐쇄형헤드를 사용하는 방식이 아닌 설비는?

① 습식 스프링클러설비
② 건식 스프링클러설비
③ 준비작동식 스프링클러설비
④ 일제살수식 스프링클러설비

> 감열체의 유무에 따른 분류
> • 폐쇄형헤드 : 습식, 건식, 준비작동식, 부압식
> • 개방형헤드 : 일제살수식

78 자동경보밸브를 중심으로 1, 2차 측 배관이 소화수로 유지되어 화재 시 열에 의해 헤드가 개방되고 가압수가 즉시 살수되어 소화하는 스프링클러설비는?

① 습식 스프링클러설비
② 건식 스프링클러설비
③ 준비작동식 스프링클러설비
④ 일제살수식 스프링클러설비

> 스프링클러설비의 종류
> • 습식 : 화재 시 열에 의해 헤드가 개방되고 가압수가 즉시 살수 · 소화
> • 건식 : 화재 시 헤드가 개방되면 2차측 압축공기가 유출되어 압력 저하가 생기고 1차측 가압수가 2차측으로 유입되어 소화
> • 준비작동식 : 화재 시 감지기가 작동하여 준비작동밸브를 개방하고 2차측에 가압수가 유입되어 대기상태로 있다가 헤드가 열에 의해 개방되는 즉시 살수 · 소화
> • 부압식 : 화재 시 감지기 동작에 의해 준비작동밸브가 개방되고 2차측이 가압수로 전환되며, 헤드가 열에 의해 개방되면 즉시 살수
> • 일제살수식 : 화재감지기 동작으로 일제개방밸브가 개방되고 담당구역에 설치된 개방형 헤드를 통해 일제히 살수 · 소화

79 1차측 배관은 소화수로, 2차측 배관은 대기압상태이며 감지기 작동 시 담당구역의 모든 헤드에서 살수되는 스프링클러설비는?

① 습식 스프링클러설비
② 건식 스프링클러설비
③ 준비작동식 스프링클러설비
④ 일제살수식 스프링클러설비

> 78번 문제 해설 참조

80 습식 스프링클러설비의 장점 및 단점에 대한 설명으로 맞지 않는 것은?

① 구조가 간단하고 공사비가 저렴하다.
② 소화가 신속하고 유지관리가 용이하다.
③ 동결 우려 장소 사용이 제한된다.
④ 살수 개시 시간 지연되는 단점이 있다.

> 습식 스프링클러설비

장점	단점
• 구조가 간단하고 공사비가 저렴하다 • 소화가 신속하다 • 타 방식에 비해 유지관리가 용이하다.	• 동결 우려 장소 사용이 제한된다. • 헤드 오작동 시 수손피해 및 배관부식이 촉진된다.

정답 75 ④ 76 ③ 77 ④ 78 ① 79 ④ 80 ④

81 다음 중 건식 스프링클러설비의 장점으로 맞는 것은?

① 동결 우려 장소 및 옥외 사용 가능하다.
② 구조가 간단하고 공사비가 저렴하다.
③ 헤드 오작동 시 수손피해 우려가 없다.
④ 층고가 높은 장소에서도 소화가 가능하다.

🔍 건식 스프링클러설비

장점	단점
• 동결 우려 장소 및 옥외 사용 가능하다.	• 살수 개시 시간 지연 및 복잡한 구조이다. • 화재 초기 압축공기에 의한 화재 촉진 우려가 있다. • 일반헤드인 경우 상향형으로 시공하여야 한다.

82 개방형헤드를 사용하는 일제살수식 스프링클러설비의 장·단점으로 맞지 않는 것은?

① 초기화재에 신속 대처 용이하다.
② 층고가 높은 장소에서도 소화가 가능하다.
③ 화재감지장치가 별도로 필요 없다.
④ 대량 살수로 수손 피해 우려가 있다.

🔍 일제살수식 스프링클러설비

장점	단점
• 초기 화재에 신속한 대처 용이하다. • 층고가 높은 장소에서도 소화가 가능하다.	• 대량 살수로 수손 피해 우려가 있다. • 화재감지장치가 별도로 필요하다.

83 스프링클러설비의 종류 중 동결이 우려되는 장소에 적합하지 않은 방식으로만 연결된 것은?

① 습식, 준비작동식
② 습식, 부압식
③ 건식, 준비작동식
④ 건식, 부압식

🔍 습식, 부압식은 동결이 우려되는 장소에서의 사용이 제한되며, 건식과 준비작동식은 동결 우려 장소에서도 사용이 가능하다.

84 비화재 시 알람밸브의 경보로 인한 혼선방지를 위해 구형의 스프링클러설비에 설치되는 장치는?

① 경보정지밸브
② 리타딩 챔버
③ 솔레노이드밸브
④ 압력스위치

🔍 비화재 시 알람밸브의 경보로 인한 혼선방지를 위한 장치
• 구형의 경우 : 리타딩 챔버(Retarding Chamber) 설치
• 신형의 경우 : 최근 생산되는 알람밸브는 대부분 압력스위치 내부에 지연회로가 설치(약 4~7초 정도 지연)되어 출고되며, 일부 제품의 경우 지연시간 조절이 가능한 타입도 있다.

85 다음 중 '펌프성능시험'으로 볼 수 없는 것은?

① 체절운전
② 정격부하운전
③ 최소운전
④ 최대운전

🔍 펌프성능시험
• 체절운전 : 펌프토출측 밸브와 성능시험배관의 유량조절밸브를 잠근 상태, 즉 펌프의 토출량을 "0"인 상태로 하여 펌프를 기동하여 체절압력을 확인하여 정격토출압력의 140% 이하인지와 체절운전 시 체절압력 미만에서 릴리프밸브가 동작하는지를 확인하는 시험
• 정격부하운전(100% 유량운전) : 펌프를 기동한 상태에서 유량조절밸브를 개방하여 유량계의 유량이 정격유량상태(100%)일 때, 정격토출압 이상이 되는지를 확인하는 시험
• 최대운전(150% 유량운전) : 유량조절밸브를 더욱 개방하여 유량계의 유량이 정격토출량의 150%가 되었을 때 정격토출압의 65% 이상이 되는지를 확인하는 시험

86 펌프성능시험 시 '주의사항'으로 옳지 않은 것은?

① 펌프성능시험 시 유량계에 작은 기포가 통과하여서는 안된다.
② 개폐밸브의 급격한 개폐금지
③ 배수처리 관계에 유의한다.
④ 펌프, 모터의 회전축에 접근하여 지켜볼 것

🔍 펌프성능 시 주의사항
• 성능시험 시 유량계에 작은 기포가 통과하면 안된다.
• 개폐밸브의 급격한 개폐금지(이유 : 수격현상이 발생함)
• 배수처리 관계에 유의(이유 : 집수정의 배수펌프 용량은 소화펌프에 비해 작음)
• 위험하므로 펌프·모터의 회전축 근처에 있지 말 것
• 제어반과 현장측과의 의사전달을 확실하게 할 것(무전 시 복명복창 철저)
• 펌프성능시험 시 토출측 개폐밸브를 완전히 폐쇄한 후 점검에 임한다.

정답 81 ① 82 ③ 83 ② 84 ② 85 ③ 86 ④

87 다음 중 이산화탄소 소화설비의 장점에 해당하지 않는 것은?

① 심부화재에 적합하다.
② 화재 진화 후 깨끗하다.
③ 방사 시 소음이 없다.
④ 비전도성이므로 전기화재에 좋다.

🔍 이산화탄소 소화설비의 단점
- 사람에게 질식의 우려가 있다.
- 방사 시 동상의 우려와 소음이 크다.
- 설비가 고압으로 특별한 주의와 관리가 필요하다.

88 다음 중 이산화탄소 소화설비의 장점에 해당하는 것은?

① 사람에게 질식의 우려가 있다.
② 피연소물에 피해가 적다.
③ 방사 시 동상의 우려와 소음이 크다.
④ 설비가 고압으로 특별한 주의와 관리가 필요하다.

🔍 이산화탄소 소화설비의 장점
- 심부화재에 적합하다.
- 화재진화 후 깨끗하다.
- 피연소물에 피해가 적다.
- 비전도성이므로 전기화재에 좋다.

89 가스계 소화설비 중 약제방출방식에 의한 분류에 해당되지 않는 것은?

① 전역방출방식
② 국소방출방식
③ 호스릴방식
④ 할로겐화합물소화설비

🔍 가스계 소화설비의 분류
- 약제종류에 의한 분류 : 이산화탄소소화설비, 할로겐화합물소화설비, 청정소화약제소화설비
- 약제방출방식에 의한 분류 : 전역방출방식, 국소방출방식, 호스릴방식

90 고정식 소화약제 공급장치에 배관 및 분사헤드를 설치하여 화재 발생 부분에만 집중적으로 소화약제를 방출하도록 설치하는 약제소화방식은?

① 전역방출방식
② 국소방출방식
③ 호스릴방식
④ 가스압력개방식

🔍 약제방출방식에 의한 분류
- 전역방출방식 : 밀폐 방호구역 내에 소화약제를 방출
- 국소방출방식 : 화재 발생 부분에만 집중적으로 소화약제를 방출하도록 설치하는 방식
- 호스릴방식 : 사람이 직접 화점에 소화약제를 방출하는 이동식소화설비

91 '가스계소화설비의 주요 구성요소'로 볼 수 없는 것은?

① 릴리프밸브
② 솔레노이드밸브
③ 압력스위치
④ 방출헤드

🔍 가스계소화설비의 주요 구성요소 : 저장용기, 기동용 가스용기, 솔레노이드밸브, 압력스위치, 선택밸브, 수동조작함, 방출표시등, 방출헤드 등

3. 경보설비

92 다음 ( ) 안에 들어갈 알맞은 것은?

( )는 화재의 열 또는 연기나 불꽃 등을 감지기에 의해 감지하여 자동적으로 경보를 발함으로써 화재를 조기에 발견하여 조기통보, 초기소화, 조기피난을 가능하게 하기 위한 설비이다.

① 수신기
② 화재표시등
③ 자동화재탐지설비
④ 부저

🔍 보기는 자동화재탐지설비에 대한 설명이다.

정답 87 ③ 88 ② 89 ④ 90 ② 91 ① 92 ③

93 다음 중 자동화재탐지설비의 주요 구성요소가 아닌 것은?

① 감지기　　② 수신기
③ 발신기　　④ 자동폐쇄장치

🔍 자동화재탐지설비의 구성 : 감지기, 수신기, 발신기, 음향장치, 전원, 배선, 시각경보기, 중계기 등

94 자동화재탐지설비 중 수신기의 설명으로 옳지 않은 것은?

① P형 수신기와 R형 수신기가 있다.
② 수신기의 조작스위치의 높이는 1.0m 이상 1.8m 이하이다.
③ 수위실 등 상시 사람이 근무하고 있는 장소에 설치한다.
④ 4층 이상의 소방대상물은 발신기와 전화통화가 가능한 수신기를 설치하여야 한다.

🔍 수신기의 조작 스위치 높이는 0.8m 이상 1.5m 이하에 설치하여야 한다.

95 다음 (　) 안에 들어 갈 알맞은 것은?

> 자동화재탐지설비의 1회선(회로)이 화재의 발생을 유효하고 효율적으로 감지할 수 있도록 적당한 범위를 정한 구역을 (　　)이라 한다.

① 지정구역　　② 수신구역
③ 발신구역　　④ 경계구역

🔍 경계구역이란 자동화재탐지설비의 1회선(회로)이 화재의 발생을 유효하고 효율적으로 감지할 수 있도록 적당한 범위를 정한 구역을 말한다.

96 자동화재탐지설비 중 '수신기의 경계구역'의 기준으로 틀린 것은?

① 하나의 경계구역이 2개 이상의 건축물에 미치지 아니하도록 할 것
② 하나의 경계구역이 2개 이상의 층에 미치지 아니하도록 할 것
③ 500m² 이하의 범위 안에서는 2개의 층을 하나의 경계구역으로 할 수 있다.
④ 하나의 경계구역의 면적은 500m² 이하로 하고 한 변의 길이는 100m 이하로 할 것

🔍 경계구역
- 자동화재탐지설비의 1회선(회로)이 화재의 발생을 효율적으로 감지할 수 있도록 적당한 범위를 정한 구역을 말하며, 다음과 같은 기준에 따라 나눈다.
- 하나의 경계구역이 2개 이상의 건축물에 미치지 아니하도록 할 것
- 하나의 경계구역이 2개 이상의 층에 미치지 아니하도록 할 것. 다만, 500m² 이하의 범위 안에서는 2개의 층을 하나의 경계구역으로 할 수 있다.
- 하나의 경계구역의 면적은 600m² 이하로 하고 한 변의 길이는 50m 이하로 할 것. 다만, 해당 소방대상물의 주된 출입구에서 그 내부 전체가 보이는 것에 있어서는 한 변의 길이가 50m의 범위 내에서 1,000m² 이하로 할 수 있다.

97 자동화재탐지설비에서 일반적으로 사용되는 수신기로 각 회로별 경계구역을 표시하는 지구표시등이 설치되어 있는 것은?

① P형 수신기
② M형 수신기
③ R형 수신기
④ T형 수신기

🔍 자동화재탐지설비 수신기의 종류
- P형 수신기 : 일반적으로 사용되며 각 회로별 경계구역을 표시하는 지구표시등이 설치되어 있다.
- R형 수신기 : 고유의 신호를 수신하는 것으로 동일구내에 다수동이나 초고층빌딩 등에 회선수가 매우 많은 대상물에 설치한다.

98 자동화재탐지설비 중 P형 수신기 점검방법이 아닌 것은?

① 동작시험　　② 회로도통시험
③ 예비전원시험　　④ 퓨즈(Fuse) 단선 점검

🔍 P형 수신기 점검 방법 : 동작시험, 회로도통시험, 예비전원시험이 있으며 각 시험마다 로터리방식과, 버튼방식이 있다.

정답　93 ④　94 ②　95 ④　96 ③　97 ①　98 ④

99 자동화재탐지설비인 발신기의 종류가 아닌 것은?

① R형 발신기   ② P형 발신기
③ T형 발신기   ④ M형 발신기

🔍 발신기는 화재발견자가 수동으로 누름 버튼을 눌러 수신기에 신호를 보내기 위한 것으로 P형, T형, M형으로 구분된다.

100 자동화재탐지설비인 발신기의 스위치는 바닥으로부터 얼마의 높이에 설치해야 하는가?

① 0.5~1.0m의 높이에 설치
② 0.8~1.5m의 높이에 설치
③ 1.0~1.8m의 높이에 설치
④ 1.5~2.0m의 높이에 설치

🔍 발신기의 설치기준
- 스위치는 바닥으로부터 0.8m 이상 1.5m 이하의 높이에 설치
- 층마다 설치하되, 하나의 발신기까지의 수평거리는 25m 이하가 되도록 설치

101 다음 중 화재로 인하여 발생되는 열, 연기 또는 불꽃 등을 감지하여 자동적으로 화재 신호를 수신기에 전달하는 역할을 하는 것은?

① 수신기   ② 발신기
③ 감지기   ④ 무전기

🔍
- 수신기 : 감지기 또는 발신기로부터의 신호를 직접 또는 중계기를 거쳐 수신하여 화재의 발생을 해당 건물 관계자에게 표시하고 음향장치로 알려 주는 것
- 발신기 : 화재발견자가 수동으로 누름버튼을 눌러 수신기에 신호를 보내는 것
- 감지기 : 화재로 인하여 발생되는 열이나 연기 또는 불꽃 등을 감지하여 자동적으로 화재신호를 수신기에 전달하는 장치

102 자동화재탐지설비인 감지기의 종류로 볼 수 없는 것은?

① 차동식 스포트형 감지기
② 정온식 스포트형 감지기
③ 연기 감지기
④ 적외선 감지기

🔍 감지기의 종류와 특징
- 차동식 스포트형 감지기 : 주위 온도가 일정상승률 이상이 되는 경우에 작동(거실, 사무실 등)
- 정온식 스포트형 감지기 : 주위 온도가 일정온도 이상이 되었을 때 작동(보일러실, 주방 등)
- 연기 감지기 : 이온화식, 광전식으로 구분(계단, 복도 등)

103 주위 온도가 일정상승률 이상이 되는 경우에 작동하며, 거실, 사무실 등에 설치되는 감지기는?

① 차동식 스포트형 감지기
② 정온식 스포트형 감지기
③ 이온화식 스포트형 감지기
④ 광전식 스포트형 감지기

🔍 열감지기의 종류

종류	형식	비고
차동식	분포형, 스포트형	주위 온도가 일정상승률 이상이 되는 경우에 작동(거실, 사무실 등)
정온식	감지선형, 스포트형	주위 온도가 일정온도 이상이 되었을 때 작동(보일러실, 주방 등)
보상식	–	–

104 연기감지기에 대한 설명으로 맞지 않는 것은?

① 이온화식 감지기의 동작원리는 이온전류의 감소로 작동한다.
② 이온화식 감지기의 적응성은 B급화재 등 불꽃화재이다.
③ 광전식 감지기의 동작원리는 이온전류의 감소 또는 증가로 작동한다.
④ 광전식 감지기의 적응성은 A급화재 등 훈소화재이다.

🔍 이온화식과 광전식 감지기의 차이점

구분	이온화식	광전식
동작원리	이온전류의 감소	광량의 감소 또는 증가
연기입자	작은 연기입자(0.01~0.3μm)에 유리	큰 연기입자(0.2~1μm)에 유리
연기의 색상	색상 무관	검은색보다 옅은 회색 연기가 감도에 유리
적응성	B급화재 등 불꽃화재	A급화재 등 훈소화재

정답 99 ① 100 ② 101 ③ 102 ④ 103 ① 104 ③

105 자동화재탐지설비인 음향장치의 설치기준으로 맞지 않는 것은?

① 층마다 설치한다.
② 수평거리 25m 이하가 되도록 설치한다.
③ 음향크기는 1m 떨어진 곳에서 90dB 이상이어야 한다.
④ 지구음향장치는 수신기 내부 또는 직근에 설치한다.

🔍 음향장치
• 주음향장치 : 수신기 내부 또는 직근에 설치한다.
• 지구음향장치 : 각 경계구역에 설치한다.

106 자동화재탐지설비인 음향장치의 설치기준으로 맞는 것은?

① 층마다 설치하되 수평거리 15m 이하가 되도록 설치한다.
② 층마다 설치하되 수평거리 20m 이하가 되도록 설치한다.
③ 층마다 설치하되 수평거리 25m 이하가 되도록 설치한다.
④ 층마다 설치하되 수평거리 30m 이하가 되도록 설치한다.

🔍 음향장치 설치기준
• 층마다 설치하되 수평거리 25m 이하가 되도록 설치한다.
• 음향크기는 1m 떨어진 곳에서 90dB 이상이어야 한다.

107 지하 2층, 지상 20층인 특정소방대상물에 자동화재탐지설비를 설치하였다. 지상 1층에서 화재가 발생한 경우 우선적으로 경보를 하여야 하는 층은?(단, 2023년 2월 10일 시행 화재안전기준에 따른다.)

① 지상 1층 및 모든 지하층
② 지상 1, 2, 3층 및 지하 1층
③ 지상 1, 2, 3, 4, 5층 및 모든 지하층
④ 건물 내 모든 층에 동시 경보

🔍 층수가 11층(공동주택의 경우에는 16층) 이상의 특정소방대상물은 다음에 따라 경보를 발할 수 있도록 하여야 한다.(2023년 2월 10일 시행)
• 2층 이상의 층에서 발화한 때 : 발화층 및 그 직상 4개층
• 1층에서 발화한 때 : 발화층 · 그 직상 4개층 및 지하층
• 지하층에서 발화한 때 : 발화층 · 그 직상층 및 그 밖의 지하층

108 자동화재설비장치 중 청각장애인용 시각경보장치 설치기준으로 맞지 않는 것은?

① 복도 · 통로를 제외한 청각장애인용 객실 및 로비, 회의실, 식당, 휴게실에 설치
② 공연장 · 집회장 · 관람장 또는 이와 유사한 장소에 설치하는 경우에는 시선이 집중되는 무대부 부분 등에 설치
③ 설치높이는 바닥으로부터 2m 이상 2.5m 이하의 장소에 설치
④ 천장의 높이가 2m 이하인 경우에는 천장으로부터 0.15m 이내의 장소에 설치하여야 한다.

🔍 시각경보장치(청각장애인용) 설치기준
• 복도 · 통로 · 청각장애인용 객실 및 공용으로 사용되는 거실(로비, 회의실, 강의실, 식당, 휴게실, 오락실, 대기실, 체력단련실, 접객실, 안내실, 전시실, 기타 이와 유사한 장소)에 설치하며, 각 부분으로부터 유효하게 경보를 발할 수 있는 위치에 설치할 것
• 공연장 · 집회장 · 관람장 또는 이와 유사한 장소에 설치하는 경우에는 시선이 집중되는 무대부 부분 등에 설치할 것
• 설치 높이는 바닥으로부터 2m 이상 2.5m 이하의 장소에 설치할 것. 다만, 천장의 높이가 2m 이하인 경우에는 천장으로부터 0.15m 이내의 장소에 설치

109 건축물 천장의 높이가 2m 이하인 경우 청각장애인용 시각경보장치의 설치기준은?

① 천장으로부터 0.10m 이내의 장소
② 천장으로부터 0.15m 이내의 장소
③ 천장으로부터 0.20m 이내의 장소
④ 천장으로부터 0.25m 이내의 장소

🔍 천장의 높이가 2m 이하인 경우에는 천장으로부터 0.15m 이내의 장소에 설치하여야 한다.

정답 105 ④ 106 ③ 107 ③ 108 ① 109 ②

110 자동화재설비장치 중 감지기 사이를 연결하는 회로 배선 방식은?

① 송배전식
② 매립식 배선
③ 노출식 배선
④ 병렬식 배선

> 감지기 사이의 회로 배선은 도통시험(선로의 정상연결 유무를 확인하기 위한 시험)을 원활히 하기 위한 배선방식인 송배전식으로 한다.

111 P형 수신기의 회로도통시험 시 '적부판정방법'으로 틀린 것은?(로터리 방식으로 도통시험 확인등이 있는 경우)

① 전압계가 있는 경우 : 정상 4~8[V]
② 전압계가 있는 경우 : 단선 0[V]
③ 정상 확인등 점등 : 녹색
④ 단선 확인등 점등 : 백색

> 회로도통시험 : 수신기에서 감지기 사이 회로의 단선 유무와 기기 등의 접속 상황을 확인하기 위한 시험(로터리방식인 경우 적부판정방법)
> • 전압계가 있는 경우
>   – 정상 : 4~8[V]
>   – 단선 : 0[V]
> • 도통시험 확인등이 있는 경우
>   – 정상 : 녹색 점등
>   – 단선 : 적색 점등

112 다음 [보기]는 무엇을 설명한 것인가?

> 화재에 의한 열, 연기 또는 불꽃 이외의 요인에 의하여 자동화재탐지설비가 작동하거나, 자동화재탐지설비가 정상적으로 작동하였다 하더라도 화재가 아닌 경우의 경보를 말한다.

① 동작시험
② 오작동
③ 이온화식 감지기
④ 비화재보(非火災報)

> 비화재보(非火災報)란 화재에 의한 열, 연기 또는 불꽃 이외의 요인에 의하여 자동화재탐지설비가 작동하여 화재경보를 발하는 것이다. 즉, 자동화재탐지설비가 정상적으로 작동하였다 하더라도 화재가 아닌 경우의 경보를 말한다.

113 다음 중 비화재보(非火災報)의 원인으로 볼 수 없는 것은?

① 주방에 '비적응성 감지기'가 설치된 경우
② '장마철 공기 중 습도 증가'에 의한 감지기 오작동
③ '천장형 온풍기'에 감지기가 먼 거리에 설치된 경우
④ '담배연기'로 인한 연기감지기 작동

> 비화재보의 주요 원인
> • 주방에 '비적응성 감지기'가 설치된 경우
> • '천장형 온풍기'에 밀접하게 설치된 경우
> • '장마철 공기 중 습도 증가'에 의한 감지기 오작동
> • '청소불량(먼지·분진)'에 의한 감지기 오작동
> • '건축물 누수'로 인한 감지기 오작동
> • '담배연기'로 인한 연기감지기 오작동
> • '발신기'를 장난으로 눌러 발신기 동작

114 비화재보(非火災報) 시 대처 방법으로 제1단계에 해당하는 것은?

① 수신기 확인
② 실제 화재 여부 확인
③ 음향장치 정지
④ 비화재 원인 제거

> 비화재보(非火災報) 시 대처 방법
> • 1단계 : 수신기 확인
> • 2단계 : 실제 화재 여부 확인
> • 3단계 : 음향장치 정지
> • 4단계 : 비화재보 원인 제거
> • 5단계 : 수신기 복구
> • 6단계 : 음향장치 복구
> • 7단계 : 스위치주의등 확인

4. 피난구조설비

115 피난구조설비 중 '피난기구의 종류'로 볼 수 없는 것은?

① 구조대
② 완강기
③ 미끄럼대
④ 엘리베이터

🔍 피난기구의 종류

종류	내용
구조대	화재 시 건물의 창, 발코니 등에서 지상까지 포대를 사용하여 활강하는 피난기구
완강기	사용자의 몸무게에 의해 자동으로 내려올 수 있는 기구 중 연속적으로 사용할 수 있는 것
간이완강기	완강기 중 사용자가 교대하여 연속적으로 사용할 수 없는 일회용의 것
피난사다리	안전한 장소로 피난하기 위해 건축물의 개구부에 설치하는 기구로 고정식, 올림식, 내림식으로 구분
미끄럼대	지상으로 피난할 수 있도록 제조된 피난기구로 장애인 복지시설, 노약자 수용시설 및 병원 등에 적합
다수인 피난장비	화재 시 2인 이상의 피난자가 동시에 해당 층에서 지상 또는 피난층으로 하강하는 피난기구
기타 피난기구	피난용 트랩, 공기안전매트 등

116 화재가 발생하였을 때 소방대상물에 거주하는 사람들이 안전한 장소로 피난할 때 사용하는 기구를 통칭하는 말은?

① 피난기구
② 구조대
③ 완강기
④ 미끄럼대

🔍
- 피난기구 : 화재가 발생하였을 때 소방대상물에 거주하는 사람들이 안전한 장소로 피난할 때 사용하는 기구
- 구조대 : 화재시 건물의 창, 발코니 등에서 지상까지 포대를 사용하여 활강하는 피난기구
- 완강기 : 사용자의 몸무게에 의해 자동으로 내려올 수 있는 기구 중 연속적으로 사용할 수 있는 것
- 미끄럼대 : 지상으로 피난할 수 있도록 제조된 피난기구로 장애인 복지시설, 노약자 수용시설 및 병원 등에 적합

117 소방대상물의 설치장소별 피난기구의 적응성 중 '간이완강기의 적응성'으로 맞는 것은?

① 숙박시설의 5층 이상에 있는 객실
② 숙박시설의 3층 이상에 있는 객실
③ 공동주택
④ 노유자시설의 3층 이상

🔍
- 간이완강기의 적응성 : 숙박시설의 3층 이상에 있는 객실
- 공기안전매트의 적응성 : 공동주택(공동주택 관리법 시행령 제2조 규정에 해당하는 공동주택)에 한함.

118 화재 발생 시 건물의 창, 발코니 등에서 지상까지 포대를 사용하여 피난하는 피난기구는?

① 완강기
② 미끄럼대
③ 구조대
④ 피난사다리

🔍 구조대는 화재 시 건물의 창, 발코니 등에서 지상으로 포대를 사용하여 그 포대 속을 활강하는 피난기구이다.

119 화재 시 사용자의 몸무게에 의하여 자동적으로 내려올 수 있는 기구 중 사용자가 연속적으로 사용할 수 있는 피난기구는?

① 구조대
② 완강기
③ 피난사다리
④ 미끄럼대

🔍 완강기는 사용자의 몸무게에 의하여 자동적으로 내려올 수 있는 기구 중 사용자가 연속적으로 사용할 수 있는 것을 말하며, 조속기·조속기의 연결부·로프·연결금속구·벨트로 구성되어 있다.

120 화재 시 신속하게 지상으로 피난할 수 있으며 장애인 복지시설, 노약자 수용시설 및 병원 등에 적합한 피난기구는?

① 구조대
② 완강기
③ 미끄럼대
④ 간이완강기

🔍 미끄럼대는 화재 시 신속하게 지상으로 피난할 수 있도록 제조된 피난기구로서 장애인 복지시설, 노약자 수용시설 및 병원등에 적합한 피난기구이다.

정답 115 ④ 116 ① 117 ② 118 ③ 119 ② 120 ③

121 피난기구 중 완강기 사용 시 주의사항으로 맞지 않는 것은?

① 완강기 후크를 고리에 걸고 지지대와 연결 후 나사를 조인다.
② 창밖으로 릴을 놓는다.
③ 몸이 벽에 부딪히지 않도록 벽을 가볍게 손으로 밀면서 내려온다.
④ 두 팔을 위로 높이 든다.

🔍 완강기 사용 시 주의사항
- 두 팔을 위로 들지 말 것
- 사용 전 지지대를 흔들어 볼 것

122 화재 시 안전한 피난을 위한 인명구조기구의 종류가 아닌 것은?

① 방열복
② 공기호흡기
③ 완강기
④ 인공소생기

🔍 인명구조기구

종류	내용
방열복	고온의 복사열에 가까이 접근하여 소방활동을 수행할 수 있는 내열피복
공기호흡기	화재로 인한 각종 유독가스 중에서 일정시간 사용할 수 있도록 제조된 압축공기식 개인호흡장비
인공소생기	호흡부전상태인 사람에게 인공호흡을 시켜 환자를 보호하거나 구급하는 기구
방화복	화재 진압 등의 소방활동을 수행할 수 있는 피복

123 화재 시 안전한 장소로 피난할 수 있도록 설치하는 비상조명등의 조도는?

① 각 부분의 바닥에서 1럭스(lx) 이상
② 각 부분의 바닥에서 2럭스(lx) 이상
③ 각 부분의 바닥에서 3럭스(lx) 이상
④ 각 부분의 바닥에서 4럭스(lx) 이상

🔍 비상조명등, 유도등
- 조도 : 각 부분의 바닥에서 1럭스(lx) 이상
- 유효작동시간 : 20분 이상(지하층을 제외한 층수가 11층 이상의 층, 지하층, 또는 지하층 무창층으로서 용도가 도매시장·소매시장·여객자동차터미널·지하역사 또는 지하상가의 경우는 60분 이상)

124 다음 중 휴대용 비상조명등의 설치기준으로 옳지 않은 것은?

① 다중이용업소 및 숙박시설은 건전지 및 충전식 배터리의 용량이 30분 이상 유효하게 사용할 수 있도록 설치한다.
② 어둠 속에서 위치를 확인할 수 있고, 사용 시 자동으로 점등되는 구조여야 한다.
③ 건전지를 사용하는 경우 방전방지조치를 하여야 한다.
④ 충전식 배터리의 경우 상시 충전되는 구조여야 한다.

🔍 다중이용업소 및 숙박시설은 건전지 및 충전식 배터리의 용량이 20분 이상 유효하게 사용할 수 있는 휴대용 비상조명등을 설치한다.

125 화재 시 피난을 유도하기 위한 유도등은 정상상태에서 상용전원으로 점등되고, 정전되었을 때는 비상전원으로 자동절환되어 몇 분 이상 작동할 수 있어야 하는가?

① 10분
② 20분
③ 30분
④ 40분

🔍 유도등의 작동 기준
- 정상 상태에서는 상용전원으로 점등
- 정전 시에는 비상정원으로 자동절환되어 20분 이상(지하층을 제외한 층수가 11층 이상의 층, 지하층 또는 무창층으로서 용도가 도매시장·소매시장·여객자동차터미널·지하역사·지하상가의 경우는 60분 이상) 작동

정답 121 ④ 122 ③ 123 ① 124 ① 125 ②

126 다음 중 유도등을 의무적으로 설치하지 않아도 되는 곳은?

① 공연장·집회장
② 의료시설·장례식장
③ 복합건축물과 아파트의 주택의 세대 내
④ 유흥주점 영업시설

🔍 복합건축물과 아파트의 경우, 주택의 세대 내에는 유도등을 설치하지 아니할 수 있다.

127 다음 〈보기〉의 그림은 무엇인가?

① 피난구유도등
② 통로유도등
③ 객석유도등
④ 비상구유도등

🔍 유도등의 종류

피난구유도등	통로유도등	객석유도등

128 피난구유도등은 피난구의 바닥으로부터 높이 몇 m 이상으로 출입구에 인접하도록 설치하여야 하는가?

① 1.0m 이상
② 1.2m 이상
③ 1.5m 이상
④ 1.8m 이상

🔍 피난구유도등은 피난구 또는 피난경로로 사용되는 출입구를 표시하여 피난을 유도하는 등으로 피난구의 바닥으로부터 높이 1.5m 이상으로 출입구에 인접하도록 설치하여야 한다.

129 피난구유도등의 설치장소로 맞지 않는 것은?

① 옥외로부터 거실로 통하는 출입구 및 그 부속실의 출입구
② 직통계단·직통계단의 계단실 및 그 부속실의 출입구
③ 직통계단이나 옥내로부터 직접 지상으로 통하는 출입구에 이르는 복도 또는 통로로 통하는 출입구
④ 안전구획된 거실로 통하는 출입구

🔍 피난구유도등의 설치 위치
• 옥내로부터 직접 지상으로 통하는 출입구 및 그 부속실의 출입구
• 직통계단·직통계단의 계단실 및 그 부속실의 출입구
• 출입구에 이르는 복도 또는 통로로 통하는 출입구
• 안전구획된 거실로 통하는 출입구

130 다음 중 유도등의 설치높이가 옳지 않은 것은?

① 복도통로유도등은 바닥으로부터 높이 1m 이하의 위치에 설치한다.
② 거실통로유도등은 바닥으로부터 높이 1.5m 이상의 위치에 설치한다.
③ 계단통로유도등은 바닥으로부터 높이 1m 이하의 위치에 설치한다.
④ 피난구유도등은 피난구의 바닥으로부터 높이 1m 이상으로서 출입구에 인접하도록 설치한다.

🔍 유도등의 설치
• 복도통로유도등 : 피난구의 방향을 명시하는 통로유도등으로 바닥으로부터 높이 1m 이하의 위치에 설치
• 거실통로유도등 : 거실의 통로에 피난구의 방향을 명시하는 유도등으로 거실, 주차장 등의 거실통로에 설치하며 바닥으로부터 높이 1.5m 이상의 위치에 설치
• 계단통로유도등 : 바닥면 및 디딤 바닥면을 비추는 통로유도등으로 피난통로가 되는 계단참이나 경사로참에 설치하며 바닥으로부터 높이 1m 이하의 위치에 설치
• 피난구유도등 : 피난구 또는 피난 경로로 사용되는 출입구를 표시하여 피난을 유도하는 등으로 피난구의 바닥으로부터 높이 1.5m 이상으로서 출입구에 인접하도록 설치

정답 126 ③ 127 ② 128 ③ 129 ① 130 ④

131 공연장 객석 통로의 길이가 45m인 경우, 객석 유도등은 몇 개를 설치하여야 하는가?

① 7개 ② 8개
③ 10개 ④ 11개

🔍 객석 유도등 설치개수 = $\dfrac{\text{객석통로의 직선부분의 길이(m)}}{4} - 1$

= $\dfrac{45}{4} - 1 = 10.25 ≒ 11$개

※ 소수점이 발생하면 반드시 절상

132 피난구유도등 및 통로유도등의 설치 간격은 몇 m 이하인가?

① 10m 이하
② 20m 이하
③ 30m 이하
④ 40m 이하

🔍 • 피난구유도등 및 통로유도등 설치 간격 : 20m 이하
• 통로유도표지 설치 간격 : 15m 이하

133 유도등 설치 및 점검에 관한 설명으로 옳지 않은 것은?

① 유도등은 2선식 공사를 하는 것이 원칙이다.
② 소방대상물 또는 그 부분에 사람이 없을 시 3선식 공사가 가능하다.
③ 2선식 유도등은 평상 시는 점등되지 않는다.
④ 통로 유도등 설치 간격은 20m 이하이다.

🔍 유도등은 항상 점등상태를 유지하는 2선식 공사를 하는 것이 원칙이다.

134 다음 중 유도등의 3선식 배전 시 자동으로 점등되는 경우가 아닌 것은?

① 자동화재탐지설비의 감지기 또는 발신기가 작동되는 때
② 비상경보설비의 발신기가 작동되는 때
③ 상용전원이 정전되거나 전원선이 단선되는 때
④ 방재업무를 통제하는 곳 또는 전기실의 배전판에서 자동으로 점등하는 때

🔍 유도등의 3선식 배선 시 자동으로 점등되는 경우
• 자동화재탐지설비의 감지기 또는 발신기가 작동되는 때
• 비상경보설비의 발신기가 작동되는 때
• 상용전원이 정전되거나 전원선이 단선되는 때
• 방재업무를 통제하는 곳 또는 전기실의 배전판에서 수동으로 점등하는 때
• 자동소화설비가 작동하는 때

정답 131 ④ 132 ② 133 ③ 134 ④

CHAPTER 06

소방계획 수립

Section 01 소방계획의 수립
Section 02 자위소방대 및 초기대응체계 구성·운영
Section 03 화재대응 및 피난
Section 04 업무수행 기록의 작성·유지

SECTION 01 소방계획의 수립

STEP 01 소방계획의 개념 및 이해

1. 소방계획의 개념

소방계획은 소방안전관리대상물의 화재로 인한 재난발생을 사전에 예방·대비하고 화재 시 신속하고 효율적으로 대응·복구함으로써 인명 및 재산피해를 최소화하기 위해 작성·운영하고 유지·관리하는 위험관리 계획을 의미한다.

2. 소방계획의 주요 내용

① 소방안전관리대상물의 위치·구조·연면적·용도 및 수용인원 등 일반 현황
② 소방안전관리대상물에 설치한 소방시설, 방화시설, 전기시설, 가스시설 및 위험물시설의 현황
③ 화재 예방을 위한 자체점검계획 및 대응대책
④ 소방시설·피난시설 및 방화시설의 점검·정비계획
⑤ 피난층 및 피난시설의 위치와 피난경로의 설정, 화재안전취약자(어린이, 노인, 장애인 등 화재의 예방 및 안전관리에 취약한 자)의 피난계획 등을 포함한 피난계획
⑥ 방화구획, 제연구획, 건축물의 내부 마감재료 및 방염대상물품의 사용 현황과 그 밖의 방화구조 및 설비의 유지·관리계획
⑦ 관리의 권원이 분리된 특정소방대상물의 소방안전관리에 관한 사항
⑧ 소방훈련·교육에 관한 계획
⑨ 소방안전관리대상물의 근무자 및 거주자의 자위소방대 조직과 대원의 임무(화재안전취약자의 피난 보조 임무를 포함)에 관한 사항
⑩ 화기 취급 작업에 대한 사전 안전조치 및 감독 등 공사 중 소방안전관리에 관한 사항
⑪ 소화에 관한 사항과 연소 방지에 관한 사항
⑫ 위험물의 저장·취급에 관한 사항(예방규정을 정하는 제조소등은 제외)
⑬ 소방안전관리에 대한 업무수행에 관한 기록 및 유지에 관한 사항
⑭ 화재발생 시 화재경보, 초기소화 및 피난유도 등 초기대응에 관한 사항
⑮ 그 밖에 소방본부장 또는 소방서장이 소방안전관리대상물의 위치·구조·설비 또는 관리 상황 등을 고려하여 소방안전관리에 필요하여 요청하는 사항

3. 소방계획의 주요 원리

소방계획은 종합적 안전관리, 통합적 안전관리, 지속적 발전모델 등을 기본원리로 구성된다.

주요 원리	주요 내용
종합적 안전관리	• 모든 형태의 위험을 포괄함 • 재난의 전주기적(예방·대비 → 대응 → 복구) 단계의 위험성을 평가
통합적 안전관리	• 외부 : 거버넌스(정부 - 대상처 - 전문기관) 및 안전관리 네트워크 구축 • 내부 : 협력 및 파트너십 구축, 전원참여
지속적 발전모델	• PDCA 사이클(Plan : 계획, Do : 이행·운영, Check : 모니터링, Act : 개선)

STEP 02 소방계획의 작성원칙 및 수립절차

1. 소방계획의 작성원칙

① 실현가능한 계획 : 소방계획 작성에서 가장 핵심적인 위험요인의 관리는 반드시 실현가능한 계획으로 구성되어야 한다.
② 관계인의 참여 : 관계인(소유자, 점유자, 관리자) 및 재실자(상시거주자, 근무자), 방문자 등 전원이 참여하도록 수립하여야 한다.
③ 계획수립의 구조화 : 체계적이고 전략적인 계획의 수립을 위해 작성 - 검토 - 승인의 3단계의 구조화된 절차를 거쳐야 한다.
④ 실행우선 : 소방계획의 목적은 비상상황 발생 시 신속하고 효율적인 대응 및 복구로 피해를 최소화하는 것이므로, 교육훈련 및 평가 등 이행의 과정이 있어야 소방계획이 완성되었다고 볼 수 있다.

2. 소방계획의 수립시기

특정소방대상물의 소방안전관리자는 소방계획서를 매년 12월 31일까지 작성하고 시행하여야 한다.

3. 소방계획의 수립절차

① 1단계(사전기획) : 작성준비 → 요구사항 검토 → 작성계획 수립
② 2단계(위험환경 분석) : 위험환경 식별 → 위험환경 분석/평가 → 위험경감대책 수립
③ 3단계(설계/개발) : 목표/전략 수립 → 실행계획 설계 및 개발
④ 4단계(시행/유지관리) : 수립/시행 → 운영/유지관리

 소방계획의 작성방법
• 장의 구성 : 일반사항(표지부와 내용부), 관리계획(예방과 대비), 대응계획(대응과 복구) 및 부록으로 구분
• 절의 구성 : 장 안에 포함되는 절은 번호체계를 부여하고, 관리 및 대응계획은 세부 실행계획을 표준서식을 이용하여 작성

SECTION 02 자위소방대 및 초기대응 체계 구성·운영

STEP 01 자위소방대 기본 개념 및 이해

1. 자위소방대 개요

① 자위소방대는 소방안전관리대상물에서 화재 등 재난발생 시 비상연락, 초기소화, 피난유도 및 인명·재산피해 최소화를 위해 편성된 자율안전관리조직으로 소방시설법에서 관계인과 소방안전관리대상물의 소방안전관리자로 하여금 자위소방대를 구성하고 운영하도록 규정하고 있다.

② 자위소방대는 소방안전관리대상물의 화재 시 초기소화, 조기피난 및 응급처치 등에 필요한 골든타임(화재 시 5분, 심폐소생술은 4~6분 이내) 확보를 위해 필수적이다.

③ 관계법령
　㉮ 「화재의 예방 및 안전관리에 관한 법률」에 따라 자위소방대의 구성, 운영 및 교육에 필요한 세부사항을 행정안전부령으로 정하도록 명시
　㉯ 소방안전관리대상물의 소방안전관리자
　　㉠ 연 1회 이상 자위소방조직을 소집하여 편성상태를 확인하고 교육·훈련을 실시해야 하고,
　　㉡ 소방교육 실시결과를 기록부에 작성하고 2년간 보관해야 함

2. 자위소방활동

자위소방활동의 주요 업무는 화재 발생 시간(time)에 따라 필요한 기능(Function)적 특성을 포괄적으로 제시하고 있다.

구분	업무특성
비상연락	화재 시 상황전파, 화재신고(119) 및 통보연락 업무
초기소화	초기소화설비를 이용한 조기 화재 진압
응급구조	응급상황 발생 시 응급조치 및 응급의료소 설치·지원
방호안전	화재확산방지, 위험물 시설에 대한 제어 및 비상반출
피난유도	재실자, 방문자의 피난유도 및 화재안전취약자에 대한 피난보조 활동

STEP 02 자위소방대 구성

1. 대상처의 규모, 소방시설 및 편성대원에 따른 조직 편성기준

구분	편성대상	편성기준	
TYPE-Ⅰ	• 특급 • 1급(연면적 30,000m² 이상 포함, 공동주택 제외)	지휘통제	지휘통제팀
		현장대응 (본부대)	비상연락팀, 초기소화팀, 피난유도팀, 응급구조팀, 방호안전팀(필요시 팀 가감 편성)
		현장대응 (지구대n)	각 구역(Zone)별 현장대응팀(구역별 규모, 인력에 따라 편성)
TYPE-Ⅱ	• 1급(연면적 30,000m² 이상의 경우 TYPE-Ⅰ 참고 및 적용, 공동주택 제외) • 2급(상시 근무인원 50명 이상)	지휘통제	지휘통제팀
		현장대응	비상연락팀, 초기소화팀, 피난유도팀, 응급구조팀, 방호안전팀(필요시 팀 가감 편성)
TYPE-Ⅲ	• 2·3급(상시 근무인원 50명 이상의 경우 TYPE-Ⅱ 참고 및 적용)	지휘통제	지휘통제팀
		현장대응	• 10인 미만 : 현장대응팀(개별 팀 구분 없음) • 10인 이상 : 비상연락팀, 초기소화팀, 피난유도팀(필요시 팀 가감 편성)
초기 대응체계	• 상시 근무 또는 거주인원	초기대응	초기대응팀(휴일야간 포함)

[비고]
1) 지휘통제팀은 수신반, 방재실 등을 거점으로 화재상황의 모니터링, 지휘통제 임무 수행, 현장대응팀은 화재 등 재난현장에서 비상연락, 초기소화, 피난유도 등의 임무를 수행
2) 대원편성은 상주, 거주 인원 중 자위소방활동이 가능한 인력을 기준으로 조직 구성
3) 초기대응체계는 특정소방대상물의 이용시간 동안 운영

참고 지구대 설정 시 고려할 수 있는 구역(Zone) 설정 기준

구분	적용기준	구역설정
수직구역	대상물의 층(floor)	단일 층 또는 일부 층(5층 이내)을 하나의 구역으로 설정
수평구역	대상물의 면적(area)	하나의 층이 1,000m² 초과 시 구역을 추가 설정하거나 대상물의 방화구획 기준으로 구분
임차구역	대상구역의 관리권원	구역 내 관리권원(임차권)별로 분할하거나 다수의 관리권원을 통합해 설정
용도구역	대상구역의 용도	비거주용도(주차장, 공장, 강등 등)는 구역설정에서 제외

2. 자위소방대 인력편성

① 팀별 인원편성
  ㉮ 자위소방대원은 대상물 내 상시 근무자나 거주하는 인원 중 자위소방활동이 가능한 인력으로 편성
  ㉯ 각 팀별 최소편성 인원은 2명 이상으로 하고, 각 팀별 책임자(팀장)를 지정하여 운영

㉰ 각 팀별 구성인원이 부족한 경우 팀별 기능을 통합하여 팀 조직을 가감하거나 현장대응팀으로 구성하여 운영
② 대장 및 부대장 지정
  ㉮ 자위소방대장 : 소방안전관리대상물의 소유주, 법인의 대표 또는 관리기관의 책임자
  ㉯ 부대장 : 소방안전관리자
③ 대리자 지정 : 소방안전관리대상물의 대장 또는 부대장이 대상물에 부재하는 경우 업무를 대리하기 위한 대리자를 지정 운영
④ 초기대응체계의 인원편성
  ㉮ 소방안전관리보조자, 경비(보안)근무자 또는 대상물 관리인 등 상시 근무자를 중심으로 구성함
  ㉯ 소방안전관리대상물의 근무자의 근무위치, 근무인원 등을 고려하여 편성
  ㉰ 초기대응체계 편성 시 1명 이상은 수신반(또는 종합방재실)에 근무해야 하며 화재상황에 대한 모니터링 또는 지휘통제가 가능해야 함
  ㉱ 휴일 및 야간에 무인경비시스템을 통해 감시하는 경우에는 무인경비회사와 비상연락체계를 구축할 수 있음

3. 관리의 권원이 분리된 소방안전관리대상물의 구성

① 특정소방대상물의 그 관리의 권원이 분리되어 있는 것 가운데 소방본부장이나 소방서장이 지정하는 특정소방대상물은 해당 대상물의 자위소방대가 유기적으로 연계되어 운영될 수 있도록 편성한다.
② 공동 소방안전관리대상물의 관계인은 자위소방대 구성을 위해 필요한 경우에는 자위소방대 운영협의회를 운영할 수 있다.

4. 다수 소방대상물의 구성

① 하나의 권리권원인 대상처 내에 다수의 소방대상물이 있는 경우, 각 대상물의 자위소방대가 유기적으로 연계되어 운영될 수 있도록 편성한다.
② 다수의 소방대상물 중 급수(특급, 1급, 2급, 3급)가 가장 높은 대상물을 본부대로 편성하고 그 밖의 대상물은 지구대로 구성할 수 있다.

> **참고 다수 소방대상물 적용기준**
> 소방안전관리자를 두어야 하는 특정소방대상물이 둘 이상 있고, 그 관리에 관한 권원을 가진 자가 동일인인 경우에는 이를 하나의 특정소방대상물로 보되, 그 중에서 급수가 높은 특정소방대상물로 본다.(단, 건축물대장의 건축물현황도에 표시된 대지경계선 안의 지역 또는 인접한 2개 이상의 대지에 있을 때)

STEP 03 교육 및 훈련

1. 교육 및 훈련계획의 수립
① 자위소방대장은 자위소방대의 연간 교육·훈련계획을 수립하여 시행한다.
② 자위소방대 교육·훈련의 대상자는 자위소방대원, 대상물의 재실자, 종업원, 방문자 등을 포함할 수 있다.
③ 자위소방대장은 대상물의 화재안전관리체계 확립을 위해 종업원에 대한 교육 및 훈련계획을 별도로 작성할 수 있다.

2. 훈련실시 및 내용
자위소방대장은 대상물의 규모, 인원 및 이용형태 등을 이용하여 대상물에 적합한 훈련대상 및 훈련방법을 결정해야 한다. 이 경우 다음의 훈련방법 및 내용을 참고할 수 있다.

훈련종류		참여인력	주요내용	시기
기본훈련		자위소방대	개별·팀별임무숙지	3월, 9월
피난훈련	주간	자위소방대 + 재실자	피난(유도·보조)훈련 피난안전구역 집결훈련 재집결지 집결훈련	4월
	야간			10월
종합훈련		자위소방대 + 재실자	기본훈련 + 피난훈련	10월
합동훈련		종합훈련참가자 + 소방관서	종합훈련 + 소방관서 공동훈련	11월

 훈련실시결과 기록
기록결과는 2년간 보관하여야 한다.(「화재의 예방 및 안전관리에 관한 법률 시행규칙」의 서식 활용)

3. 소방훈련 자체평가 및 개선
① 자체평가
  ㉮ 자위소방대장은 자위소방대 조직편성 및 훈련 결과를 자체적으로 평가하고 미비점이 도출된 경우 개선한다.
  ㉯ 자위소방대장은 자체평가를 위한 체크리스트를 작성하여 활용할 수 있으며 자체평가를 실시한 후에는 관련기록을 작성하고 2년간 보관한다.
② 재검토 : 자위소방대장은 운영계획 수립 시 재검토 기한을 설정하고 재검토한다.

SECTION 03 화재대응 및 피난

STEP 01 화재대응 및 피난

1. 화재대응
화재전파 및 접수 → 화재신고(119) → 비상방송 → 대원소집 및 임무부여 → 관계기관 통보·연락 → 초기소화

2. 화재 시 일반적 피난행동
① 엘리베이터는 절대 이용하지 않도록 하며 계단을 이용해 옥외로 대피한다.
② 아래층으로 대피가 불가능한 때에는 옥상으로 대피한다.
③ 아파트의 경우 세대 밖으로 나가기 어려울 경우 세대 사이에 설치된 경량칸막이를 통해 옆 세대로 대피하거나 세대 내 대피공간으로 대피한다.
④ 유도등, 유도표지를 따라 대피한다.
⑤ 연기 발생 시 최대한 낮은 자세로 이동하고, 코와 입을 젖은 수건 등으로 막아 연기를 마시지 않도록 한다.
⑥ 출입문을 열기 전 출입문의 손잡이가 뜨거우면 문을 열지 말고 다른 길을 찾는다.
⑦ 옷에 불이 붙었을 때는 눈과 입을 가리고 바닥에서 뒹군다.
⑧ 탈출한 경우에는 절대로 다시 화재 건물로 들어가지 않는다.

3. 피난실패 시 행동요령
① 건물 밖으로 대피하지 못한 경우에는 밖으로 통하는 창문이 있는 방으로 들어간다.
② 이후 방안으로 연기가 들어오지 못하도록 문틈을 커튼 등으로 막고, 내부 물건 등을 활용하여 자신의 위치를 알리고 구조를 기다린다.

4. 일반적 피난계획 수립
① 사전 피난준비 : 해당 대상물의 특성에 부합하는 피난계획을 사전에 수립
② 피난개시 명령 : 피난경보 및 비상방송설비를 통해 피난개시 명령을 내리고 조기피난을 독려
③ 피난유도 : 재실자 및 방문자를 안전구역 또는 집결지로 피난유도
④ 피난안전구역의 활용 : 담당 대원은 피난유도 시 피난안전구역을 활용 가능
⑤ 집결 : 피난요구자를 사전에 지정된 집결 장소로 최종 유도 및 집결 장소에서 습득한 화재 및 피해상황에 대한 정보를 대장 및 소방기관에 통보

STEP 02 피난약자의 피난계획 수립

1. 일반 원칙
① 피난약자의 재배치 또는 수직피난 등 화재상황에 적합한 피난전략을 고려하여 시행한다.
② 피난유도 시 피난약자를 우선 피난대상으로 지정하여 피난을 유도하고 보조를 요청하도록 한다.
③ 피난약자의 피난을 위해 사전에 지정된 피난보조자를 배치하거나 현장에서 피난보조자를 지정할 수 있다.

2. 공통사항(피난약자, 전 거주자)
① 건물에 대한 이해
② 피난약자에 대한 현황파악과 피난보조요령 등 숙지
③ 적절한 설비 설치
④ 소방안전교육 및 훈련 실시
⑤ 효과적인 피난시스템 구축

3. 장애유형별 피난보조 예시
① 지체장애인 : 불가피한 경우를 제외하고는 2인 이상이 1조가 되어 피난을 보조하고 장애 정도에 따라 보조기구를 적극 활용하며 계단 및 경사로에서의 균형에 주의를 요한다.
② 청각장애인 : 시각적인 전달을 위해 표정이나 제스처를 사용하고 조명(손전등 및 전등)을 적극 활용하며 메모를 이용한 대화도 효과적이다.
③ 시각장애인 : 평상시와 같이 지팡이를 이용하여 피난토록 하며 피난보조자는 팔과 어깨를 살며시 기대도록 하여 안내하며 계단, 장애물 등을 미리 명확한 표현으로 알려준다. 여러 명의 시각장애인이 동시에 대피하는 경우 서로 손을 잡고 질서있게 피난토록 한다.
④ 지적장애인 : 공황상태에 빠질 수 있으므로 차분하고 느린 어조로 도움을 주러 왔음을 밝히고 피난을 보조한다. 특히, 인격을 고려한 친절한 말투 사용이 요구된다.
⑤ 노약자 : 장애인에 준하여 피난보조를 실시한다.

> **참고** **화재안전취약자와 피난약자**
> - 화재안전취약자 : 어린이, 노인, 장애인 등 화재의 예방 및 안전관리에 취약한 자를 말하며,「화재의 예방 및 안전관리에 관한 법률」제23조에 근거한다.
> - 피난약자 : 장애인, 노인, 임산부, 영유아 및 어린이 등 이동이 어려운 사람을 말하여,「화재의 예방 및 안전관리에 관한 법률 시행규칙」제11조 ②항에 근거한다.

SECTION 04 업무수행 기록의 작성·유지

STEP 01 작성근거 및 주요내용

1. 작성근거
「화재의 예방 및 안전관리에 관한 법률 시행규칙」 제10조(소방안전관리업무 수행에 관한 기록·유지)

2. 주요내용
① 소방안전관리자는 소방안전관리업무 수행에 관한 기록을 월 1회 이상 작성·관리해야 한다.
② 소방안전관리자는 소방안전관리업무 수행 중 보수 또는 정비가 필요한 사항을 발견한 경우에는 이를 지체 없이 관계인에게 알리고, 법령이 정한 서식에 기록해야 한다.
③ 소방안전관리자는 업무 수행에 관한 기록을 작성한 날부터 2년간 보관해야 한다.

STEP 02 작성요령

① 소방안전관리대상물의 소방안전관리자는 소방안전관리업무를 수행한 날을 포함하여 월 1회 이상 작성한다.
② 당해연도 소방계획서 및 소방시설등(최초점검, 작동점검, 종합점검) 점검표에 따른 점검항목을 참고하여 작성한다.
③ 소방안전관리대상물의 특성에 따라 기타사항에 추가항목을 작성한다.
④ 경보설비의 수신기, 소화설비의 제어반 및 가압송수장치(펌프 등)를 중점적으로 확인하여 작성한다.

소방안전관리자 업무 수행 기록표

※ [ ]에는 해당되는 곳에 √표를 합니다.

수행일자				수행자	(서명)	
소방안전 관리대상물	상호			등급	[ ] 특급 [ ] 1급 [ ] 2급 [ ] 3급	
	소재지					
	지하층	지상층	연면적(㎡)	바닥면적(㎡)	동수	

항목	확인내용	확인결과	조치사항
소방시설		[ ] 양호 [ ] 불량	
피난방화시설		[ ] 양호 [ ] 불량	
화기취급감독		[ ] 양호 [ ] 불량	
기타사항		[ ] 양호 [ ] 불량	

불량사항 개선보고	보고일시	보고방법	보고받은 사람
	. . .	[ ] 대면 [ ] 서면 [ ] 정보통신	
	조치방법	[ ] 이전 [ ] 제거 [ ] 수리·교체 [ ] 기타	

제06장_ 소방계획 수립
적중예상문제

1. 소방계획의 수립

01 다음 ( ) 안에 들어 갈 알맞은 것은?

> ( )은 소방안전관리대상물의 화재로 인한 재난발생을 사전에 예방·대비하고 화재 시 신속하고 효율적으로 대응·복구함으로써 인명 및 재산피해를 최소화하기 위해 작성·운영하고 유지·관리하는 위험관리계획을 의미한다.

① 소방업무계획
② 소방계획
③ 소방시설관리계획
④ 화재예방계획

🔍 소방계획의 개념에 설명으로 소방계획은 종합적 안전관리, 통합적 안전관리, 지속적 발전 모델 등을 기본원리로 구성된다.

02 다음 중 소방계획 수립 시 가장 핵심적인 측면은?

① 위험관리　　② 안전관리
③ 화재예방　　④ 소방시설관리

🔍 소방계획은 소방안전관리대상물의 화재로 인한 재난발생을 사전에 예방·대비하고 화재 시 신속하고 효율적으로 대응·복구함으로써 인명 및 재산피해를 최소화하기 위해 작성·운영하고 유지·관리하는 위험관리 계획을 의미한다.

03 소방계획 수립 시 주요 내용으로 볼 수 없는 것은?

① 소방안전관리대상물의 위치·구조·연면적·용도 및 수용인원 등 일반현황
② 화재예방을 위한 자체점검계획 및 대응대책
③ 소방시설·피난시설 및 방화시설의 점검·정비계획
④ 특정소방대상물의 근무자 및 거주자의 연락처 관리에 관한 사항

🔍 소방계획의 주요 내용
- 소방안전관리대상물의 위치·구조·연면적·용도 및 수용인원 등 일반 현황
- 소방안전관리대상물에 설치한 소방시설, 방화시설, 전기시설, 가스시설 및 위험물시설의 현황
- 화재 예방을 위한 자체점검계획 및 대응대책
- 소방시설·피난시설 및 방화시설의 점검·정비계획
- 피난층 및 피난시설의 위치와 피난경로의 설정, 화재안전취약자의 피난계획 등을 포함한 피난계획
- 방화구획, 제연구획, 건축물의 내부 마감재료 및 방염대상물품의 사용 현황과 그 밖의 방화구조 및 설비의 유지·관리계획
- 관리의 권원이 분리된 특정소방대상물의 소방안전관리에 관한 사항
- 소방훈련·교육에 관한 계획
- 소방안전관리대상물의 근무자 및 거주자의 자위소방대 조직과 대원의 임무(화재안전취약자의 피난 보조 임무를 포함)에 관한 사항
- 화기 취급 작업에 대한 사전 안전조치 및 감독 등 공사 중 소방안전관리에 관한 사항
- 소화에 관한 사항과 연소 방지에 관한 사항
- 위험물의 저장·취급에 관한 사항(예방규정을 정하는 제조소 등은 제외)
- 소방안전관리에 대한 업무수행에 관한 기록 및 유지에 관한 사항
- 화재발생 시 화재경보, 초기소화 및 피난유도 등 초기대응에 관한 사항
- 그 밖에 소방본부장 또는 소방서장이 소방안전관리대상물의 위치·구조·설비 또는 관리 상황 등을 고려하여 소방안전관리에 필요하여 요청하는 사항

04 소방안전관리대상물의 소방계획을 수립하고 실행하는 최종적인 책임과 권한은 누구에게 있는가?

① 대상물의 관리책임자
② 대상물의 안전관리자
③ 대상물의 대표·소유자
④ 대상물의 근무·거주자

🔍
- 관리책임자 : 관리적 책임과 권한
- 안전관리자 : 실무적 책임과 권한
- 근무·거주자 : 참여하고 실천하는 책임과 권한

정답　01 ②　02 ①　03 ④　04 ③

05 다음 중 소방계획의 주요원리로 볼 수 없는 것은?

① 종합적 위험관리
② 통합적 안전관리
③ 개별적 위험관리
④ 지속적 발전모델

🔍 소방계획은 종합적 안전관리, 통합적 안전관리, 지속적 발전 모델 등을 주요 원리로 구성된다.

06 소방계획의 주요원리 중 PDCA Cycle을 주요 내용으로 하는 기본원리는?

① 종합적 위험관리
② 통합적 안전관리
③ 지속적 발전모델
④ 개별적 안전관리

🔍 소방계획의 주요원리

주요원리	주요 내용
종합적 안전관리	• 모든 형태의 위험을 포괄함 • 재난의 전주기적(예방 · 대비 → 대응 → 복구) 단계의 위험성을 평가
통합적 안전관리	• 외부 : 거버넌스(정부 - 대상처 - 전문기관) 및 안전관리 네트워크 구축 • 내부 : 협력 및 파트너십 구축, 전원참여
지속적 발전모델	• PDCA 사이클 • Plan : 계획, Do : 이행 · 운영, Check : 모니터링, Act : 개선

07 소방계획의 주요원리 중 PDCA 사이클(cycle)의 내용으로 옳지 않은 것은?

① Plan : 계획
② Do : 이행 · 운영
③ Change : 변화
④ Act : 개선

🔍 PDCA 사이클 : Plan(계획), Do(이행 · 운영), Check(모니터링), Act(개선)

08 다음 중 소방계획의 작성원칙에 해당되지 않는 것은?

① 계획수립의 문서화
② 관계인의 참여
③ 계획수립의 구조화
④ 실행우선

🔍 소방계획의 작성원칙
• 실현가능한 계획
• 관계인의 참여
• 계획수립의 구조화(작성 – 검토 – 승인)
• 실행우선

09 소방계획을 수립하여 가장 바람직한 시행 시기는?

① 차기연도 1월 1일부터 시행
② 소방계획 수립과 동시 시행
③ 소방계획 수립 후 다음 분기
④ 소방계획 수립 후 3/4분기

🔍 소방계획의 수립에 대한 작성 시점은 특별히 소방관계법령에서 정하고 있지는 않지만 매년 4/4분기에 차기연도 소방계획에 대한 작성, 검토 및 승인을 거쳐 1월 1일부터 시행하는 것이 바람직하다.

10 소방계획의 4단계로 구성된 수립절차로 옳은 것은?

① 사전기획 → 설계 및 개발 → 위험환경 분석 → 시행 및 유지관리
② 사전기획 → 위험환경 분석 → 설계 및 개발 → 시행 및 유지관리
③ 사전기획 → 설계 및 개발 → 시행 및 유지관리 → 위험환경 분석
④ 사전기획 → 위험환경 분석 → 시행 및 유지관리 → 설계 및 개발

🔍 소방계획의 수립절차
• 1단계(사전기획) : 작성준비 → 요구사항 검토 → 작성계획 수립
• 2단계(위험환경 분석) : 위험환경 식별 → 위험환경 분석/평가 → 위험경감대책 수립
• 3단계(설계/개발) : 목표/전략 수립 → 실행계획 설계 및 개발
• 4단계(시행/유지관리) : 수립/시행 → 운영/유지관리

정답 05 ③ 06 ③ 07 ③ 08 ① 09 ① 10 ②

11 소방안전관리대상물 소방계획의 작성방법 중 "장의 구성"에 해당하지 않는 것은?

① 일반사항
② 관리계획
③ 대응계획
④ 피난계획

🔍 소방계획의 작성방법
- 장의 구성 : 일반사항, 관리계획, 대응계획 및 부록으로 구분
- 절의 구성 : 장 안에 포함되는 절은 번호체계를 부여하고, 관리 및 대응계획은 세부 실행계획을 표준서식을 이용하여 작성

2. 자위소방대 및 초기대응체계 구성·운영

12 소방안전관리대상물에서 화재 등 재난발생 시 비상연락, 초기소화, 피난유도 및 인명·재산피해 최소화를 위해 편성된 자율안전관리조직은?

① 의무소방대
② 방공단
③ 자위소방대
④ 직장소방반

🔍 자위소방대는 소방안전관리대상물에서 화재 등 재난발생 시 비상연락, 초기소화, 피난유도 및 인명·재산피해 최소화를 위해 편성된 자율관리조직으로 소방시설법에서 관계인과 소방안전관리대상물의 소방안전관리자로 하여금 자위소방대를 구성하고 운영하도록 규정하고 있다.

13 자위소방대는 소방안전관리대상물의 화재 시 초기소화, 조기피난 및 응급처치 등에 필요한 골든타임 확보를 위해 필수적이다. 화재 시 골든타임은 몇 분 이내인가?

① 3분 이내 ② 5분 이내
③ 10분 이내 ④ 15분 이내

🔍 골든타임
- 화재 시 : 5분 이내
- 심폐소생술(CPR) 시 : 4~6분 이내

14 소방관련법령상 소방안전관리대상물의 소방안전관리자가 하여야 할 업무와 관련된 설명으로 틀린 것은?

① 연 1회 이상 자위소방조직을 소집하여 편성상태를 확인하여야 한다.
② 편성상태 확인 후 교육·훈련을 실시해야 한다.
③ 교육·훈련 실시 후 실시결과를 기록부에 작성해야 한다.
④ 소방교육 실시 결과 작성한 기록부는 1년간 보관해야 한다.

🔍 교육·훈련의 실시결과는 소방시설법에 따라 그 기록결과를 2년간 보관하여야 한다.

15 화재 시 자위소방대 자위소방활동의 주요업무와 그 내용이 잘못 연결된 것은?

① 비상연락 – 화재 시 상황전파, 화재신고 및 통보연락 업무
② 초기소화 – 초기소화설비를 이용한 조기 화재 진압
③ 응급구조 – 응급상황 발생 시 응급조치 및 응급의료소 설치·지원
④ 방호안전 – 화재 발생 건축물 붕괴방지 및 안전 조치

🔍 자위소방활동

구분	업무특성
비상연락	화재 시 상황전파, 화재신고 및 통보연락 업무
초기소화	초기소화설비를 이용한 조기 화재 진압
응급구조	응급상황 발생 시 응급조치 및 응급의료소 설치·지원
방호안전	화재확산방지, 위험물 시설에 대한 제어 및 비상반출
피난유도	재실자, 방문자의 피난유도 및 재해약자에 대한 피난보조 활동

정답 11 ④ 12 ③ 13 ② 14 ④ 15 ④

16 다음은 어느 소방안전관리대상물의 소방시설 및 편성가능 인원을 나타낸 것이다. 적합한 자위소방대의 유형은?

> 가. 2급 소방안전관리대상물이다.
> 나. 편성가능한 인원은 8명이다.
> 다. 소방시설은 자동화재탐지설비와 소화기가 설치되어 있다.

① TYPE-Ⅰ
② TYPE-Ⅱ
③ TYPE-Ⅲ
④ TYPE-Ⅰ~Ⅲ에 모두 해당

🔍 TYPE-Ⅲ

구분	편성대상	편성기준	
		지휘통제	지휘통제팀
TYPE-Ⅲ	2급·3급 (상시 근무인원 50명 이상의 경우 TYPE-Ⅱ 참고 및 적용)	현장대응	• 10인 미만 : 현장대응팀(개별 팀 구분 없음) • 10인 이상 : 비상연락팀, 초기소화팀, 피난유도팀(필요시 팀 가감 편성)

17 대상처의 규모, 소방시설 및 편성대원에 따른 자위소방대 조직 편성기준에 따라 'TYPE-Ⅱ' 조직으로 구성해야 하는 편성대상은?

① 특급 소방안전관리대상물
② 지하층 제외 37층 아파트
③ 지하층 제외 50층 아파트
④ 3급 소방안전관리대상물

🔍 TYPE-Ⅱ

구분	편성대상	편성기준	
		지휘통제	지휘통제팀
TYPE-Ⅱ	• 1급(연면적 30,000m² 이상의 경우 TYPE-Ⅰ 참고 및 적용, 공동주택 제외) • 2급(상시 근무인원 50명 이상)	현장대응	비상연락팀, 초기소화팀, 피난유도팀, 응급구조팀, 방호안전팀(필요시 팀 가감 편성)

18 다음 중 초기대응체계의 구성에 대한 설명으로 틀린 것은?

① 자위소방대에 포함하여 편성하도록 한다.
② 화재발생 초기 신속하게 대응할 수 있도록 구성한다.
③ 소방안전관리대상물이 이용되는 기간 동안에는 일시적으로 운영되어야 한다.
④ 화재 초기 비상연락, 초기소화 및 피난유도 등의 기본기능과 대상물 특성을 반영한 특수기능을 수행할 수 있도록 구역별 소규모팀으로 편성한다.

🔍 소방안전관리대상물이 이용되는 기간 동안에는 상시적으로 운영되어야 한다.

19 자위소방대 구성에서 지구대 설정 시 고려할 수 있는 구역과 적용기준으로 맞지 않는 것은?

① 수직구역 – 대상물의 층(Floor)
② 수평구역 – 대상물의 면적(Area)
③ 임차구역 – 대상구역의 건물주(Land lord)
④ 용도구역 – 대상구역의 용도(Occupancy)

🔍 임차구역의 적용기준은 대상구역의 관리권원(Tenancy)이다.

20 자위소방대의 인력편성에서 초기대응체계의 인원편성에 대한 내용으로 옳지 않은 것은?

① 소방안전관리보조자, 경비(보안)근무자 등 상시근무자를 중심으로 구성한다.
② 소방안전관리대상물의 근무자의 근무위치, 근무인원 등을 고려하여 편성한다.
③ 초기대응체계 편성 시 2명 이상은 수신반(또는 종합방재실)에 근무해야 한다.
④ 휴일 및 야간에 무인경비시스템을 통해 감시하는 경우에는 무인경비회사와 비상연락체계를 구축할 수 있다.

🔍 초기대응체계 편성 시 1명 이상은 수신반(또는 종합방재실)에 근무해야 하며 화재상황에 대한 모니터링 또는 지휘 통제가 가능해야 한다.

정답 16 ③ 17 ② 18 ③ 19 ③ 20 ③

21 자위소방대의 교육 및 훈련계획에 대한 내용으로 틀린 것은?

① 자위소방대장은 자위소방대의 연간 교육·훈련계획을 수립하여 시행한다.
② 자위소방대 교육·훈련의 대상자는 자위소방대원, 대상물의 재실자를 포함하며, 종업원이나 방문자 등은 제외하여야 한다.
③ 자위소방대장은 교육·훈련 계획에 따라 교육대상, 교육방법을 정하고 교육자료를 준비한다.
④ 자위소방대장은 교육 실시 전 교육내용 등에 대한 수요조사를 실시할 수 있다.

🔍 자위소방대 교육·훈련의 대상자는 자위소방대원, 대상물의 재실자, 종업원, 방문자 등을 포함할 수 있다.

22 자위소방대의 훈련방법 및 내용과 관련하여 기본훈련에 속하는 것은?

① 개별·팀별임무숙지
② 피난(유도·보조)훈련
③ 피난안전구역 집결훈련
④ 재집결지 집결훈련

🔍 훈련방법 및 내용

훈련종류		참여인력	주요내용
기본훈련		자위소방대	개별·팀별임무숙지
피난훈련	주간	자위소방대+재실자	피난(유도·보조)훈련 피난안전구역 집결훈련 재집결지 집결훈련
	야간		
종합훈련		자위소방대 + 재실자	기본훈련 + 피난훈련
합동훈련		종합훈련참가자 + 소방관서	종합훈련 + 소방관서 공동훈련

23 자위소방대장은 계획에 따라 소방훈련을 실시한 후 실시 기록결과를 얼마 동안 보관하여야 하는가?

① 6개월 보관 ② 1년 보관
③ 2년 보관 ④ 5년 보관

🔍 자위소방대장은 화재예방, 소방시설·유지 및 안전관리에 관한 법률 시행규칙에 의거 소방훈련실시 기록결과는 2년간 보관하여야 한다.

3. 화재대응 및 피난

24 화재 발생 시 일반적인 피난행동으로 잘못된 것은?

① 엘리베이터는 절대 이용하지 않도록 하며, 계단을 이용해 옥외로 대피한다.
② 아래층으로 대피가 불가능한 때에는 옥상으로 대피한다.
③ 옷에 불이 붙었을 때는 눈과 입을 가리고 바닥에서 뒹군다.
④ 최대한 곧은 자세로 유도등·유도표지를 따라 신속하게 대피한다.

🔍 화재 시 일반적 피난행동
• 엘리베이터는 절대 이용하지 않도록 하며 계단을 이용해 옥외로 대피한다.
• 아래층으로 대피가 불가능한 때에는 옥상으로 대피한다.
• 아파트의 경우 세대 밖으로 나가기 어려울 경우 세대 사이에 설치된 경량칸막이를 통해 옆 세대로 대피하거나 세대 내 대피공간으로 대피한다.
• 낮은 자세로 유도등, 유도표지를 따라 대피한다.
• 연기 발생 시 최대한 낮은 자세로 이동하고, 코와 입을 젖은 수건 등으로 막아 연기를 마시지 않도록 한다.
• 방문을 열기 전 문의 손잡이가 뜨거우면 문을 열지 말고 다른 길을 찾는다.
• 옷에 불이 붙었을 때는 눈과 입을 가리고 바닥에서 뒹군다.
• 탈출한 경우에는 절대로 다시 화재 건물로 들어가지 않는다.

25 화재발생 후 '피난실패 시 행동요령'으로 옳은 것은?

① 엘리베이터가 있는 장소로 이동한다.
② 건물 밖으로 대피하지 못한 경우에는 밖으로 통하는 창문이 있는 방으로 들어간다.
③ 옷에 불이 붙었을 때에는 수돗물로 신속하게 불을 끈다.
④ 연기 발생 시 높은 자세를 유지하여 연기를 피한다.

🔍 피난실패 시 행동요령
• 건물 밖으로 대피하지 못한 경우에는 밖으로 통하는 창문이 있는 방으로 들어간다.
• 이후 방안으로 연기가 들어오지 못하도록 문틈을 커튼 등으로 막고, 내부 물건 등을 활용하여 자신의 위치를 알리고 구조를 기다린다.

정답 21 ② 22 ① 23 ③ 24 ④ 25 ②

26 화재발생 시 '일반적 피난계획 수립'으로 맞는 것은?

① 사전피난준비→ 피난유도→ 피난경보→ 피난안전구역에 집결
② 피난계획수립→ 피난경보→ 피난유도→ 피난안전구역에 집결
③ 피난계획수립→ 피난유도→ 피난경보→ 피난안전구역에 집결
④ 사전피난준비→ 피난개시명령→ 피난유도→ 피난안전구역에 집결

🔍 일반적 피난계획 수립 순서
사전피난준비→ 피난개시 명령→ 피난유도→ 피난안전구역의 활용→ 집결

27 다음 중 장애유형별 피난 보조에 대한 내용으로 틀린 것은?

① 지체장애인의 경우 불가피한 경우를 제외하고는 2인 이상이 1조가 되어 피난을 보조한다.
② 청각장애인의 경우 시각적인 전달을 위해 표정·제스처를 사용하고, 손전등을 활용하거나 메모로 대화도 효과적이다.
③ 정신지체장애인은 공황상태에 빠질 수 있으므로 큰소리나 빠른 어조로 도움을 주러 왔음을 밝히고 피난을 보조한다.
④ 노약자는 장애인에 준하여 피난보조를 실시한다.

🔍 장애유형별 피난보조 예시
• 지체장애인 : 불가피한 경우를 제외하고는 2인 이상 1조가 되어 피난을 보조하고 장애 정도에 따라 보조기구를 적극 활용하며 계단 및 경사로에서의 균형에 주의를 요한다.
• 청각장애인 : 시각적인 전달을 위해 표정이나 제스처를 사용하고 조명(손전등 및 전등)을 적극 활용하며 메모를 이용한 대화도 효과적이다.
• 시각장애인 : 평상시와 같이 지팡이를 이용하여 피난토록 하며 피난보조자는 팔과 어깨를 살며시 기대도록 하여 안내하며 계단, 장애물 등을 미리 명확한 표현으로 알려준다. 여러 명의 시각장애인이 동시에 대피하는 경우 서로 손을 잡고 질서있게 피난토록 한다.
• 지적장애인 : 공황상태에 빠질 수 있으므로 차분하고 느린 어조로 도움을 주러 왔음을 밝히고 피난을 보조한다. 특히, 인격을 고려한 친절한 말투 사용이 요구된다.
• 노약자 : 장애인에 준하여 피난보조를 실시한다.

28 장애유형별 피난보조 시 조명(손전등 및 전등)을 활용하거나 메모를 이용한 대화가 효과적인 장애유형은?

① 청각장애인
② 시각장애인
③ 지적장애인
④ 노약자

🔍 피난보조 대상이 청각장애인인 경우 시각적인 전달을 위해 표정이나 제스처를 사용하고 조명(손전등 및 전등)을 적극 활용하며 메모를 이용한 대화도 효과적이다.

• 4. 업무수행 기록의 작성 · 유지

29 다음 보기의 ( ) 안에 들어갈 내용으로 옳은 것은?

> 소방안전관리자는 소방안전관리업무 수행에 관한 기록을 (㉠) 이상 작성·관리해야 하며, 작성한 날부터 (㉡) 보관해야 한다.

① ㉠ 월 1회, ㉡ 1년간
② ㉠ 월 1회, ㉡ 2년간
③ ㉠ 분기당 1회, ㉡ 1년간
④ ㉠ 분기당 1회, ㉡ 2년간

🔍 업무수행기록의 작성·유지
• 소방안전관리자는 소방안전관리업무 수행에 관한 기록을 월 1회 이상 작성·관리해야 한다.
• 소방안전관리자는 소방안전관리업무 수행 중 보수 또는 정비가 필요한 사항을 발견한 경우에는 이를 지체없이 관계인에게 알리고, 법령이 정한 서식에 기록해야 한다.
• 소방안전관리자는 업무 수행에 관한 기록을 작성한 날부터 2년간 보관해야 한다.

30 자위소방대 및 초기대응체계 교육·훈련 후 실시결과 기록의 보존기간은 몇 년 이상인가?

① 1년
② 2년
③ 3년
④ 4년

🔍 자위소방대 및 초기대응체계 교육·훈련 후 실시결과 기록은 2년간 보관하여야 한다.

정답 26 ④ 27 ③ 28 ① 29 ② 30 ②

CHAPTER 07

응급처치

Section 01 응급처치 개요
Section 02 응급처치 요령

SECTION 01 응급처치 개요

STEP 01 응급처치의 정의 · 목적 및 중요성

1. 응급처치의 정의
응급처치는 가정, 직장 등에서 부상이나 질병으로 인해 위급한 상황에 놓인 환자에게 의사의 치료가 시행되기 전에 즉각적이며 임시적으로 제공하는 처치이다.

2. 응급처치의 목적
① 환자의 생명을 구하고 유지하며
② 2차적으로 오는 합병증을 예방하고
③ 환자의 고통과 불안을 경감시켜
④ 차후 의사의 전문치료에 도움을 주어 회복을 빠르게 하는데 있다.

3. 응급처치의 중요성
① 긴급한 환자의 생명을 유지
② 환자의 고통을 경감
③ 위급한 부상부위의 응급처치로 치료기간을 단축
④ 현장처치의 원활화로 의료비 절감

STEP 02 응급처치 기본사항 및 일반원칙

1. 응급처치 기본사항
① 기도확보(유지)
  ㉮ 환자의 입(구강) 내의 이물질이 있을 경우 이물질이 빠져나올 수 있도록 기침을 유도한다.
  ㉯ 구토를 하는 경우 머리를 옆으로 돌려 구토물의 흡입으로 인한 질식을 예방해 준다.
  ㉰ 머리를 뒤로 젖히고 턱을 위로 들어 올려 기도가 개방되도록 한다.
  ㉱ 담요나 옷가지를 환자 목 뒤에 대어 편안하고 안전하게 유지한다.
② 지혈처리
  ㉮ 사람의 체내에서 체중대비 약 8%의 혈액이 있으며 출혈로 혈액량 감소 시 온몸이 저산소 출혈성 쇼크상태가 된다.

㉯ 출혈의 원인 및 환자의 상태 등에 따라 다르나, 일반적으로 개인당 혈액량의 15~20% 출혈 시 생명이 위험해지고 30% 출혈 시 생명을 잃게 된다.
③ 상처보호
㉮ 심한 상처로 출혈된 손상 부위에 대하여 소독거즈로 응급처치하고 붕대로 드레싱한다.
㉯ 드레싱을 할 때 1차 사용한 거즈 등으로 상처를 닦는 것은 금하고 청결하게 소독된 거즈 등을 사용하여야 한다.

2. 응급처치의 일반원칙

① 긴박한 상황에서도 구조자는 자신의 안전을 최우선으로 한다.
② 응급처치 시 사전에 보호자 또는 당사자의 이해와 동의를 얻어 실시하는 것을 원칙으로 한다.
③ 당황하거나 흥분하지 말고 침착하게 사고의 정도와 환자의 모든 상태를 확인한다.
④ 응급처치와 동시에 119등 관계기관에 응급구조를 요청한다.
⑤ 환자 상태를 관찰하며 모든 손상을 발견하여 처치하되 불확실한 처치는 하지 않는다.
⑥ 119구급차 이용에 따른 비용징수 문제
㉮ 119구급차 이용 시 전국 어느 곳에서나 이송거리, 환자 수 등과 관계없이 어떠한 경우에도 무료
㉯ 보건복지부 인가를 받아 운영하는 중앙응급환자이송단 등 사설단체 또는 병원에서 운영하고 있는 앰블런스는 일정요금 징수 - 환자이송료 : km당 요금정산(미터기 정산)

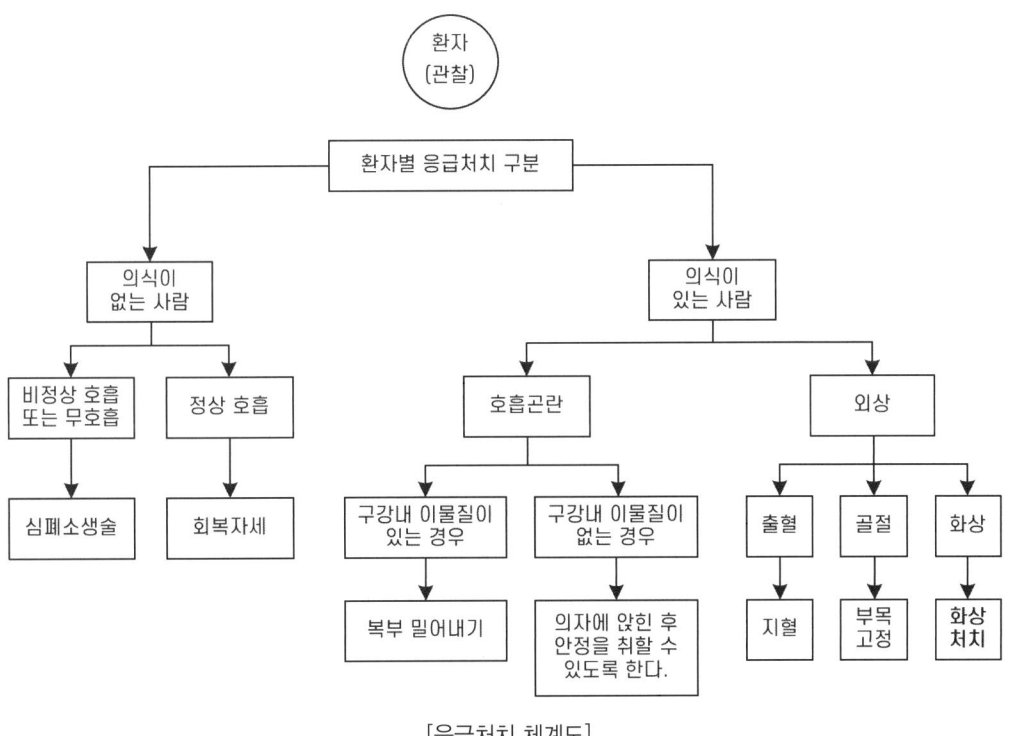

[응급처치 체계도]

SECTION 02 응급처치 요령

STEP 01 출혈

1. 출혈의 증상

① 호흡과 맥박이 빠르고 약하고 불규칙하며, 체온이 떨어지고 호흡곤란도 나타난다.
② 반사작용이 둔해진다.
③ 탈수현상이 나타나며 갈증을 호소한다.
④ 동공이 확대되고 두려움이나 불안을 호소한다.
⑤ 혈압이 점차 저하되며, 피부가 창백해지고 차고 축축해진다.
⑥ 구토가 발생한다.

2. 출혈 시 응급조치

환자를 편안하게 눕히고, 조이는 옷을 풀어주어 호흡을 편하게 해 주고, 손상 부위를 올려주고 차가운 국소 찜질을 한다. 부상자의 공포심을 줄이고 심리적 안정감을 찾도록 도와주며 체온유지를 위하여 보온해 준다.

① 직접 압박법 : 출혈 상처 부위를 소독거즈나 압박붕대로 직접 압박하는 방법
② 지혈대 사용법 : 절단과 같은 심한 출혈이 있을 때나 지혈법으로도 출혈을 막지 못할 경우 최후의 수단으로 사용하는 방법(무릎, 팔꿈치와 같은 관절 부위에는 착용하지 않아야 함)
　㉮ 출혈 부위에서 5~7cm 상단 부위를 묶는다.
　㉯ 출혈이 멈추는 지점에서 조임을 멈춘다.
　㉰ 지혈대가 풀리지 않도록 정리한다.
　㉱ 지혈대 착용시간을 기록한다.

STEP 02 화상

1. 화상을 유발할 수 있는 에너지원

① 열 : 열, 증기, 뜨거운 액체, 뜨거운 물체
② 방사선 : 핵물질
③ 전기 : 번개, 일반전기, 충전전기
④ 빛 : 태양열을 포함한 자외선, 강력한 빛
⑤ 화학물질 : 부식제, 산, 염기

2. 화상의 분류

① 1도 화상(표피 화상) : 피부 바깥층의 화상
  ㉮ 약간의 부종과 홍반이 나타난다.
  ㉯ 피부가 부어오르면서 통증을 느끼지만 치료완료 후 흉터 없이 치료된다.
② 2도 화상(부분층 화상) : 피부의 두 번째 층까지 손상된 화상
  ㉮ 심한 통증과 발적, 수포가 발생하므로 표피가 얼룩얼룩하게 된다.
  ㉯ 진피의 모세혈관이 손상되며 물집이 터져 진물이 난다.
  ㉰ 감염의 위험이 있다.
③ 3도 화상(전층 화상) : 피부 전층이 손상된 화상
  ㉮ 피하지방과 근육층까지 손상된 상태이다.
  ㉯ 피부는 가죽처럼 매끈하고 회색 또는 검은색으로 변한다.
  ㉰ 피부에 체액이 통하지 않아 화상 부위는 건조하며 통증이 없다.

3. 화상의 응급처치

① 화상환자 이동 전 조치
  ㉮ 화상환자가 착용한 옷가지가 피부 조직에 붙어 있을 때에는 옷을 잘라내지 말고 수건 등으로 닦거나 접촉되는 일이 없도록 한다.
  ㉯ 통증 호소 또는 피부의 변화에 동요되어 간장, 된장, 식용기름을 바르는 일이 없도록 한다.
  ㉰ 1도, 2도 화상은 화상부위를 흐르는 물에 식혀주고, 3도 화상은 물에 적신 천을 대어 열기가 심부로 전달되는 것을 막아주고 통증을 줄여준다.
  ㉱ 화상부분의 오염 우려 시에는 소독거즈가 있을 경우 화상부위를 덮어준다.
  ㉲ 화상환자가 부분층 화상일 경우 수포(물집) 상태의 감염 우려가 있으므로 터트리지 말아야 한다.
② 화상환자 이송
  ㉮ 환자의 화상부위가 상부로 오도록 조치
  ㉯ 구급차에 들것 등으로 승차 시 화상부위가 손상되지 아니하도록 유의한다.

STEP 03 심폐소생술

호흡과 심장이 멎고 4~6분이 경과하면 산소부족으로 뇌가 손상되어 원상 회복되지 않으므로 호흡이 없으면 즉시 심폐소생술을 실시해야 한다.

1. 기본순서 : C → A → B

① 가슴압박(Compression)
② 기도유지(Airway)
③ 인공호흡(Breathing)

2. 목격자 심폐소생술 시행 방법

① 반응의 확인(심정지 확인) : 의식의 반응을 확인
② 119 신고
③ 호흡확인 : 환자의 호흡이 없거나 비정상적이라면 심정지 판단
④ 가슴압박 30회 시행 : 성인 기준 100~120회/분의 속도로 시행하며 약 5cm 깊이(소아의 경우 4~5cm)로 강하고 빠르게 30회 시행한다.
⑤ 인공호흡 2회 시행 : 환자의 머리를 젖히고, 턱을 들어 올려 환자의 기도를 개방시킨다. 환자의 코를 잡아서 막고, 입을 크게 벌려 환자의 입을 완전히 막은 후 가슴이 올라올 정도로 1초에 걸쳐서 2회 숨을 불어넣는다.
⑥ 가슴압박과 인공호흡의 반복 : 30회의 가슴압박과 2회의 인공호흡을 119 구급대원이 현장에 도착할 때까지 반복해서 시행한다.
⑦ 회복자세 : 호흡이 회복되었다면, 환자를 옆으로 돌려 눕혀 기도(숨길)가 막히는 것을 예방한다.

3. 자동심장충격기(AED) 사용방법

① 자동심장충격기(AED)의 전원을 켠다.
② 환자의 상체를 노출시킨 후 각 패드의 표면에 표시되어 있는 부착 위치에 따라 패드를 부착한다.
  ㉮ 패드 1 : 오른쪽 빗장뼈 아래
  ㉯ 패드 2 : 왼쪽 젖꼭지 아래의 중간겨드랑선
③ 패드를 부착하면 기계가 심장의 리듬을 자동으로 분석한다. 이 때 환자를 건드리지 않도록 한다.
④ 기계 분석이 끝난 후 심장충격이 필요하면 기계가 심장충격 버튼을 누르라고 하면, 심장충격 버튼을 눌러 심장충격을 시행한다.
⑤ 심장충격이 필요 없거나 심장충격을 시행한 이후 즉시 심폐소생술을 시행한다.
⑥ 자동심장충격기는 2분마다 자동으로 심장리듬을 다시 분석하여 심장충격 처치를 지시한다. 이후 기계의 지시를 따른다.

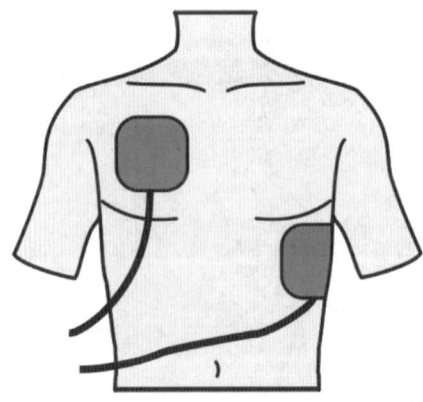

[패드의 부착 위치]

제07장_ 응급처치
적중예상문제

1. 응급처치의 개요

01 다음 [보기]에서 설명하는 것은?

> 응급환자의 생명을 구하고 유지하며, 2차적으로 오는 합병증을 예방하고, 환자의 고통과 불안을 경감시켜 차후 의사의 전문치료에 도움을 주어 회복을 빠르게 하는 것

① 응급처치의 목적
② 응급처치의 중요성
③ 응급처치 기본사항
④ 응급처치의 일반원칙

🔍 위 [보기]는 응급처치의 목적에 대한 설명이다.

02 다음 중 응급처치의 중요성에 해당되지 않는 것은?

① 긴급한 환자의 생명을 유지
② 환자의 절박한 고통을 경감
③ 위급한 부상 부위의 응급처치로 입원치료의 기간을 단축
④ 긴급한 환자에 대한 적절한 치료

🔍 응급처치의 중요성
 • 긴급한 환자의 생명을 유지
 • 환자의 절박한 고통을 경감
 • 위급한 부상 부위의 응급처치로 입원치료의 기간을 단축
 • 현장처치의 원활화로 의료비 절감

03 다음 응급처치 단계 중 가장 우선적으로 해야 할 것은?

① 지혈처리
② 기도확보
③ 상처보호
④ 쇼크예방

🔍 응급처치 구명단계 : 기도확보(유지) → 지혈처리 → 쇼크예방 → 상처보호

04 출혈의 원인 및 환자의 상태 등에 따라 다르나, 일반적으로 수혈이 필요한 경우는?

① 개인당 혈액량의 5~10% 출혈 시
② 개인당 혈액량의 10~20% 출혈 시
③ 개인당 혈액량의 15~30% 출혈 시
④ 개인당 혈액량의 20~40% 출혈 시

🔍 사람의 체내에는 체중대비 성인 7%, 소아 8~9%(1kg당 70mL)의 혈액이 있으며 출혈로 혈액량 감소 시 온몸이 저산소 출혈성 쇼크상태가 된다. 일반적으로 개인당 혈액량의 15~30% 출혈 시 수혈이 필요하다.

05 응급처치의 일반원칙에 대한 내용으로 옳지 않은 것은?

① 긴박한 상황에서도 구조자는 자신의 안전을 최우선한다.
② 응급처치 시 사전에 보호자 또는 당사자의 이해와 동의를 얻지 않아도 된다.
③ 당황하거나 흥분하지 말고 침착하게 사고의 정도와 환자의 모든 상태를 확인한다.
④ 응급처치와 동시에 119구조대, 구급대, 경찰, 병원 등에 응급구조를 요청한다.

🔍 응급처치 시 사전에 보호자 또는 당사자의 이해와 동의를 얻어 실시하는 것을 원칙으로 한다. 신체의 접촉 등으로 인하여 성희롱과 같은 법적 문제 발생 우려가 있다.

정답 01 ① 02 ④ 03 ② 04 ③ 05 ②

2. 응급처치 요령

06 다음 중 출혈의 증상으로 볼 수 없는 것은?

① 호흡이 빨라지고 맥박이 불규칙하게 강하다.
② 불안과 갈증, 반사작용이 둔해지고 다른 증상으로 구토도 발생한다.
③ 탈수현상이 나타나며 갈증을 호소한다.
④ 혈압이 점점 저하되며 피부가 창백하고 차며 축축해진다.

🔍 **출혈의 증상**
- 호흡과 맥박이 빠르고 약하며 불규칙하다.
- 체온이 저하되고 호흡곤란이 나타난다.
- 불안과 갈증, 반사작용이 둔해지고 구토도 발생한다.
- 탈수현상이 나타나며 갈증을 호소한다.
- 동공이 확대되고 혈압이 점점 저하되며 피부가 창백해진다.

07 출혈 시 응급처치요령으로 옳지 않은 것은?

① 우선적으로 환자를 편안하게 눕힌다.
② 조이는 옷을 풀어주어 호흡을 편하게 해 준다.
③ 손상 부위를 아래로 내려주고 뜨거운 국소 찜질을 한다.
④ 부상자의 공포심을 줄이고 심리적 안정감을 찾도록 도와준다.

🔍 **출혈 시 응급조치**
- 환자를 편안하게 눕히고, 조이는 옷을 풀어주어 호흡을 편하게 해 준다.
- 손상 부위를 올려주고 차가운 국소 찜질을 한다.
- 부상자의 공포심을 줄이고 심리적 안정감을 찾도록 도와주며 체온 유지를 위하여 보온해 준다.

08 출혈 시 응급처치 방법으로 볼 수 없는 것은?

① 직접 압박법   ② 간접 압박법
③ 압박점 압박법   ④ 지혈대 사용법

🔍 **출혈 시 응급처치 방법**
- 직접 압박법 : 출혈 상처 부위를 직접 압박하는 방법
- 압박점 압박법 : 출혈 부위의 근접 윗부분에 위치한 동맥압박점을 압박하여 출혈 감소시킴
- 지혈대 사용법 : 절단과 같은 심한 출혈이 있을 때나 지혈법으로도 출혈을 막지 못할 경우 최후의 수단으로 사용

09 출혈 시 응급처치 중 지혈대 사용법으로 옳지 않은 것은?

① 출혈 부위를 묶는다.
② 출혈이 멈추는 지점에서 조임을 멈춘다.
③ 지혈대가 풀리지 않도록 정리한다.
④ 지혈대 착용시간을 기록한다.

🔍 지혈대를 오랜 시간 장착, 방치하면 혈액으로부터 공급받던 산소의 부족으로 조직괴사가 유발되니 무릎, 팔꿈치와 같은 관절 부위에는 착용시키지 않는다. 또한, 5cm 이상의 띠를 사용하여, 출혈 부위에서 5~7cm 상단 부위를 묶는다.

10 다음 중 화상의 분류에 해당되지 않는 것은?

① 표피 화상(1도 화상)   ② 부분층 화상(2도 화상)
③ 전층 화상(3도 화상)   ④ 열 화상(4도 화상)

🔍 **화상의 분류**
- 표피 화상(1도 화상) : 피부 바깥층의 화상
- 부분층 화상(2도 화상) : 피부의 두 번째 층까지 손상된 화상
- 전층 화상(3도 화상) : 피부 전층이 손상된 화상

11 피부 바깥층의 화상으로 약간의 부종과 홍반이 나타나는 화상은?

① 표피 화상   ② 부분층 화상
③ 전층 화상   ④ 열 화상

🔍 **1도 화상(표피 화상)** : 피부 바깥층의 화상
- 약간의 부종과 홍반이 나타난다.
- 피부가 부어오르면서 통증을 느낀다.
- 치료 시 흉터 없이 치료된다.

12 피부 전층이 손상되어 피하지방과 근육층까지 손상되어 피부는 회색이나 검은색이 되는 화상은?

① 표피 화상   ② 부분층 화상
③ 전층 화상   ④ 열 화상

🔍 **3도 화상(전층 화상)** : 피부 전층이 손상된 화상
- 피하지방과 근육층까지 손상된 상태
- 피부는 가죽처럼 매끈하고 회색 또는 검은색으로 변한다.
- 피부에 체액이 통하지 않아 화상 부위는 건조하며 통증이 없다.

정답 06 ① 07 ③ 08 ② 09 ① 10 ④ 11 ① 12 ③

13 피부의 두 번째 층까지 화상으로 손상되어 심한 통증과 발적, 수포가 발생한 화상은?

① 1도 화상
② 2도 화상
③ 3도 화상
④ 4도 화상

🔍 2도 화상(부분층 화상) : 피부의 두 번째 층까지 화상
 • 심한 통증과 발적, 수포가 발생하므로 표피가 얼룩얼룩하게 된다.
 • 진피의 모세혈관이 손상되며 물집이 터져 진물이 난다.
 • 감염의 위험이 있다.

14 화상 환자가 발생하였을 때 병원으로 이송 전 응급 처치의 방법으로 옳지 않은 것은?

① 화상 환자가 착용한 옷가지를 잘라내고 화상 부위를 깨끗한 수건 등으로 닦아준다.
② 화상 부위를 간장, 된장, 식용기름을 바르는 일이 없도록 한다.
③ 화상부분의 오염 우려 시는 소독거즈가 있을 경우 화상 부위를 덮어준다.
④ 화상 환자가 부분층 화상일 경우 수포(물집) 상태의 감염 우려가 있으나 터트리지 말아야 한다.

🔍 화상 환자가 착용한 옷가지가 피부조직에 붙어 있을 때는 옷을 잘라내지 말고 수건 등으로 닦거나 접촉되는 일이 없도록 한다.

15 즉시 심폐소생술을 실시해야 하는 경우의 기본 순서로 맞는 것은?

① 기도유지 → 가슴압박 → 인공호흡
② 가슴압박 → 기도유지 → 인공호흡
③ 기도유지 → 인공호흡 → 가슴압박
④ 가슴압박 → 인공호흡 → 기도유지

🔍 심폐소생술 기본 순서 : 가슴압박(Compression) → 기도유지(Airway) → 인공호흡(Breathing)

16 심폐소생술을 실시할 때 성인의 가슴압박은 분당 몇 회의 속도로 하여야 하는가?

① 분당 60~80회의 속도
② 분당 80~100회의 속도
③ 분당 100~120회의 속도
④ 분당 120~150회의 속도

🔍 100~120회/분의 속도로 환자의 가슴이 약 5cm(최대 6cm) 깊이로 눌릴 수 있게 체중을 실어 '깊고', '강하게' 압박한다. 이때 매 압박 시 압박위치가 변하지 않도록 한다.

17 심폐소생술 시행 시 가슴압박과 인공호흡의 비율은?

① 10회 : 2회
② 20회 : 2회
③ 30회 : 2회
④ 40회 : 2회

🔍 30회의 가슴압박과 2회의 인공호흡을 반복해서 시행한다.

18 심폐소생술(CPR)의 설명으로 맞지 않는 것은?

① 기본 순서는 가슴압박 → 기도유지 → 인공호흡 순서이다.
② 호흡과 심장이 멎고 4~6분이 경과하면 산소 부족으로 뇌가 손상되어 원상회복되지 않으므로 호흡이 없으면 즉시 실시해야 한다.
③ 가슴압박과 인공호흡의 비율 30 : 2로 반복하여 시행한다.
④ 가슴압박은 성인인 경우 분당 60~80회의 속도로 실시한다.

🔍 가슴압박은 100~120회/분의 속도로 환자의 가슴이 약 5cm(최대 6cm) 깊이로 눌릴 수 있게 체중을 실어 '깊고', '강하게' 압박한다.

19 심정지환자 '목격자 심폐소생술 시행순서'로 옳은 것은?

① 반응의 확인 → 119신고 → 가슴압박 → 인공호흡 → 맥박 및 호흡 유무
② 반응의 확인 → 인공호흡 → 119신고 → 맥박 및 호흡 유부 → 가슴압박
③ 반응의 확인 → 가슴압박 → 119신고 → 맥박 및 호흡 유무 → 인공호흡
④ 반응의 확인 → 119신고 → 맥박 및 호흡 유무 → 가슴압박 → 인공호흡

🔍 심정지환자 목격자 심폐소생술 시행순서
환자의 반응 확인 → 119신고 → 맥박 및 호흡 유무확인 → 가슴압박 → 인공호흡 → 가슴압박과 인공호흡의 반복

20 심폐소생술 시행 중 자동심장충격기(AED)가 도착하면 지체없이 사용할 수 있도록 준비하여야 한다. 준비 순서로 옳은 것은?

① 전원켜기 → 2개의 패드 부착 → 심장리듬분석 → 심장충격(제세동)실시
② 전원켜기 → 심장리듬분석 → 2개의 패드 부착 → 심장충격(제세동)실시
③ 전원켜기 → 2개의 패드 부착 → 심장충격(제세동)실시 → 심장리듬분석
④ 전원켜기 → 심장충격(제세동)실시 → 2개의 패드 부착 → 심장리듬분석

🔍 자동심장충격기(AED) 사용방법
㉠ 전원켜기 → ㉡ 2개의 패드 부착 → ㉢ 심장리듬분석 → ㉣ 심장충격(제세동)실시 → ㉤ 즉시 심폐소생술 다시 시행 → ㉥ 2분마다 심장리듬분석 후 반복 시행

정답 19 ④ 20 ①

CHAPTER 08

소방안전 교육 및 훈련

Section 01 소방안전교육 및 훈련

SECTION 01 소방안전교육 및 훈련

STEP 01 소방교육 및 훈련의 정의

소방교육 및 훈련은 "화재를 비롯한 사고와 재난으로부터 인간의 안전을 지키기 위해 안전의식을 고취하고, 이를 실천하여 위험에 적절히 대응할 수 있는 행동능력을 기르기 위해 의도적이고 계획적으로 지식과 기능을 학습시키는 교육"이라고 정의할 수 있다.

STEP 02 소방교육 및 훈련의 실시원칙

1. 학습자 중심(피교육자 중심)의 원칙

① 한 번에 한 가지씩 습득 가능한 분량을 교육 및 훈련시킨다.
② 쉬운 것에서 어려운 것으로 교육을 실시하되 기능적 이해에 비중을 둔다.
③ 학습자에게 감동이 있는 교육이 되어야 한다.

2. 동기부여의 원칙

① 교육의 중요성을 전달해야 한다.
② 학습을 위해 적절한 스케줄을 적절히 배정해야 한다.
③ 교육은 시기적절하게(Just-in-time) 이루어져야 한다.
④ 핵심사항에 교육의 포커스를 맞추어야 한다.
⑤ 학습에 대한 보상을 제공해야 한다.
⑥ 교육에 재미를 부여해야 한다.
⑦ 교육에 있어 다양성을 활용해야 한다.
⑧ 사회적 상호작용(social interaction)을 제공해야 한다.
⑨ 전문성을 공유해야 한다.
⑩ 초기성공에 대해 격려해야 한다.

3. 목적의 원칙

① 어떠한 기술을 어느 정도까지 익혀야 하는가를 명확하게 제시한다.
② 습득하여야 할 기술이 활동 전체에서 어느 위치에 있는가를 인식하도록 한다.

4. 현실성의 원칙
학습자의 능력을 고려하지 않은 훈련은 비현실적이고 불완전하다.

5. 실습의 원칙
① 실습을 통해 지식을 습득한다.
② 목적을 생각하고, 적절한 방법으로 정확하게 하도록 한다.

6. 경험의 원칙
경험을 했던 사례를 현실감 있게 하도록 한다.

7. 관련성의 원칙
모든 교육 및 훈련 내용은 실무적인 접목과 현장성이 있어야 한다.

STEP 03 소방교육 및 훈련의 실제

1. 소방교육의 교수기법
① 강의법 : 강사가 학습내용을 구두로 전달하는 가장 보편적인 교수법
② 시범·실습 : 수업시간에 시범과 실습을 통하여 이미 알려진 지식을 객관적으로 예증하거나 기능을 숙달하기 위한 교수방법
③ 시뮬레이션 : 실제 화재 상황이나 이와 유사한 상황을 인위적으로 결정하여, 시뮬레이션을 통하여 유사시 재난대처 능력을 강화하고 안전의식을 고취하는 방법
④ 토의법 : 특정 주제에 대해 강사와 학습자 또는 학습자 상호 간에 언어를 매체로 하여 서로 의견과 사실, 정보 등을 교환하는 교수방법
⑤ 사례연구 : 실제 일어났던 상황을 기술한 사례를 정독한 후 해당 사례 및 상황에 대한 문제점과 해결방안을 도출하고, 이에 대한 토의를 통해 대응능력을 신장시키는 교수방법

2. 합동소방훈련의 실시
① 합동소방훈련 : 소방안전관리대상물과 소방관에서 함께 실시하는 훈련으로, 소방서장은 특급 및 1급 소방안전관리대상물의 관계인으로 하여금 합동소방훈련을 실시하게 할 수 있다.
② 합동소방훈련의 실시 목적
　㉮ 자위소방대의 초동조치 능력배양
　㉯ 신속한 상황전파 및 개인별 임무분담체계 확립
　㉰ 대상물 특성에 맞는 종합적인 방화대책 수립
　㉱ 소방관서, 유관기관과의 역할분담 및 협조체계 구축

제08장_ 소방안전교육 및 훈련
적중예상문제

01 다음 중 소방교육 및 훈련의 원칙으로 옳지 않은 것은?

① 현실성의 원칙 ② 실습의 원칙
③ 경험의 원칙 ④ 교육자 중심의 원칙

🔍 소방교육 및 훈련의 원칙
- 현실성의 원칙
- 피교육자 중심의 원칙
- 동기부여의 원칙
- 목적의 원칙
- 실습의 원칙
- 경험의 원칙
- 관련성의 원칙

02 대원의 능력을 고려하여 교육 및 훈련내용을 실전과 응용시켜 요점을 강조하는 소방교육의 원칙은?

① 현실성의 원칙
② 피교육자 중심의 원칙
③ 동기부여의 원칙
④ 관련성의 원칙

🔍 현실성의 원칙 : 대원의 능력을 고려하지 않은 훈련은 비현실적이고 불안전하므로 교육 및 훈련 내용을 실전과 응용시켜 요점을 강조하는 훈련을 한다.

03 소방교육 및 훈련의 원칙 중 동기부여 원칙으로 볼 수 없는 것은?

① 필요성을 제시한다.
② 책임감을 느끼게 한다.
③ 단순한 지식, 관련기술의 이해에서 부과적인 효과를 도출한다.
④ 처음부터 실수가 없도록 한다.

🔍 동기부여의 원칙
- 필요성을 제시한다.(활용사례 등)
- 책임감을 느끼도록 한다.(대원 자신이 훈련)
- 흥미를 느끼게 한다.(사례나 도표 활용)
- 처음부터 실수가 없도록 한다.(자신감)
- 확인하게 한다.(평가 확인)

04 소방교육 및 훈련의 원칙 중 [보기]의 내용으로 맞는 것은?

- 한 번에 한 가지씩 습득 가능한 분량을 교육 및 훈련 시킨다.
- 쉬운 것에서 어려운 것으로 교육을 실시하되 기능적 이해에 비중을 둔다.

① 현실성의 원칙
② 피교육자 중심의 원칙
③ 실습의 원칙
④ 경험의 원칙

🔍 피교육자 중심의 원칙에 대한 내용이다.

05 소방교육의 교수법 중 가장 보편적인 교수방법으로 강사가 학습내용을 구두로 전달하는 방법은?

① 사례연구법 ② 시범·실습
③ 토의법 ④ 강의법

🔍
- 사례연구법 : 실제 일어났던 상황을 기술한 사례를 정독한 후 해당 사례 및 상황에 대한 문제점과 해결방안을 도출하고, 이에 대한 토의를 통해 대응능력을 신장시키는 교수방법
- 시범·실습 : 수업시간에 시범과 실습을 통하여 이미 알려진 지식을 객관적으로 예증하거나 기능을 숙달하기 위한 교수방법
- 토의법 : 특정 주제에 대해 강사와 학습자 또는 학습자 상호간에 언어를 매체로 하여 서로 의견과 사실, 정보 등을 교환하는 교수방법

06 소방안전관리대상물과 소방관서에서 함께 실시하는 합동 소방훈련을 특급 및 1급 소방안전관리대상물의 관계인에게 실시하게 할 수 있는 자는?

① 소방본부장 ② 소방대장
③ 소방서장 ④ 행정안전부장관

🔍 소방서장은 특급 및 1급 소방안전관리대상물의 관계인에게 합동소방훈련을 실시하게 할 수 있다.

정답 01 ④ 02 ① 03 ③ 04 ② 05 ④ 06 ③

CHAPTER 09

실전모의고사

01 실전모의고사 1회
02 실전모의고사 2회
03 실전모의고사 3회
04 실전모의고사 4회
05 실전모의고사 5회
06 실전모의고사 6회
07 실전모의고사 7회

1회 실전모의고사

01 다음 중 소방기본법상의 소방대상물이 아닌 것은?

① 건축물 ② 항해 중인 선박
③ 차량 ④ 선박건조구조물

> 소방대상물이란 건축물, 차량, 선박(선박법에 따른 선박으로서 항구에 매어둔 선박만 해당), 선박건조 구조물, 산림, 그 밖의 인공 구조물 또는 물건을 의미한다.

02 다음 중 '소방기본법의 목적'으로 볼 수 없는 것은?

① 화재예방·경계 및 진압
② 화재, 재난·재해 등 위급한 상황에서의 구조·구급
③ 소방시설 등의 설치 및 유지
④ 공공의 안녕과 질서 유지 및 복리증진에 이바지

> 소방기본법은 화재를 예방·경계하거나 진압하고 화재, 재난·재해, 그 밖의 위급한 상황에서의 구조·구급활동 등을 통하여 국민의 생명·신체 및 재산을 보호함으로써 공공의 안녕 및 질서유지와 복리증진에 이바지함을 목적으로 한다.

03 소방기본법상 '소방업무를 수행하는 소방본부장 또는 소방서장을 지휘와 감독'하는 사람은?

① 시·도지사 ② 경찰청장
③ 행정안전부장관 ④ 국무총리

> 소방기본법에 따르면 소방업무를 수행하는 소방본부장 또는 소방서장은 그 소재지를 관할하는 특별시장·광역시장·특별자치시장·도지사 또는 특별자치도지사("시·도지사"라 한다)의 지휘와 감독을 받는다.

04 다음 중 '한국소방안전원의 설립 목적'으로 볼 수 없는 것은?

① 소방기술과 안전관리기술의 향상 및 홍보
② 교육·훈련 등 행정기관이 위탁하는 업무의 수행
③ 소방시설 관련 업체의 권익보호
④ 소방관계 종사자의 기술향상

> 한국소방안전원은 소방기술과 안전관리 기술의 향상 및 홍보 그 밖의 교육·훈련 등 행정기관이 위탁하는 업무의 수행과 소방관계 종사자의 기술향상을 위하여 설립된 법인으로 법에 규정된 것을 제외하고는 「민법」 중 재단법에 준용한다.

05 소방기본법상 '사람을 구출하는 일 또는 불을 끄거나 불이 번지지 아니하도록 하는 일을 방해한 사람'에게 부과되는 벌칙으로 맞는 것은?

① 200만원 이하의 벌금
② 300만원 이하의 벌금
③ 3년 이하의 징역 또는 3천만원 이하의 벌금형
④ 5년 이하의 징역 또는 5천만원 이하의 벌금형

> 5년 이하의 징역 또는 5천만원 이하의 벌금형인 경우
> • 위력(威力)을 사용하여 출동한 소방대의 화재진압·인명구조 또는 구급활동을 방해하는 행위를 한 사람
> • 소방대가 화재진압·인명구조 또는 구급활동을 위하여 현장에 출동하거나 현장에 출입하는 것을 고의로 방해하는 행위를 한 사람
> • 출동한 소방대원에게 폭행 또는 협박을 행사하여 화재진압·인명구조 또는 구급활동을 방해하는 행위를 한 사람
> • 출동한 소방대의 소방장비를 파손하거나 그 효용을 해하여 화재진압·인명구조 또는 구급활동을 방해하는 행위를 한 사람
> • 소방자동차의 출동을 방해한 사람
> • 사람을 구출하는 일 또는 불을 끄거나 불이 번지지 아니하도록 하는 일을 방해한 사람
> • 정당한 사유없이 소방용수시설 또는 비상소화장치를 사용하거나 소방용수시설 또는 비상소화장치의 효용을 해치거나 그 정당한 사용을 방해한 사람

06 '무창층이 되기 위한 개구부의 요건'으로 옳지 않은 것은?

① 해당 층의 바닥면으로부터 개구부 밑부분까지의 높이가 1.2m 이내일 것
② 도로 또는 차량이 진입할 수 있는 빈터를 향할 것
③ 건물 내부 또는 외부에서 부수거나 열 수 있을 것
④ 크기는 지름 100cm 이상의 원이 통과할 수 있을 것

🔍 무창층(無窓層)은 지상층 중 다음의 요건을 모두 갖춘 개구부 면적의 합계가 해당층 바닥면적 30분의 1 이하가 되는 층을 말한다.
- 크기는 지름 50cm 이상의 원이 통과할 수 있을 것
- 해당층의 바닥면으로부터 개구부 밑부분까지의 높이가 1.2m 일 것
- 도로 또는 차량이 진입할 수 있는 빈터를 향할 것
- 화재 시 건축물로부터 쉽게 피난할 수 있도록 창살이나 그 밖의 장애물이 설치되지 않을 것
- 내부 또는 외부에서 쉽게 부수거나 열 수 있을 것

🔍 한국소방안전원의 업무
- 소방기술과 안전관리에 관한 교육 및 조사·연구
- 소방기술과 안전관리에 관한 각종 간행물 발간
- 화재예방과 안전관리의식 고취를 위한 대국민 홍보
- 소방업무에 관하여 행정기관이 위탁하는 업무
- 소방안전에 관한 국제협력
- 그 밖에 회원에 대한 기술지원 등 정관으로 정하는 사항

07 '300세대 이상의 공동주택'은 몇 급 소방안전관리대상물에 해당되는가?

① 특급 소방안전관리대상물
② 1급 소방안전관리대상물
③ 2급 소방안전관리대상물
④ 3급 소방안전관리대상물

🔍 2급 소방안전관리대상물 : 특급 및 1급 소방안전관리대상물을 제외한 다음의 어느 하나에 해당하는 것
- 옥내소화전설비, 스프링클러설비, 간이스프링클러설비 또는 물분무등소화설비(호스릴 방식의 물분무등소화설비만을 설치한 경우는 제외)를 설치하여야 하는 특정소방대상물
- 가스 제조설비를 갖추고 도시가스사업의 허가를 받아야 하는 시설 또는 가연성 가스를 100톤 이상 1천톤 미만 저장·취급하는 시설
- 지하구
- 300세대 이상의 공동주택
- 150세대 이상으로서 승강기가 설치된 공동주택
- 150세대 이상으로서 중앙집중식 난방방식(지역난방을 포함)의 공동주택
- 건축허가를 받아 주택 외의 시설과 주택을 동일건축물로 건축한 건축물로서 주택이 150세대 이상인 건축물
- 문화재보호법에 따라 보물 또는 국보로 지정된 목조건축물

08 소방기본법상 한국소방안전원의 업무가 아닌 것은?

① 소방용품의 시험검사 및 성능인증
② 소방안전에 관한 국제협력
③ 소방기술과 안전관리에 관한 교육
④ 소방업무에 관하여 행정기관이 위탁하는 업무

09 화재의 예방 및 안전관리에 관한 법률상 '소방안전관리자의 업무'에 해당되지 않는 것은?(단, 그 밖에 소방안전관리에 필요한 업무를 제외한 경우이다.)

① 소방시설이나 그 밖의 소방관련 시설의 관리
② 피난계획에 관한 사항과 소방계획서의 작성 및 시행
③ 위험물을 저장·취급하기 위한 저장소의 관리
④ 소방훈련 및 교육

🔍 소방안전관리자의 업무
- 피난계획에 관한 사항과 소방계획서의 작성 및 시행
- 자위소방대 및 초기대응체계의 구성, 운영 및 교육
- 피난시설, 방화구획 및 방화시설의 관리
- 소방시설이나 그 밖의 소방관련 시설의 관리
- 소방훈련 및 교육
- 화기(火氣) 취급의 감독
- 소방안전관리에 관한 업무수행에 관한 기록·유지
- 화재발생 시 초기대응
- 그 밖에 소방안전관리에 필요한 업무

10 다음 중 건축법상 주요구조부에 해당하지 않는 것은?

① 내력벽
② 기둥
③ 피난계단
④ 바닥

🔍 주요구조부 : 건축물의 안전에 결정적인 역할을 담당하는 구조상 주요 부분
- 주요구조부에 속하는 것 : 내력벽(耐力壁)·기둥·바닥·보·지붕틀 및 주계단(主階段) 등
- 주요구조부가 아닌 것 : 사이 기둥, 최하층 바닥, 작은 보, 차양, 옥외계단, 그 밖에 이와 유사한 것으로 건축물의 구조상 중요하지 아니한 부분

11 소방관계법령상 소방안전관리자는 그 선임된 날부터 몇 개월 이내에 실무 교육을 받아야 하는가?

① 3개월 이내
② 6개월 이내
③ 12개월 이내
④ 18개월 이내

🔍 소방안전관리자는 그 선임된 날부터 6개월 이내에 실무교육을 받아야 하며, 그 후에는 2년마다(최초 실무교육을 받은 날을 기준일로 하여 매 2년이 되는 해의 기준일과 같은 날 전까지를 말함) 1회 이상 실무교육을 받아야 한다.

12 소방기본법상 화재로 오인할 만한 우려가 있는 불을 피우거나 연막소독을 하려는 자는 관할 소방본부장 또는 소방서장에게 신고하여야 한다. 신고 지역에 해당하지 않는 곳은?

① 주택이 밀집한 지역
② 공장·창고가 밀집한 지역
③ 시장지역
④ 목조건물이 밀집한 지역

🔍 다음 지역 또는 장소에서 화재로 오인할 만한 우려가 있는 불을 피우거나 연막소독을 하려는 자는 관할 소방본부장 또는 소방서장에게 신고하여야 한다.(신고를 하지 아니 소방자동차를 출동하게 한 경우 20만원의 과태료 부과)
• 시장지역
• 공장·창고가 밀집한 지역
• 목조건물이 밀집한 지역
• 위험물의 저장 및 처리시설이 밀집한 지역
• 석유화학제품을 생산하는 공장이 있는 지역
• 그밖에 시·도의 조례로 정하는 지역 또는 장소

13 다음 중 방염성능기준 이상의 실내장식물 등을 설치하여야 할 장소가 아닌 것은?

① 11층 이상의 건축물(아파트 제외)
② 다중이용업의 영업장
③ 숙박시설·노유자시설
④ 실내수영장

🔍 방염성능기준 이상의 실내장식물 등을 설치하여야 할 장소
• 근린생활시설 중 의원, 체력단련장, 공연장 및 종교집회장
• 건축물의 옥내에 있는 시설로서 문화 및 집회시설, 종교시설, 운동시설(수영장은 제외)
• 의료시설
• 교육연구시설 중 합숙소
• 노유자시설
• 숙박이 가능한 수련시설
• 숙박시설
• 방송통신시설 중 방송국 및 촬영소
• 다중이용업소
• 건축물의 층수가 11층 이상인 것(아파트는 제외)

14 화재의 예방 및 안전관리에 관한 법률상 소방시설의 기능과 성능에 지장을 줄 수 있는 폐쇄·차단 등의 행위를 한 자의 벌칙은?(단, 이로 인해 인명 피해는 발생하지 않은 경우이다.)

① 300만원 이하의 과태료
② 1년 이하의 징역 또는 1천만원 이하의 벌금
③ 3년 이하의 징역 또는 3천만원 이하의 벌금
④ 5년 이하의 징역 또는 5천만원 이하의 벌금

🔍 소방시설에 기능과 성능에 지장을 줄 수 있는 폐쇄(잠금 포함)·차단 등의 행위를 한 자에게는 5년 이하의 징역 또는 5천만원 이하의 벌금에 처한다. 또한, 이러한 행위로 인해 사람을 상해에 이르게 한 때는 7년 이하의 징역 또는 7천만원 이하의 벌금, 사망에 이르게 한 때는 10년 이하의 징역 또는 1억원 이하의 벌금으로 가중처벌한다.

15 다음 중 가연물질의 구비조건으로 볼 수 없는 것은?

① 화학반응을 일으킬 때 필요한 활성화 에너지 값이 작아야 한다.
② 산소와 결합할 때 발열량이 커야 한다.
③ 열의 축적이 용이하도록 열전도의 값이 커야 한다.
④ 연쇄반응을 일으킬 수 있는 물질이어야 한다.

🔍 가연물질의 구비조건
• 화학반응을 일으킬 때 필요한 활성화 에너지(최소 점화에너지)의 값이 적어야 한다.
• 일반적으로 산화되기 쉬운 물질로서 산소와 결합할 때 발열량이 커야 한다.
• 열의 축적이 용이하도록 열전도의 값이 적어야 한다.
• 지연성(조연성) 가스인 산소·염소와의 친화력이 강해야 한다.
• 산소와 접촉할 수 있는 표면적이 큰 물질이어야 한다.(기체 〉 액체 〉 고체)
• 연쇄반응을 일으킬 수 있는 물질이어야 한다.

16 연소의 3요소 중 점화원의 종류로 볼 수 없는 것은?

① 전기불꽃 ② 기화열
③ 충격과 마찰 ④ 정전기 불꽃

🔍 점화원의 종류
- 전기불꽃
- 단열압축
- 정전기 불꽃
- 복사열
- 충격과 마찰
- 나화 및 고온표면
- 자연발화

17 연소용어로 연소범위에서 외부의 직접적인 점화원에 의해 인화될 수 있는 최저온도를 무엇이라 하는가?

① 점화점 ② 연소점
③ 발화점 ④ 인화점

🔍 연소 용어
- 인화점(인화온도) : 연소범위에서 외부의 직접적인 점화원에 의해 인화될 수 있는 최저 온도
- 발화점(착화점, 발화온도) : 외부의 직접적인 점화원 없이 가열된 열의 축적에 의하여 발화에 이르는 최저의 온도, 즉 점화원이 없는 상태에서 가연성 물질을 공기 또는 산소 중에서 가열함으로써 발화되는 최저 온도
- 연소점 : 연소상태가 계속될 수 있는 온도를 말하며 일반적으로 인화점보다 약 10℃ 정도 높은 온도로서 연소상태가 5초 이상 유지될 수 있는 온도

18 정전기를 방지하기 위한 예방 대책으로 적절하지 않은 것은?

① 접지시설을 한다.
② 공기를 이온화한다.
③ 건조한 상태를 유지한다.
④ 전도체 물질을 사용한다.

🔍 정전기는 습도가 낮거나 압력이 높을 때 많이 발생하므로 습도를 70% 이상으로 한다.

19 상온에서 액체상태로 존재하는 유류가 가연물이 되는 화재는?

① A급 화재 ② B급 화재
③ C급 화재 ④ D급 화재

🔍 화재의 분류
- A급 화재 : 일반화재
- C급 화재 : 전기화재
- K급 화재 : 주방화재
- B급 화재 : 유류화재
- D급 화재 : 금속화재

20 열전달 방법 중 화재 시 열의 이동에 가장 크게 작용하는 열 이동 방식으로 화염의 접촉 없이 연소가 확산되는 현상은?

① 전도 ② 방사
③ 복사 ④ 대류

🔍 열전달의 종류
- 전도(Conduction) : 하나의 물체가 다른 물체와 직접 접촉하여 열이 전달되는 과정으로 온도가 높은 물체의 분자운동이 충돌이라는 과정을 통해 분자운동이 느린 분자를 빠르게 운동시키는 열의 전달이다.
- 대류(Convection) : 기체 혹은 액체와 같은 유체의 흐름에 의하여 열이 전달되는 방식이다.
- 복사(Radiation) : 화재 시 열의 이동에 가장 크게 작용하는 열 이동방식으로 모든 물체의 온도 때문에 열에너지를 파장의 형태로 계속적으로 방사하며, 이렇게 방사하는 에너지를 열복사라 한다.

21 화재 시 발생하는 불완전연소생성물이 인체에 미치는 영향으로 맞지 않는 것은?

① 시야를 감퇴하며 피난행동 및 소화활동을 저해한다.
② 연기성분 중 유독가스 발생으로 생명이 위험하다.
③ 최근 방염(난염)처리된 물질을 사용하여 유독가스 발생은 없다.
④ 정신적으로 긴장 또는 패닉현상에 빠지게 되는 2차적 재해의 우려가 있다.

🔍 최근 건물화재의 특징은 방염(난염)처리된 물질을 사용하여 연소 그 자체는 억제되고 있지만 다량의 연기입자 및 유독가스를 발생하는 특징이 있다.

22 일산화탄소(CO)의 위험성에 대한 설명으로 틀린 것은?

① 상온에서 염소(Cl)와 작용하여 유독성의 포스겐($COCl_2$) 가스를 생성하기도 한다.
② 공기 중의 농도 0.08%에서 20분 정도 경과되면 사망할 수 있다.
③ 무색·무미·무취의 환원성이 강한 가스이다.
④ 인체 내의 헤모글로빈과 결합하여 체내 산소의 운반기능을 약화시킨다.

🔍 공기 중의 농도와 경과시간에 따라 가벼운 두통 증상에서 시작하여, 농도가 1.28%(12800ppm) 정도라면 1~3분 내 사망할 수도 있다.

23 화재 성상 단계 중 실내 전체가 화염에 휩싸이는 플래시오버(Flash over) 상태는 어느 단계인가?

① 초기
② 성장기
③ 최성기
④ 감쇠기

🔍 성장기는 내장재 등에 착화된 시점으로, 실내온도는 급격히 상승하며 이후 천장 부근에 축적된 가연성 가스가 착화되면 실내 전체가 화염에 휩싸이는 플래시오버(Flash over) 상태가 된다.

24 다음 그래프는 실내화재의 진행과 온도변화를 보여주는 것이다. 내화구조 건축물의 곡선을 표시한 것은?

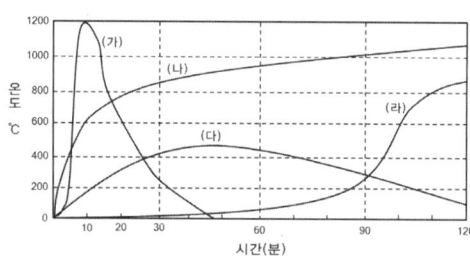

① (가)
② (나)
③ (다)
④ (라)

🔍 내화구조의 경우 20~30분이 되면 화재성상 단계 중 최성기에 이르며 실내온도는 통상 800~1,050℃에 달한다. 따라서, 그래프에서는 (나)의 곡선이 내화조, (가)의 곡선이 목조에 해당된다.

25 화재발생 시 연소반응에 관계된 가연물이나 그 주위의 가연물을 제거하여 소화하는 소화방법은?

① 질식소화
② 냉각소화
③ 억제소화
④ 제거소화

🔍 소화방법
- 제거소화 : 연소반응에 관계된 가연물이나 그 주위의 가연물을 제거
- 질식소화 : 산소공급원을 차단하여 소화하는 방법(공기 중 산소 농도를 15% 이하로 억제)
- 냉각소화 : 연소하고 있는 가연물로부터 열을 뺏어 연소물을 착화온도 이하로 내리는 방법
- 억제소화 : 산화반응(연쇄반응)을 약화시켜 소화하는 방법(화학적 작용에 의한 소화방법)

26 이산화탄소(CO_2) 소화약제를 이용한 화재의 진압과 관계가 깊은 소화방법으로 옳은 것은?

① 억제 · 제거소화
② 제거 · 냉각소화
③ 냉각 · 질식소화
④ 질식 · 억제소화

🔍 이산화탄소 소화약제는 산소농도를 낮추는 질식소화와 가연물로부터 열을 뺏어 연소물을 착화온도 이하로 내리는 냉각효과에 의해 소화한다.

27 위험물안전관리법상 제5류 위험물의 대표적인 성질은?

① 가연성
② 자기반응성
③ 자연발화성
④ 인화성

🔍 제5류 위험물(자기반응성 물질)의 특성
- 가연성으로 산소를 함유하여 자기연소하는 자기반응성물질이다.
- 가열, 충격, 마찰 등에 의해 착화, 폭발의 위험이 있다.
- 연소속도가 매우 빨라서 소화가 곤란하다.

28 위험물안전관리자 선임 및 해임에 관한 사항으로 옳지 않은 것은?

① 제조소등의 관계인은 법적 자격이 있는 자를 안전관리자로 선임하여야 한다.
② 제조소등의 관계인은 안전관리자가 해임 또는 퇴직한 때에는 그 날로부터 30일 이내에 다시 선임하여야 한다.
③ 다시 선임된 안전관리자는 선임한 날로부터 30일 이내에 신고하여야 한다.
④ 재선임한 안전관리자는 소방본부장 또는 소방서장에게 신고하여야 한다.

🔍 재선임 된 안전관리자를 선임한 날로부터 14일 이내에 소방본부장 또는 소방서장에게 신고하여야 한다.

29 제3류 위험물의 설명으로 옳지 않은 것은?

① 자연발화성물질이다.
② 물과 접촉하여 급격히 발화하는 금수성물질이다.
③ 강산으로 산소를 발생하는 조연성 액체이다.
④ 용기파손 또는 누출에 주의해야 한다.

🔍 제3류 위험물(자연발화성물질 및 금수성물질)의 특성
• 대부분 무기화합물이며 고체이고 일부는 액체이다.
• 물과 반응하거나 자연발화에 의해 발열·가연성가스를 발생한다.
• 저장용기는 공기와 수분과의 접촉을 피하여, 용기 파손 또는 누출에 주의한다.

30 액화석유가스(LPG)와 액화천연가스(LNG)의 특성 중 잘못된 것은?

① LPG의 주성분은 프로판(C_3H_8), 부탄(C_4H_{10})이다.
② LNG의 주성분은 벤젠(C_6H_6)이다.
③ LPG의 용도는 가정용·공업용·자동차연료용이고, LNG의 용도는 도시가스이다.
④ LPG의 비중은 1.5~2(누출 시 낮은 곳 체류)이고, LNG의 비중은 0.6(누출 시 천장 쪽에 체류)이다.

🔍 연료가스의 종류와 특성

구분	액화석유가스(LPG)	액화천연가스(LNG)
주성분	프로판(C_3H_8), 부탄(C_4H_{10})	메탄(CH_4)
용도	가정용, 공업용, 자동차 연료용	도시가스
비중	1.5~2 (누출 시 낮은 곳 체류)	0.6 (누출 시 천장 쪽에 체류)
폭발 범위	프로판 2.1~9.5%, 부탄 1.8~8.4%	5~15%

31 소화설비 중 자동소화장치로 볼 수 없는 것은?

① 가스자동소화장치
② 상업용 주방자동소화장치
③ 분말자동소화장치
④ 호스릴 옥내소화전설비

🔍 자동소화장치 종류
• 주거용 주방자동소화장치   • 상업용 주방자동소화장치
• 캐비닛형 자동소화장치   • 가스자동소화장치
• 분말자동소화장치   • 고체에어로졸 자동소화장치

32 다음 중 분말소화기의 설명으로 옳지 않은 것은?

① 분말소화기는 ABC급과 BC급으로 구분된다.
② 분말소화기는 구조에 따라 가압식 소화기와 축압식 소화기가 있다.
③ ABC급 분말소화기 주성분은 탄산수소나트륨($NaHCO_3$)이다.
④ 분말소화기의 주된 소화효과는 질식소화 및 억제소화이다.

🔍 분말소화기의 종류

적응화재	주성분	약제의 색	소화효과	구조
ABC급	제1인산암모늄 ($NH_4H_2PO_4$)	담홍색	질식, 억제 (부촉매)	가압식, 축압식
BC급	탄산수소나트륨 ($NaHCO_3$)	백색		
	탄산수소칼륨 ($KHCO_3$)	담회색		
	탄산수소칼륨 ($KHCO_3$) + 요소($NH_2)_2CO$	회색		

33 다음 보기 ( ) 안에 들어갈 내용을 순서대로 올바르게 나열한 것은?

> 소화능력단위 기준에 따라 분류할 때 대형소화기란 화재 시 사람이 운반할 수 있도록 운반대와 바퀴가 설치되어 있고 능력단위가 A급 화재 (   ) 이상, B급 화재 (   ) 이상인 것을 말한다.

① 10단위, 20단위   ② 20단위, 10단위
③ 20단위, 30단위   ④ 10단위, 30단위

🔍 소형·대형 소화기 구분(소화능력단위 기준)
• 소형소화기 : 능력단위가 1단위 이상이고 대형소화기의 능력단위 미만인 것
• 대형소화기 : 화재 시 사람이 운반할 수 있도록 운반대와 바퀴가 설치되어 있고 능력단위가 A급 화재 10단위 이상, B급 화재 20단위 이상인 것

34 옥내소화전의 '가압송수장치'로 볼 수 없는 것은?

① 펌프방식
② 고가수조방식
③ 지하수조방식
④ 가압수조방식

🔍 **옥내소화전의 가압송수장치**
- 펌프방식 : 압력스위치가 작동함으로써 펌프를 기동하는 방식이며, 주펌프는 전동기에 따른 펌프로 설치한다. 단, 30층 이상인 소방대상물은 스프링클러설비와 펌프를 겸용할 수 없다.
- 고가수조방식 : 고가수조로부터 자연낙차압을 이용하는 방식으로 일반 건물에 거의 사용되지 못한다.
- 압력수조방식 : 압력수조 내 물을 급입하고 압축된 공기를 충전하여 송수하는 방식으로 탱크의 설치 위치에 구애받지 않는 장점이 있다.
- 가압수조방식 : 별도의 압력탱크에 압축공기 또는 불연성 고압기체에 의해 소방용수를 가압하여 송수하는 방식으로 전원이 필요없다.

35 이산화탄소(CO_2) 소화기의 설명으로 맞는 것은?

① 소화약제의 주성분은 액화탄산(CO_2) 가스이다.
② 적응화재는 ABC급이다.
③ 소화효과는 부촉매 및 질식소화이다.
④ 밸브 본체에는 안전밸브가 장치되어 있지 않다.

🔍 **이산화탄소 소화기**
- 소화약제 주성분 : 액화탄산(CO_2) 가스
- 적응화재 : BC급
- 소화효과 : 질식, 냉각소화
- 밸브 본체에는 일정한 압력에서 작동하는 안전밸브가 장치되어 있다.

36 다음 중 소화기의 설치기준으로 맞는 것은?

① 소화기는 고층일 경우 홀수층만 설치한다.
② 특정소방대상물의 각 부분간 소형소화기는 20m 이상, 대형소화기는 30m 이상 1개씩 배치한다.
③ 아파트는 5층 이상인 경우에만 설치한다.
④ 특정소방대상물의 각 층이 2 이상의 거실로 구획된 경우에는 각 층마다 설치하는 것 외에 바닥면적 $33m^2$ 이상으로 구획된 각 거실에도 배치한다.

🔍 **소화기 설치 기준**
- 각 층마다 설치하되, 특정소방대상물의 각 부분으로부터 1개의 소화기까지의 보행거리가 소형소화기의 경우 20m 이내, 대형소화기의 경우 30m 이내가 되도록 배치한다.
- 특정소방대상물의 각 층이 2 이상의 거실로 구획된 경우 각 층마다 설치하는 것 외에 바닥면적 $33m^2$ 이상으로 구획된 각 거실에 배치(아파트인 경우 각 세대를 말함)도 배치한다.

37 소화기구의 설치기준에 따른 소방대상물 중 공연장·의료시설의 소화기구의 능력단위 기준은?

① 해당 용도의 바닥면적 $20m^2$마다 능력단위 1단위 이상
② 해당 용도의 바닥면적 $30m^2$마다 능력단위 1단위 이상
③ 해당 용도의 바닥면적 $50m^2$마다 능력단위 1단위 이상
④ 해당 용도의 바닥면적 $100m^2$마다 능력단위 1단위 이상

🔍 **특정소방대상물별 소화기구의 능력단위 기준**

소방대상물	소화기구의 능력단위
위락시설	해당 용도의 바닥면적 $30m^2$마다 능력단위 1단위 이상
공연장·집회장·관람장·문화재·장례시설 및 의료시설	해당 용도의 바닥면적 $50m^2$마다 능력단위 1단위 이상
근린생활시설·판매시설·운수시설·숙박시설·노유자시설·전시장·공동주택·업무시설·방송통신시설·공장·창고시설·항공기 및 자동차 관련시설 및 관광휴게시설	해당 용도의 바닥면적 $100m^2$마다 능력단위 1단위 이상
그 밖의 것	해당 용도의 바닥면적 $200m^2$마다 능력단위 1단위 이상

38 소화기에 부착된 지시압력계의 압력이 정상적일 때 색상으로 맞는 것은?

① 노란색(황색)   ② 적색
③ 녹색   ④ 백색

🔍 **지시압력계**
- 녹색 : 정상
- 노란색(황색) : 압력 부족(재충전 필요)
- 적색 : 과압(압력이 높음)

39 옥내소화전설비 중 방수구는 바닥으로부터 높이 몇 m 이하의 위치에 설치하여야 하는가?

① 1.0m 이하 ② 1.5m 이하
③ 1.8m 이하 ④ 2.0m 이하

🔍 방수구는 층마다 설치하되 소방대상물의 각 부분으로부터 1개의 옥내소화전 방수구까지의 수평거리는 25m 이하가 되도록 하고, 바닥으로부터 높이가 1.5m 이하의 위치에 설치한다.

40 소화설비 중 옥외소화전 설치기준으로 맞지 않는 것은?

① 옥외소화전마다 그로부터 10m 이내에 소화전함을 설치하여야 한다.
② 호스의 구경은 65mm이다.
③ 가압송수장치의 조작부에는 적색등을 설치하여야 한다.
④ 호스접결구는 지면으로부터 0.5m 이상 1.0m 이하에 설치하여야 한다.

🔍 옥외소화전설비에는 옥외소화전마다 그로부터 5m 이내의 장소에 소화전함을 설치하여야 한다.

41 스프링클러설비의 구성요소 중 헤드의 방수구에서 유출되는 물을 세분시키는 작용을 하는 것은?

① 디플렉터   ② 프레임
③ 감열체   ④ 유수검지장치

🔍 스프링클러설비 헤드의 구성요소
- 프레임(frame) : 헤드의 나사부분과 디플렉터를 연결하는 이음쇠 부분
- 디플렉터(deflector) : 헤드의 방수구에서 유출되는 물을 세분시키는 작용을 함
- 감열체 : 평상 시에는 방수구를 막고 있으나 열에 의해서 일정한 온도에 도달하면 스스로 파괴 또는 용해되어 헤드로부터 이탈됨으로써 방수구가 열려 스프링클러헤드가 작동되도록 하는 부분으로 퓨즈블링크와 유리벌브(글라스벌브)가 많이 사용됨

42 스프링클러설비의 펌프성능시험에서 '유량조절밸브를 더욱 개방하여 유량계의 유량이 정격토출량의 150%가 되었을 때 정격양정의 65% 이상이 되는지를 확인'하는 시험은?

① 체절운전

② 정격부하운전(100% 유량운전)
③ 최대운전(150% 유량운전)
④ 릴리프밸브조정

🔍 펌프성능시험
- 체절운전 : 펌프의 토출량을 '0'이 상태로 하여 펌프를 기동하여 체절압력을 확인하여 정격토출압력의 140% 이하인지와 체절운전 시 체절압력 미만에서 릴리프밸브가 동작하는지를 확인하는 시험
- 정격부하운전(100% 유량운전) : 펌프를 기동한 상태에서 유량조절밸브를 개방하여 유량계의 정격유량상태(100%)일 때, 정격압력 이상이 되는지를 확인하는 시험
- 최대운전(150% 유량운전) : 유량조절밸브를 더욱 개방하여 유량계의 유량이 정격토출량의 150%가 되었을 때 정격양정의 65% 이상이 되는지를 확인하는 시험
- 릴리프밸브 조정 : 릴리프밸브가 펌프의 체절압력 미만에서 개방되도록 조절하기 위한 조치

43 소화설비 중 이산화탄소소화설비의 장점으로 볼 수 없는 것은?

① 심부화재에 적합하다.
② 화재 진화 후 깨끗하다.
③ 피연소물에 피해가 적다.
④ 전도성이므로 일반화재에 좋다.

🔍 이산화탄소 소화설비의 장점
- 심부화재에 적합하다.
- 화재진화 후 깨끗하다.
- 피연소물에 피해가 적다.
- 비전도성이므로 전기화재에 좋다.

44 경보설비 중 발신기에 대한 설명으로 맞는 것은?

① 발신기는 P형과 R형이 있다.
② 발신기는 화재 발생 시 자동으로 수신기에 신호를 보낸다.
③ 층마다 설치하되, 하나의 발신기까지의 수평거리가 25m 이하 되도록 설치한다.
④ 스위치의 높이는 1.5~2.0m의 높이에 설치한다.

🔍 발신기
- P형, T형, M형이 있다.
- 스위치는 0.8~1.5m 위치에 설치한다.
- 층마다 설치하되, 하나의 발신기까지의 수평거리가 25m 이하 되도록 설치한다.

45 화재 발견자가 수동으로 누름버튼을 눌러 수신기에 신호를 보내는 발신기의 설치기준으로 맞는 것은?

① 스위치는 바닥으로부터 0.5m 이상 높이에 설치
② 스위치는 바닥으로부터 0.8m 이상 1.5m 이하의 높이에 설치
③ 스위치는 바닥으로부터 1.0m 이상 1.8m 이하의 높이에 설치
④ 스위치는 바닥으로부터 1.5m 이상 2.0m 이하의 높이에 설치

🔍 발신기의 설치기준
- 스위치는 바닥으로부터 0.8m 이상 1.5m 이하의 높이에 설치
- 층마다 설치하되, 하나의 발신기까지의 수평거리가 25m 이하가 되도록 설치

46 피난구조설비 중 '피난기구'로 볼 수 없는 것은?

① 비상조명등
② 구조대
③ 완강기
④ 미끄럼대

🔍 피난기구의 종류 : 구조대, 완강기, 간이완강기, 피난사다리, 미끄럼대, 다수인피난장비, 피난용트랩, 공기안전매트 등

47 피난설비 중 유도등은 정상 상태에서 상용전원으로 점등되고, 정전되었을 때는 비상전원으로 자동절환되어 몇 분 이상 작동되어야 하는가?

① 5분 이상   ② 10분 이상
③ 20분 이상   ④ 30분 이상

🔍 유도등의 작동 기준
- 정상 상태에서는 상용전원으로 점등
- 정전 시에는 비상전원으로 자동절환되어 20분 이상(지하층을 제외한 층수가 11층 이상의 층, 지하층 또는 무창층으로서 용도가 도매시장·소매시장·여객자동차터미널·지하역사·지하상가의 경우는 60분 이상) 작동

48 피난설비 중 유도등의 종류를 구분할 때 옳지 않은 것은?

① 피난구 유도등   ② 통로 유도등
③ 객석 유도등   ④ 비상 유도등

🔍 유도등의 종류
- 피난구 유도등
- 통로 유도등 : 복도통로 유도등, 거실통로 유도등, 계단통로 유도등
- 객석 유도등

49 소방관계법령상 소방안전관리대상물의 소방안전관리자는 연(年) 몇 회 이상 자위소방조직을 소집하여 편성상태를 확인하고, 교육·훈련을 실시해야 하는가?

① 1회 이상   ② 2회 이상
③ 3회 이상   ④ 5회 이상

🔍 소방안전관리자는 년 1회 이상 자위소방조직을 소집하여 교육·훈련을 실시하고, 소방교육 실시결과를 기록부에 작성하고, 2년간 보관해야 한다.

50 피부의 두 번째 층까지 화상으로 손상되어 심한 통증과 발적, 수포가 발생하는 화상은?

① 표피 화상   ② 부분층 화상
③ 전층 화상   ④ 방사선 화상

🔍 화상의 분류
- 1도 화상(표피 화상) : 피부 바깥층의 화상
- 2도 화상(부분층 화상) : 피부의 두 번째 층까지 화상
- 3도 화상(전층 화상) : 피부 전층이 손상된 화상

정답 실전모의고사 1회

01 ②	02 ③	03 ①	04 ③	05 ④
06 ④	07 ③	08 ①	09 ③	10 ③
11 ②	12 ①	13 ④	14 ④	15 ③
16 ②	17 ②	18 ③	19 ②	20 ①
21 ②	22 ②	23 ②	24 ②	25 ②
26 ③	27 ②	28 ③	29 ③	30 ②
31 ④	32 ②	33 ②	34 ③	35 ①
36 ④	37 ③	38 ③	39 ②	40 ①
41 ①	42 ②	43 ④	44 ③	45 ②
46 ①	47 ③	48 ④	49 ①	50 ②

2회 실전모의고사

01 다음 중 '소방기본법'에 해당되는 것은?

① 화재안전조사 및 화재예방안전진단
② 특정소방대상물 지정
③ 소방활동구역의 설정
④ 소방시설의 자체점검

- 소방기본법 : 소방활동구역의 설정
- 화재의 예방 및 안전관리에 관한 법률 : 화재안전조사 및 화재예방안전진단, 특정소방대상물 지정 등
- 소방시설 설치 및 관리에 관한 법률 : 소방시설등의 설치·관리 및 방염, 소방시설의 자체점검

02 화재발생 시 필요하다고 인정될 때 '소방대상물의 강제처분 명령권자'가 아닌 자는?

① 소방청장   ② 소방본부장
③ 소방서장   ④ 소방대장

- 화재예방 또는 화재발생 시 필요하다고 인정될 때 소방대상물의 강제처분 명령권자 : 소방본부장, 소방서장, 소방대장

03 화재를 진압하고 화재, 재난·재해, 그 밖의 위급한 상황에서 구조·구급 활동 등을 하기 위하여 구성된 조직체를 소방대라 한다. 다음 중 소방대의 구성원이 아닌 사람은?

① 소방공무원   ② 의무소방원
③ 의용소방대원   ④ 경찰공무원

- 소방대란 화재를 진압하고 화재, 재난·재해, 그 밖의 위급한 상황에서 구조·구급 활동 등을 하기 위하여 소방공무원, 의무소방원, 의용소방대원으로 구성된 조직체를 말한다.

04 다음 중 한국소방안전원의 업무가 아닌 것은?(단, 정관으로 정하는 사항이 아닌 경우이다.)

① 화재예방과 안전관리에 관한 대국민 실무교육
② 소방기술과 안전관리에 관한 각종 간행물 발간
③ 소방업무에 관하여 행정기관이 위탁하는 업무
④ 소방안전에 관한 국제협력

- 한국소방안전원의 업무
  - 소방기술과 안전관리에 관한 교육 및 조사·연구
  - 소방기술과 안전관리에 관한 각종 간행물 발간
  - 화재예방과 안전관리의식 고취를 위한 대국민 홍보
  - 소방업무에 관하여 행정기관이 위탁하는 업무
  - 소방안전에 관한 국제협력
  - 그 밖에 회원에 대한 기술지원 등 정관으로 정하는 사항

05 소방기본법상 5년 이하의 징역 또는 5천만원 이하의 벌금에 해당되는 벌칙 사항은?

① 사람을 구출하는 일 또는 불을 끄거나 불이 번지지 아니하도록 하는 일을 방해한 사람
② 정당한 사유 없이 소방대의 생활안전활동을 방해한 자
③ 화재, 재난·재해, 그 밖의 긴급한 상황에 따른 피난 명령을 위반한 자
④ 정당한 사유 없이 물의 사용이나 수도의 개폐장치의 사용 또는 조작을 하지 못하게 하거나 방해한 자

- ①항 : 5년 이하의 징역 또는 5천만원 이하의 벌금
- ②, ③, ④항 : 100만원 이하의 벌금

06 소방시설 설치 및 관리에 관한 법률상 소방시설에 해당되지 않는 것은?

① 소화설비
② 피난구조설비
③ 방폭설비
④ 소화용수설비

- 소방시설이란 소화설비, 경보설비, 피난구조설비, 소화용수설비, 그 밖에 소화활동설비로서 대통령령으로 정하는 것을 말한다.

07 다음 중 무창층의 설명으로 가장 옳은 것은?

① 곧바로 지상으로 갈 수 있는 출입구가 있는 층
② 벽이 없고 기둥만 있는 층
③ 지하층의 명칭
④ 지상층 중 개구부의 요건을 모두 갖춘 개구부의 면적합계가 해당층 바닥면적의 1/30 이하가 되는 층

> 무창층(無窓層)이란 지상층 중 다음의 요건을 모두 갖춘 개구부(건축물에서 채광·환기·통풍 또는 출입 등을 위하여 만든 창·출입구, 그 밖에 이와 비슷한 것을 말한다)의 면적의 합계가 해당 층의 바닥면적의 30분의 1 이하가 되는 층을 말한다.
> - 크기는 지름 50cm 이상의 원이 통과할 수 있을 것
> - 해당 층의 바닥면으로부터 개구부 밑부분까지의 높이가 1.2m 이내일 것
> - 도로 또는 차량이 진입할 수 있는 빈터를 향할 것
> - 화재 시 건축물로부터 쉽게 피난할 수 있도록 창살이나 그 밖의 장애물이 설치되지 않을 것
> - 내부 또는 외부에서 쉽게 부수거나 열 수 있을 것

08 소방관계법령상 1급 소방안전관리대상물에 해당되는 것은?

① 동·식물원
② 아파트 및 연립주택을 제외한 연면적 15,000m² 이상인 특정소방대상물
③ 위험물 저장 및 처리시설 중 위험물 제조소 등
④ 지하구

> 1급 소방안전관리대상물 : 특급 소방안전관리대상물을 제외한 다음의 어느 하나에 해당하는 것으로서 동·식물원, 철강 등 불연성 물품을 저장·취급하는 창고, 위험물 저장 및 처리 시설 중 위험물 제조소등, 지하구를 제외한 것
> - 30층 이상(지하층은 제외)이거나 지상으로부터 높이가 120m 이상인 아파트
> - 연면적 15,000m² 이상인 특정소방대상물(아파트 및 연립주택은 제외)
> - 지상의 층수가 11층 이상인 특정소방대상물(아파트는 제외)
> - 가연성 가스를 1천톤 이상 저장·취급하는 시설

09 어느 아파트의 세대수가 800세대인 경우 소방안전관리보조자는 최소 몇 명을 선임해야 하는가?

① 1명 ② 2명
③ 3명 ④ 5명

> 300세대 이상인 아파트의 경우 최소 1명의 소방안전관리보조자를 선임하여야 하며, 초과되는 300세대마다 1명 이상을 추가로 선임해야 하므로, 800세대인 아파트인 경우 최소 2명의 소방안전관리보조자를 선임해야 한다.

10 소방안전관리대상물의 관계인이 소방안전관리자를 선임한 경우 선임할 날부터 며칠 이내에 소방본부장이나 소방서장에게 신고하여야 하는가?

① 7일 이내 ② 10일 이내
③ 14일 이내 ④ 20일 이내

> 소방안전관리대상물의 관계인이 소방안전관리자를 선임한 경우에는 행정안전부령으로 정하는 바에 따라 선임한 날부터 14일 이내에 소방본부장이나 소방서장에게 신고하여야 한다.

11 화재의 예방 및 안전관리에 관한 법률상 다음 보기의 내용은 무엇에 대한 정의인가?

> 소방관서장이 소방대상물, 관계지역 또는 관계인에 대하여 소방시설등이 소방 관계 법령에 적합하게 설치·관리되고 있는지, 소방대상물에 화재의 발생 위험이 있는지 등을 확인하기 위하여 실시하는 현장조사·문서열람·보고요구 등을 하는 활동을 말한다.

① 화재안전조사 ② 예방
③ 화재예방안전진단 ④ 자체점검

> 용어의 정의
> - 예방 : 화재의 위험으로부터 사람의 생명·신체 및 재산을 보호하기 위하여 화재발생을 사전에 제거하거나 방지하기 위한 모든 활동
> - 화재예방안전진단 : 화재가 발생할 경우 사회·경제적으로 피해 규모가 클 것으로 예상되는 소방대상물에 대하여 화재위험요인을 조사하고 그 위험성을 평가하여 개선대책을 수립하는 것
> - 자체점검 : 특정소방대상물의 관계인이 그 대상물에 설치되어 있는 소방시설등이 적합하게 설치·관리되고 있는지에 대하여 스스로 점검하거나 관리업자등으로 하여금 정기적으로 수행하는 점검

12 소방시설등의 자체점검 실시 결과서를 보고한 관계인은 그 점검결과를 점검이 끝난 날부터 몇 년간 자체 보관해야 하는가?

① 1년 ② 2년
③ 3년 ④ 5년

🔍 **자체점검 결과의 조치**
- 관계인은 점검이 끝난 날부터 15일 이내에 소방시설등 자체점검 실시결과 보고서에 소방시설등의 자체점검결과 이행계획서를 첨부하여 서면 또는 전산망을 통하여 소방본부장 또는 소방서장에게 보고하여야 한다.
- 자체점검 실시 결과보고서를 보고한 관계인은 그 점검결과를 점검이 끝난 날부터 2년간 자체 보관해야 한다.

13 다음 중 방염대상 물품 중 제조 또는 가공공정에서 방염처리를 한 물품에 해당되지 않는 것은?

① 창문에 설치하는 커튼류(블라인드 포함)
② 암막·무대막 및 영화관 스크린
③ 두께 2mm 미만인 종이벽지
④ 전시용 합판·섬유판

🔍 제조 또는 가공공정에서 방염처리를 한 물품(합판·목재류의 경우 설치현장에 방염처리한 것 포함)
- 창문에 설치하는 커튼류(블라인드를 포함)
- 카펫, 벽지류(두께가 2mm 미만인 종이벽지는 제외)
- 전시용 합판·목재 또는 섬유판, 무대용 합판·목재 또는 섬유판
- 암막·무대막(영화영상관에서 설치하는 스크린과 가상체험 체육시설업에 설치하는 스크린 포함)
- 섬유류 또는 합성수지류 등을 원료로 하여 제작된 소파·의자(단란주점, 유흥주점 및 노래연습장에 한함)

14 소방시설 설치 및 관리에 관한 법률 '피난시설, 방화구획 또는 방화시설의 폐쇄·훼손·변경 등의 행위'를 1차 위반한 경우 과태료 부과기준은?

① 1년 이하의 징역 또는 1천만원 이하의 벌금
② 300만원 이하의 벌금
③ 200만원 과태료
④ 100만원 과태료

🔍 소방관계법령상 피난시설, 방화구획 또는 방화시설의 폐쇄·훼손·변경 등의 행위를 한 자에 대한 과태료 부과기준
- 1차 위반 : 100만원 과태료
- 2차 위반 : 200만원 과태료
- 3차 위반 : 300만원 과태료

15 소방안전관리대상물의 관계인은 화재가 발생할 경우를 대비하여 피난유도 안내정보를 제공하여야 한다. 피난유도 안내정보의 제공 방법으로 틀린 것은?

① 피난안내도를 층마다 보기 쉬운 위치에 게시하는 방법
② 분기별 1회 이상 피난안내방송을 실시하는 방법
③ 연 1회 피난안내 교육을 실시하는 방법
④ 엘리베이터, 출입구 등 시청이 용이한 지역에 피난안내영상을 제공하는 방법

🔍 피난유도 안내정보의 제공 방법
- 연 2회 피난안내 교육을 실시하는 방법
- 분기별 1회 이상 피난안내방송을 실시하는 방법
- 피난안내도를 층마다 보기 쉬운 위치에 게시하는 방법
- 엘리베이터, 출입구 등 시청이 용이한 지역에 피난안내영상을 제공하는 방법

16 다음 중 연소의 3요소에 해당되지 않는 것은?

① 화학적 연쇄반응   ② 점화원
③ 산소공급원   ④ 가연물질

🔍 연소의 3요소·4요소
- 연소의 3요소 : 가연물질, 산소공급원, 점화원
- 연소의 4요소 : 가연물질, 산소공급원, 점화원, 화학적 연쇄반응

17 다음 중 산소공급원인 자기반응성물질이 아닌 것은?

① 나이트로글리세린(NG)
② 셀룰로이드
③ 질산염류
④ 트라이나이트로톨루엔(TNT)

🔍 산소공급원
- 공기 : 산소(O_2) 농도 약 21%
- 산화성 물질 : 제1류 위험물(염소산염류, 과염소산염류, 무기과산화물, 질산염류, 과망가니즈산염류, 다이크로뮴산염류 등), 제6류 위험물(과염소산, 과산화수소, 질산 등)
- 자기반응성 물질 : 제5류 위험물(나이트로글리세린, 셀룰로이드, 트라이나이트로톨루엔 등)

18 다음 중 인화점에 대한 설명으로 옳지 않은 것은?

① 인화현상은 고체와 액체에서 볼 수 있다.
② 인화에 필요한 에너지는 액체는 크고, 고체는 작다.
③ 액체는 증발과정이고, 고체는 열분해과정으로 이해할 수 있다.
④ 연소범위에서 외부의 직접적인 점화원에 의해 인화될 수 있는 최저온도이다.

🔍 인화에 필요한 에너지는 액체가 적고, 고체가 크다.

19 다음 가연성 증기 중 연소범위가 가장 넓은 것은?

① 아세틸렌   ② 메틸알코올
③ 휘발유   ④ 암모니아

> 가연성 증기의 연소범위
>
> | 기체 또는 증기 | 연소범위(vol%) | 기체 또는 증기 | 연소범위(vol%) |
> |---|---|---|---|
> | 수소 | 4.1~75 | 메틸알코올 | 6~36 |
> | 아세틸렌 | 2.5~81 | 암모니아 | 15~25 |
> | 중유 | 1~5 | 아세톤 | 2.5~12.8 |
> | 등유 | 0.7~5 | 휘발유 | 1.2~7.6 |

20 생활 주변에 많이 존재하는 목재, 종이 등의 화재는 무슨 화재에 속하는가?

① A급 화재   ② B급 화재
③ C급 화재   ④ D급 화재

> 화재의 분류
> - A급 화재 : 일반화재
> - B급 화재 : 유류화재
> - C급 화재 : 전기화재
> - D급 화재 : 금속화재
> - K급 화재 : 주방화재

21 열전달 방법 중 기체 혹은 액체와 같은 유체의 흐름에 의하여 열이 전달되는 것은?

① 전도   ② 굴절
③ 복사   ④ 대류

> 열전달
> - 전도(Conduction) : 화재 시 하나의 물체가 다른 물체와 직접 접촉하여 전달되는 것
> - 대류(Convection) : 기체 혹은 액체와 같은 유체의 흐름에 의하여 열이 전달되는 것
> - 복사(Radiation) : 화염의 접촉없이 연소가 확산되는 현상으로 화재 시 열의 이동에 가장 크게 작용하는 열이동 방식

22 질소성분을 갖는 모시, 비단, 피혁 등의 연소 시 주로 생성되는 가스는?

① 일산화탄소 및 탄산가스
② 질소산화물
③ 아황산가스
④ 시안화수소

> 연소물질과 생성가스
>
> | 연소물질 | 생성가스 |
> |---|---|
> | 탄화수소류 등 | 일산화탄소 및 탄산가스 |
> | 셀룰로이드, 폴리우레탄 등 | 질소산화물 |
> | 질소성분을 갖는 모시, 비단, 피혁 등 | 시안화수소 |
> | PVC, 방염수지, 플루오린화수지, 플루오린화수소 등의 할로겐화물 | HF, HCl, HBr, 포스겐 등 |
> | 멜라민, 나일론, 요소수지 등 | 암모니아 |
> | 폴리스티렌(스티로폼) 등 | 벤젠 |

23 연소로 인해 생성되는 이산화탄소(CO_2)의 특성으로 옳은 것은?

① 이산화탄소는 공기보다 가볍다.
② 이산화탄소는 무색·무미의 기체이다.
③ 이산화탄소는 독성가스이다.
④ 이산화탄소는 물에 대한 용해성이 낮은 가스이다.

> 이산화탄소는 무색·무미의 기체로서 공기보다 무거우며 가스자체는 독성이 거의 없으나 다량 존재할 때 사람의 호흡속도를 증가시키고 혼합된 유해가스의 흡입을 증가시켜 위험을 가중시킨다.

24 건물 화재의 성상단계와 관련하여 실내 전체에 화염이 충만한 단계로 내화구조의 경우 20~30분, 목조건물의 경우 약 10분 정도가 소요되는 단계는?

① 초기   ② 성장기
③ 최성기 ④ 감쇠기

> 화재성상 단계
> - 초기 : 화재 발생
> - 성장기 : 내장재에 옮겨붙음
> - 최성기 : 연소가 최고조에 달함
> - 감쇠기 : 화재가 줄어듦

25 화재발생 시 불연성 기체로 연소물을 덮는 방법으로 소화하는 소화방법은?

① 질식소화   ② 제거소화
③ 냉각소화   ④ 억제소화

> 질식소화는 불연성 기체, 불연성 포말 또는 불연성 고체로 연소물을 덮어 공기 중의 산소농도를 15% 이하로 억제하여 화재를 소화하는 방법이다.

26 화재 소화 시 소화약제와 효과가 잘못 연결된 것은?

① 물소화약제 – 냉각, 질식효과
② 분말소화약제 – 질식, 부촉매 효과
③ 할로겐화합물약제 – 질식, 부촉매, 냉각효과
④ 이산화탄소(CO_2) – 부촉매, 냉각효과

🔍 소화약제의 종류
- 물소화약제 : 냉각, 질식효과
- 포소화약제 : 질식, 냉각효과
- 분말소화약제 : 질식, 억제(부촉매) 효과
- 이산화탄소(CO_2) 소화약제 : 질식, 냉각효과
- 할로겐화합물 소화약제 : 질식, 억제(부촉매), 냉각효과

27 '위험물안전관리법'에 따른 각 위험물 류별 특성이 잘못 연결된 것은?

① 제1류 위험물 – 산화성 고체
② 제2류 위험물 – 가연성 고체
③ 제3류 위험물 – 자기반응성 물질
④ 제4류 위험물 – 인화성 액체

🔍 위험물관리법상 위험물의 분류
- 제1류 위험물 : 산화성 고체
- 제2류 위험물 : 가연성 고체
- 제3류 위험물 : 자연발화성 및 금수성물질
- 제4류 위험물 : 인화성 액체
- 제5류 위험물 : 자기반응성 물질
- 제6류 위험물 : 산화성 액체

28 유류(油類) 취급 시 주의사항으로 맞지 않는 것은?

① 불이 붙은 상태에서 석유난로를 이동하지 않는다.
② 음식물 조리 중에는 전화를 받는 등 자리를 떠나지 않는다.
③ 유류통의 연료량을 확인할 때에는 라이터나 성냥을 사용한다.
④ 불을 켜놓고 장시간 자리를 떠나지 않는다.

🔍 유류통의 연료량을 확인하기 위해 라이터나 성냥을 사용하지 말고 반드시 손전등을 사용하며, 실내에서 페인트, 시너 등의 도색 작업 시 충분한 환기를 시킨다.

29 다음 중 전기화재의 주요 원인으로 볼 수 없는 것은?

① 합선(단락) ② 정격퓨즈
③ 누전   ④ 정전기

🔍 전기에 의한 주요 화재 원인
- 전선의 합선(단락)에 의한 발화
- 누전에 의한 발화
- 과전류(과부하)에 의한 발화
- 기타 규격미달의 전선 또는 전기기계기구 등의 과열
- 배선 및 전기기계기구 등의 절연불량 또는 정전기로부터의 불꽃

30 소방시설 중 소화설비의 종류로 볼 수 없는 것은?

① 자동소화장치
② 옥내소화전설비
③ 물분무등소화설비
④ 소화용수설비

🔍 소화설비의 종류
- 소화기구(소화기, 간이소화용구, 자동확산소화기)
- 자동소화장치
- 옥내소화전설비(호스릴옥내소화전설비를 포함)
- 스프링클러설비등
- 물분무등소화설비
- 옥외소화전설비

31 다음 [보기]에서 화재 시 소화기 사용방법의 순서로 맞는 것은?

┌─────────────────────────┐
│ ㉠ 소화기를 불이 난 곳으로 옮긴다. │
│ ㉡ 손잡이를 눌러 골고루 발사한다. │
│ ㉢ 안전핀을 뽑는다.   │
│ ㉣ 호스를 불 쪽으로 향한다.   │
└─────────────────────────┘

① ㉠ → ㉢ → ㉣ → ㉡
② ㉢ → ㉣ → ㉠ → ㉡
③ ㉠ → ㉣ → ㉢ → ㉡
④ ㉢ → ㉠ → ㉣ → ㉡

🔍 소화기 사용방법
- 소화기를 불이 난 곳으로 옮긴다.
- 소화기를 바닥에 내려놓은 후 한 손은 소화기 몸통을 잡고 다른 한 손은 안전핀을 잡아 당긴다.
- 한 손은 손잡이를, 다른 한 손은 노즐을 잡고 화점을 향하게 한다.
- 완전히 소화가 될 때까지 약제를 화점을 향해 골고루 방사한다.

32 소화능력단위 기준으로 대형소화기에서 A급 화재의 소화능력단위 기준은?

① 5단위 이상
② 10단위 이상
③ 20단위 이상
④ 30단위 이상

> 소화기 구분(소화능력단위 기준)
> • 소형소화기 : 능력단위가 1단위 이상이고 대형소화기의 능력단위 미만인 것
> • 대형소화기 : 화재 시 사람이 운반할 수 있도록 운반대와 바퀴가 설치되어 있고 능력단위가 A급 화재 10단위 이상, B급 화재 20단위 이상인 것

33 특정소방대상물 중 '주거용 주방자동소화장치'를 설치대상인 것은?

① 국가지정문화재
② 숙박시설(여관·호텔)
③ 오피스텔
④ 가스시설

> 소화기구의 설치대상
> • 주거용 주방자동소화장치 : 아파트등(주택으로 쓰는 층수가 5층 이상인 주택) 및 오피스텔의 모든 층
> • 소화기, 간이소화용구 : 국가지정문화재, 가스시설, 터널, 연면적 $33m^2$ 이상

34 소화설비 중 물분무등소화설비가 아닌 것은?

① 포소화설비
② 이산화탄소소화설비
③ 옥외소화전설비
④ 할로겐화합물소화설비

> 물분무등소화설비
> • 물분무소화설비   • 미분무소화설비
> • 포소화설비   • 이산화탄소소화설비
> • 할로겐화합물소화설비 • 청정소화약제소화설비
> • 분말소화설비   • 강화액소화설비

35 할로겐화합물소화기 중 할론1301 소화기의 특성으로 맞는 것은?

① 저압가스로 가스자체의 압력으로 방사할 수 없다.
② 용기 내 지시압력계가 부착되어 있다.
③ 할론소화약제 중 가장 소화능력이 좋다.
④ 독성과 냄새는 좀 있는 편이다.

> 할론1301 소화기
> • 고압가스로서 가스 자체의 압력(증기압)으로 방사한다.
> • 지시압력계는 부착되어 있지 않다.
> • 할론소화약제 중 소화능력이 가장 좋고, 독성이 적다.

36 다음 중 해당 용도의 바닥면적 $100m^2$마다 능력단위 1단위 이상인 소방대상물은?

① 노유자시설 및 근린생활시설
② 위락시설
③ 공연장·문화재
④ 장례시설 및 의료시설

> 특정소방대상물별 소화기구의 능력단위 기준
>
> | 소방대상물 | 소화기구의 능력단위 |
> |---|---|
> | 위락시설 | 해당 용도의 바닥면적 $30m^2$마다 능력단위 1단위 이상 |
> | 공연장·집회장·관람장·문화재·장례시설 및 의료시설 | 해당 용도의 바닥면적 $50m^2$마다 능력단위 1단위 이상 |
> | 근린생활시설·판매시설·운수시설·숙박시설·노유자시설·전시장·공동주택·업무시설·방송통신시설·공장·창고시설·항공기 및 자동차 관련시설 및 관광휴게시설 | 해당 용도의 바닥면적 $100m^2$마다 능력단위 1단위 이상 |
> | 그 밖의 것 | 해당 용도의 바닥면적 $200m^2$마다 능력단위 1단위 이상 |

37 바닥면적이 $120m^2$인 위락시설에 소화기구를 설치하고자 한다. 소화기구의 최소능력단위는?

① 1단위
② 2단위
③ 3단위
④ 4단위

> 소방대상물 중 위락시설은 바닥면적 $30m^2$마다 능력단위 1단위 이상이므로 $\frac{120m^2}{30m^2} = 4$단위이다.

38 옥내전소화설비 중 소화전 각 노즐에서 규정된 방수압과 방수량이 바르게 짝지어진 것은?

① 0.05MPa 이상 0.7MPa 이하, 100L/mim
② 0.1MPa 이상 0.7MPa 이하, 110L/min
③ 0.17MPa 이상 0.7MPa 이하, 130L/min
④ 0.3MPa 이상 0.7MPa 이하, 150L/min

🔍 옥내소화전설비의 성능
- 방수압 : 0.17MPa 이상 0.7MPa 이하
- 방수량 : 130L/min 이상

39 옥내소화전설비의 수원 작동기능 점검 시 규정에 적합하지 않은 것은?

① 방수시간 측정 시 방수시간 3분 이상
② 방수압력 측정 시 0.17MPa 이상
③ 방수거리 측정 시 5m 이상
④ 최상 소화전 개방 시 소화펌프자동기동 및 기동 표시등 확인

🔍 옥내소화전 작동 점검 시 최상층 소화전을 이용한 방수상태 확인점검
- 방수시간 3분, 방사거리 측정 시 8m 이상
- 방수압력 측정 시 0.17MPa 이상
- 최상층 소화전 개방 시 소화펌프 자동기동 및 기동 표시등 확인

40 소화설비 중 옥외소화전설비의 성능으로 맞는 것은?

① 방수량은 350L/min 이상이 되도록 한다.
② 방수압력은 각 노즐당 0.17MPa 이하이다.
③ 옥내소화전설비 구조와 소화전함, 방수구의 규격 등이 유사하다.
④ 수원의 용량은 소화전 설치개수에 10m³를 곱한 양 이상이어야 한다.

🔍 옥외소화전설비의 성능
- 방수량 350L/min 이상
- 방수압력 0.25~0.7MPa(각 노즐 당)
- 수원의 용량은 소화전 설치개수에 7m³를 곱한 양 이상일 것
- 구조는 옥내소화전설비와 유사하나, 소화전함·방수구의 규격 등은 다르다.

41 스프링클러설비의 장점으로 적합하지 않는 것은?

① 초기 시설비가 저렴하다.
② 초기 진화에 효과가 크다.
③ 소화 후 복구가 용이하다.
④ 오동작이 거의 없다.

🔍 스프링클러설비의 단점
- 초기 시설비가 많이 든다.
- 시공 시 다른 시설보다 복잡하다.
- 물로 인한 피해가 심하다.

42 가스계소화설비 중 약제방출방식에 의한 분류방식으로 볼 수 없는 것은?

① 전역방출방식
② 국소방출방식
③ 호스릴방식
④ 수동반자동방식

🔍 약제방출방식에 의한 분류
- 전역방출방식 : 밀폐 방호구역 내에 소화약제를 방출
- 국소방출방식 : 화재 발생 부분에만 집중적으로 소화약제를 방출하도록 설치하는 방식
- 호스릴방식 : 사람이 직접 화점에 소화약제를 방출하는 이동식소화설비

43 경보설비 중 수신기의 종류와 설치기준으로 맞는 것은?

① 2층 이상의 소방대상물은 발신기와 전화통화가 가능한 수신기를 설치한다.
② 수위실 등 상시 사람이 근무하고 있는 장소에 설치한다.
③ 수신기의 조작 스위치 높이는 바닥으로부터 1.0m 이상 2.0m 이하여야 한다.
④ 수신기의 종류로는 P형, R형, T형 수신기가 있다.

🔍 수신기의 종류와 설치기준
- P형 수신기와 R형 수신기가 있다.
- 4층 이상의 소방대상물은 발신기와 전화통화 가능한 수신기를 설치할 것
- 수신기의 조작 스위치는 바닥으로부터의 높이가 0.8m 이상 1.5m 이하
- 수위실 등 상시 사람이 근무하고 있는 장소에 설치할 것

44 자동화재탐지설비의 감지기 종류 중 열감지기가 아닌 것은?

① 차동식
② 정온식
③ 광전식
④ 보상식

🔍 감지기의 종류
- 열감지기 : 차동식, 정온식, 보상식
- 연기감지기 : 이온화식, 광전식

45 영업장의 위치가 4층 이하인 다중이용업소의 2층 이상에 적응성이 있는 피난기구는?

① 미끄럼대 ② 간이완강기
③ 피난용 트랩 ④ 공기안전매트

> 영업장의 위치가 4층 이하인 다중이용업소의 2층 이상에는 미끄럼대, 피난사다리, 구조대, 완강기, 다수인피난장비, 승강식피난기가 적응성이 있다.

46 다음 중 '인명구조기구의 종류'가 아닌 것은?

① 방열복 ② 공기호흡기
③ 방화복 ④ 간이완강기

> 인명구조기구의 종류

종류	내용
방열복	고온의 복사열에 가까이 접근하여 소방활동을 수행할 수 있는 내열피복
공기호흡기	유독가스로부터 인명을 보호하기 위해 용기에 압축된 공기를 저장하여 두었다가 필요 시 마스크를 통해 호흡에 이용토록 하는 호흡기구
인공소생기	호흡부전상태인 사람에게 인공호흡을 시켜 환자를 보호하거나 구급하는 기구
방화복	화재 진압 등의 소방활동을 수행할 수 있는 피복(안전모, 보호장갑, 안전화 포함)

47 화재발생 등에 따른 정전 시 자동 점등되는 비상조명등의 설치 시 지하층을 제외한 층수가 11층 이상의 층인 경우 유효 작동시간을 얼마로 해야 하는가?

① 5분 이상 ② 20분 이상
③ 30분 이상 ④ 60분 이상

> 지하층을 제외한 층수가 11층 이상의 층, 지하층 또는 무창층으로서 용도가 도매시장·소매시장·여객자동차터미널·지하역사 또는 지하상가인 경우인 경우 비상조명등의 유효 작동시간은 60분 이상, 그 외는 20분 이상이다.

48 공연장 객석통로의 길이가 48m인 경우 객석유도등의 설치개수는?

① 8개 ② 10개
③ 11개 ④ 12개

> 객석 유도등 설치개수 = $\frac{\text{객석통로의 직선부분의 길이(m)}}{4} - 1$
> $= \frac{48}{4} - 1 = 11개$

49 자위소방대장이 교육·훈련계획에 따라 실시하는 훈련종류로 옳지 않은 것은?

① 기본훈련 ② 피난훈련
③ 종합훈련 ④ 도상훈련

> 자위소방대의 훈련에는 기본훈련, 피난훈련(주간, 야간), 종합훈련, 합동훈련이 있다.

50 의식 없는 환자의 심폐소생술 진행 시 가슴압박과 인공호흡의 실시 횟수는?

① 20회, 2회 시행 ② 30회, 2회 시행
③ 20회, 3회 시행 ④ 30회, 3회 시행

> 심폐소생술
> • 30회의 가슴압박과 2회의 인공호흡을 119 구급대원이 현장에 도착할 때까지 반복해서 시행한다.
> • 가슴압박은 100~120회/분의 속도로 환자의 가슴이 약 5cm(최대 6cm) 깊이로 눌릴 수 있게 체중을 실어 '깊고', '강하게' 압박한다. 이때 매 압박 시 압박위치가 변하지 않도록 한다.

정답 실전모의고사 2회

01 ③	02 ①	03 ④	04 ①	05 ①
06 ③	07 ④	08 ②	09 ②	10 ③
11 ①	12 ②	13 ③	14 ④	15 ③
16 ①	17 ②	18 ②	19 ①	20 ①
21 ④	22 ④	23 ②	24 ②	25 ①
26 ④	27 ③	28 ②	29 ②	30 ④
31 ④	32 ②	33 ③	34 ④	35 ④
36 ④	37 ④	38 ③	39 ④	40 ①
41 ①	42 ④	43 ②	44 ④	45 ①
46 ④	47 ④	48 ③	49 ④	50 ②

3회 실전모의고사

01 다음 중 '특정소방대상물 소방안전관리자의 업무'로 볼 수 없는 것은?

① 소방계획서 작성 및 시행
② 소방훈련 및 교육
③ 화기취급의 감독
④ 자치소방대 조직

🔍 소방안전관리자 업무와 역할
- 소방계획서의 작성 및 시행
- 자위소방대 및 초기대응체계의 구성, 운영 및 교육
- 피난시설, 방화구획 및 방화시설의 관리
- 소방시설이나 그 밖의 소방 관련 시설의 관리
- 소방훈련 및 교육
- 화기 취급의 감독
- 소방안전관리에 관한 업무수행에 관한 기록 유지
- 화재발생 시 초기대응
- 그 밖의 소방안전관리에 필요한 업무

02 다음 중 소방기본법의 목적으로 볼 수 없는 것은?

① 화재예방 · 경계 및 진압
② 화재, 재난 · 재해 등 위급한 상황에서의 구조 · 구급
③ 소방시설 등의 설치 및 유지
④ 공공의 안녕과 질서 유지 및 복리증진에 이바지

🔍 소방기본법은 화재를 예방·경계하거나 진압하고 화재, 재난·재해, 그 밖의 위급한 상황에서의 구조·구급 활동 등을 통하여 국민의 생명·신체 및 재산을 보호함으로써 공공의 안녕 및 질서 유지와 복리증진에 이바지함을 목적으로 한다.

03 소방기본법상 소방업무를 수행하는 소방본부장 또는 소방서장을 지휘와 감독하는 사람은?

① 시 · 도지사
② 경찰청장
③ 행정안전부장관
④ 국무총리

🔍 현행 소방기본법에 따르면 소방업무를 수행하는 소방본부장 또는 소방서장은 그 소재지를 관할하는 특별시장·광역시장·특별자치시장·도지사 또는 특별자치도지사("시·도지사"라 한다)의 지휘와 감독을 받는다.

04 소방관계법령에서 정의한 용어에 대한 설명이다. 옳지 않은 것은?

① 항구에 매어 둔 선박은 소방대상물이다.
② 특정소방대상물은 소방안전관리자를 선임해야 하는 대상물이다.
③ 피난층은 곧바로 지상으로 피난할 수 있는 출입구가 있는 층을 말한다.
④ 의용소방대원은 소방대의 구성원이다.

🔍
- 소방대상물 : 건축물, 차량, 선박(항구에 매어둔 선박만 해당), 선박건조 구조물, 산림, 그 밖의 인공 구조물 또는 물건
- 관계인 : 소방대상물의 소유자 · 관리자 또는 점유자
- 소방대 : 화재를 진압하고 화재, 재난 · 재해, 그 밖의 위급한 상황에서 구조 · 구급 활동 등을 하기 위하여 소방공무원, 의무소방원, 의용소방대원으로 구성된 조직체
- 소방대장 : 소방본부장 또는 소방서장 등 화재, 재난 · 재해, 그 밖의 위급한 상황이 발생한 현장에서 소방대를 지휘하는 사람
※ 특정소방대상물이란 소방시설을 설치해야 하는 소방대상물로서 대통령령으로 정하는 것을 말한다.

05 소방기본법상 '정당한 사유 없이 소방용수시설 또는 비상소화장치를 사용한 자'에게 부과되는 벌칙은?

① 5년 이하의 징역 또는 5천만원 이하의 벌금
② 3년 이하의 징역 또는 3천만원 이하의 벌금
③ 300만원 이하의 벌금
④ 100만원 이하의 벌금

🔍 5년 이하의 징역 또는 5천만원 이하의 벌금(소방기본법 제50조)
- 위력(威力)을 사용하여 출동한 소방대의 화재진압 · 인명구조 또는 구급활동을 방해하는 행위를 한 사람
- 소방대가 화재진압 · 인명구조 또는 구급활동을 위하여 현장에 출동하거나 현장에 출입하는 것을 고의로 방해하는 행위를 한 사람
- 출동한 소방대원에게 폭행 또는 협박을 행사하여 화재진압 · 인명구조 또는 구급활동을 방해하는 행위를 한 사람
- 출동한 소방대의 소방장비를 파손하거나 그 효용을 해하여 화재진압 · 인명구조 또는 구급활동을 방해하는 행위를 한 사람
- 소방자동차의 출동을 방해한 사람
- 사람을 구출하는 일 또는 불을 끄거나 불이 번지지 아니하도록 하는 일을 방해한 사람
- 정당한 사유 없이 소방용수시설 또는 비상소화장치를 사용하거나 소방용수시설 또는 비상소화장치의 효용을 해치거나 그 정당한 사용을 방해한 사람

06 무창층이 되기 위한 개구부의 요건으로 옳지 않은 것은?

① 해당층의 바닥면으로부터 개구부 밑부분까지의 높이가 1.2m 이내일 것
② 도로 또는 차량이 진입할 수 있는 빈터를 향할 것
③ 건물 내부 또는 외부에서 부수거나 열 수 있을 것
④ 크기는 지름 100cm 이상의 원이 통과할 수 있을 것

> 무창층(無窓層)은 지상층 중 다음의 요건을 모두 갖춘 개구부의 면적의 합계가 해당 층의 바닥면적의 30분의 1 이하가 되는 층을 말한다.
> - 크기는 지름 50cm 이상의 원이 통과할 수 있을 것
> - 해당 층의 바닥면으로부터 개구부 밑부분까지의 높이가 1.2m 이내일 것
> - 도로 또는 차량이 진입할 수 있는 빈터를 향할 것
> - 화재 시 건축물로부터 쉽게 피난할 수 있도록 창살이나 그 밖의 장애물이 설치되지 않을 것
> - 내부 또는 외부에서 쉽게 부수거나 열 수 있을 것

07 다음 중 특급 소방안전관리대상물에 해당되지 않는 것은?

① 50층 이상(지하층은 제외)이거나 지상으로부터 높이가 200m 이상인 아파트
② 지상으로부터 높이가 120m 이상인 특정소방대상물
③ 아파트를 제외한 연면적이 100,000m² 이상인 특정소방대상물
④ 가연성가스를 1천톤 이상 저장·취급하는 시설

> 특급 소방안전관리대상물 : 다음의 어느 하나에 해당하는 것으로서 동·식물원, 철강 등 불연성 물품을 저장·취급하는 창고, 위험물 저장 및 처리 시설 중 위험물 제조소등, 지하구를 제외한 것
> - 50층 이상(지하층 제외)이거나 지상으로부터 높이가 200m 이상인 아파트
> - 아파트를 제외한 30층 이상(지하층 포함)이거나 지상으로부터 높이가 120m 이상인 특정소방대상물
> - 연면적이 100,000m² 이상인 특정소방대상물(아파트 제외)

08 문화재보호법에 따라 보물 또는 국보로 지정된 목조건축물은 몇 급 소방안전관리대상물에 해당되는가?

① 특급 ② 1급
③ 2급 ④ 3급

> 2급 소방안전관리대상물 : 특급 소방안전관리대상물 및 1급 소방안전관리대상물을 제외한 다음의 어느 하나에 해당하는 것
> - 옥내소화전설비·스프링클러설비·간이스프링클러설비 또는 물분무등소화설비(호스릴 방식의 물분무등소화설비만을 설치한 경우는 제외)를 설치하여야 하는 특정소방대상물
> - 가스 제조설비를 갖추고 도시가스사업의 허가를 받아야 하는 시설 또는 가연성 가스를 100톤 이상 1천톤 미만 저장·취급하는 시설
> - 지하구
> - 300세대 이상의 공동주택
> - 150세대 이상으로서 승강기가 설치된 공동주택
> - 150세대 이상으로서 중앙집중식 난방방식(지역난방방식을 포함)의 공동주택
> - 건축허가를 받아 주택 외의 시설과 주택을 동일건축물로 건축한 건축물로서 주택이 150세대 이상인 건축물
> - 문화재보호법에 따라 보물 또는 국보로 지정된 목조건축물

09 화재의 예방 및 안전관리에 관한 법률상 화재안전조사에 대한 설명으로 틀린 것은?

① 화재안전조사는 소방청장, 소방본부장 또는 소방서장이 실시하는 현장조사·문서열람·보고요구 등을 하는 활동을 말한다.
② 조사방법에는 조사 항목 전체에 대해 실시하는 종합조사와 특정항목 또는 특정항목의 일부분에 한정하여 실시하는 부분조사가 있다.
③ 관계인은 천재지변 등의 사유로 화재안전조사를 받기 곤란한 경우 화재안전조사의 연기를 신청할 수 있다.
④ 소방관서장은 조사계획을 인터넷 홈페이지 또는 전산시스템 등을 통해 사전에 공개하여야 하며, 공개기간은 3일 이상으로 한다.

> 화재안전조사의 절차
> - 소방관서장은 조사계획(조사대상, 조사기간 및 조사사유 등)을 인터넷 홈페이지 또는 전산시스템 등을 통해 사전에 공개하여야 하며, 공개기간은 7일 이상으로 한다.
> - 소방관서장은 관계인에게 필요한 보고를 하도록 하거나 자료의 제시·제출요청 및 소방대상물의 위치·구조·설비 또는 관리 상황에 대한 현장조사 및 관계인에 대한 질문의 방법으로 할 수 있다.

10 특정소방대상물의 소방안전관리자로 선임된 '소방안전관리자의 업무'로 볼 수 없는 것은?

① 화재발생 시 초기대응
② 자위소방대 및 초기대응체계의 구성·운영 교육
③ 소방훈련 및 교육

④ 피난시설이나 소방시설 제작 및 설치

🔍 특정소방대상물 소방안전관리자의 업무내용
- 소방계획서의 작성 및 시행
- 자위소방대 및 초기대응체계의 구성, 운영 및 교육
- 피난시설, 방화구획 및 방화시설의 관리
- 소방시설이나 그 밖의 소방 관련 시설의 관리
- 소방훈련 및 교육
- 화기 취급의 감독
- 소방안전관리에 관한 업무수행에 관한 기록 유지
- 화재발생 시 초기대응
- 그 밖의 소방안전관리에 필요한 업무

11 화재의 예방 및 안전관리에 관한 법률상 관리의 권원별 소방안전관리자 선임 및 조정 기준에 해당되지 않는 특정소방대상물은?

① 지하층을 제외한 층수가 11층인 건축물
② 연면적 15,000m²인 건축물
③ 지하가
④ 소매시장 및 전통시장

🔍 관리의 권원을 조정할 수 있는 특정소방대상물
- 복합건축물(지하층을 제외한 층수가 11층 이상 또는 연면적 30,000m² 이상인 건축물)
- 지하가(지하의 인공구조물 안에 설치된 상점 및 사무실, 그 밖에 이와 비슷한 시설이 연속하여 지하도에 접하여 설치된 것과 그 지하도를 합한 것)
- 판매시설 중 도매시장, 소매시장 및 전통시장

12 다음 중 대수선에 해당하지 않는 것은?

① 보 3개를 수선 또는 변경하는 것
② 지붕틀 3개를 수선 또는 변경하는 것
③ 기둥 2개를 수선 또는 변경하는 것
④ 방화벽을 증설 또는 해체하는 것

🔍 대수선의 범위
- 내력벽을 증설 또는 해체하거나 그 벽면적을 30m² 이상 수선 또는 변경하는 것
- 기둥을 증설 또는 해체하거나 3개 이상 수선 또는 변경하는 것
- 보를 증설 또는 해체하거나 3개 이상 수선 또는 변경하는 것
- 지붕틀(한옥의 경우에는 지붕틀의 범위에서 서까래는 제외)을 증설 또는 해체하거나 3개 이상 수선 또는 변경하는 것
- 방화벽 또는 방화구획을 위한 바닥 또는 벽을 증설 또는 해체하거나 수선 또는 변경하는 것
- 주계단·피난계단 또는 특별피난계단을 증설 또는 해체하거나 수선 또는 변경하는 것
- 다가구주택의 가구 간 경계벽 또는 다세대주택의 세대 간 경계벽을 증설 또는 해체하거나 수선 또는 변경하는 것
- 건축물의 외벽에 사용하는 마감재료를 증설 또는 해체하거나 벽면적 30m² 이상 수선 또는 변경하는 것

13 다음의 조건에 따라 설치해야 하는 소화기의 능력단위와 적정 소화기 개수를 산정하면?

- 바닥면적은 1,000m²이다.
- 용도는 근린생활시설이다.
- 건축물은 내화구조이고 내장재는 불연재이다.
- 소화기는 ABC 분말소화기(3단위)를 설치한다.
- 상기 외의 기준은 산정에서 제외한다.

① 20단위, 7개 ② 10단위, 4개
③ 10단위, 3개 ④ 5단위, 2개

🔍
- 근린생활시설의 경우 소화기구의 능력단위는 해당 용도의 바닥면적 100m²마다 능력단위 1단위 이상이 요구된다.
- 내화구조이고 내장재가 불연재인 경우 기준면적의 2배인 200m²마다 능력단위 1단위 이상으로 할 수 있다.
- 따라서, 다음과 같이 산출할 수 있다.

$\frac{1,000m^2}{200m^2}$ = 5단위, 3단위인 ABC 분말소화기 2개

14 화재의 예방 및 안전관리에 관한 법률상 화재안전조사를 정당한 사유없이 거부·방해 또는 기피한 자에 대한 벌칙은?

① 5년 이하의 징역 또는 5천만원 이하의 벌금
② 3년 이하의 징역 또는 3천만원 이하의 벌금
③ 1년 이하의 징역 또는 1천만원 이하의 벌금
④ 300만원 이하의 벌금

🔍 300만원 이하의 벌금
- 화재안전조사를 정당한 사유 없이 거부·방해 또는 기피한 자
- 화재예방조치 명령을 정당한 사유 없이 따르지 아니하거나 방해한 자
- 소방안전관리자, 총괄소방안전관리자 또는 소방안전관리보조자를 선임하지 아니한 자
- 소방시설·피난시설·방화시설 및 방화구획 등이 법령에 위반된 것을 발견하였음에도 필요한 조치를 할 것을 요구하지 아니한 소방안전관리자
- 소방안전관리자에게 불이익한 처우를 한 관계인

15 다음 중 연소의 3요소로 볼 수 없는 것은?

① 화학적인 연쇄반응 ② 가연물질
③ 산소공급원 ④ 점화원

🔍 연소의 3요소·4요소
- 연소의 3요소 : 가연물질, 산소공급원, 점화원
- 연소의 4요소 : 가연물질, 산소공급원, 점화원, 화학적 연쇄반응

16 다음 중 가연물질이 될 수 있는 것은?

① 불활성기체
② 산소와 화학반응을 일으킬 수 없는 물질
③ 발열반응물질
④ 자체가 연소하지 않는 물질

> 가연물이 될 수 없는 조건
> - 불활성기체 : 산소와 결합하지 못하는 기체(헬륨, 네온, 아르곤 등)
> - 산소와 화학반응을 일으킬 수 없는 물질 : 물(H_2O), 이산화탄소(CO_2) 등
> - 산소와 화합하여 흡열반응하는 물질 : 질소 또는 질소 산화물 등
> - 자체가 연소하지 아니하는 물질 : 돌, 흙 등

17 일반적으로 공기 중 '산소농도의 체적비와 중량비'는 몇 %인가?

① 체적비 : 약 15%, 중량비 : 약 20%
② 체적비 : 약 21%, 중량비 : 약 21%
③ 체적비 : 약 21%, 중량비 : 약 23%
④ 체적비 : 약 23%, 중량비 : 약 21%

> 일반적으로 공기 중의 산소(O_2)농도는 체적비 약 21%, 중량비 약 23%이며, 일반 가연물인 경우 산소농도 15% 이하에서는 연소가 어렵다.

18 자신은 연소하지 않고 연소를 도와주는 가스인 조연성 가스가 아닌 것은?

① 산소(O_2)
② 오존(O_3)
③ 염소 및 불소
④ 이산화탄소(CO_2)

> - 조연성 가스 : 산소(O_2), 오존(O_3), 염소(Cl), 불소(F) 등
> - 불연성 가스 : 프레온(CFC), 질소(N), 이산화탄소(CO_2)
> - 불활성 가스 : 헬륨(He), 네온(Ne), 아르곤(Ar)

19 다음 중 발화점이 가장 낮은 것은?

① 중유
② 등유
③ 휘발유
④ 아세톤

> 가연물질의 발화점
>
> | 물질 | 발화점(℃) | 물질 | 발화점(℃) |
> |---|---|---|---|
> | 등유 | 210℃ | 메틸알코올 | 464℃ |
> | 휘발유 | 280~456℃ | 아세톤 | 465℃ |
> | 중유 | 400℃ 이상 | 암모니아 | 651℃ |

20 다음 화재 중 가연성 금속류가 가연물이 되는 화재는?

① A급 화재
② B급 화재
③ C급 화재
④ D급 화재

> 화재의 분류
> - A급 화재 : 일반화재
> - B급 화재 : 유류화재
> - C급 화재 : 전기화재
> - D급 화재 : 금속화재
> - K급 화재 : 주방화재

21 화재에서 화염의 접촉없이 인접 건물로 연소가 확산되는 현상은 열전달 방법 중 무엇과 가장 밀접한 관계가 있는가?

① 전도
② 대류
③ 복사
④ 방사

> 복사(Radiation)
> - 화재 시 열의 이동에 가장 크게 작용하는 열 이동방식으로 모든 물체의 온도 때문에 열에너지를 파장의 형태로 계속적으로 방사하며, 이렇게 방사하는 에너지를 열복사라 한다.
> - 화재에서 화염의 접촉없이 인접 건물로 연소가 확산되는 현상은 복사열에 의한 것이다.

22 화재 시 연기가 인체에 미치는 영향으로 가장 거리가 먼 것은?

① 시야를 감퇴하며 피난행동 및 소화활동을 저해한다.
② 연기의 성분 그 자체로서는 인체에 심각한 피해를 초래하지 않는다.
③ 정신적으로 긴장 또는 패닉현상에 빠지게 되는 2차적 재해의 우려가 있다.
④ 방염(난연) 처리된 물질의 화재 시 다량의 연기 입자 및 유독가스가 발생한다.

🔍 불완전한 연소생성물(검은색 연기)의 인체에 미치는 영향
- 시야를 감퇴하며 피난행동 및 소화활동을 저해한다.
- 연기성분 중 유독물(일산화탄소, 포스겐 등)의 발생으로 생명이 위험하다.
- 정신적으로 긴장 또는 패닉현상에 빠지게 되는 2차적 재해가 우려가 있다.
- 최근 건물화재의 특징은 방염(난연)처리된 물질을 사용하여 연소 그 자체는 억제되고 있지만 다량의 연기입자 및 유독가스를 발생하는 특징이 있다.

23 화재 시 발생하는 일산화탄소(CO)에 대한 설명으로 옳지 않은 것은?

① 일산화탄소는 무색·무취·무미의 환원성 가스이다.
② 상온에서 염소와 작용하여 유독성 가스인 포스겐($COCl_2$)을 생성하기도 한다.
③ 인체 내에 헤모글로빈과 결합하여 산소의 운반기능을 약화시켜 질식하게 한다.
④ 일산화탄소는 공기보다 무겁고, 물에 잘 녹는다.

🔍 일산화탄소(CO) : 무색, 무취, 무미의 환원성이 강한 가스로 상온에서 염소와 작용하여 유독성가스 포스겐($COCl_2$)을 생성하기도 하며 인체 내 헤모글로빈과 결합하여 산소의 운반기능을 약화시켜 질식하게 한다. 공기보다 가볍고 물에 잘 녹지 않는다.

24 소화방법 중 화학적 작용에 의한 소화방법에 해당하는 것은?

① 제거소화
② 질식소화
③ 억제소화
④ 냉각소화

🔍 억제소화
- 산화반응(연쇄반응)을 약화시켜 소화하는 방법(화학적 작용에 의한 소화방법)
- 할로겐화합물, 청정소화약제에 의한 억제(부촉매) 작용, 분말소화약제에 의한 억제(부촉매) 작용

25 화재의 분류 중 D급 화재에 대한 설명으로 틀린 것은?

① 물, 포, 강화액 등을 이용한 소화방법이 효과적이다.
② 가연성 금속류가 가연물이 되는 화재이다.
③ 마른모래 및 특수분말을 이용하여 진압한다.
④ 가연성 금속류는 분말상으로 존재할 때 가연성이 현저히 증가한다.

🔍 D급 화재(금속화재)는 물과 반응하여 폭발성이 강한 수소를 발생시키므로 수계소화약제(물, 포, 강화액 등)를 사용해서는 안 된다.

26 화재 소화 시 소화약제의 종류에 해당되지 않는 것은?

① 물소화제
② 포소화제
③ 분말소화제
④ 일산화탄소(CO)소화약제

🔍 소화약제의 종류
- 물소화약제 : 냉각, 질식효과
- 포소화약제 : 질식, 냉각효과
- 분말소화약제 : 질식, 억제(부촉매) 효과
- 이산화탄소(CO_2)소화약제 : 질식, 냉각효과
- 할로겐화합물소화약제 : 질식, 억제(부촉매), 냉각효과

27 인화가 용이하고, 대부분 물보다 가볍고, 증기는 공기보다 무거우며, 주수소화가 불가능한 것이 대부분인 위험물은?

① 제1류 위험물
② 제2류 위험물
③ 제3류 위험물
④ 제4류 위험물

🔍 제4류 위험물(인화성액체)의 특성
- 인화가 쉬운 인화성액체이다.
- 물에 녹지 않고 물보다 가볍다.
- 증기비중은 공기보다 무거워 낮은 곳에 체류한다.
- 주수소화가 불가능한 것이 대부분이다.
- 포, 분말 등 소화약제에 의한 질식소화에 적응성이 있다.

28 다음 중 유류(油類)의 공통적인 성질로 볼 수 없는 것은?

① 인화하기 쉽다.
② 증기는 대부분 공기보다 가볍다.
③ 착화온도가 낮은 것은 위험하다.
④ 물보다 가볍고 물에 녹지 않는다.

> 유류의 공통적인 성질
> • 인화하기 쉽다.
> • 증기는 대부분 공기보다 무겁다.
> • 증기는 공기와 혼합되어 연소·폭발한다.
> • 착화온도가 낮은 것은 위험하다.
> • 물보다 가볍고 물에 녹지 않는다.

29 '가스용기 사용 중 주의사항'으로 옳지 않은 것은?

① 연소기 부근에는 가연성물질을 두지 않는다.
② 콕크를 돌려 점화 시 불이 붙었는지 확인한다.
③ 사용 중에는 황색 또는 적색의 불꽃 상태가 되도록 조절한다.
④ 장시간 자리를 비우지 않는다.

> 가스용기 사용 중 주의사항
> • 콕크를 돌려 점화 시 불이 붙었는지 확인한다.
> • 파란불꽃 상태가 되도록 조절한다.(황색, 적색의 불꽃은 불완전연소로 일산화탄소가 발생한다.)
> • 장시간 자리를 비우지 말고 주의하여 지켜본다.

30 물 및 그 밖의 소화약제를 사용하여 소화하는 기계·기구 또는 설비를 무엇이라 하는가?

① 소화설비   ② 경보설비
③ 피난설비   ④ 소화활동설비

> • 소화설비 : 물 및 그 밖의 소화약제를 사용하여 소화하는 기계·기구 또는 설비
> • 경보설비 : 화재발생 사실을 통보하는 기계·기구 또는 설비
> • 피난설비 : 화재가 발생할 경우 피난하기 위하여 사용하는 기구 또는 설비
> • 소화활동설비 : 화재를 진압하거나 인명구조 활동을 위하여 사용하는 설비

31 다음 중 화재 발생 시 화염이나 열에 따라 소화약제를 확산하여 국소적으로 소화하는 소화장치는?

① 에어로졸식소화용구
② 투척용소화용구
③ 자동확산소화기
④ 이산화탄소(CO_2)소화기

> 소화기구의 종류
> • 소화기 : 소화약제를 압력에 따라 방사하는 기구로 사람이 수동으로 조작하여 작동
> • 간이소화용구 : 에어로졸식소화용구, 투척용소화용구 및 소화약제 외의 것을 이용한 간이소화용구
> • 자동확산소화기 : 화재 시 화염이나 열에 따라 소화약제가 확산하여 국소적으로 소화하는 소화장치

32 소화설비 중 소형·대형 소화기 구분 기준으로 틀린 것은?

① 소형소화기는 능력단위가 1단위 이상이고, 대형소화기의 능력단위 미만인 것이다.
② 대형소화기는 화재 시 운반할 수 있도록 운반대와 바퀴가 설치되어 있다.
③ 대형소화기는 능력단위가 A급 화재 10단위 이상인 것이다.
④ 대형소화기는 능력단위가 B급 화재 20단위 이하인 것이다.

> 대형소화기는 화재 시 사람이 운반할 수 있도록 운반대와 바퀴가 설치되어 있고 능력단위가 A급 화재 10단위 이상, B급 화재 20단위 이상인 것을 말한다.

33 다음 〈그림〉의 소화기의 명칭은??

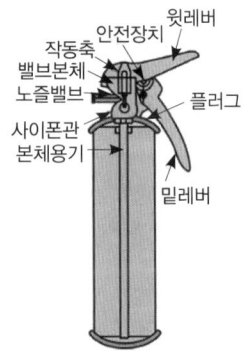

① 할로겐화합물 소화기 ② 축압식 분말소화기
③ 가압식 분말소화기   ④ 이산화탄소 소화기

> 보기의 〈그림〉은 할로겐화합물 소화기이다.

34 할로겐화합물 소화기의 설명으로 맞는 것은?

① 소화약제 : 청정 소화약제
② 적응화재 : ABC급
③ 소화효과 : 부촉매 및 질식소화
④ 용기 내 지시압력계에 사용가능한 압력범위는 적색으로 되어 있다.

🔍 할로겐화합물 소화기
- 소화약제 : 할론1211(CF_2ClBr), 할론2402($C_2F_4Br_2$), 할론1301(CF_3Br)
- 적응화재 : BC급
- 소화효과 : 부촉매(억제) 및 질식효과
- 할론1211 및 할론2402의 경우 지시압력계에 사용가능한 압력범위는 녹색으로 되어 있다.

35 소화기구의 설치기준으로 옳은 것은?

① 특정소방대상물에 따라 능력단위를 기준 이하로 한다.
② 특정소방대상물의 설치장소에 따라 적합한 종류의 것으로 한다.
③ 자동확산소화기를 제외한 소화기구는 바닥으로부터 높이 1.5m 이상의 곳에 비치한다.
④ 보일러실, 변전실 등 부속용도별로 사용되는 부분에 대해서는 소화기구의 능력단위 기준으로 설치한다.

🔍
- 특정소방대상물에 따라 능력단위(소화기구의 소화능력을 나타내는 수치)를 기준 이상으로 한다.
- 소화기구(자동확산소화기 제외)는 바닥으로부터 높이 1.5m 이하의 곳에 비치한다.
- 보일러실, 발전실, 변전실 등 부속용도별로 사용되는 부분에 대하여는 소화기구의 능력단위를 추가하여 설치한다.

36 바닥면적이 1,500m²인 노유자시설에 소화기를 설치하고자 한다. 소화기구의 최소능력단위는?(단, 이 시설의 주요구조부는 내화구조이고, 벽 및 반자의 실내와 면하는 부분이 불연재료이다.)

① 5단위   ② 7단위
③ 8단위   ④ 15단위

🔍 소방대상물이 노유자시설인 경우 소화기구의 능력단위는 바닥면적 100m²마다 능력단위 1단위 이상이다. 다만, 건축물의 주요구조부가 내화구조이고, 벽 및 반자의 실내에 면하는 부분이 불연재료·준불연재료 또는 난연재료로 된 소방대상물에 있어서는 위 기준면적의 2배를 해당 특정소방대상물의 기준면적으로 한다는 단서에 따라 다음과 같이 능력단위를 계산할 수 있다.

$$\frac{1,500m^2}{2 \times 100m^2} = 7.5 ≒ 8단위(소수점 이하는 절상한다.)$$

37 지하 3층, 지상 16층인 특정소방대상물에 자동화재탐지설비를 설치하였다. 지하 2층에서 화재가 발생한 경우 우선적으로 경보를 하여야 하는 층은?

① 지하 1, 2, 3층
② 지하 1, 2층
③ 지하, 1, 2층 및 지상 1층
④ 건물 내 모든 층에 동시 경보

🔍 층수가 11층(공동주택의 경우에는 16층) 이상의 특정소방대상물은 다음에 따라 경보를 발할 수 있도록 하여야 한다.
- 2층 이상의 층에서 발화한 때 : 발화층 및 그 직상 4개층
- 1층에서 발화한 때 : 발화층·그 직상 4개층 및 지하층
- 지하층에서 발화한 때 : 발화층·그 직상층 및 그 밖의 지하층

38 옥내소화전설비의 소화전 노즐에서 규정된 방수량은?

① 100L/min 이상
② 110L/min 이상
③ 120L/min 이상
④ 130L/min 이상

🔍 소방대상물의 각 층 또는 해당 층의 옥내소화전(2개 이상인 경우 2개)을 동시에 방수할 경우 각 소화전 노즐에서의 방수량은 130L/min 이상, 방수압은 0.17MPa 이상 0.7MPa 이하이어야 한다.

39 옥내소화전설비 중 호스릴 옥내소화전설비의 경우 호스의 구경은 몇 mm 이상의 것으로 물이 유효하게 뿌려질 수 있는 길이로 설치하여야 하는가?

① 25mm 이상   ② 30mm 이상
③ 40mm 이상   ④ 50mm 이상

🔍 일반 호스는 구경 40mm 이상의 것으로 물이 유효하게 뿌려질 수 있는 길이로 설치한다. 다만, 호스릴 옥내소화전 설비의 경우에는 25mm이다.

40 방수압력이 0.36MPa인 옥내소화전의 분당 방수량은 얼마인가?(단, 옥내소화전인 경우 노즐의 구경은 13mm이다.)

① 180L/min
② 210L/min
③ 250L/min
④ 300L/min

🔍 분당 방수량
$Q = 2.065 \times D^2 \times \sqrt{P}$ [Q : 분당방수량(L/min), D : 관경 또는 노즐의 구경(mm), p : 방수압력(MPa)]
$= 2.065 \times 13^2 \times \sqrt{0.36} = 2.065 \times 169 \times 0.6$
$= 209.39 ≒ 210(L/min)$

41 스프링클러설비의 특징 중 장점으로 맞는 것은?

① 초기 시설비가 많이 든다.
② 시공 시 다른 시설보다 복잡하다.
③ 초기진화에 절대적인 효과가 있다.
④ 물로 인한 피해가 심하다.

🔍 스프링클러설비의 장점
• 초기 진화에 절대적인 효과가 있다.
• 소화약제가 물이며 경제적이고 소화 후 복구가 용이하다.
• 기계적이므로 오동작이 거의 없다.
• 자동적으로 화재를 감지하여 화재경보 및 소화를 할 수 있다.

42 자동화재탐지설비의 1회선(회로)이 화재의 발생을 효율적으로 감지할 수 있도록 적당한 범위를 정한 구역을 무엇이라 하는가?

① 보안구역
② 경계구역
③ 통신구역
④ 경비구역

🔍 경계구역 : 자동화재탐지설비의 1회선(회로)이 화재의 발생을 효율적으로 감지할 수 있도록 적당한 범위를 정한 구역을 말하며, 다음과 같은 기준에 따라 나눈다.
• 하나의 경계구역이 2개 이상의 건축물에 미치지 아니하도록 할 것
• 하나의 경계구역이 2개 이상의 층에 미치지 아니하도록 할 것. 다만, 500m² 이하의 범위 안에서는 2개의 층을 하나의 경계구역으로 할 수 있다.
• 하나의 경계구역의 면적은 600m² 이하로 하고 한 변의 길이는 50m 이하로 할 것. 다만, 해당 소방대상물의 주된 출입구에서 그 내부 전체가 보이는 것에 있어서는 한 변의 길이가 50m 범위 내에서 1,000m² 이하로 할 수 있다.

43 동일 구내에 다수동이나 초고층빌딩 등에 회선수가 매우 많은 대상물에 설치하는 수신기는?

① R형 수신기
② P형 수신기
③ T형 수신기
④ M형 수신기

🔍 수신기의 종류
• P형 수신기 : 일반적으로 사용되며 각 회로별 경계구역을 표시하는 지구표시등이 설치되어 있다.
• R형 수신기 : 고유의 신호를 수신하는 것으로 동일 구내에 다수동이나 초고층빌딩 등에 회선수가 매우 많은 대상물에 설치한다.

44 연기에 포함된 미립자가 광원에서 방사되는 광속에 의해 산란반사를 일으키는 것을 이용한 감지기는?

① 차동식 감지기
② 정온식 감지기
③ 이온화식 감지기
④ 광전식 감지기

🔍 광전식감지기의 동작원리는 광량의 감소 또는 증가를 이용한 것으로 큰 연기입자(0.2~1μm)에 유리하고, 적응성은 A급 화재 등 훈소화재이다.

45 노유자시설·근린생활시설의 3층에 설치하여야 할 피난기구 종류로 부적절한 것은?

① 구조대
② 미끄럼대
③ 다수인피난장비
④ 간이완강기

🔍 간이완강기의 적응성은 숙박시설의 3층 이상에 있는 객실에, 공기안전매트의 적응성은 공동주택에 한한다.

46 피난설비 중 비상조명등의 일반적인 유효작동시간은 몇 분 이상인가?

① 5분 이상
② 10분 이상
③ 20분 이상
④ 30분 이상

🔍 비상조명등
• 조도 : 비상조명등이 설치된 장소의 각 부분의 바닥에서 1럭스(lx) 이상
• 유효작동시간 : 20분 이상(지하층을 제외한 층수가 11층 이상의 층, 지하층 또는 무창층으로서 용도가 도매시장·소매시장·여객자동차터미널·지하역사 또는 지하상가인 경우는 60분 이상)

47 피난설비 중 피난구유도등은 피난구 바닥으로부터 높이 몇 m 이상의 곳에 설치하여야 하는가?

① 0.5m 이상 ② 1.0m 이상
③ 1.5m 이상 ④ 2.0m 이상

🔍 설치기준
- 복도통로유도등 : 바닥으로부터 높이 1m 이하
- 계단통로유도등 : 바닥으로부터 높이 1m 이하
- 피난구유도등 · 거실통로유도등 : 바닥으로부터 높이 1.5m 이상

48 피난설비 중 유도등은 항상 점등상태를 유지하는 2선 공사를 하는 것이 원칙이지만, 예외로 3선식 공사가 가능한 경우가 있다. 3선식 공사가 가능한 경우에 해당되지 않는 것은?

① 소방대상물 또는 그 부분에 사람이 없는 경우
② 공연장, 암실(暗室) 등으로서 어두워야 할 필요가 있는 장소
③ 외부의 빛이 적어 피난구 또는 피난방향을 쉽게 식별할 수 없는 장소
④ 소방대상물에 관계인 또는 종사원이 주로 사용하는 장소

🔍 유도등에서 3선식 공사가 가능한 경우(상시 충전되는 구조)
- 소방대상물 또는 그 부분에 사람이 없는 경우
- 외부의 빛에 의해 피난구 또는 피난방향을 쉽게 식별할 수 있는 장소
- 공연장, 암실(暗室) 등으로서 어두워야 할 필요가 있는 장소
- 소방대상물에 관계인 또는 종사원이 주로 사용하는 장소

49 [보기]와 같은 소방계획의 수립절차를 순서대로 올바르게 나열한 것은?

| ㉮ 위험환경 분석 | ㉯ 사전기획 |
| ㉰ 시행 · 유지관리 | ㉱ 설계 · 개발 |

① ㉮ → ㉯ → ㉱ → ㉰
② ㉯ → ㉰ → ㉮ → ㉱
③ ㉮ → ㉰ → ㉯ → ㉱
④ ㉯ → ㉮ → ㉱ → ㉰

🔍 소방계획의 수립절차
- 1단계(사전기획) : 작성준비 → 요구사항 검토 → 작성계획 수립
- 2단계(위험한경 분석) : 위험환경 식별 → 위험환경 분석 · 평가 → 위험경감대책 수립
- 3단계(설계 · 개발) : 목표 · 전략 수립 → 실행계획 설계 및 개발
- 4단계(시행 · 유지관리) : 수립시행 → 운영 · 유지관리

50 다음은 로터리 방식의 P형 수신기를 나타낸 것이다. 동작시험 순서의 스위치 조작 순서로 옳은 것은?

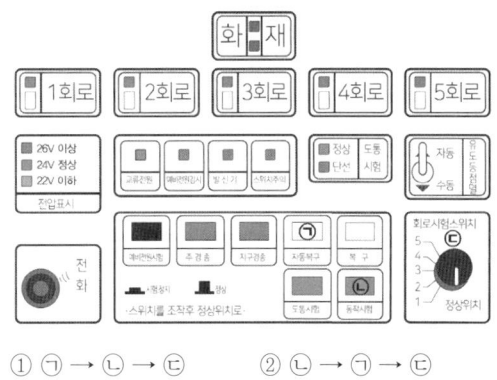

① ㉠ → ㉡ → ㉢
② ㉡ → ㉠ → ㉢
③ ㉢ → ㉡ → ㉠
④ ㉡ → ㉢ → ㉠

🔍 로터리 방식의 P형 수신기
- 동작시험 순서 : 동작시험스위치 누름 → 자동복구스위치 누름 → 회로시험스위치 돌림
- 동작시험 복구순서 : 회로시험스위치 돌림 → 동작스위치 누름 → 자동복구스위치 누름
- 도통시험 : 도통시험스위치 누름 → 회로시험스위치 돌림
- 예비전원시험 : 예비전원시험스위치 누름 → 전압표시부에서 전압 적정여부 확인

정답 실전모의고사 3회

01 ④	02 ③	03 ①	04 ②	05 ①
06 ④	07 ④	08 ③	09 ④	10 ④
11 ②	12 ④	13 ④	14 ④	15 ①
16 ②	17 ③	18 ④	19 ②	20 ④
21 ③	22 ④	23 ④	24 ③	25 ①
26 ④	27 ④	28 ②	29 ④	30 ①
31 ②	32 ④	33 ①	34 ③	35 ②
36 ③	37 ①	38 ④	39 ①	40 ②
41 ③	42 ④	43 ①	44 ④	45 ④
46 ③	47 ③	48 ③	49 ④	50 ②

4회 실전모의고사

01 다음과 같은 소방안전관리대상물이 있다. 해당 건축물의 소방안전관리자 선임기한은?(단, 아래 표의 조건을 제외한 사항은 고려하지 않는다.)

구분	내용
용도	업무시설
규모	지상 8층, 지하 2층, 연면적 8,000m²
소방시설	소화기, 옥내소화전, 스프링클러설비, 자동화재탐지설비
소방안전관리자 현황	자격: 2급 소방안전관리자 자격취득 강습수료일 : 2024년 3월 5일
건축물 사용승인일	2024년 3월 10일

① 2024년 3월 17일
② 2024년 3월 25일
③ 2024년 3월 31일
④ 2024년 4월 9일

> **소방안전관리자의 선임 기한**
> • 신축 · 증축 · 개축 · 재축 · 대수선 또는 용도변경으로 해당 특정소방대상물의 소방안전관리(보조)자를 신규로 선임하여야 하는 경우 : 해당 특정소방대상물의 사용승인일(「건축법」에 따라 건축물을 사용할 수 있게 된 날)로부터 30일 이내
> • 증축 또는 용도변경으로 인하여 특정소방대상물이 특급 또는 1급 · 2급 소방안전관리대상물로 된 경우 또는 등급이 변경된 경우 : 증축공사의 사용승인일 또는 용도변경 사실을 건축물관리대장에 기재한 날로부터 30일 이내

02 화재를 진압하고 화재, 재난 · 재해, 그 밖의 위급한 상황에서 구조 · 구급 활동 등을 하기 위하여 구성된 조직체 '소방대(消防隊)의 대원'으로 볼 수 없는 사람은?

① 소방공무원
② 의무소방원(義務消防員)
③ 의용소방대원(義勇消防隊員)
④ 자치소방대원

> **소방대(消防隊)** : 화재를 진압하고 화재, 재난 · 재해, 그 밖의 위급한 상황에서 구조 · 구급 활동 등을 하기 위하여 다음의 사람으로 구성된 조직체
> • 소방공무원
> • 의무소방원(義務消防員)
> • 의용소방대원(義勇消防隊員)

03 다음 중 소방기본법상 '100만원 이하의 벌금'형에 해당하지 않는 것은?

① 화재 또는 구조가 필요한 상황을 거짓으로 알린 사람
② 정당한 사유 없이 소방대가 현장에 도착할 때까지 사람을 구출하는 조치를 하지 않은 관계인
③ 정당한 사유 없이 소방대의 생활안전을 방해한 자
④ 화재 또는 재난 그 밖의 긴급한 상황에 따른 피난 명령을 위반한 사람

> **100만원 이하의 벌금(소방기본법 제54조)**
> • 정당한 사유 없이 소방대의 생활안전활동을 방해한 자
> • 정당한 사유 없이 소방대가 현장에 도착할 때까지 사람을 구출하는 조치 또는 불을 끄거나 불이 번지지 아니하도록 하는 조치를 하지 아니한 소방대상물 관계인
> • 화재, 재난 · 재해, 그 밖의 긴급한 상황에 따른 피난 명령을 위반한 사람
> • 정당한 사유 없이 물의 사용이나 수도의 개폐장치의 사용 또는 조작을 하지 못하게 하거나 방해한 자
> • 소방기본법에 따른 긴급조치(가스 · 전기 또는 유류 등의 시설에 대하여 위험물질의 공급을 차단하는 조치)를 정당한 사유 없이 방해한 자

04 다음 중 소방관계법령상 '용어의 정의'가 잘못된 것은?

① 소방시설 : 소화설비, 경보설비, 피난구조설비, 소화용수설비, 그 밖에 소화활동설비로서 대통령령으로 정하는 것
② 소방시설 등 : 소방시설과 비상구, 그 밖에 소방관련 시설로서 대통령령으로 정하는 것
③ 특정소방대상물 : 소방시설을 설치하여야 하는 소방대상물로서 소방청장이 정하는 것

④ 피난층 : 곧바로 지상으로 갈 수 있는 출입구가 있는 층

🔍 **용어의 정의**
- 소방시설 : 소화설비, 경보설비, 피난구조설비, 소화용수설비, 그 밖에 소화활동설비로서 대통령령으로 정하는 것
- 소방시설 등 : 소방시설과 비상구(非常口), 그 밖에 소방 관련 시설로서 대통령령으로 정하는 것
- 특정소방대상물 : 소방시설을 설치하여야 하는 소방대상물로서 대통령령으로 정하는 것
- 무창층(無窓層) : 지상층 중 다음의 요건을 모두 갖춘 개구부(건축물에서 채광·환기·통풍 또는 출입 등을 위하여 만든 창·출입구, 그 밖에 이와 비슷한 것을 말한다)의 면적의 합계가 해당 층의 바닥면적의 30분의 1 이하가 되는 층을 말한다.
  - 크기는 지름 50cm 이상의 원이 통과할 수 있을 것
  - 해당 층의 바닥면으로부터 개구부 밑부분까지의 높이가 1.2m 이내일 것
  - 도로 또는 차량이 진입할 수 있는 빈터를 향할 것
  - 화재 시 건축물로부터 쉽게 피난할 수 있도록 창살이나 그 밖의 장애물이 설치되지 않을 것
  - 내부 또는 외부에서 쉽게 부수거나 열 수 있을 것
- 피난층 : 곧바로 지상으로 갈 수 있는 출입구가 있는 층

05 다음 중 '1급 소방안전대상물' 아닌 것은?

① 지하층을 제외한 30층 이상인 아파트
② 아파트를 포함한 15,000m² 이상인 특정소방대상물
③ 가연성 가스를 1천톤 이상 저장·취급하는 시설
④ 지상으로부터 높이 120m 이상인 아파트

🔍 **1급 소방안전관리대상물**
- ㉠ 30층 이상(지하층은 제외)이거나 지상으로부터 높이가 120m 이상인 아파트
- ㉡ 연면적 15,000m² 이상인 특정소방대상물(아파트 및 연립주택은 제외)
- ㉢ 위 ㉠항에 해당하지 아니하는 특정소방대상물로서 층수가 11층 이상인 특정소방대상물(아파트는 제외)
- ㉣ 가연성 가스를 1천톤 이상 저장·취급하는 시설
- [제외] 동·식물원, 철강 등 불연성 물품을 저장·취급하는 창고, 위험물 저장 및 처리시설 중 위험물 제조소등, 지하구

06 연면적 60,000m²인 특정소방대상물(아파트 제외)은 '소방안전관리보조자'를 최소 몇 명을 선임하여야 하는가?

① 1명　　② 2명
③ 3명　　④ 4명

🔍 **소방안전관리보조자를 두어야 하는 특정소방대상물**
- ㉠ 300세대 이상인 아파트 : 최소선임 1명 (단, 초과되는 300세대마다 1명 이상을 추가로 선임)
- ㉡ 위 ㉠항을 제외한 연면적이 15,000m² 이상인 특정소방대상물 : 최소선임 1명 (단, 초과되는 연면적 15,000m²마다 1명 이상을 추가로 선임)
- ㉢ 위 ㉠항 및 ㉡항을 제외한 공동주택 중 기숙사, 의료시설, 노유자시설, 수련시설, 숙박시설(숙박시설로 사용되는 바닥면적의 합계가 1,500m² 미만이고 관계인이 24시간 상시 근무하고 있는 숙박시설은 제외) : 최소선임 1명

∴ 풀이
연면적 15,000m²인 특정소방대상물 : 최소선임 1명이므로 연면적 60,000m²인 특정소방대상물은
1명 + 추가 3명 = 4명

07 다음 중 피난시설, 방화구획 및 방화시설의 불법행위 중 변경행위에 해당하지 않는 행위는?

① 임의구획으로 무창층을 발생하게 하는 행위
② 방범철책에 고정식 잠금장치를 설치하는 행위
③ 방화구획에 개구부를 설치하여 그 기능에 지장을 주는 행위
④ 방화문을 철거하고 목재, 유리문 등으로 변경하는 행위

🔍 **피난시설, 방화구획 및 방화시설의 변경행위**
- 방화구획 및 내부마감재료를 임의로 변경하여 건축법령에 위반하였다고 볼 수 있는 행위
  - 임의구획으로 무창층을 발생하게 하는 행위
  - 방화구획에 개구부를 설치하여 그 기능에 지장을 주는 행위 등
- 방화문을 철거하고 목재, 유리문 등으로 변경하는 행위
- 기타 객관적인 판단하에 누구라도 피난·방화시설을 변경하여 건축법령에 위반하였다고 볼 수 있는 행위
※ 방범철책에 고정식 잠금장치를 설치하는 행위는 피난·방화시설의 폐쇄행위에 해당된다.

08 방염처리 물품의 성능검사에서 현장처리리물품의 성능검사 실시기관은?

① 한국소방산업기술원장
② 한국소방안전원장
③ 관할 소방서장
④ 행정안전부장관

🔍 **현장처리물품** : 설치현장에서 방염처리(합판·목재류)
- 실시기관 : 시·도지사(관할소방서장)
- 검사방법 : 일정한 크기, 수량을 표본추출하여 실시
- 합격표시 : 방염성능검사 확인표시 부착

09 다음은 건축 행위에 관한 내용이다. '개축'과 '재축'에 해당되는 것을 올바르게 연결한 것은?

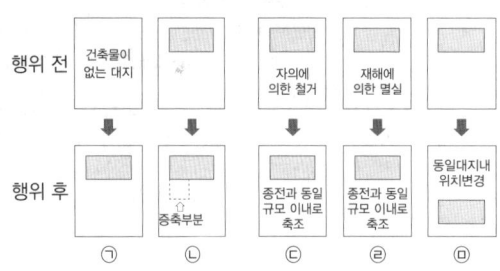

① 개축 - ㉡, 재축 - ㉣
② 개축 - ㉡, 재축 - ㉢
③ 개축 - ㉢, 재축 - ㉣
④ 개축 - ㉣, 재축 - ㉢

🔍 건축 행위
- 신축(㉠) : 건축물이 없는 대지에 새로이 건축물을 축조하는 것을 말한다.
- 증축(㉡) : 기존 건축물이 있는 대지 안에서 건축물의 건축면적·연면적·층수 또는 높이를 증가시키는 것을 말한다.
- 개축(㉢) : 기존 건축물의 전부 또는 일부를 철거하고, 그 대지 안에 종전과 동일한 규모의 범위 안에서 건축물을 다시 축조하는 것을 말한다.
- 재축(㉣) : 건축물이 천재·지변 기타 재해에 의하여 멸실된 경우에 그 대지 안에 종전과 동일한 규모의 범위 안에서 다시 축조하는 것을 말한다.
- 이전(㉤) : 건축물의 주요구조부를 해체하지 않고 동일한 대지 안의 다른 위치를 옮기는 것을 말한다.

10 화재발생 시 '피난계단과 피난 시 이동경로'가 맞게 연결된 것은?

① 옥내피난계단 : 옥내 → 복도 → 옥외계단 → 피난층
② 옥외피난계단 : 옥내 → 복도 → 옥외계단 → 지상층
③ 특별피난계단 : 옥내 → 복도 → 옥외계단 → 지상층
④ 특별피난계단 : 옥내 → 복도 → 부속실 → 피난층

🔍 피난계단의 종류 및 피난 시 이동경로

피난계단의 종류	피난 시 이동경로
옥내피난계단	옥내 → 복도 → 계단실 → 피난층
옥외피난계단	옥내 → 복도 → 옥외계단 → 지상층
특별피난계단	옥내 → 복도 → 부속실 → 계단실 → 피난층

11 다음 중 '방염성능기준 이상의 실내장식물 등을 설치하여야 할 장소'가 아닌 것은?

① 공연장 및 종교집회장
② 방송국 및 촬영소
③ 다중이용업소(수영장 포함)
④ 노유자시설

🔍 방염성능기준 이상의 실내장식물 등을 설치할 장소
- 근린생활시설 중 의원, 체력단련장, 공연장 및 종교집회장
- 건축물의 옥내에 있는 시설로서 문화 및 집회시설, 종교시설, 운동시설(수영장 제외)
- 의료시설, 숙박시설, 방송통신시설 중 방송국 및 촬영소
- 노유자시설 및 숙박이 가능한 수련시설
- 다중이용업소
- 건축물의 층수가 11층 이상인 것(아파트 제외)
- 교육연구시설 중 합숙소

12 소방안전관리보조자를 선임해야 하는 대상물에 해당되지 않는 것은?

① 300세대 이상인 아파트
② 의료시설
③ 노유자시설
④ 연립주택

🔍 소방안전관리보조자 선임대상물
- 300세대 이상인 아파트
- 연면적이 15,000m² 이상인 특정소방대상물(아파트와 연립주택은 제외)
- 위의 2가지 특정소방대상물을 제외한 특정소방대상물 중 공동주택 중 기숙사, 의료시설, 노유자시설, 수련시설, 숙박시설(숙박시설로 사용되는 바닥면적의 합계가 1,500m² 미만이고 관계인이 24시간 상시 근무하고 있는 숙박시설은 제외)

13 '소방시설에 기능과 성능에 지장을 줄 수 있는 폐쇄 등의 행위를 하여 인명을 사망에 이르게 한 자'에 부과되는 벌금은?

① 10년 이하의 징역 또는 1억원 이하의 벌금
② 7년 이하의 징역 또는 7천만원 이하의 벌금
③ 5년 이하의 징역 또는 5천만원 이하의 벌금
④ 3년 이하의 징역 또는 3천만원 이하의 벌금

- 5년 이하의 징역 또는 5천만원 이하의 벌금
  소방시설에 기능과 성능에 지장을 줄 수 있는 폐쇄(잠금 포함)·차단 등의 행위를 한 자
  [가중처벌 규정]
  - 상기의 죄를 범하여 사람을 상해에 이르게 한 때 : 7년 이하의 징역 또는 7천만원 이하의 벌금
  - 상기의 죄를 범하여 사람을 사망에 이르게 한 때 : 10년 이하의 징역 또는 1억원 이하의 벌금

14 '소방시설등의 자체점검결과를 거짓으로 보고한 자'에게 부과되는 과태료 부과 개별 기준은?

① 50만원
② 100만원
③ 200만원
④ 300만원

- 점검결과를 보고하지 아니하거나 거짓으로 보고한 관계인에 대한 과태료 부과 개별기준
  - 지연보고 기간이 10일 미만인 경우 : 50만원
  - 지연보고 기간이 10일 이상 1개월 미만인 경우 : 100만원
  - 지연보고 기간이 1개월 이상 또는 보고하지 않은 경우 : 200만원
  - 점검 결과를 축소·삭제하는 등 거짓으로 보고한 경우 : 300만원

15 '가연물이 공기 중의 산소 또는 산화제와 반응하여 열과 빛을 발생하면서 산화하는 현상'을 무엇이라 하는가?

① 연소
② 점화
③ 화학반응
④ 발화

- 연소란 가연물이 공기 중의 산소 또는 산화제와 반응하여 열과 빛을 발생하면서 산화하는 현상을 말한다.

16 산소공급원의 설명으로 적절치 않은 것은?

① 일반적으로 공기 중의 산소의 농도는 약 21%이다.
② 산소의 농도가 높을수록 연소는 잘 일어난다.
③ 일반가연물인 경우 산소농도가 15% 이하에서 연소가 잘된다.
④ 자기반응성물질은 분자내의 가연물과 산소를 충분히 함유하고 있는 제5류 위험물로 연소속도가 빠르고 폭발을 일으킬 수 있는 물질이다.

- 일반가연물인 경우 산소농도가 15% 이하에서는 연소가 어렵다.

17 다음 중 연소와 관련된 용어로 볼 수 없는 것은?

① 인화점(인화온도)
② 발화점(착화점, 발화온도)
③ 연소점
④ 열전달

- 연소 용어
  - 인화점(인화온도) : 연소범위에서 외부의 직접적인 점화원에 의해 인화될 수 있는 최저 온도
  - 발화점(착화점, 발화온도) : 외부의 직접적인 점화원 없이 가열된 열의 축적에 의하여 발화에 이르는 최저의 온도, 즉 점화원이 없는 상태에서 가연성 물질을 공기 또는 산소 중에서 가열함으로써 발화되는 최저 온도
  - 연소점 : 연소상태가 계속될 수 있는 온도를 말하며 일반적으로 인화점보다 약 10℃ 정도 높은 온도로서 연소상태가 5초 이상 유지될 수 있는 온도

18 인화점·발화점·연소점의 온도 순서로 옳은 것은?

① 연소점 〉 발화점 〉 인화점
② 발화점 〉 연소점 〉 인화점
③ 인화점 〉 연소점 〉 발화점
④ 발화점 〉 인화점 〉 연소점

- 발화점이 가장 높고, 연소점, 인화점 순서이다.

19 다음 가연물질 중 발화점이 가장 낮은 것은?

① 등유
② 휘발유
③ 중유
④ 암모니아

- 가연물질의 발화점(착화점, 발화온도)

물질	발화점(℃)	물질	발화점(℃)
등유	210℃	메틸알코올	464℃
휘발유	280~456℃	아세톤	465℃
중유	400℃ 이상	암모니아	651℃

20 다음 중 '화재의 분류'로 잘못 연결된 것은?

① 일반화재 – A급 화재
② 유류화재 – B급 화재
③ 금속화재 – C급 화재
④ 주방화재 – K급 화재

> 화재의 분류
> • 일반화재 – A급 화재   • 유류화재 – B급 화재
> • 전기화재 – C급 화재   • 금속화재 – D급 화재
> • 주방화재 – K급 화재

21 화재발생 시 열전달의 대표적인 3가지 방법에 해당되지 않은 것은?

① 전도(Conduction)   ② 확산(Diffusion)
③ 대류(Convection)   ④ 복사(Radiation)

> 열전달
>
> | 종류 | 설명 |
> |---|---|
> | 전도(Conduction) | 화재 시 하나의 물체가 다른 물체와 직접 접촉하여 전달되는 것 |
> | 대류(Convection) | 기체 혹은 액체와 같은 유체의 흐름에 의하여 열이 전달되는 것 |
> | 복사(Radiation) | 화재 시 열의 이동에 가장 크게 작용하는 열 이동 방식으로 화염의 접촉없이 연소가 확산되는 현상을 복사열에 의한 것이라 함 |

22 화재발생 시 '연기가 인체에 미치는 영향'으로 볼 수 없는 것은?

① 육체적으로는 긴장되나 정신적으로는 영향을 받지 않는다.
② 시야를 감퇴하며 피난행동 및 소화활동을 저해한다.
③ 연기성분 중 유독물의 발생으로 생명이 위험하다
④ 최근 건물화재의 특징은 방염(난연)처리된 물질을 사용하여 연소 그 자체는 억제되고 있지만 다량의 연기입자 및 유독가스를 발생하므로 인체에 치명적일 수도 있다.

> 연기는 정신적으로 긴장 또는 패닉현상에 빠지게 되는 2차적 재해의 우려가 있다.

23 화재 시 발생하는 일산화탄소(CO)의 공기 중의 농도와 중독증상으로 옳게 연결된 것은?

① 공기 중의 일산화탄소 농도 0.02% – 구토·현기증
② 공기 중의 일산화탄소 농도 0.04% – 가벼운 두통
③ 공기 중의 일산화탄소 농도 0.16% – 현기증·경련
④ 공기 중의 일산화탄소 농도 1.28% – 1~3분 이내 사망

> 일산화탄소의 공기 중의 농도와 중독증상
>
> | 공기 중의 농도 % | ppm | 경과시간 (분) | 중독증상 |
> |---|---|---|---|
> | 0.02 | 200 | 120~180 | 가벼운 두통 |
> | 0.04 | 400 | 60~120 | 통증·구토 증세 |
> | 0.08 | 800 | 40 | 구토·현기증·경련이 일어나고 24시간 이상이면 실신 |
> | 0.16 | 1600 | 20 | 두통·현기증·구토 등이 일어나고 2시간이면 사망 |
> | 0.32 | 3200 | 5~10 | 두통·현기증이 일어나고 30분이면 사망 |
> | 0.64 | 6400 | 1~2 | 두통·현기증이 심하게 일어나고 15~30분이면 사망 |
> | 1.28 | 12800 | 1~3 | 1~3분 내 사망 |

24 다음 중 '건물화재의 특징'으로 볼 수 없는 것은?

① 건물화재는 불이 가연물에 착화 후 서서히 진행된다.
② 가연물에 착화 후 수직으로 있는 가연물에 착화하는 것으로부터 시작한다.
③ 불이 천장으로 타들어가는 것에 의해 본격적인 화재가 된다.
④ 확산된 화재는 옆방으로 옮겨 연소한 후 자연 소화한다.

> 화재가 확대되면 옆방으로 연소하여 건물 전체의 화재로 되며, 때로는 인접 건물까지도 연소시키게 된다.

25
화재 시 산소공급원을 차단하여 공기 중 산소농도를 15% 이하로 억제함으로써 소화하는 방법은?

① 제거소화
② 질식소화
③ 냉각소화
④ 억제소화

🔍 소화방법
- 제거소화 : 연소반응에 관계된 가연물이나 그 주위의 가연물을 제거
- 질식소화 : 산소공급원을 차단하여 소화하는 방법(공기 중 산소농도를 15% 이하로 억제)
- 냉각소화 : 연소하고 있는 가연물로부터 열을 뺏어 연소물을 착화온도 이하로 내리는 방법
- 억제소화 : 산화반응(연쇄반응)을 약화시켜 소화하는 방법(화학적 작용에 의한 소화방법)

26
위험물안전관리법상 제조소 등의 관계인은 위험물안전관리자를 해임하거나 퇴직한 때에는 그 날로부터 며칠 이내에 다시 선임하여야 하는가?

① 7일 이내
② 14일 이내
③ 30일 이내
④ 60일 이내

🔍 위험물안전관리자 선임 및 해임
- 제조소 등의 관계인은 제조소 등마다 대통령령이 정하는 위험물의 취급에 관한 자격이 있는 자를 안전관리자로 선임하여야 한다.
- 위험물안전관리자가 해임하거나 퇴직한 때에는 그 날로부터 30일 이내에 다시 선임하여야 하며, 선임한 날로부터 14일 이내에 소방본부장 또는 소방서장에게 신고하여야 한다.

27
위험물안전관리법에 따른 각 류별과 성질이 잘못 연결된 것은?

① 제1류 위험물 – 산화성고체
② 제2류 위험물 – 가연성고체
③ 제3류 위험물 – 산화성액체
④ 제4류 위험물 – 인화성액체

🔍 위험물관리법상 위험물의 분류
- 제1류 위험물 : 산화성 고체
- 제2류 위험물 : 가연성 고체
- 제3류 위험물 : 자연발화성 및 금수성물질
- 제4류 위험물 : 인화성 액체
- 제5류 위험물 : 자기반응성 물질
- 제6류 위험물 : 산화성 액체

28
'전기에 의한 주요 화재원인'으로 볼 수 없는 것은?

① 누전에 의한 발화
② 전선의 합선(단락)에 의한 발화
③ 고압전류에 의한 발화
④ 과전류(과부하)에 의한 발화

🔍 전기화재의 주요 원인
- 전선의 합선(단락)에 의한 발화
- 누전에 의한 발화
- 과전류(과부하)에 의한 발화
- 배선 및 전기기계기구 등의 절연불량
- 정전기로부터의 불꽃
- 기타 규격미달의 전선 또는 전기기계·기구 등의 과열

29
다음 [그림]의 소화기의 명칭은?

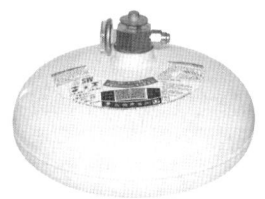

① 간이소화용구
② 자동확산소화기
③ 이산화탄소(CO_2)소화기
④ 할로겐화합물소화기

🔍 자동확산소화기는 화재 시 화염이나 열에 따라 소화약제가 확산하여 국소적으로 소화하는 소화장치이다.

30
소화기구 중 '간이소화용구'가 아닌 것은?

① 자동확산소화기
② 에어로졸식소화용구
③ 투척용소화용구
④ 소화약제 외의 것을 이용한 간이소화용구

🔍 소화기구의 종류
- 소화기 : 소화약제를 압력에 따라 방사하는 기구로 사람이 수동으로 조작하여 작동
- 간이소화용구 : 에어로졸식소화용구, 투척용소화용구 및 소화약제 외의 것을 이용한 간이소화용구
- 자동확산소화기 : 화재 시 화염이나 열에 따라 소화약제가 확산하여 국소적으로 소화하는 소화장치

31. 다음 중 '소화기와 적응화재'의 설명으로 옳은 것은?

① A급 화재 : 금속화재, 소화기의 적응 화재별 표시는 'A'
② B급 화재 : 일반화재, 소화기의 적응 화재별 표시는 'B'
③ C급 화재 : 전기화재, 소화기의 적응 화재별 표시는 'C'
④ D급 화재 : 유류화재, 소화기의 적응 화재별 표시는 'D'

🔍 소화기 적응화재
• A급 화재(일반화재) : 소화기의 적응 화재별 표시는 'A'
• B급 화재(유류화재) : 소화기의 적응 화재별 표시는 'B'
• C급 화재(전기화재) : 소화기의 적응 화재별 표시는 'C'
• D급 화재(금속화재) : 소화기의 적응 화재별 표시는 'D'
• K급 화재(주방화재) : 소화기의 적응 화재별 표시는 'K'

32. 다음은 어느 업무시설에서 소화기를 설치하기 위해 작성한 평면도이다. 의무적으로 설치하여야 하는 소화기의 최소 수량은 몇 개인가?(단, 비치된 소화기는 모두 3단위 소화기이다.)

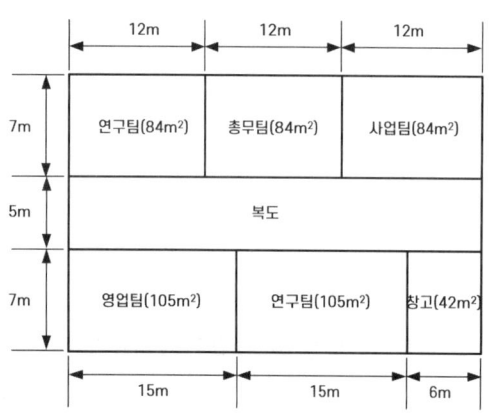

① 7개   ② 8개
③ 9개   ④ 10개

🔍 소화기 설치 기준
• 각 층마다 설치하되, 특정소방대상물의 각 부분으로부터 1개의 소화기까지의 보행거리가 소형소화기의 경우 20m 이내, 대형소화기의 경우 30m 이내가 되도록 배치한다.
• 특정소방대상물의 각 층이 2 이상의 거실로 구획된 경우 각 층마다 설치하는 것 외에 바닥면적이 33m² 이상으로 구획된 각 거실에 배치(아파트인 경우 각 세대를 말함)도 배치한다.
※ 3단위 소화기는 소형소화기에 해당하므로 보행거리 20m 마다 설치 → 복도에 2개 설치, 33m² 이상으로 구획된 실마다 1개씩 설치 → 6개 설치해야 하므로 총 8개이다.

33. 소화기 점검 시 '지시압력계의 색상'으로 판단하는 방법으로 옳지 않은 것은?

① 녹색 : 정상
② 노란색(황색) : 소화기 내의 압력 부족, 소화약제 재충전 필요
③ 적색 : 과압 상태
④ 흰색 : 사용 불가

🔍 소화기의 지시압력계 점검 시
• 녹색 : 정상
• 노란색(황색) : 소화기 내의 압력 부족, 소화약제 재충전 필요
• 적색 : 과압(압력이 높음) 상태

34. 다음 중 '이산화탄소(CO_2)소화기'의 특성으로 옳지 않은 것은?

① 주성분은 이산화탄소 일명 액화탄산(CO_2)가스이다.
② 이산화탄소소화기 밸브 본체에는 안전밸브가 장치되어 있지 않다.
③ 적응화재는 BC급이다.
④ 소화효과는 질식, 냉각소화이다.

🔍 이산화탄소소화기 구조 : 본체 용기에 충전된 이산화탄소가 레버식 밸브(대형소화기는 핸들식)의 개폐에 의해 방사되므로 방사를 중지할 수 있다. 또한 밸브 본체에는 일정한 압력 하에서 작동하는 안전밸브가 장치되어 있다.

35. 특정소방대상물의 해당 층의 옥내소화전(2개 이상인 경우 2개)을 동시에 방수할 경우 각 소화전 노즐에서의 방수량은?

① 110L/min 이상
② 130L/min 이상
③ 150L/min 이상
④ 200L/min 이상

🔍 옥내소화전설비의 성능
소방대상물의 어느 층이나 해당 층의 옥내소화전(2개 이상인 경우 2개)을 동시에 방수할 경우 각 소화전 노즐에서의 방수량과 방수압이 다음과 같아야 한다.
• 방수량 : 130L/min 이상
• 방수압 : 0.17MPa 이상 0.7MPa 이하

36 옥내소화전 설치기준에 따른 방수구의 설치방법으로 옳지 않은 것은?

① 각 층마다 설치한다.
② 소방대상물의 각 부분으로부터 1개의 옥내소화전 방수구까지의 수평거리는 25m 이하가 되도록 한다.
③ 방수구 설치는 바닥으로부터 높이가 1.5m 이하의 위치에 설치한다.
④ 방수구의 구경은 10mm 이상이어야 한다.

🔍 방수구는 각 층마다 설치하되, 소방대상물의 각 부분으로부터 1개의 옥내소화전 방수구까지의 수평거리가 25m 이하가 되도록 하고, 바닥으로부터 1.5m 이하의 위치에 설치한다.

37 다음 중 '옥외소화전설비의 구조와 성능' 중 옳지 않은 것은?

① 방수량은 130L/min 이상이 되도록 설치한다.
② 방수압력은 각 노즐선단 0.25~0.7MPa이다.
③ 지상용과 지하용으로 구분된다.
④ 수원의 용량은 소화전 설치개수에 7m³를 곱한 양 이상이어야 한다.

🔍 옥외소화전설비의 구조와 성능
- 방수량 : 350L/min 이상이 되도록 설치
- 방수압력 : 2개의 소화전(설치개수 1개인 경우에는 1개)을 동시에 사용할 경우 각 노즐선단 방수압력이 0.25~0.7MPa
- 종류 : 지상용과 지하용(승하강식을 포함)으로 구분
- 수원의 용량 : 소화전 설치개수(2개 이상일 때는 2개)에 7m³를 곱한 양 이상일 것

38 옥내소화전설비(A)와 옥외소화전설비(B)의 호스의 구경호칭으로 옳은 것은?

① A – 20mm, B – 45mm
② A – 30mm, B – 55mm
③ A – 40mm, B – 65mm
④ A – 50mm, B – 75mm

🔍 ・옥내소화전설비의 호스구경 : 40mm
・옥외소화전설비의 호스구경 : 65mm

39 자동식 소화설비인 '스프링클러설비(기준 개수의 모든 헤드로부터)의 방수량과 방수압력'은?

① 50L/min 이상, (0.05~0.5)MPa
② 60L/min 이상, (0.05~1.0)MPa
③ 70L/min 이상, (0.5~1.0)MPa
④ 80L/min 이상, (0.1~1.2)MPa

🔍 스프링클러설비의 성능(기준 개수의 모든 헤드로부터)
- 방수량 : 분당 80L/min 이상
- 방수압력 : 0.1MPa 이상 1.2MPa 이하

40 가스계소화설비에서 약제방출방식에 의한 분류에 해당되지 않은 것은?

① 전역방출방식
② 국소방출방식
③ 솔레이노이드밸브 자동방식
④ 호스릴방식

🔍 약제방출방식에 의한 분류
- 전역방출방식 : 밀폐 방호구역 내에 소화약제를 방출
- 국소방출방식 : 화재 발생 부분에만 집중적으로 소화약제를 방출하도록 설치하는 방식
- 호스릴방식 : 사람이 직접 화점에 소화약제를 방출하는 이동식소화설비

41 자동화재탐지설비 중 '수신기의 종류와 설치기준'으로 옳지 않은 것은?

① 수신기 조작스위치의 높이는 바닥으로부터 높이가 0.8m 이상 1.5m 이하이다.
② 수신기의 종류에는 P형, T형, M형이 있다.
③ 4층 이상의 소방대상물은 발신기와 전화통화가 가능한 수신기를 설치하여야 한다.
④ 수신기 설치장소는 수위실 등 상시 사람이 근무하고 있는 장소에 설치하여야 한다.

🔍 수신기의 종류와 설치기준
- P형 수신기와 R형 수신기가 있다.
- 4층 이상의 소방대상물은 발신기와 전화통화 가능한 수신기를 설치할 것
- 수신기 조작스위치의 높이는 바닥으로부터 높이가 0.8m 이상 1.5m 이하
- 수위실 등 상시 사람이 근무하고 있는 장소에 설치할 것

42 연기감지기인 '이온화식감지기와 광전식감지기의 차이점'에 대한 설명으로 옳지 않은 것은?

① 이온화식감지기의 동작원리는 이온전류의 증가로 작동한다.
② 이온화식감지기의 적응성은 B급화재 등 불꽃화재이다.
③ 광전식감지기의 작동원리는 광량의 감소 또는 증가로 작동한다.
④ 광전식감지기의 적응성은 A급화재 등 훈소화재이다.

🔍 이온화식과 광전식 감지기의 차이점

구분	이온화식	광전식
동작원리	이온전류의 감소	광량의 감소 또는 증가
연기입자	작은 연기입자(0.01~0.3μm)에 유리	큰 연기입자(0.2~1μm)에 유리
연기의 색상	색상 무관	검은색보다 엷은 회색 연기가 감도에 유리
적응성	B급화재 등 불꽃화재	A급화재 등 훈소화재

43 자동화재탐지설비의 다음 중 '발화층 및 직상발화 우선경보'를 적용하는 특정소방대상물은?

① 층수가 3층(공동주택의 경우에는 7층) 이상
② 층수가 7층(공동주택의 경우에는 12층) 이상
③ 층수가 11층(공동주택의 경우에는 16층) 이상
④ 층수가 15층(공동주택의 경우에는 20층) 이상

🔍 층수가 11층(공동주택의 경우에는 16층) 이상의 특정소방대상물은 다음에 따라 경보를 발할 수 있도록 하여야 한다.
• 2층 이상의 층에서 발화한 때 : 발화층 및 그 직상 4개층
• 1층에서 발화한 때 : 발화층 · 그 직상 4개층 및 지하층
• 지하층에서 발화한 때 : 발화층 · 그 직상층 및 그 밖의 지하층

44 '화재에 의한 열, 연기 또는 불꽃 이외의 요인에 의하여 자동화재탐지설비가 작동하여 화재경보를 발하는 것'을 무엇이라 하는가?

① 오작동
② 비화재보(非火災報)
③ 감지기 오동작
④ 발신기 오동작

🔍 비화재보(非火災報)란 화재에 의한 열, 연기 또는 불꽃 이외의 요인에 의하여 자동화재탐지설비가 작동하여 화재경보를 발하는 것이다. 즉, 자동화재탐지설비가 정상적으로 작동하였다 하더라도 화재가 아닌 경우의 경보를 말한다.

45 다음 그림은 자동화재탐지설비 수신기의 작동 상태를 나타낸 것이다. 이에 대한 설명으로 옳지 않은 것은?

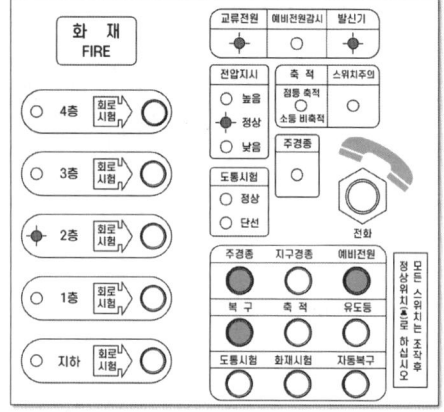

① 화재 발생 장소는 2층이다.
② 경종이 울리고 있다.
③ 화재신호 통보기기는 감지기이다.
④ 화재신호 통보기기는 발신기이다.

🔍 수신기의 작동
• P형 수신기가 정상이라면 평상시 점등 상태를 유지하여야 하는 표시등은 2개소로 [교류전원] 표시등과 [전압지시 정상] 표시등이다.
• 그림의 경우 '2층 지구 표시등'이 점등되어 있으므로 화재 발생 장소는 2층이다.
• 화재가 발생함에 따라 경종이 울린다.
• 화재신호 통보기기는 [발신기] 표시등이 점등 상태이므로 발신기로 추정된다. 만약 [발신기] 표시등이 소등 상태라면 화재신호 통보기기는 감지기로 추정할 수 있다.

46 공연장, 집회장(종교집회장 포함), 관람장, 운동시설 등에 설치할 수 있는 유도등이 아닌 것은?

① 중형피난구유도등
② 대형피난구유도등
③ 통로유도등
④ 객석유도등

🔍 공연장, 집회장, 관람장, 운동시설 등에는 대형피난구유도등, 통로유도등, 객석유도등을 설치하고, 복합건축물과 아파트의 경우와 주택의 세대 내에는 유도등을 설치하지 아니할 수 있다.

47 공연장 객석 내 통로의 직선 부분의 길이가 55m이다. 객석유도등을 몇 개 설치하여야 하는가?

① 9개 ② 11개
③ 13개 ④ 15개

🔍 객석유도등 산정

객석유도등 설치개수 = $\frac{객석통로의 직선부분의 길이(m)}{4} - 1$

$= \frac{55}{4} - 1 ≒ 13(개)$

48 '소방안전교육 및 훈련의 원칙'으로 옳지 않은 것은?

① 현실성의 원칙
② 피교육자 중심의 원칙
③ 동기부여의 원칙
④ 결과의 원칙

🔍 소방교육 및 훈련의 원칙
• 현실성의 원칙   • 피교육자 중심의 원칙
• 동기부여의 원칙   • 목적의 원칙
• 실습의 원칙   • 경험의 원칙
• 관련성의 원칙

49 다음 [보기]를 참고하여 자동심장충격기(AED) 사용방법을 순서대로 올바르게 나열한 것은?

㉮ 전원켜기
㉯ 심장리듬분석
㉰ 즉시 심폐소생술 다시 시행
㉱ 2개의 패드 부착
㉲ 심장충격(제세동) 실시
㉳ 2분 마다 심장리듬 분석 후 반복 시행

① ㉮ → ㉱ → ㉯ → ㉲ → ㉰ → ㉳
② ㉮ → ㉯ → ㉰ → ㉱ → ㉲ → ㉳
③ ㉮ → ㉱ → ㉲ → ㉯ → ㉰ → ㉳
④ ㉮ → ㉯ → ㉱ → ㉲ → ㉰ → ㉳

🔍 자동심장충격기(AED) 사용방법(순서)
전원켜기 → 2개의 패드 부착 → 심장리듬분석 → 심장충격(제세동) 실시 → 즉시 심폐소생술 시행 → 2분 마다 심장리듬 분석 후 반복 시행

50 특정소방대상물의 바닥면적이 각각 1층 800m², 2층 600m², 3층 300m², 4층 200m²일 때, 이 특정소방대상물의 최소 경계구역 수는?(단, 1층은 주된 출입구에서 그 내부 전체가 보이지 않는 구조이며, 한 변의 길이는 모두 50m 이하로 간주한다.)

① 2개 ② 4개
③ 6개 ④ 8개

🔍 특정소방대상물의 경계구역
• 하나의 경계구역이 2개 이상의 건축물에 미치지 아니하도록 할 것
• 하나의 경계구역이 2개 이상의 층에 미치지 아니하도록 할 것. 다만, 500m² 이하의 범위 안에서는 2개의 층을 하나의 경계구역으로 할 수 있다.
• 하나의 경계구역의 면적은 600m² 이하로 하고 한 변의 길이는 50m 이하로 할 것. 다만, 해당 소방대상물의 주된 출입구에서 그 내부 전체가 보이는 것에 있어서는 한 변의 길이가 50m의 범위 내에서 1,000m² 이하로 할 수 있다.

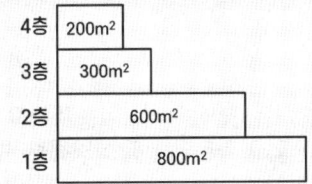

• 하나의 경계구역의 면적은 600m² 이하로 하여야 하므로
 − 1층 경계구역 : 800m² ÷ 600m² = 1.333(소수점 절상)
  ≒ 2개
 − 2층 경계구역 : 600m² ÷ 600m² = 1개
• 바닥면적이 500m² 이하는 2개 층을 하나의 경계구역으로 할 수 있으므로
 − (3~4)층 경계구역 : (300 + 200)m² ÷ 500m² = 1개
∴ 최소 경계구역 수 = 2 + 1 + 1 = 4개

정답 실전모의고사 4회

01 ④	02 ④	03 ①	04 ③	05 ②
06 ④	07 ②	08 ③	09 ①	10 ②
11 ③	12 ④	13 ①	14 ④	15 ①
16 ③	17 ④	18 ②	19 ①	20 ③
21 ②	22 ①	23 ④	24 ①	25 ②
26 ③	27 ①	28 ③	29 ②	30 ①
31 ②	32 ①	33 ①	34 ②	35 ②
36 ④	37 ②	38 ②	39 ②	40 ②
41 ②	42 ①	43 ②	44 ②	45 ④
46 ①	47 ③	48 ④	49 ①	50 ②

5회 실전모의고사

01 다음 중 '소방기본법의 목적'으로 볼 수 없는 것은?

① 화재예방 · 경계 및 진압
② 화재, 재난 · 재해 등 위급한 상황에서의 구조 · 구급
③ 소방시설의 설치 및 유지
④ 공공의 안녕과 질서 유지 및 복리증진에 이바지

> 소방기본법의 목적
> • 화재예방 · 경계 및 진압
> • 화재, 재난 · 재해 등 위급한 상황에서의 구조 · 구급활동
> • 국민의 생명, 신체 및 재산 보호
> • 공공의 안녕 및 질서 유지와 복리증진에 이바지

02 소방자동차전용구역에 차를 주차하거나 전용구역에의 진입을 가로막는 등의 방해행위를 한 자에 대한 과태료는?

① 500만원 이하 ② 200만원 이하
③ 100만원 이하 ④ 20만원 이하

> • 500만원 이하의 과태료 : 화재 또는 구조 · 구급이 필요한 상황을 거짓으로 알린 사람
> • 200만원 이하의 과태료 : 소방자동차의 출동에 지장을 준 자, 소방활동구역을 출입한 사람, 한국소방안전원 또는 이와 유사한 명칭을 사용한 자
> • 100만원 이하의 과태료 : 소방자동차전용구역에 차를 주차하거나 전용구역에의 진입을 가로막는 등의 방해행위를 한 자

03 소방기본법상 '화재가 발생하거나 불이 번질 우려가 있는 소방대상물 또는 토지의 강제처분을 방해한 자'에게 부과되는 벌칙은?

① 5년 이하의 징역 또는 5천만원 이하의 벌금
② 3년 이하의 징역 또는 3천만원 이하의 벌금
③ 300만원 이하의 벌금
④ 100만원 이하의 벌금

> 3년 이하의 징역 또는 3천만원 이하의 벌금(소방기본법 제51조)
> 화재가 발생하거나 불이 번질 우려가 있는 소방대상물 또는 토지의 강제처분을 방해한 자 또는 정당한 사유 없이 그 처분에 따르지 아니한 자

04 방화구획의 구조에 대한 설명으로 틀린 것은?

① 방화구획으로 사용하는 60분+ 방화문 또는 60분 방화문은 언제나 열려있는 상태를 유지하거나 화재로 인한 연기 또는 불꽃을 감지하여 자동적으로 열리는 구조로 하여야 한다.
② 외벽과 바닥 사이에 틈이 생긴 때에는 그 틈을 규정에 따른 내화시간 이상 견딜 수 있는 내화채움성능이 인정된 구조로 메워야 한다.
③ 환기 · 난방 또는 냉방시설의 풍도가 방화구획을 관통하는 경우에는 그 관통 부분 또는 그 근접하는 부분에 댐퍼를 설치하여야 한다.
④ 댐퍼는 화재로 인한 연기 또는 불꽃을 감지하여 자동적으로 닫히는 구조로 하여야 한다.

> 방화구획으로 사용하는 60분+ 방화문 또는 60분 방화문은 언제나 닫힌 상태를 유지하거나 화재로 인한 연기 또는 불꽃을 감지하여 자동적으로 닫히는 구조로 할 것. 다만, 연기 또는 불꽃을 감지하여 자동적으로 닫히는 구조로 할 수 없는 경우에는 온도를 감지하여 자동적으로 닫히는 구조로 할 수 있다.

05 '무창층(無窓層)'이란 지상 층 중 개구부의 면적합계가 해당 층 바닥면적의 얼마 이하가 되어야 하는가?

① 1/10 이하
② 1/20 이하
③ 1/30 이하
④ 1/40 이하

> 무창층(無窓層) : 지상층 중 다음의 요건을 모두 갖춘 개구부(건축물에서 채광 · 환기 · 통풍 또는 출입 등을 위하여 만든 창 · 출입구, 그 밖에 이와 비슷한 것을 말한다)의 면적의 합계가 해당 층의 바닥면적의 30분의 1 이하가 되는 층을 말한다.
> • 크기는 지름 50cm 이상의 원이 통과할 수 있을 것
> • 해당 층의 바닥면으로부터 개구부 밑부분까지의 높이가 1.2m 이내일 것
> • 도로 또는 차량이 진입할 수 있는 빈터를 향할 것
> • 화재 시 건축물로부터 쉽게 피난할 수 있도록 창살이나 그 밖의 장애물이 설치되지 않을 것
> • 내부 또는 외부에서 쉽게 부수거나 열 수 있을 것

06 '자동화재탐지설비를 설치하는 특정소방대상물'은 몇 급 소방안전관리대상물인가?

① 3급 소방안전관리대상물
② 2급 소방안전관리대상물
③ 1급 소방안전관리대상물
④ 특급 소방안전관리대상물

🔍 3급 소방안전관리대상물 : 특급, 1급 및 2급 특정소방대상물에 해당하지 아니하는 것으로서 자동화재탐지설비를 설치하는 특정소방대상물

07 소방안전관리자를 선임하여야 하는 특정소방대상물로서 '2급 소방안전관리대상물'에 해당하는 것은?

① 가연성가스를 1천톤 이상 저장·취급하는 시설
② 지하구
③ 자동화재탐지설비를 설치하여야 하는 특정소방대상물
④ 연면적 $100,000m^2$ 이상인 특정소방대상물(아파트 제외)

🔍 2급 소방안전관리대상물은 특급 소방안전관리대상물 및 1급 소방안전관리대상물을 제외한 다음의 어느 하나에 해당하는 것을 말한다.
- 옥내소화전설비·스프링클러설비·간이스프링클러설비 또는 물분무등소화설비(호스릴 방식의 물분무등소화설비만을 설치한 경우는 제외)를 설치하여야 하는 특정소방대상물
- 가스 제조설비를 갖추고 도시가스사업의 허가를 받아야 하는 시설 또는 가연성 가스를 100톤 이상 1천톤 미만 저장·취급하는 시설
- 지하구
- 다음의 어느 하나에 해당하는 공동주택(공동주택관리법 시행령에 근거)
  - 300세대 이상의 공동주택
  - 150세대 이상으로서 승강기가 설치된 공동주택
  - 150세대 이상으로서 중앙집중식 난방방식(지역난방방식 포함)의 공동주택
- 건축허가를 받아 주택 외의 시설과 주택을 동일건축물로 건축한 건축물로서 주택이 150세대 이상인 건축물
- 문화재보호법에 따라 보물 또는 국보로 지정된 목조건축물

08 다음 중 '2급 소방안전관리자 자격시험 응시자격'이 없는 사람은?

① 전기기능장 자격을 가진 사람
② 3급 소방안전관리대상물의 소방안전관리자로 3년간 근무한 실무경력이 있는 사람
③ 특급, 1급, 2급 소방안전관리대상물의 소방안전관리에 대한 강습교육을 수료한 사람
④ 의용소방대원으로 임명되어 2년간 근무한 경력이 있는 사람

🔍 2급 소방안전관리자 자격시험 응시자격
- 대학 또는 고등학교에서 소방안전관리학과를 전공하고 졸업한 사람
- 대학 또는 고등학교에서 소방안전 관련 교과목을 6학점 이상 이수하고 졸업한 사람
- 대학 또는 고등학교에서 소방안전 관련 학과를 전공하고 졸업한 사람
- 소방본부 또는 소방서에서 1년 이상 화재진압 또는 그 보조 업무에 종사한 경력이 있는 사람
- 의용소방대원으로 임명되어 3년 이상 근무한 경력이 있는 사람
- 군부대(주한 외군군부대 포함) 및 의무소방대의 소방대원으로 1년 이상 근무한 경력이 있는 사람
- 자체소방대의 소방대원으로 3년 이상 근무한 경력이 있는 사람
- 경호공무원 또는 별정직공무원으로 2년 이상 안전검측 업무에 종사한 경력이 있는 사람
- 경찰공무원으로 3년 이상 근무한 경력이 있는 사람
- 특급, 1급, 2급 소방안전관리대상물의 소방안전관리에 대한 강습교육을 수료한 사람
- 공공기관 소방안전관리자 강습교육을 수료한 사람
- 특급, 1급, 2급, 3급 소방안전관리대상물의 소방안전관리보조자로 3년 이상 근무한 실무경력이 있는 사람
- 3급 소방안전관리대상물의 소방안전관리자로 2년 이상 근무한 실무경력이 있는 사람
- 건축사·산업안전기사·산업안전산업기사·건축기사·건축산업기사·일반기계기사·전기기능장·전기기사·전기산업기사·전기공사기사·전기공사산업기사·건설안전기사 또는 건설안전산업기사 자격을 가진 사람
- 특급 또는 1급 소방안전관리대상물의 소방안전관리자 시험응시 자격이 인정되는 사람

09 소방안전관리대상물에 게시하는 '소방안전관리자 현황표'에 포함되는 사항이 아닌 것은?

① 소방안전관리대상물의 명칭
② 소방안전관리자 근무 위치
③ 소방안전관리대상물의 등급
④ 관계인의 성명 및 연락처

🔍 소방안전관리자 현황표에 포함되는 사항
- 소방안전관리대상물의 명칭
- 소방안전관리자의 성명 및 선임일자
- 소방안전관리대상물의 등급
- 소방안전관리자의 연락처
- 소방안전관리자 근무 위치(화재 수신기 위치)

10 특정소방안전관리대상물의 관계인이 소방안전관리자를 선임한 경우 며칠 이내에 소방본부장이나 소방서장에게 신고하여야 하는가?

① 7일 이내
② 10일 이내
③ 14일 이내
④ 30일 이내

> 소방관계법령상 특정소방안전관리대상물의 관계인이 소방안전관리자 또는 소방안전관리보조자를 선임한 경우에는 행정안전부령으로 정하는 바에 따라 선임한 날부터 14일 이내에 소방본부장이나 소방서장에게 신고하여야 한다.

11 소방안전관리자와 소방안전관리보조자를 위한 강습교육과 실무교육의 실시기관은?

① 소방청
② 한국소방안전원
③ 한국소방산업기술원
④ 한국화재보험협회

> 강습교육 및 실무교육
> • 강습교육(자격취득교육)
>   - 실시기관 : 한국소방안전원
>   - 교육공고 : 강습교육 실시 20일 전까지 필요한 사항을 인터넷 홈페이지 및 게시판에 공고
> • 실무교육
>   - 실시기관 : 한국소방안전원
>   - 교육계획통보 : 일정 등 교육에 필요한 계획을 수립하여 소방청장의 승인을 얻어 교육실시 10일 전까지 실무교육 대상자에게 통보

12 특정소방대상물의 자체점검을 실시하고 자체점검 실시결과 보고서를 보고한 관계인은 그 점검결과를 점검이 끝난 날부터 몇 년간 자체 보관하여야 하는가?

① 1년 ② 2년
③ 3년 ④ 4년

> 특정소방대상물 자체점검 후 결과조치
> • 관리업자가 자체점검을 실시한 경우 : 점검이 끝난 날부터 10일 이내 자체점검 실시결과 보고서에 점검표를 첨부하여 관계인에게 제출
> • 자체점검 결과 보고 : 점검이 끝난 날부터 15일 이내
> • 자체점검 결과 보관 : 점검이 끝난 날부터 2년간 자체 보관

13 소방관계법령에 따른 '화재안전조사 항목'으로 맞지 않은 것은?

① 소방안전관리 업무수행에 관한 사항
② 소방시설 등의 자체점검에 관한 사항
③ 강제처분 및 피난명령에 관한 사항
④ 화재의 예방조치 등에 관한 사항

> 화재안전조사 항목
> • 화재의 예방조치 등에 관한 사항
> • 소방안전관리 업무 수행에 관한 사항
> • 피난계획의 수립 및 시행에 관한 사항
> • 소화·통보·피난 등의 훈련 및 소방안전관리에 필요한 교육에 관한 사항
> • 소방자동차 전용구역 등의 설치에 관한 사항
> • 시공, 감리 및 감리원의 배치에 관한 사항
> • 소방시설의 설치 및 관리 등에 관한 사항
> • 건설현장 임시소방시설의 설치 및 관리에 관한 사항
> • 피난시설, 방화구획 및 방화시설의 관리에 관한 사항
> • 방염에 관한 사항
> • 소방시설등의 자체점검에 관한 사항
> • 「다중이용업소의 안전관리에 관한 특별법」, 「위험물안전관리법」 및 「초고층 및 지하 연계 복합건축물 재난관리에 관한 특별법」의 안전관리에 관한 사항
> • 그 밖에 소방대상물에 화재의 발생 위험이 있는지 등을 확인하기 위해 소방관서장이 화재안전조사가 필요하다고 인정하는 사항

14 소방안전관리대상물의 관계인은 그 장소에 근무하거나 거주 또는 출입하는 사람들이 화재가 발생한 경우에 안전하게 피난할 수 있도록 피난계획을 수립하여야 한다. 피난계획에 포함되어야 할 사항이 아닌 것은?(단, 그 밖에 피난에 영향을 줄 수 있는 제반 사항은 제외한다.)

① 화재경보의 수단 및 방식
② 대상물 출입자 현황
③ 층별, 구역별 피난대상 인원의 연령별·성별 현황
④ 각 거실에서 옥외로 이르는 피난경로

> 피난계획에 포함되어야 할 사항
> • 화재경보의 수단 및 방식
> • 층별, 구역별 피난대상 인원의 연령별·성별 현황
> • 피난약자(장애인, 노인, 임산부, 영유아 및 어린이 등 이동이 어려운 사람)의 현황
> • 각 거실에서 옥외(옥상 또는 피난안전구역을 포함)로 이르는 피난경로
> • 피난약자 및 피난약자를 동반한 사람의 피난동선과 피난방법
> • 피난시설, 방화구획, 그 밖에 피난에 영향을 줄 수 있는 제반 사항

15 화재의 예방 및 안전관리에 관한 법률상 '화재예방강화지구'를 지정하여 관리할 수 있는 사람은?

① 시·도지사　② 소방청장
③ 경찰청장　④ 행정안전부장관

🔍 화재예방강화지구는 특별시장·광역시장·특별자치시장·도지사 또는 특별자치도지사("시·도지사"라 한다)가 화재발생 우려가 크거나 화재가 발생할 경우 피해가 클 것으로 예상되는 지역에 대하여 화재의 예방 및 안전관리를 강화하기 위해 지정·관리하는 지역을 말한다.

16 소방안전관리 업무수행의 기록 및 유지에 대한 설명으로 옳은 것은?

① 업무수행에 관한 기록은 기록을 작성한 날부터 2년간 보관하여야 한다.
② 1급 대상물의 작성주기는 소방안전관리업무를 수행한 날을 포함하여 주 2회 이상이다.
③ 2급 대상물의 작성주기는 소방안전관리업무를 수행한 날을 포함하여 주 1회 이상이다.
④ 업무수행 내용 중 유지보수 또는 시정이 필요한 경우에는 관할 소방서장에게 통보하여야 한다.

🔍 • 소방안전관리자는 소방안전관리 업무수행에 관한 기록을 시행규칙 별지 제12호 서식에 따라 월 1회 이상 작성·관리해야 한다.
• 업무수행 중 보수 또는 정비가 필요한 사항을 발견한 경우에는 이를 지체없이 관계인에게 알리고, 별지 제12호서식에 기록해야 한다.
• 소방안전관리자는 업무 수행에 관한 기록을 작성한 날부터 2년간 보관해야 한다.

17 다음 중 '가연물질의 구비조건'으로 틀린 것은?

① 연쇄반응을 일으킬 수 있는 물질이어야 한다.
② 산화되기 쉬운 물질로 산소와 결합할 때 발열량이 커야 한다.
③ 지연성가스인 산소·염소와 친화력이 강해야 한다.
④ 열의 축적이 용이하도록 열전도도가 커야 한다.

🔍 가연물질의 구비조건
• 화학반응을 일으킬 때 필요한 활성화에너지(최소 점화에너지)의 값이 작아야 한다.
• 열의 축적이 용이하도록 열전도가 작아야 한다.
• 산화되기 쉬운 물질로서 산소와 결합할 때 발열량이 커야 한다.
• 지연성(조연성)가스인 산소, 염소와 침화력이 강해야 한다.
• 산소와 접촉할 수 있는 표면적(비교면적)이 큰 물질이어야 한다.(기체 > 액체 > 고체)
• 연쇄반응을 일으킬 수 있는 물질이어야 한다.

18 다음 중 '정전기에 의한 재해방지 예방대책'으로 틀린 것은?

① 정전기의 발생이 우려되는 장소에 접지시설을 한다.
② 실내의 공기를 이온화하여 정전기의 발생을 예방한다.
③ 압력을 높이고 습도를 낮추어 정전기 발생을 예방한다.
④ 전기저항이 큰 물질은 대전이 용이하므로 전도체 물질을 사용한다.

🔍 점화원인 정전기에 의한 재해방지 예방대책
• 정전기의 발생이 우려되는 장소에 접지시설을 한다.
• 실내의 공기를 이온화하여 정전기의 발생을 예방한다.
• 정전기는 습도가 낮거나 압력이 높을 때 많이 발생하므로 습도를 70% 이상으로 한다.
• 전기저항이 큰 물질은 대전이 용이하므로 전도체 물질을 사용한다.

19 연소범위에서 외부의 직접적인 점화원에 대해 인화될 수 있는 최저온도를 무엇이라 하는가?

① 발화점　② 연소점
③ 착화점　④ 인화점(인화온도)

🔍 연소 용어
• 인화점(인화온도) : 연소범위에서 외부의 직접적인 점화원에 의해 인화될 수 있는 최저 온도
• 발화점(착화점, 발화온도) : 외부의 직접적인 점화원 없이 가열된 열의 축적에 의하여 발화에 이르는 최저의 온도, 즉 점화원이 없는 상태에서 가연성 물질을 공기 또는 산소 중에서 가열함으로써 발화되는 최저 온도
• 연소점 : 연소상태가 계속될 수 있는 온도를 말하며 일반적으로 인화점보다 약 10℃ 정도 높은 온도로서 연소상태가 5초 이상 유지될 수 있는 온도

20 다음 중 가연성증기의 연소범위가 가장 넓은 혼합비를 형성하는 물질은?

① 수소
② 아세틸렌
③ 중유
④ 휘발유

> 🔍 가연성 증기의 연소범위
>
> | 기체 또는 증기 | 연소범위(vol%) | 기체 또는 증기 | 연소범위(vol%) |
> |---|---|---|---|
> | 수소 | 4.1~75 | 메틸알코올 | 6~36 |
> | 아세틸렌 | 2.5~81 | 암모니아 | 15~25 |
> | 중유 | 1~5 | 아세톤 | 2.5~12.8 |
> | 등유 | 0.7~5 | 휘발유 | 1.2~7.6 |

21 '가연성 물질의 연소범위'에 대한 설명으로 옳은 것은?

① 하한계가 낮을수록, 상한계가 높을수록 위험하다.
② 연소범위가 좁을수록 위험하다.
③ 온도가 낮을수록 위험하다.
④ 압력이 낮을수록 위험하다.

> 🔍 가연성 물질의 연소범위
> • 하한계가 낮을수록, 상한계가 높을수록 위험하다.
> • 연소범위가 넓을수록 위험하다.
> • 온도나 압력이 높을수록 위험하다.

22 화재의 분류 중 '식용유, 식물성·동물성 유지 등의 음식조리용 기름에서 발생하는 화재'는?

① B급화재
② A급화재
③ D급화재
④ K급화재

> 🔍 화재의 분류
>
> | 분류 | 내용 | 소화방법 |
> |---|---|---|
> | 일반
화재
(A급
화재) | • 면화류, 고무, 석탄, 목재, 종이, 천 등 보통 가연물의 화재이다.
• 화재 발생건수 가장 많으며 연소 후 재를 남긴다. | 다량의 물
또는 수용액
(냉각소화) |
> | 유류
화재
(B급
화재) | • 상온에서 액체상태로 존재하는 유류가 가연물이 되는 화재이다.
• 연소 후 재를 남기지 않으며, 연소열이 크고 연소성이 좋아 일반화재보다 위험하다. | 포 등을 이용
(질식·냉각
소화) |
> | 전기
화재
(C급
화재) | • 전기를 취급하고(변압기, 배전반, 전열기, 전기장판 등) 있는 장소에서의 화재이다.
• 물을 사용하면 감전 위험이 있으며, 전체 화재 건수 중 많은 비율을 차지한다. | 가스소화
약제 이용
(질식소화) |
> | 금속
화재
(D급
화재) | • 가연성 금속류가 가연물이 되는 화재로 칼륨(K), 나트륨(Na), 마그네슘(Mg), 알루미늄(Al) 등이 대표적이며, 분말상으로 존재할 때 가연성이 현저히 증가한다.
• 물과 반응하여 폭발성이 강한 수소를 발생시키므로 수계소화약제(물, 포, 강화액 등)를 사용해서는 안 된다. | 마른모래 및
특수분말
이용
(질식소화) |
> | 주방
화재
(K급
화재) | • 식용유, 식물성·동물성 유지 등의 음식 조리용 기름에서 발생하는 화재이다.
• 연소물의 표면을 차단하는 비누화작용 및 식용유 자체의 온도를 발화점 이하로 빠르게 하강시켜주는 냉각작용이 동시에 필요하다. | 비누화작용
및 냉각작용 |

23 화재발생 시 '화염의 접촉없이 인접건물로 연소가 확산되는 현상'을 무엇이라 하는가?

① 전도(傳導)
② 대류(對流)
③ 복사(輻射)
④ 방사(放射)

> 🔍 복사(Radiation)
> • 화재 시 열의 이동에 가장 크게 작용하는 열 이동방식으로 모든 물체의 온도 때문에 열에너지를 파장의 형태로 계속적으로 방사하며, 이렇게 방사하는 에너지를 열복사라 한다.
> • 화재에서 화염의 접촉없이 인접 건물로 연소가 확산되는 현상은 복사열에 의한 것이다.

24 화재발생 시 연소하고 있는 가연물로부터 열을 뺏어 연소물을 착화온도 이하로 내려서 소화하는 방법은?

① 제거소화
② 억제소화
③ 질식소화
④ 냉각소화

> 🔍 소화방법
> • 제거소화 : 연소반응에 관계된 가연물이나 그 주위의 가연물을 제거
> • 질식소화 : 산소공급원을 차단하여 소화하는 방법(공기 중 산소농도를 15% 이하로 억제)
> • 냉각소화 : 연소하고 있는 가연물로부터 열을 뺏어 연소물을 착화온도 이하로 내리는 방법
> • 억제소화 : 산화반응(연쇄반응)을 약화시켜 소화하는 방법(화학적 작용에 의한 소화방법)

25 다음 중 액화석유가스(LPG)의 특성으로 옳지 않은 것은?

① 주성분은 메탄(CH_4)이다.
② 용도는 가정용·자동차연료용이다.
③ 비중은 1.5~2으로 누출 시 낮은 곳에 체류한다.
④ 폭발범위는 프로판가스 2.1~9.5%, 부탄가스 1.8~8.4%이다.

🔍 액화석유가스(LPG)의 주성분은 프로판(C_3H_8)과 부탄(C_4H_{10})이고, 액화천연가스(LNG)의 주성분은 메탄(CH_4)이다.

26 '분말소화기'에 대한 설명으로 옳지 않은 것은?

① 분말소화기 적응화재는 ABC급과 BC급으로 구분된다.
② 적응화재 ABC급의 주성분은 제1인산암모늄($NH_4H_2PO_4$)이다.
③ 분말소화기의 주된 소화효과는 냉각소화이다.
④ 분말소화기는 구조에 따라 가압식과 축압식소화기가 있다.

🔍 분말소화기의 종류

적응화재	주성분	약제의 색	소화효과	구조
ABC급	제1인산암모늄 ($NH_4H_2PO_4$)	담홍색	질식, 억제 (부촉매)	가압식, 축압식
BC급	탄산수소나트륨 (NaHCO₃)	백색		
	탄산수소칼륨 ($KHCO_3$)	담회색		
	탄소수소칼륨 ($KHCO_3$) + 요소($NH_2)_2CO$	회색		

27 바닥면적이 1,200m²인 근린생활시설에 소화기구를 설치하려고 한다. 소화기구의 최소 능력단위는? (단, 주요구조부는 내화구조이고, 벽 및 반자의 실내와 면하는 부분은 불연재료이다.)

① 4단위
② 6단위
③ 10단위
④ 12단위

🔍 근린생활시설로 내화구조이고 불연재료를 사용하는 경우 바닥면적 200m² 마다 1단위 이상이다.
따라서, $\frac{1200m^2}{200m^2}$ = 6(단위)가 필요하다.

28 옥내소화전설비의 가압송수장치 중 일반적으로 가장 많이 사용하는 방식은?

① 펌프방식
② 고가수조방식
③ 압력수조방식
④ 가압수조방식

🔍 가압송수장치의 종류
- 펌프방식 : 압력스위치가 작동함으로써 펌프를 기동하는 방식이며, 주펌프는 전동기에 따른 펌프로 설치한다. 단, 30층 이상인 소방대상물은 스프링클러설비와 펌프를 겸용할 수 없다.
- 고가수조방식 : 고가수조로부터 자연낙차압을 이용하는 방식으로 일반 건물에 거의 사용되지 못한다.
- 압력수조방식 : 압력수조 내 물을 압입하고 압축된 공기를 충전하여 송수하는 방식으로 탱크의 설치 위치에 구애받지 않는 장점이 있다.
- 가압수조방식 : 별도의 압력탱크에 압축공기 또는 불연성 고압기체에 의해 소방용수를 가압하여 송수하는 방식으로 전원이 필요없다.

29 호스릴 옥내소화전설비에서 물이 유효하게 뿌려질 수 있으려면 호스구경은 몇 mm 이상의 것으로 설치하여야 하는가?

① 20mm 이상
② 25mm 이상
③ 35mm 이상
④ 40mm 이상

🔍 옥내소화전설비의 호스구경
- 일반호스 옥내소화전설비 : 40mm 이상
- 호스릴 옥내소화전설비 : 25mm 이상

30 옥외소화전설비의 구조에 대한 설명으로 옳지 않은 것은?

① 옥내소화전설비의 구조와 같다.
② 방수량은 350L/min 이상이 되도록 설치한다.
③ 방수압력은 각 노즐선단 0.25~0.7MPa이다.
④ 수원의 용량은 소화전 설치개수에 7m³을 곱한 양 이상이어야 한다.

🔍 옥외소화전설비의 구조는 옥내소화전설비의 구조와 유사하지만 소화전함·방수구의 규격 등은 다르다.

31 옥외소화전설비에는 옥외소화전마다 그로부터 몇 m 이내의 장소에 소화전함을 설치하여야 하는가?

① 3m 이내 ② 5m 이내
③ 7m 이내 ④ 10m 이내

> 옥외소화전함 등
> • 옥외소화전설비에는 옥외소화전마다 그로부터 5m 이내의 장소에 소화전함을 설치
> • 가압송수장치의 조작부 또는 그 부근에는 가압송수장치의 기동을 명시하는 적색등을 설치
> • 호스는 구경 65mm
> • 기타 가압송수장치 등은 옥내소화전과 동일
> • 소화전함 표면에는 "옥외소화전" 표시를 한 표지

32 자동식소화설비인 스프링클러설비 중 폐쇄형 헤드를 사용하는 방식이 아닌 것은?

① 일제살수식 스프링클러
② 습식 스프링클러
③ 건식 스프링클러
④ 부압식 스프링클러

> 스프링클러설비의 종류
>
> | 구분 | | 작동 |
> |---|---|---|
> | 폐쇄형 헤드 | 습식 | 화재 시 열에 의해 헤드가 개방되고 가압수가 즉시 살수 · 소화 |
> | | 건식 | 화재 시 헤드가 개방되면 2차측 압축공기가 유출되어 압력 저하가 생기고 1차측 가압수가 2차측으로 유입되어 소화 |
> | | 준비작동식 | 화재 시 감지기가 작동하여 준비작동밸브를 개방하고 2차측에 가압수가 유입되어 대기상태로 있다가 헤드가 열에 의해 개방되는 즉시 살수 · 소화 |
> | | 부압식 | 화재 시 감지기 동작에 의해 준비작동밸브가 개방되고 2차측이 가압수로 전환되며, 헤드가 열에 의해 개방되면 즉시 살수 |
> | 개방형 헤드 | 일제살수식 | 화재감지기 동작으로 일제개방밸브가 개방되고 담당구역에 설치된 개방형 헤드를 통해 일제히 살수 · 소화 |

33 다음 중 '스프링클러설비에 사용하는 배관'이 아닌 것은?

① 주배관 ② 교차배관
③ 가지배관 ④ 순환배관

> 스프링클러설비의 배관 : 가지배관, 교차배관, 주배관 등
> • 가지배관 : 스프링클러헤드가 설치되어 있는 배관으로
>   – 토너먼트방식이 아닐 것
>   – 교차배관에서 분기되는 지점을 기준으로 한쪽 가지배관에 설치되는 헤드 개수 : 8개 이하
> • 교차배관 : 직접 또는 수직배관을 통하여 가지배관에 급수하는 배관
>   – 위치 : 가지배관과 수평 또는 밑에 설치
>   – 교차배관 끝에 청소구를 설치하고 나사보호용의 캡으로 마감

34 스프링클러설비의 펌프성능시험 중 펌프의 성능곡선 그래프에서 ( ) 안에 들어갈 내용은?

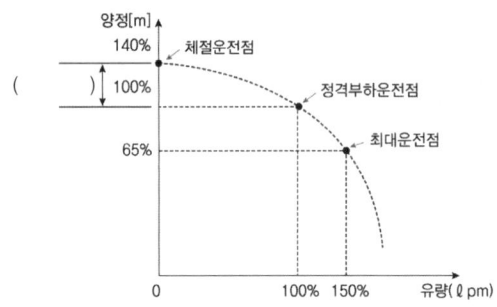

① 릴리프밸브 개방범위
② 유량조절밸브의 개방범위
③ 충압펌프의 개방범위
④ 펌프토출측밸브의 개방범위

> 펌프의 성능곡선
> 체절운전점, 정격부하운전점, 최대운전점, 릴리프밸브의 개방범위를 유량(ℓpm)과 양정(m)사이의 그래프로 펌프의 성능을 표시한 곡선이다.

35 다음 중 가스계소화설비의 구성요소가 아닌 것은?

① 저장용기 ② 기동용 가스용기
③ 솔레노이드 밸브 ④ 관창(노즐)

> 가스계소화설비의 구성요소 : 저장용기, 기동용가스용기, 솔레노이드밸브 등

36 다음 중 '자동화재탐지설비의 구성요소'가 아닌 것은?

① 감지기 ② 음향장치
③ 감열체 ④ 시각경보기

🔍 **자동화재탐지설비의 구성요소**
감지기, 수신기, 발신기, 음향장치, 표시등, 전원, 배선, 시각경보기, 중계기 등으로 구성된다.

37 자동화재탐지설비인 '발신기의 종류와 설치기준'으로 맞지 않은 것은?

① 발신기의 종류는 P형, T형, M형이 있다.
② 발신기 스위치는 바닥으로부터 0.8m 이상 1.5m 이하의 높이에 설치한다.
③ 발신기는 건물의 각 층마다 설치한다.
④ 발신기와 발신기의 간격은 수평거리가 50m 이하가 되도록 설치한다.

🔍 발신기는 화재 발견자가 수동으로 누름버튼을 눌러 수신기에 신호를 보내기 위한 것으로 P형·T형·M형으로 구분되며, 스위치는 바닥으로부터 0.8m 이상 1.5m 이하의 높이에 설치하고, 건물의 각 층마다 설치하되, 하나의 발신기까지의 수평거리는 25m 이하가 되도록 설치한다.

38 다음 [보기]에서 '차동식 스포트형 감지기의 동작원리(순서)'로 맞는 것은?

> ㉮ 화재 시 온도상승
> ㉯ 다이아프램을 압박
> ㉰ 감열실 내의 공기가 팽창
> ㉱ 접점이 붙어 화재신호를 수신기에 보냄

① ㉮ → ㉰ → ㉯ → ㉱
② ㉮ → ㉯ → ㉰ → ㉱
③ ㉰ → ㉮ → ㉯ → ㉱
④ ㉰ → ㉯ → ㉮ → ㉱

🔍 **차동식 스포트형 감지기의 동작원리**
- 구조 : 감열실, 다이아프램, 리크구멍, 접점 등으로 구분
- 동작원리 : 화재 시 온도상승 → 감열실 내의 공기가 팽창 → 다이아프램을 압박 → 접점이 붙어 화재신호를 수신기에 보냄

39 자동방화셔터는 피난이 가능한 60분+ 방화문 또는 60분 방화문으로부터 몇 m 이내에 별도로 설치해야 하는가?

① 10m
② 7m
③ 3m
④ 1m

🔍 자동방화셔터는 내화구조로 된 벽을 설치하지 못하는 경우 화재 시 연기 및 열을 감지하여 자동 폐쇄되는 셔터를 말하며, 다음의 기준에 따라 설치해야 한다.
- 피난이 가능한 60분+ 방화문 또는 60분 방화문으로부터 3m 이내에 별도로 설치할 것
- 전동방식이나 수동방식으로 개폐할 수 있을 것
- 불꽃감지기 또는 연기감지기 중 하나와 열감지기를 설치할 것
- 불꽃이나 연기를 감지한 경우 일부 폐쇄되는 구조일 것
- 열을 감지한 경우 완전 폐쇄되는 구조일 것
- 수직방향으로 폐쇄되는 구조가 아닌 경우는 불꽃, 연기 및 열감지에 의해 완전폐쇄가 될 수 있는 구조일 것
- 자동방화셔터의 상부는 상층 바닥에 직접 닿도록 하여야 하며, 그렇지 않은 경우 방화구획 처리를 하여 연기와 화염의 이동통로가 되지 않도록 할 것

40 시각경보장치(청각장애인용)의 설치기준으로 올바른 것은?

① 설치높이는 바닥으로부터 0.5m 이상 1.0m 이하인 장소에 설치
② 설치높이는 바닥으로부터 1.0m 이상 1.5m 이하인 장소에 설치
③ 설치높이는 바닥으로부터 1.5m 이상 2.0m 이하인 장소에 설치
④ 설치높이는 바닥으로부터 2.0m 이상 2.5m 이하인 장소에 설치

🔍 **시각경보장치(청각장애인용) 설치기준**
- 복도·통로·청각장애인용 객실 및 공용으로 사용되는 거실(로비, 회의실, 강의실, 식당, 휴게실, 오락실, 대기실, 체력단련실, 접객실, 안내실, 전시실, 기타 이와 유사한 장소)에 설치하며, 각 부분으로부터 유효하게 경보를 발할 수 있는 위치에 설치할 것
- 공연장·집회장·관람장 또는 이와 유사한 장소에 설치하는 경우에는 시선이 집중되는 무대부 부분 등에 설치할 것
- 설치 높이는 바닥으로부터 2m 이상 2.5m 이하의 장소에 설치할 것. 다만, 천장의 높이가 2m 이하인 경우에는 천장으로부터 0.15m 이내의 장소에 설치

41 비화재보(非火災報)의 주요원인으로 볼 수 없는 것은?

① '건축물 누수'로 인한 감지기 오동작
② '담배연기'로 인한 열감지기 작동
③ '천장형 온풍기'에 밀접하게 설치된 경우
④ '발신기'를 장난으로 눌러 발신기 동작

🔍 **비화재보의 주요 원인**
- 주방에 '비적응성 감지기'가 설치된 경우
- '천장형 온풍기'에 밀접하게 설치된 경우
- '장마철 공기 중 습도 증가'에 의한 감지기 오동작
- '청소불량(먼지·분진)'에 의한 감지기 오동작
- '건축물 누수'로 인한 감지기 오동작
- '담배연기'로 인한 연기감지기 오동작
- '발신기'를 장난으로 눌러 발신기 동작

③ 출입구에 이르는 복도
④ 안전구획된 거실로 통하는 출입구

🔍 **피난구유도등 설치위치**
- 옥내로부터 직접 지상으로 통하는 출입구 및 그 부속실의 출입구
- 직통계단·직통계단의 계단실 및 그 부속실의 출입구
- 출입구에 이르는 복도 또는 통로로 통하는 출입구
- 안전구획된 거실로 통하는 출입구

42 화재발생 시 피난기구 중 '공기안전매트의 적응성'은 어디에 한하는가?

① 숙박시설　　② 공연장
③ 공동주택　　④ 유흥주점시설

🔍 **소방대상물의 설치장소별 피난기구의 적응성**
- 간이완강기의 적응성은 숙박시설의 3층 이상에 있는 객실
- 공기안전매트의 적응성은 공동주택에 한함
- 영업장의 위치가 4층 이하인 다중이용업소 : (2층~4층) 미끄럼대, 피난사다리, 구조대, 완강기, 다수인피난장비, 승강식피난기
- 구조대 : 장애인 관련 시설로서 주된 사용자 중 스스로 피난이 불가한 자가 있는 경우 추가로 설치한 경우에 한함

43 '휴대용 비상조명등의 설치기준'으로 옳지 않은 것은?

① 설치대상은 숙박시설이다.
② 다중이용업소의 객실, 영업장안에 설치한다.
③ 어둠속에서 위치를 확인할 수 있고, 사용 시 자동 점등되는 구조이다.
④ 1시간 이상 유효하게 사용할 수 있는 건전지 및 배터리를 사용한다.

🔍 **휴대용비상조명등의 설치기준**
- 숙박시설 또는 다중이용업소에는 객실·영업장안의 구획된 실마다 잘 보이는 곳에 설치
- 20분 이상 유효하게 사용할 수 있는 건전지 및 배터리를 사용
- 어둠속에서 위치를 확인할 수 있고, 사용 시 자동 점등되는 구조
- 건전지를 사용 시 방전방지조치를 하여야 하고, 충전식 배터리의 경우 상시 충전되는 구조

44 유도등 중 '피난구유도등의 설치위치'로 잘못된 것은?

① 옥외로부터 직접 지상으로 통하는 출입구
② 직통계단의 계단실

45 자위소방대는 특정소방안전관리대상물의 화재 시 초기 소화, 조기피난 및 응급처치에 필요한 골든타임 확보가 필수적이다. 일반적으로 'CPR의 골든타임'은 약 몇 분 정도인가?

① 1~2분　　② 2~3분
③ 4~6분　　④ 7~10분

🔍 자위소방대는 소방안전관리대상물의 화재 시 초기소화, 조기피난 및 응급처치 등에 필요한 골든타임(화재 시 5분, 심폐소생술은 4~6분 이내) 확보를 위해 필수적이다.

46 다음은 어느 소방안전관리대상물의 소방시설 및 편성가능 인원을 나타낸 것이다. 적합한 자위소방대의 유형은?

> 가. 2급 소방안전관리대상물이다.
> 나. 편성가능한 인원은 8명이다.
> 다. 소방시설은 자동화재탐지설비와 소화기가 설치되어 있다.

① TYPE-Ⅰ
② TYPE-Ⅱ
③ TYPE-Ⅲ
④ TYPE-Ⅰ~Ⅲ에 모두 해당

🔍 **TYPE-Ⅲ**

구분		내용
편성대상		2급·3급(상시 근무인원 50명 이상의 경우 TYPE-Ⅱ 참고 및 적용)
편성인원	지휘통제	지휘통제팀
	현장대응	• 10인 미만 : 현장대응팀(개별 팀 구분 없음) • 10인 이상 : 비상연락팀, 초기소화팀, 피난유도팀(필요시 팀 가감 편성)

47 '응급처치의 기본사항'으로 볼 수 없는 것은?

① 기도확보(유지) ② 지혈처리
③ 상처보호   ④ 환자이송

🔍 응급처치의 기본사항 : 기도확보(유지), 지혈처리, 상처보호

48 화재발생 시 '일반적 피난행동'으로 옳지 않은 것은?

① 아래층으로 대피가 불가능한 경우 옥상으로 대피한다.
② 낮은 자세로 유도등, 유도표지를 따라 대피한다.
③ 계단을 이용하지 않고 엘리베이터를 이용 옥외로 대피한다.
④ 탈출한 경우 절대로 다시 화재 건물로 들어가지 않는다.

🔍 화재발생 시 일반적 피난행동
- 엘리베이터는 절대 이용하지 않도록 하며 계단을 이용 옥외로 대피한다.
- 아래층으로 대피가 불가능한 때에는 옥상으로 대피한다.
- 아파트의 경우 세대 밖으로 나가기 어려울 경우 세대 사이에 설치된 경량칸막이를 통해 옆 세대로 대피하거나 세대 내 대피공간으로 대피한다.
- 낮은 자세로 유도등, 유도표지를 따라 대피한다.
- 연기 발생 시 최대한 낮은 자세로 이동하고, 코와 입을 젖은 수건 등으로 막아 연기를 마시지 않도록 한다.
- 출입문을 열기 전 출입문의 손잡이가 뜨거우면 문을 열지 말고 다른 길을 찾는다.
- 옷에 불이 붙었을 때는 눈과 입을 가리고 바닥에서 뒹군다.
- 탈출한 경우에는 절대로 다시 화재 건물로 들어가지 않는다.

49 다음 중 장애유형별 피난 보조에 대한 내용으로 틀린 것은?

① 지체장애인의 경우 불가피한 경우를 제외하고는 2인 이상이 1조가 되어 피난을 보조한다.
② 청각장애인의 경우 큰소리로 말하고, 손전등을 활용한다.
③ 정신지체장애인은 공황상태에 빠질 수 있으므로 차분하고 느린 어조로 도움을 주러 왔음을 밝히고 피난을 보조한다.
④ 노약자는 장애인에 준하여 피난보조를 실시한다.

🔍 청각장애인의 경우 시작적인 전달을 위해 표정이나 제스처를 사용하고 조명(손전등 및 전등)을 적극 활용하며 메모를 이용한 대화도 효과적이다.

50 다음 중 자동심장충격기(AED) 패드의 부착 위치(2개)로 바르게 짝지어진 것은?

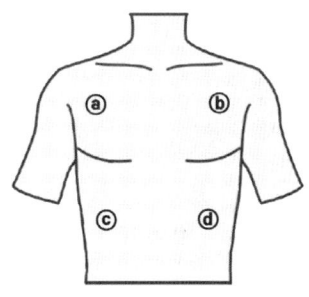

① a - b   ② a - c
③ a - d   ④ c - d

🔍 패드 부착 위치
- 패드 1 : 오른쪽 빗장뼈 아래(a 부위)
- 패드 2 : 왼쪽 젖꼭지 아래의 중간겨드랑선(d 부위)

정답 실전모의고사 5회

01 ③	02 ③	03 ②	04 ①	05 ③
06 ①	07 ②	08 ④	09 ④	10 ③
11 ②	12 ②	13 ③	14 ②	15 ①
16 ①	17 ④	18 ①	19 ④	20 ②
21 ①	22 ②	23 ②	24 ④	25 ①
26 ③	27 ②	28 ①	29 ④	30 ①
31 ②	32 ①	33 ②	34 ①	35 ④
36 ③	37 ④	38 ①	39 ③	40 ④
41 ②	42 ④	43 ④	44 ①	45 ③
46 ③	47 ④	48 ③	49 ②	50 ③

6회 실전모의고사

01 다음 중 '화재를 진압하고 화재, 재난·재해, 그 밖의 위급한 상황에서 구조·구급활동을 하기 위하여 구성된 조직체'를 무엇이라 하는가?

① 소방안전관리자
② 관계인
③ 구급대
④ 소방대

> 소방대(消防隊): 화재를 진압하고 화재, 재난·재해, 그 밖의 위급한 상황에서 구조·구급 활동 등을 하기 위하여 다음의 사람으로 구성된 조직체
> • 소방공무원
> • 의무소방원(義務消防員)
> • 의용소방대원(義勇消防隊員)

02 '소방업무를 수행하는 소방본부장 또는 소방서장'을 지휘와 감독을 할 수 없는 사람은?

① 특별시장
② 광역시장
③ 도지사
④ 경찰청장

> 소방업무를 수행하는 소방본부장 또는 소방서장은 그 소재지를 관할하는 특별시장·광역시장·특별자치시장·도지사 또는 특별자치도지사(이하 "시·도지사"라 한다)의 지휘와 감독을 받는다.

03 1급 소방안전관리자 자격시험의 응시자격을 갖추지 못한 사람은?

① 대학에서 소방안전관리학과를 전공하고 졸업한 사람으로서 2년간 2급 소방안전관리대상물의 소방안전관리자로 근무한 실무경력이 있는 사람
② 산업안전기사 자격을 취득한 후 2년간 2급 소방안전관리대상물의 소방안전관리자로 근무한 실무경력이 있는 사람
③ 소방행정학 또는 소방안전공학 분야에서 석사학위 이상을 취득한 사람
④ 의무소방대의 소방대원으로 2년간 근무한 경력이 있는 사람

> 의용소방대원으로 임명되어 3년 이상 근무한 경력이 있는 사람, 군부대(주한 외군군부대 포함) 및 의무소방대의 소방대원으로 1년 이상 근무한 경력이 있는 사람은 2급 소방안전관리자 자격시험의 응시자격이 있다.

04 '소방자동차 전용구역에의 진입을 가로막는 등의 방해행위를 한 자'에게 부과되는 벌칙은?

① 500만원 이하의 과태료
② 200만원 이하의 과태료
③ 100만원 이하의 과태료
④ 20만원 이하의 과태료

> 100만원 이하의 과태료
> 소방자동차 전용구역에 주차하거나 전용구역에의 진입을 방해 행위를 한 자

05 특정소방대상물의 지상층 중 '개구부의 면적의 합계가 해당 층의 바닥면적의 1/30 이하가 되는 층'을 무엇이라 하는가?

① 무창층
② 피난층
③ 옥상
④ 지하층

> 무창층(無窓層): 지상층 중 다음의 요건을 모두 갖춘 개구부(건축물에서 채광·환기·통풍 또는 출입 등을 위하여 만든 창·출입구, 그 밖에 이와 비슷한 것을 말한다)의 면적의 합계가 해당 층의 바닥면적의 30분의 1 이하가 되는 층을 말한다.
> • 크기는 지름 50cm 이상의 원이 통과할 수 있을 것
> • 해당 층의 바닥면으로부터 개구부 밑부분까지의 높이가 1.2m 이내일 것
> • 도로 또는 차량이 진입할 수 있는 빈터를 향할 것
> • 화재 시 건축물로부터 쉽게 피난할 수 있도록 창살이나 그 밖의 장애물이 설치되지 않을 것
> • 내부 또는 외부에서 쉽게 부수거나 열 수 있을 것

06 다음 중 '소방안전관리보조자' 선임자격에 대한 설명으로 옳지 않은 것은?

① 2급, 3급 소방안전관리대상물의 소방안전관리자 자격이 있는 사람
② 안전관리에 해당하는 국가기술자격이 있는 사람
③ 공공기관 소방안전관리 강습교육을 수료한 사람
④ 소방안전관리대상물의 소방안전관리 관련 업무에 1년 이상 근무한 경력이 있는 사람

🔍 소방안전관리보조자 선임자격
- 특급, 1급, 2급, 3급 소방안전관리대상물의 소방안전관리자 자격이 있는 사람
- 건축, 기계제작, 기계장비설비·설치, 화공, 위험물, 전기, 전자 및 안전관리에 해당하는 국가기술자격이 있는 사람
- 공공기관 소방안전관리자 강습교육을 수료한 사람
- 특급, 1급, 2급, 3급 소방안전관리대상물의 소방안전관리자에 대한 강습교육을 수료한 사람
- 소방안전관리대상물에서 소방안전 관련 업무에 2년 이상 근무한 경력이 있는 사람

07 소방관계법령상 '소방안전관리자 또는 소방안전관리보조자의 선임연기'를 신청할 수 없는 사람은?

① 1급 소방안전관리대상물의 관계인
② 2급 소방안전관리대상물의 관계인
③ 3급 소방안전관리대상물의 관계인
④ 소방안전관리보조자 선임대상 특정소방대상물의 관계인

🔍 소방안전관리자 또는 소방안전관리보조자 선임연기 신청자 : 2급, 3급 소방안전관리대상물 관계인 또는 소방안전관리보조자 선임대상 특정소방대상물의 관계인

08 다음 중 화재안전조사를 실시할 수 있는 경우가 아닌 것은?

① 화재가 자주 발생하였거나 발생할 우려가 뚜렷한 곳에 대한 조사가 필요한 경우
② 긴급한 상황이 발생할 경우 인명 또는 재산 피해의 우려가 크지 않다고 판단되는 경우
③ 화재예방강화지구 등 법령에서 화재안전조사를 하도록 규정되어 있는 경우
④ 국가적 행사 등 주요 행사가 개최되는 장소 및 그 주변의 관계 지역에 대하여 소방안전관리 실태를 조사할 필요가 있는 경우

🔍 화재안전조사를 실시할 수 있는 경우
- 자체점검이 불성실하거나 불완전하다고 인정되는 경우
- 화재예방강화지구 등 법령에서 화재안전조사를 하도록 규정되어 있는 경우
- 화재예방안전진단이 불성실하거나 불완전하다고 인정되는 경우
- 국가적 행사 등 주요 행사가 개최되는 장소 및 그 주변의 관계 지역에 대하여 소방안전관리 실태를 조사할 필요가 있는 경우
- 화재가 자주 발생하였거나 발생할 우려가 뚜렷한 곳에 대한 조사가 필요한 경우
- 재난예측정보, 기상예보 등을 분석한 결과 소방대상물에 화재의 발생 위험이 크다고 판단되는 경우
- 위에서 열거한 경우 외에 화재, 그 밖의 긴급한 상황이 발생할 경우 인명 또는 재산 피해의 우려가 현저하다고 판단되는 경우

09 다음 중 '소방안전관리 업무의 대행'을 할 수 없는 특정소방대상물은?

① 아파트
② 2급 소방안전관리대상물
③ 3급 소방안전관리대상물
④ 1급 소방안전관리대상물 중 연면적 15,000m² 미만이고 11층 이상인 특정소방대상물

🔍 소방안전관리 업무를 대행(대통령령으로 정하는 소방안전관리대상물)
- 1급 소방안전관리대상물 중 연면적 15,000m² 미만인 특정소방대상물로서 지상층의 층수가 11층 이상인 특정소방대상물 (아파트는 제외)
- 2급·3급 소방안전관리대상물

10 다음 중 소방시설의 자체점검 중 '작동점검' 대상은?

① 3급 소방안전관리대상물
② 위험물 제조소
③ 소화기구만 설치된 특정소방대상물
④ 특급 소방안전관리대상물

🔍 작동점검 제외 대상물
- 소방안전관리자를 선임하지 않는 대상
- 위험물제조소등
- 특급소방안전관리대상물

11 특정소방대상물 중 '종합점검' 대상은?

① 위험물 제조소
② 간이스프링클러설비가 설치된 100세대 규모의 공동주택
③ 제연설비가 설치된 터널
④ 연면적 1,000m²인 다중이용업 영업장

🔍 종합점검 대상
- 스프링클러설비가 설치된 특정소방대상물
- 물분무등소화설비(호스릴방식의 물분무등소화설비만을 설치한 경우는 제외)가 설치된 연면적 5,000m² 이상인 특정소방대상물(위험물제조소등 제외)
- 단란주점영업, 유흥주점영업, 영화상영관, 비디오물감상실업, 복합영상물제공업, 노래연습장업, 산후조리업, 고시원업, 안마시술소의 다중이용업의 영업장이 설치된 특정소방대상물로서 연면적 2,000m² 이상인 것
- 제연설비가 설치된 터널
- 공공기관 중 연면적(터널 · 지하구의 경우 그 길이와 평균폭을 곱하여 계산된 값을 말함)이 1,000m² 이상인 것으로 옥내소화전설비 또는 자동화재탐지설비가 설치된 것(단, 소방대가 근무하는 공공기관은 제외)

12 특정소방대상물의 '화재안전조사의 개요'에 대한 설명으로 잘못된 것은?

① 화재안전조사권자는 소방청장, 소방본부장, 소방서장이다.
② 시기는 화재안전조사권자가 필요하다고 인정될 때이다.
③ 화재안전조사권자가 필요하다고 인정하면 개인의 주거에 대해서는 관계인의 승낙이 필요없다.
④ 조사대상은 관할구역 내 소방대상물이다.

🔍 화재안전조사의 개요
- 조사권자 : 소방청장, 소방본부장, 소방서장
- 조사목적 및 시기 : 필요하다고 인정될 때(단, 개인의 주거에 대해서는 관계인의 승낙이 있거나 화재 발생의 우려가 뚜렷하여 긴급한 필요가 있을 때에 한정)
- 조사대상 : 관할구역 내 소방대상물

13 다음 중 면적의 산정에 대한 정의로 옳지 않은 것은?

① 건축면적 : 건축물의 외벽의 중심선으로 둘러싸인 부분의 수평투영면적으로 한다.
② 바닥면적 : 건축물의 각층 또는 그 일부로서 벽 · 기둥 기타 이와 유사한 구획의 중심선으로 둘러싸인 부분의 수평투영면적으로 한다.
③ 연면적 : 하나의 건축물의 바닥면적의 합계로 한다.
④ 건폐율 : 대지면적에 대한 연면적의 비율을 말한다.

🔍 건폐율과 용적률
- 건폐율 : 대지면적에 대한 건축면적(대지에 2 이상의 건축물이 있는 경우에는 이들 건축면적의 합계)의 비율($\frac{건축면적}{대지면적} \times 100\%$)
- 용적률 : 대지면적에 대한 연면적(대지에 2 이상의 건축물이 있는 경우에는 이들 연면적의 합계)의 비율($\frac{연면적}{대지면적} \times 100\%$)

14 소방관계법령상 '방화시설'이 아닌 것은?

① 방화문
② 출입구(비상구 포함)
③ 방화셔터
④ 내화구조의 바닥 · 벽

🔍 피난시설과 방화시설의 범위
- 피난시설 : 계단(직통계단, 피난계단 등), 복도, 출입구(비상구 포함), 옥상광장, 피난안전구역, 피난용승강기 및 승강장 등
- 방화시설 : 방화구획(방화문, 방화셔터, 내화구조의 바닥이나 벽), 방화벽 및 내화성능을 갖춘 내부 마감재 등

15 특정소방대상물에 설치하는 '방염처리대상 물품'이 아닌 것은?

① 블라인드를 제외한 창문의 커튼류
② 벽지류(두께가 2mm 미만인 종이벽지는 제외)
③ 영화상영관에 설치하는 스크린
④ 노래연습장의 섬유류로 제작된 소파 · 의자

🔍 방염대상 물품
- 창문에 설치하는 커튼류(블라인드 포함)
- 카펫, 벽지류(두께가 2mm 미만인 종이벽지는 제외)
- 전시용 합판 또는 섬유판, 무대용 합판 또는 섬유판
- 암막 · 무대막(영화상영관에서 설치하는 스크린과 가상체험 체육시설업에 설치하는 스크린 포함)
- 섬유류 또는 합성수지류 등을 원료로 제작된 소파 · 의자(단란주점, 유흥주점 및 노래연습장에 한함)
- 건축물 내부의 천장이나 벽에 부착하거나 설치하는 종이류(두께 2mm 이상)

16 '소방안전관리자에게 불이익한 처우를 한 특정소방대상물 관계인'에게 부과되는 벌칙은?

① 300만원 이하의 벌금
② 300만원 이하의 과태료
③ 200만원 이하의 과태료
④ 100만원 이하의 과태료

🔍 300만원 이하의 벌금
- 화재안전조사를 정당한 사유 없이 거부·방해 또는 기피한 자
- 화재예방조치 명령을 정당한 사유 없이 따르지 아니하거나 방해한 자
- 소방안전관리자, 총괄소방안전관리자 또는 소방안전관리보조자를 선임하지 아니한 자
- 소방시설·피난시설·방화시설 및 방화구획 등이 법령에 위반된 것을 발견하였음에도 필요한 조치를 할 것을 요구하지 아니한 소방안전관리자
- 소방안전관리자에게 불이익한 처우를 한 관계인

17 연소의 3요소 중 '가연물질의 구비조건'으로 적합하지 않은 것은?

① 화학반응을 일으킬 때 필요한 활성화에너지(최소 점화에너지)의 값이 커야 한다.
② 일반적으로 산화되기 쉬운 물질로서 산소와 결합할 때 발열량이 커야 한다.
③ 지연성(조연성)가스인 산소·염소와의 친화력이 강해야 한다.
④ 산소와 접촉할 수 있는 표면적이 큰 물질이어야 한다.

🔍 가연물질의 구비조건
- 화학반응을 일으킬 때 필요한 활성화 에너지(최소 점화에너지)의 값이 적어야 한다.
- 일반적으로 산화되기 쉬운 물질로서 산소와 결합할 때 발열량이 커야 한다.
- 열의 축적이 용이하도록 열전도의 값이 적어야 한다.
- 지연성(조연성) 가스인 산소·염소와의 친화력이 강해야 한다.
- 산소와 접촉할 수 있는 표면적이 큰 물질이어야 한다.(기체 〉 액체 〉 고체)
- 연쇄반응을 일으킬 수 있는 물질이어야 한다.

18 연소의 3요소인 '산소공급원'으로 볼 수 없는 것은?

① 공기
② 산화성 물질
③ 자기반응성 물질
④ 유기화합물

🔍 산소공급원
- 공기 : 산소(O_2) 농도 약 21%
- 산화성 물질 : 제1류 위험물(염소산염류, 과염소산염류, 무기과산화물, 질산염류, 과망가니즈산염류, 다이크로뮴산염류 등), 제6류 위험물(과염소산, 과산화수소, 질산 등)
- 자기반응성 물질 : 제5류 위험물(나이트로글리세린, 셀룰로이드, 트라이나이트로톨루엔 등)

19 '외부의 직접적인 점화원 없이 가열된 열의 축적에 의하여 발화에 이르는 최저의 온도'를 무엇이라 하는가?

① 인화점
② 발화점
③ 연소점
④ 인화온도

🔍 연소 용어
- 인화점(인화온도) : 연소범위에서 외부의 직접적인 점화원에 의해 인화될 수 있는 최저 온도
- 발화점(착화점, 발화온도) : 외부의 직접적인 점화원 없이 가열된 열의 축적에 의하여 발화에 이르는 최저의 온도, 즉 점화원이 없는 상태에서 가연성 물질을 공기 또는 산소 중에서 가열함으로써 발화되는 최저 온도
- 연소점 : 연소상태가 계속될 수 있는 온도를 말하며 일반적으로 인화점보다 약 10℃ 정도 높은 온도로서 연소상태가 5초 이상 유지될 수 있는 온도

20 '어떤 증기를 등온·등압 하에서 같은 부피의 공기 무게와 비교한 것'을 무엇이라 하는가?

① 공기비중
② 공기중량
③ 증기비중
④ 증기중량

🔍 어떤 증기의 증기비중은 같은 온도, 같은 압력 하에서 같은 부피의 공기의 무게를 비교한 것이다.

21 화재발생 시 '인체 내의 헤모글로빈과 결합하여 산소의 운반기능을 약화시켜 질식'하게 하는 것은?

① 일산화탄소(CO)
② 이산화탄소(CO_2)
③ 암모니아(NH_3)
④ 시안화수소(HCN)

🔍 일산화탄소(CO)
- 무색·무취·무미의 환원성이 강한 가스
- 상온에서 염소와 작용하여 유독성 가스인 포스겐($COCl_2$)을 생성
- 인체 내 헤모글로빈과 결합하여 산소의 운반기능을 약화시켜 질식하게 한다.

22 다음 중 '가연성 증기의 연소범위'가 가장 넓은 것은?

① 수소
② 아세틸렌
③ 중유
④ 암모니아

🔍 연소범위

종류	연소범위	종류	연소범위
아세틸렌	2.5~81	수소	4.1~75
중유	1~5	암모니아	15~25

23 화재의 분류 중 '소화방법으로 비누화 작용 및 냉각 작용이 동시에 필요한 화재'는?

① 유류화재(B급화재)
② 전기화재(C급화재)
③ 금속화재(D급화재)
④ 주방화재(K급화재)

🔍 화재의 분류

분류	내용	소화방법
일반화재 (A급화재)	• 면화류, 고무, 석탄, 목재, 종이, 천 등 보통 가연물의 화재이다. • 화재 발생건수 가장 많으며 연소 후 재를 남긴다.	다량의 물 또는 수용액 (냉각소화)
유류화재 (B급화재)	• 상온에서 액체상태로 존재하는 유류가 가연물이 되는 화재이다. • 연소 후 재를 남기지 않으며, 연소열이 크고 연소성이 좋아 일반화재보다 위험하다.	포 등을 이용 (질식·냉각 소화)
전기화재 (C급화재)	• 전기를 취급하고(변압기, 배전반, 전열기, 전기장판 등) 있는 장소에서의 화재이다. • 물을 사용하면 감전 위험이 있으며, 전체 화재 건수 중 많은 비율을 차지한다.	가스소화 약제 이용 (질식소화)
금속화재 (D급화재)	• 가연성 금속류가 가연물이 되는 화재로 칼륨(K), 나트륨(Na), 마그네슘(Mg), 알루미늄(Al) 등이 대표적이며, 분말상으로 존재할 때 가연성이 현저히 증가한다. • 물과 반응하여 폭발성이 강한 수소를 발생시키므로 수계소화약제(물, 포, 강화액 등)를 사용해서는 안 된다.	마른모래 및 특수분말 이용 (질식소화)
주방화재 (K급화재)	• 식용유, 식물성·동물성 유지 등의 음식 조리용 기름에서 발생하는 화재이다. • 연소물의 표면을 차단하는 비누화 작용 및 식용유 자체의 온도를 발화점 이하로 빠르게 하강시켜주는 냉각작용이 동시에 필요하다.	비누화작용 및 냉각작용

24 열전달 방식 중 '대류(Convection)'에 대한 설명으로 옳지 않은 것은?

① 기체 혹은 액체와 유체의 흐름에 의하여 열이 전달되는 방식이다.
② 화재 시 열의 이동에 가장 크게 작용하는 열이동 방식이다.
③ 난로에 의해 방안의 공기가 더워지는 것은 대류의 대표적인 예이다.
④ 대류현상의 원인은 밀도차에 의한다.

🔍 대류(Convection)
• 기체 혹은 액체와 같은 유체의 흐름에 의하여 열이 전달되는 방식이다.
• 난로에 의해 방안의 공기가 더워지는 것이 대류의 대표적인 예로 대류현상의 원인은 밀도차에 의한다.

25 화재 시 발생하는 '무색·무미·무취의 환원성이 강한 가스로 상온에서 염소(Cl)와 작용하여 유독성의 포스겐가스를 생성하기도 하는 가스'는?

① 일산화탄소(CO)
② 이산화탄소(CO_2)
③ 황화수소(H_2S)
④ 암모니아(NH_3)

🔍 일산화탄소(CO)는 무색·무미·무취의 환원성이 강한 가스로 상온에서 염소(Cl)와 작용하여 유독성의 포스겐($COCl_2$) 가스를 생성하기도 하며 인체 내의 헤모글로빈과 결합하여 산소의 운반기능을 약화시켜 질식하게 한다.

26 '화재이론에 의한 건물 내 연기의 이동속도'에 대한 설명으로 옳은 것은?

① 수평방향 이동속도가 가장 빠르다.
② 수직방향 이동속도가 가장 빠르다.
③ 계단실의 수직방향 이동속도가 가장 빠르다.
④ 수평방향 이동속도와 수직방향 이동속도는 동일하다.

🔍 연기의 이동속도
• 수평방향 : 0.5~1m/sec
• 수직방향 : 2~3m/sec
• 계단실 내의 수직이동 : 3~5m/sec

27 건물화재 성상단계 중 최성기에 이르는 시간으로 옳은 것은?

① 내화구조 : 5~10분, 목조건물 : 약 3분
② 내화구조 : 10~15분, 목조건물 : 약 5분
③ 내화구조 : 15~20분, 목조건물 : 약 5분
④ 내화구조 : 20~30분, 목조건물 : 약 10분

🔍 실내전체에 화염이 충만하여 연소가 최고조에 달하는 최성기에 이르는 시간은 내화구조의 경우 20~30분, 목조건물의 경우는 약 10분이 소요된다.

28 다음 중 '소화약제와 소화효과'가 잘못 연결된 것은?

① 물 소화약제 – 냉각, 질식효과
② 포 소화약제 – 억제(부촉매)효과
③ 이산화탄소(CO_2) 소화약제 – 질식, 냉각효과
④ 할로겐화합물 소화약제 – 질식, 억제(부촉매), 냉각효과

🔍 소화약제의 종류
- 물소화약제 : 냉각, 질식효과
- 포소화약제 : 질식, 냉각효과
- 분말소화약제 : 질식, 억제(부촉매) 효과
- 이산화탄소(CO_2) 소화약제 : 질식, 냉각효과
- 할로겐화합물 소화약제 : 질식, 억제(부촉매), 냉각효과

29 다음 중 위험물안전관리법상 '제1류 위험물의 성질'에 해당하는 것은?

① 산화성고체
② 자연발화성물질 및 금수성물질
③ 가연성고체
④ 자기반응성물질

🔍 각 위험물의 류별 특성
- 제1류 위험물 – 산화성고체
- 제2류 위험물 – 가연성고체
- 제3류 위험물 – 자연발화성물질 및 금수성물질
- 제4류 위험물 – 인화성액체
- 제5류 위험물 – 자기반응성물질
- 제6류 위험물 – 산화성액체

30 위험물안전관리법상 '제2류 위험물의 성질'로 맞지 않은 것은?

① 비교적 낮은 온도에서 착화하기 쉬운 가연성고체이며 환원성물질이다.
② 비중은 1보다 크고, 물에는 녹지 않는다.
③ 마른모래 등에 의한 질식소화
④ 연소 시 연소열이 크고, 유독가스를 발생한다.

🔍 제2류 위험물의 특성
- 비교적 낮은 온도에서 착화하기 위한 가연성고체이며 환원성물질이다.
- 비중은 1보다 크고 물에는 녹지 않는다.
- 연소시 연소열이 크고 유독가스를 발생한다.

31 다음 중 '전기화재의 주요 원인'으로 볼 수 없는 것은?

① 전선의 합선에 의한 발화
② 누전에 의한 발화
③ 과전류(과부하)에 의한 발화
④ 고압전류에 의한 발화

🔍 전기에 의한 주요 화재원인
- 전선의 합선(단락)에 의한 발화
- 누전에 의한 발화
- 과전류(과부하)에 의한 발화
- 기타 규격미달의 전선 또는 전기기계기구 등의 과열, 배선 및 전기기계기구 등의 절연불량 또는 정전기로부터의 불꽃

32 다음 중 가스화재 시 '공급자의 원인'으로 볼 수 없는 것은?

① 용기밸브의 오조작
② 점화 미확인으로 인한 누설폭발
③ 용기교체 작업 중 누설화재
④ 잔량가스처리 및 취급 미숙

🔍 가스화재의 공급자 원인
- 용기밸브의 오조작
- 용기교체 작업 중 누설화재
- 잔량가스처리 및 취급 미숙
- 고압가스 운반기준 미이행
- 가스충전 작업 중 누설폭발
- 배관 내의 공기치환작업 미숙
- 용기보관실 점화원(성냥 등)사용
- 배달원의 안전의식 결여

33 소화기구(자동확산소화기 제외)는 바닥으로부터 높이 몇 m 이하의 곳에 비치하는가?

① 0.8m 이하 ② 1.0m 이하
③ 1.5m 이하 ④ 2.0m 이하

> 소화기(자동확산소화기 제외)는 바닥으로부터 높이 1.5m 이하의 곳에 비치한다.

34 건축물의 주요구조부가 내화구조이고, 벽 및 반자의 실내에 면하는 부분이 불연재료로 시공된 바닥면적이 700m²인 창고시설에 필요한 소화기구의 능력단위는 얼마 이상으로 하여야 하는가?

① 1단위 ② 2단위
③ 3단위 ④ 4단위

> 창고시설로 내화구조이고 불연재료를 사용하므로 바닥면적이 200m²마다 1단위 이상이다.
> 따라서, 소화능력단위 = $\frac{700m^2}{200m^2}$ = 3.5 ≒ 4[단위]이다.

35 옥내소화전설비의 '방수압력 및 방수량' 측정 시 주의사항으로 옳은 것은?

① 초기 방수 즉시 측정하여야 한다.
② 반드시 곡선 관창을 이용하여 측정하여야 한다.
③ 방수압력측정계(피토게이지)는 봉상수주상태에서 직각으로 측정하여야 한다.
④ 방수압력측정계(피토게이지)는 봉상수주상태에서 직선으로 측정하여야 한다.

> 옥내소화전함의 방수압력 및 방수량 측정 시 주의사항
> • 반드시 직사형 관창을 이용하여 측정하여야 한다.
> • 초기 방수 시 물속에 존재하는 이물질이나 공기 등이 완전히 배출된 후에 측정하여야 방수압력측정계(피토게이지)의 입구구경이 작기 때문에 발생하는 막힘이나 고장을 방지할 수 있다.
> • 방수압력측정계(피토게이지)는 봉상수주상태에서 직각으로 측정하여야 한다.

36 옥내소화전설비와 호스릴 옥내소화전설비의 호스구경이 바르게 연결한 것은?

① 50mm 이상 - 30mm 이상
② 40mm 이상 - 25mm 이상
③ 30mm 이상 - 20mm 이상
④ 20mm 이상 - 15mm 이상

> 옥내소화전설비 호스구경
> • 일반호스 옥내소화전설비 : 40mm 이상
> • 호스릴 옥내소화전설비 : 25mm 이상

37 옥내소화전설비 중 '가압송수장치방식'이 아닌 것은?

① 저압수조방 ② 펌프방식
③ 고가수조방식 ④ 압력수조방식

> 가압송수장치
> • 펌프방식 : 압력스위치가 작동함으로써 펌프를 기동하는 방식이며, 주펌프는 전동기에 따른 펌프로 설치한다.
> • 고가수조방식 : 고가수조로부터 자연낙차압을 이용하는 방식으로 일반 건물에 거의 사용되지 못한다.
> • 압력수조방식 : 압력수조 내 물을 입입하고 압축된 공기를 충전하여 송수하는 방식으로 탱크의 설치 위치에 구애받지 않는 장점이 있다.
> • 가압수조방식 : 별도의 압력탱크에 압축공기 또는 불연성 고압기체에 의해 소방용수를 가압하여 송수하는 방식으로 전원이 필요없다.

38 옥내소화전설비의 호스구경은 40mm이다. '옥외소화전설비의 호스구경'은 얼마인가?

① 45mm ② 55mm
③ 65mm ④ 75mm

> • 옥내소화전설비의 호스구경 : 40mm
> • 옥외소화전설비의 호스구경 : 65mm

39 스프링클러설비 중 '초기화재에 신속대처가 용이하나 화재감지장치가 별도로 필요한 스프링클러'는?

① 습식 스프링클러
② 건식 스프링클러
③ 준비작동식 스프링클러
④ 일제살수식 스프링클러

> 일제살수식 스프링클러설비
>
> | 장점 | 단점 |
> | --- | --- |
> | • 초기 화재에 신속한 대처가 용이하다.
• 층고가 높은 장소에서도 소화가 가능하다. | • 대량 살수로 수손 피해 우려가 있다.
• 화재감지장치가 별도로 필요하다. |

40 가스계소화설비 중 '이산화탄소(CO_2)소화설비'의 단점으로 볼 수 없는 것은?

① 사람에게 질식의 우려가 있다.
② 방사 시 동상의 우려와 소음이 크다.
③ 설비가 고압으로 특별한 주의와 관리가 필요하다.
④ 비전도성이므로 전기화재에 좋다.

🔍 이산화탄소 소화설비의 단점
• 사람에게 질식의 우려가 있다.
• 방사 시 동상의 우려와 소음이 크다.
• 설비가 고압으로 특별한 주의와 관리가 필요하다.

41 스프링클러설비구조 중 스프링클러 헤드의 방수구에서 유출되는 물을 세분시키는 작용을 하는 것은?

① 디플렉터(Deflector)
② 프레임(Frame)
③ 퓨즈블링크
④ 글라스벌브

🔍 • 디플렉터 : 스프링클러 헤드의 방수구에서 유출되는 물을 세분시키는 작용
• 프레임 : 스프링클러 헤드의 나사부분과 디플렉터를 연결하는 이음쇠 부분
• 퓨즈블링크와 글라스벌브 : 폐쇄형 스프링클러헤드에서 스프링클러의 감열체로 사용

42 내용연수가 지난 분말소화기의 경우 성능검사에 합격한 경우 일정 기간 동안 사용이 가능하다. 내용연수 경과 후 10년 미만인 분말소화기는 내용연수가 경과한 날의 다음 달부터 얼마 동안 사용 가능한가?

① 1년   ② 2년
③ 3년   ④ 5년

🔍 분말소화기의 내용연수를 10년으로 하고 내용연수가 지난 제품은 교체 또는 성능검사에 합격한 소화기는 내용연수등이 경과한 날의 다음 달부터 다음의 기간동안 사용할 수 있다.
• 내용연수 경과 후 10년 미만 : 3년
• 내용연수 경과 후 10년 이상 : 1년

43 자동화재탐지설비인 '음향장치의 설치기준'으로 맞는 것은?

① 층마다 설치하되 수평거리 10m 이하가 되도록 설치한다.
② 층마다 설치하되 수평거리 15m 이하가 되도록 설치한다.
③ 층마다 설치하되 수평거리 20m 이하가 되도록 설치한다.
④ 층마다 설치하되 수평거리 25m 이하가 되도록 설치한다.

🔍 음향장치의 종류 및 설치기준
• 종류
 – 주음향장치 : 수신기 내부 또는 직근에 설치
 – 지구음향장치 : 각 경계구역에 설치
• 설치기준
 – 층마다 설치, 수평거리 25m 이하가 되도록 설치
 – 음량 크기는 1m 떨어진 곳에서 90dB 이상

44 다음의 표는 지하층을 제외한 층수가 10층 이하인 소방대상물의 스프링클러 설치장소별 헤드의 기준개수를 나타낸 것이다. ㉠, ㉡, ㉢, ㉣에 들어갈 내용으로 옳은 것은?

스프링클러설비 설치장소		기준개수 (개)
공장 또는 창고	특수가연물을 저장·취급하는 것	㉠
	그 밖의 것	20
근린생활시설·판매시설·운수시설 또는 복합건축물	판매시설 또는 복합건축물(판매시설이 설치되는 복합건축물)	㉡
	그 밖의 것	20
그 밖의 것	헤드의 부착높이가 8m 이상인 것	㉢
	헤드의 부착높이가 8m 미만인 것	㉣

① ㉠ 20, ㉡ 30, ㉢ 30, ㉣ 10
② ㉠ 20, ㉡ 10, ㉢ 20, ㉣ 20
③ ㉠ 30, ㉡ 30, ㉢ 20, ㉣ 10
④ ㉠ 30, ㉡ 20, ㉢ 30, ㉣ 20

🔍 **스프링클러 헤드의 기준 개수**

스프링클러설비 설치장소			기준개수(개)
지하층을 제외한 층수가 10층 이하인 소방대상물	공장 또는 창고	특수가연물을 저장·취급하는 것	30
		그 밖의 것	20
	근린생활시설·판매시설·운수시설 또는 복합건축물	판매시설 또는 복합건축물(판매시설이 설치되는 복합건축물)	30
		그 밖의 것	20
	그 밖의 것	헤드의 부착높이가 8m 이상인 것	20
		헤드의 부착높이가 8m 미만인 것	10
아파트			10
지하층을 제외한 층수가 11층 이상인 소방대상물(아파트 제외)			30
지하가 또는 지하역사			30

45. 피난설비 중 '지상으로 피난할 수 있도록 제조된 설비로 장애인 복지시설, 노약자 수용시설 및 병원 등에 적합한 피난기구'는?

① 완강기
② 미끄럼대
③ 피난사다리
④ 피난교

🔍 **피난기구의 종류**

종류	내용
구조대	화재시 건물의 창, 발코니 등에서 지상까지 포대를 사용하여 활강하는 피난기구
완강기	사용자의 몸무게에 의해 자동으로 내려올 수 있는 기구 중 연속적으로 사용할 수 있는 것
간이완강기	완강기 중 사용자가 교대하여 연속적으로 사용할 수 없는 일회용의 것
피난사다리	안전한 장소로 피난하기 위해 건축물의 개구부에 설치하는 기구로 고정식, 올림식, 내림식으로 구분
미끄럼대	지상으로 피난할 수 있도록 제조된 피난기구로 장애인 복지시설, 노약자 수용시설 및 병원 등에 적합
다수인 피난장비	화재 시 2인 이상의 피난자가 동시에 해당층에서 지상 또는 피난층으로 하강하는 피난기구
기타 피난기구	피난용트랩, 공기안전매트 등

46. 피난설비 중 '비상조명등의 조도'에 관한 설명으로 맞는 것은?

① 조도는 비상조명등이 설치된 장소의 각 부분의 바닥에서 1럭스(lx) 이상
② 조도는 비상조명등이 설치된 장소의 각 부분의 바닥에서 2럭스(lx) 이상
③ 조도는 비상조명등이 설치된 장소의 각 부분의 바닥에서 3럭스(lx) 이상
④ 조도는 비상조명등이 설치된 장소의 각 부분이 바닥에서 4럭스(lx) 이상

🔍 **비상조명등, 유도등**
- 조도 : 각 부분의 바닥에서 1럭스(lx) 이상
- 유효작동시간 : 20분 이상(지하층을 제외한 층수가 11층 이상의 층, 지하층, 또는 지하층 무창층으로서 용도가 도매시장·소매시장·여객자동차터미널·지하역사 또는 지하상가의 경우는 60분 이상)

47. '피난구유도등'에 대한 설명으로 맞지 않은 것은?

① 피난구 또는 피난경로로 사용되는 출입구를 표시하여 피난을 유도하는 등이다.
② 피난구 바닥으로부터 높이 1.5m 이상으로 출입구에 인접하도록 설치한다.
③ 옥내로부터 직접 지상으로 통하는 출입구 및 그 부속실의 출입구에 설치한다.
④ 객석의 통로·바닥 또는 벽에 설치한다.

🔍 **피난구유도등의 설치 위치**
- 옥내로부터 직접 지상으로 통하는 출입구 및 그 부속실의 출입구
- 직통계단·직통계단의 계단실 및 그 부속실의 출입구
- 출입구에 이르는 복도 또는 통로로 통하는 출입구
- 안전구획된 거실로 통하는 출입구

48. 다음 중 '응급처치의 구명단계'로 맞는 것은?

① 상처보호 → 기도확보(유지) → 지혈처리 → 쇼크예방
② 쇼크예방 → 기도확보(유지) → 지혈처리 → 상처보호
③ 기도확보(유지) → 지혈처리 → 쇼크예방 → 상처보호
④ 기도확보(유지) → 쇼크예방 → 지혈처리 → 상처보호

○ 응급처치의 구명단계 : 기도확보(유지) → 지혈처리 → 쇼크예방 → 상처보호

49 평상시 습식 스프링클러설비 동력제어반의 각 스위치 및 표시등의 정상상태를 잘못 표시한 것은?

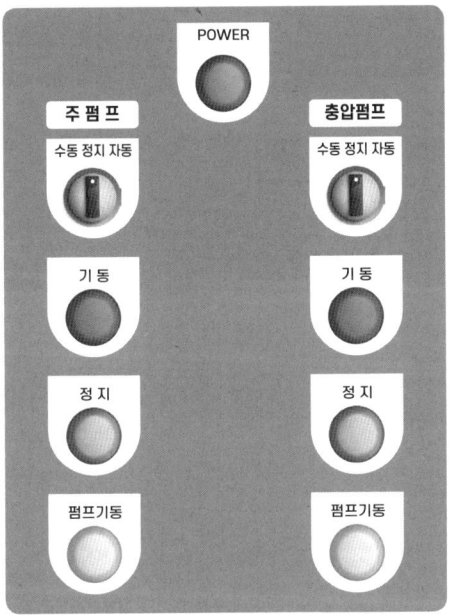

① 주펌프 및 충압펌프 스위치 : 정지
② 주펌프 및 충압펌프 기동 표시등 : 소등
③ 주펌프 및 충압펌프 정지 표시등 : 점등
④ 펌프기동 표시등 : 소등

○ 평상시 습식 스프링클러설비 동력제어반의 각 스위치 및 표시등의 정상상태
 • 전원표시등 : 점등
 • 주펌프 · 충압펌프 스위치 : 자동
 • 주펌프 · 충압펌프 기동 표시등 : 소등
 • 주펌프 · 충압펌프 정지 표시등 : 점등
 • 펌프기동 표시등 : 소등

50 다음 소방안전관리대상물 중 '합동소방훈련을 실시하게 할 수 있는 대상'이 아닌 것은?

① 높이가 200m 이상인 아파트
② 연면적 15,000m² 이상인 특정소방대상물(아파트 제외)
③ 가연성가스를 1천톤 이상 저장 · 취급하는 시설
④ 지하구

○ 합동소방훈련의 실시
 • 합동소방훈련은 소방안전관리대상물과 소방관서에서 함께 실시하는 훈련
 • 소방서장은 특급 및 1급 소방안전관리대상물의 관계인으로 하여금 합동소방훈련을 실시하게 할 수 있음
 • 2급 및 3급 소방안전관리대상물은 합동소방훈련 대상이 아님
 • ①항 : 특급 소방안전관리대상물
 • ②항과 ③항 : 1급 소방안전관리대상물
 • ④항 : 2급 소방안전관리대상물

정답 실전모의고사 6회

01 ④	02 ④	03 ④	04 ③	05 ①
06 ④	07 ①	08 ②	09 ①	10 ①
11 ③	12 ③	13 ④	14 ②	15 ①
16 ①	17 ①	18 ④	19 ②	20 ③
21 ①	22 ②	23 ④	24 ②	25 ①
26 ③	27 ④	28 ②	29 ①	30 ③
31 ④	32 ②	33 ③	34 ④	35 ③
36 ②	37 ①	38 ②	39 ④	40 ④
41 ①	42 ③	43 ④	44 ③	45 ②
46 ①	47 ④	48 ③	49 ①	50 ④

7회 실전모의고사

01 소방기본법상 벌칙이 가장 무거운 위반사항은?

① 정당한 사유 없이 소방대의 생활안전활동을 방해한 자
② 화재 또는 구조·구급이 필요한 상황을 거짓으로 알린 사람
③ 정당한 사유 없이 물의 사용이나 수도의 개폐장치의 사용 또는 조작을 하지 못하게 하거나 방해한 사람
④ 사람을 구출하는 일 또는 불을 끄거나 불이 번지지 아니하도록 하는 일을 방해한 사람

- 정당한 사유 없이 소방대의 생활안전활동을 방해한 자 : 100만원 이하의 벌금
- 화재 또는 구조·구급이 필요한 상황을 거짓으로 알린 사람 : 500만원 이하의 과태료
- 정당한 사유 없이 물의 사용이나 수도의 개폐장치의 사용 또는 조작을 하지 못하게 하거나 방해한 사람 : 100만원 이하의 벌금
- 사람을 구출하는 일 또는 불을 끄거나 불이 번지지 아니하도록 하는 일을 방해한 사람 : 5년 이하의 징역 또는 5천만원 이하의 벌금

02 특정소방대상물에서 '곧바로 지상으로 갈 수 있는 출입구가 있는 층'을 무엇이라 하는가?

① 피난층
② 지하층
③ 무창층
④ 옥상

- 피난층 : 곧바로 지상으로 갈 수 있는 출입구가 있는 층

03 건축물의 층수 산정에 대한 사항으로 옳은 것은?

① 건축물의 지하층을 포함한 층수를 층수로 산정한다.
② 건축물의 부분에 따라 층수를 달리하는 경우에는 그 중에서 가장 많은 층수를 그 건축물의 층수로 본다
③ 층의 구분이 명확하지 아니한 건축물은 높이 5m마다 하나의 층으로 산정한다.
④ 건축물의 옥상부분으로서 수평투영면적의 합계가 해당 건축물의 건축면적의 1/5 이하인 것은 층수 산정에서 제외한다.

- 층수 산정의 원칙
  - 건축물의 지상층만을 층수로 산입하며 건축물의 부분에 따라 층수를 달리하는 경우에는 그 중에서 가장 많은 층수를 그 건축물의 층수로 본다.
  - 층의 구분이 명확하지 아니한 건축물은 높이 4m마다 하나의 층으로 산정한다.
  - 건축물의 옥상부분으로서 수평투영면적의 합계가 해당 건축물의 건축면적 1/8 이하(사업계획승인 대상 공동주택으로 전용면적 85m² 이하인 경우 1/6 이하)인 것은 층수 산정에서 제외한다.

04 다음 중 '2급 소방안전관리대상물'으로 볼 수 없는 것은?

① 가연성 가스를 100톤 이상 1천톤 미만 저장·취급하는 시설
② 지하구
③ 100세대 이상의 공동주택
④ 문화재보호법에 따른 보물 또는 국보 목조건축물

- 2급 소방안전관리대상물
  - 옥내소화전설비·스프링클러설비·간이스프링클러설비 또는 물분무등소화설비(호스릴 방식의 물분무등소화설비만을 설치한 경우는 제외)를 설치하여야 하는 특정소방대상물
  - 가스 제조설비를 갖추고 도시가스사업의 허가를 받아야 하는 시설 또는 가연성 가스를 100톤 이상 1천톤 미만 저장·취급하는 시설
  - 지하구
  - 300세대 이상의 공동주택
  - 150세대 이상으로서 승강기가 설치된 공동주택
  - 150세대 이상으로서 중앙집중식 난방방식(지역난방방식을 포함)의 공동주택
  - 건축허가를 받아 주택 외의 시설과 주택을 동일건축물로 건축한 건축물로서 주택이 150세대 이상인 건축물
  - 문화재보호법에 따라 보물 또는 국보로 지정된 목조건축물

05
다음과 같은 소방안전관리대상물이 있다. 해당 건축물의 소방안전관리대상물 등급 및 소방안전관리보조자 선임인원으로 옳은 것은?(단, 아래 표의 조건을 제외한 사항은 고려하지 않는다.)

구분	내용
용도	업무시설
규모	지상 8층, 지하 2층, 연면적 8,000m²
소방시설	소화기, 옥내소화전, 스프링클러설비, 자동화재탐지설비
소방안전관리자 현황	자격 : 2급 소방안전관리자 자격취득 강습수료일 : 2024년 3월 5일
건축물 사용승인일	2024년 3월 10일

① 1급, 소방안전관리보조자 선임대상이 아님
② 1급, 1명 선임
③ 2급, 소방안전관리보조자 선임대상이 아님
④ 2급, 1명 선임

🔍 • 해당 건축물은 특급 및 1급에 해당되지 않는 대상물로 옥내소화전설비, 스프링클러설비를 설치하여야 하는 특정소방대상물이며 2급 소방안전관리대상물에 해당된다.(본문 23쪽 참조)
• 소방안전관리보조자를 두어야 하는 특정소방대상물은 300세대 이상인 아파트, 연면적 15,000m² 이상인 특정소방대상물(아파트 및 연립주택 제외) 또는 공동주택 중 기숙사, 의료시설, 노유자시설, 수련시설, 숙박시설로 해당 건축물은 이에 해당되지 않으므로 소방안전관리보조자의 선임대상이 아니다.

06
다음 중 '특정소방대상물의 근무자 및 거주자에 대한 소방훈련 및 교육 실시권자'는?

① 시 · 도지사
② 소방청장
③ 관할소방서장
④ 특정소방대상물의 관계인

🔍 특정소방대상물의 근무자 및 거주자에 대한 소방훈련 및 교육 실시권자 : 특정소방대상물의 관계인

07
관계인은 점검이 끝난 날부터 며칠 이내에 소방시설 등 자체점검 실시결과 보고서 등을 소방본부장 또는 소방서장에게 보고하여야 하는가?

① 7일
② 15일
③ 30일
④ 60일

🔍 자체점검 결과 조치
• 관계인은 점검이 끝난 날부터 15일 이내에 자체점검 실시결과 보고서에 자체점검결과 이행계획서를 첨부하여 소방본부장 또는 소방서장에게 보고
• 자체점검 실시결과 보고서를 보고한 관계인은 그 점검결과를 점검이 끝난 날부터 2년간 자체 보관

08
특정소방대상물의 위치 · 구조 · 설비 또는 관리상황에 관하여 화재나 재난 · 재해 예방을 위하여 필요한 때 개수 · 이전 등의 조치명령을 내릴 수 있는 사람은?

① 국토교통부장관
② 시 · 도지사
③ 소방청장, 소방본부장, 소방서장
④ 한국소방안전원장

🔍 소방특별조사 결과에 따른 조치명령
• 조치 명령권자 : 소방청장, 소방본부장, 소방서장
• 조치 명령사항 : 개수, 이전, 제거, 사용의 금지 또는 제한명령, 사용폐쇄, 공사의 정지 또는 중지명령

09
스프링클러설비 기타 이와 유사한 자동식 소화설비를 설치한 10층 이하의 층은 몇 m² 이내마다 방화구획을 할 수 있는가?

① 500m²
② 1,000m²
③ 2,000m²
④ 3,000m²

🔍 면적별 구획
• 10층 이하의 층은 바닥면적 1,000m² 이내마다 구획
• 11층 이상의 층은 바닥면적 200m²(내장재가 불연재인 경우 500m²) 이내마다 구획
※ 스프링클러설비 기타 이와 유사한 자동식 소화설비를 설치한 경우에는 상기 면적의 3배 이내마다 구획할 수 있으므로 1,000m²×3=3,000m²

10 신축·증축·개축·재축·이전·용도변경 또는 대수선을 하려는 부분의 연면적의 합계가 얼마 이상인 경우 다른 조건없이 건설현장 소방안전관리자를 선임하여야 하는가?

① 5,000m²
② 10,000m²
③ 15,000m²
④ 30,000m²

> 건설현장 소방안전관리자 선임대상물
> • 신축·증축·개축·재축·이전·용도변경 또는 대수선을 하려는 부분의 연면적의 합계가 연면적 15,000m² 이상인 것
> • 신축·증축·개축·재축·이전·용도변경 또는 대수선을 하려는 부분의 연면적의 합계가 연면적 5,000m² 이상인 것으로서 다음의 어느 하나에 해당하는 것
>   – 지하층의 층수가 2개 층 이상인 것
>   – 지상층의 층수가 11층 이상인 것
>   – 냉동창고, 냉장창고 또는 냉동·냉장창고

11 소방안전관리대상물 근무자 및 거주자에 등에 소방훈련 관련 내용이다. 옳지 않은 것은?

① 소방훈련은 분기별 1회 이상 실시하여야 한다.
② 관계인은 소방훈련을 실시하는 경우 소방훈련에 필요한 장비 및 교재 등을 갖추어야 한다.
③ 특급 및 1급 소방안전관리대상물의 관계인은 소방훈련 및 교육을 한 날부터 30일 이내에 소방훈련 및 교육 실시 결과를 소방본부장 또는 소방서장에게 제출하여야 한다.
④ 불시 소방훈련은 소방본부장 또는 소방서장이 불특정 다수인이 이용하는 특정소방대상물의 근무자등에게 실시할 수 있다.

> • 소방안전관리대상물의 관계인은 근무자등에게 소방훈련과 소방안전관리에 필요한 교육을 하여야 하고, 피난훈련은 그 소방대상물에 출입하는 사람을 안전한 장소로 대피시키고 유도하는 훈련을 포함하여야 한다.
> • 소방훈련은 연 1회 이상 실시하여야 한다. 다만, 소방관서장이 화재예방을 위하여 필요하다고 인정하여 2회의 범위에서 추가로 실시할 것을 요청하는 경우에는 소방훈련과 교육을 실시하여야 한다.
> • 관계인은 소방훈련과 교육을 실시하였을 때에는 그 실시 결과를 소방훈련·교육 실시 결과 기록부에 기록하고, 이를 소방훈련과 교육을 실시한 날로부터 2년간 보관하여야 한다.
> • 소방안전관리업무의 전담이 필요한 소방안전관리대상물(특급 및 1급)의 관계인은 소방훈련 및 교육을 한 날부터 30일 이내에 소방훈련 및 교육 실시 결과를 소방본부장 또는 소방서장에게 제출하여야 한다.

12 다음 중 '방염대상 물품'이 아닌 것은?

① 전시용 합판 또는 섬유판
② 창문에 설치하는 커튼류(블라인드 포함)
③ 두께가 2mm 미만인 종이벽지
④ 암막 및 무대막

> 방염대상 물품
> • 창문에 설치하는 커튼류(블라인드 포함)
> • 카펫, 벽지류(두께가 2mm 미만인 종이벽지는 제외)
> • 전시용 합판 또는 섬유판, 무대용 합판 또는 섬유판
> • 암막·무대막(영화영상관에서 설치하는 스크린과 가상체험 체육시설업에 설치하는 스크린 포함)
> • 섬유류 또는 합성수지류 등을 원료로 하여 제작된 소파·의자(단란주점, 유흥주점 및 노래연습장에 한함)
> • 건축물 내부의 천장이나 벽에 부착하거나 설치하는 종이류(두께 2mm 이상)

13 화재의 예방 및 안전관리를 강화하기 위해 지정·관리하는 지역인 화재예방강화지구에 해당되지 않는 곳은?(단, 소방관서장이 지정할 필요가 있다고 인정하는 지역이 아닌 경우이다.)

① 시장지역
② 공장·창고가 밀집한 지역
③ 철골조건물이 밀집한 지역
④ 노후·불량건축물이 밀집한 지역

> 화재예방강화지구
> • 시장지역
> • 공장·창고가 밀집한 지역
> • 목조건물이 밀집한 지역
> • 노후·불량건축물이 밀집한 지역
> • 위험물의 저장 및 처리시설이 밀집한 지역
> • 석유화학제품을 생산하는 공장이 있는 지역
> • 「산업입지 및 개발에 관한 법률」에 따른 산업단지
> • 소방시설·소방용수시설 또는 소방출동로가 없는 지역
> • 「물류시설의 개발 및 운영에 관한 법률」에 따른 물류단지
> • 그 밖에 위에 열거된 지역에 준하는 지역으로서 소방관서장이 화재예방강화지구로 지정할 필요가 있다고 인정하는 지역

14 특정소방대상물의 '소방안전관리자 및 소방안전관리보조자로 선임된 자는 언제 실무교육'을 받아야 하는가?

① 선임된 날부터 30일 이내
② 선임된 날부터 6개월 이내
③ 선임된 날부터 1년 이내
④ 선임된 날부터 2년 이내

🔍 소방안전관리자 및 소방안전관리보조자의 실무교육
선임된 날부터 6개월 이내, 그 이후 2년마다 (최초 실무교육을 받은 날을 기준일로 하여 매 2년이 되는 해의 기준일과 같은 날 전까지를 말함) 1회 실무교육을 받아야 한다.

15 화재의 예방 및 안전관리에 관한 법률상 1급 소방안전관리자 자격증을 발급받을 수 없는 사람은?

① 소방설비기사의 자격이 있는 사람
② 소방설비산업기사의 자격이 있는 사람
③ 소방공무원으로 7년 이상 근무한 경력이 있는 사람
④ 한국소방안전원의 1급 소방안전관리자 강습교육을 수료한 사람

🔍 1급 소방안전관리자 선임자격
다음의 어느 하나에 해당하는 사람으로서 1급 소방안전관리자 또는 특급 소방안전관리자 자격증을 발급받은 사람은 1급 소방안전관리자에 선임될 수 있다.
- 소방설비기사 또는 소방설비산업기사의 자격이 있는 사람
- 소방공무원으로 7년 이상 근무한 경력이 있는 사람
- 소방청장이 실시하는 1급 소방안전관리대상물의 소방안전관리에 관한 시험에 합격한 사람
※ 한국소방안전원의 1급 소방안전관리자 강습교육을 수료하고 1급 소방안전관리대상물의 소방안전관리에 관한 시험에 합격한 경우 1급 소방안전관리자 자격증을 발급받을 수 있다.

16 다음 보기 중 화재신고 시 반드시 포함하여야 하는 항목을 모두 고르면?

> ㉠ 화재발생 건물의 주소
> ㉡ 화재발생 건물의 시세
> ㉢ 화재규모
> ㉣ 피해발생현황
> ㉤ 주변 교통상황
> ㉥ 신고자의 인적사항

① ㉠, ㉢, ㉤
② ㉠, ㉢, ㉣
③ ㉢, ㉣, ㉤
④ ㉢, ㉣, ㉥

🔍 화재를 인지한 경우 침착하게 불이 난 사실과 현재 위치(건물주소, 명칭), 화재진행 상황 및 피해현황 등을 소방기관에 신고한다.

17 연소의 3요소인 '점화원'이 잘못 설명된 것은?

① 자연발화 – 외부로부터 에너지를 공급받지 않는 가운데 자체적으로 온도가 상승하여 발화하는 현상이다.
② 복사열 – 비교적 약한 복사열도 물질에 따라 장시간 방사되면 발화될 수 있다.
③ 전기불꽃 – 에너지 밀도가 낮은 점화원으로 대부분 자기 발화될 수 있다.
④ 단열압축 – 기체를 높은 압력으로 압축하면 온도가 상승하며, 이에 따라 열분해된 저온발화물이 생성된다.

🔍 점화원
- 전기불꽃(spark) : 에너지 밀도가 높은 점화원으로 대부분 가연성 기체나 증기가 발화의 대상이 된다.
- 충격과 마찰 : 두 개 이상의 물체가 서로 충격·마찰을 일으키면서 작은 불꽃을 일으키는데, 이러한 마찰불꽃에 의하여 가연성가스에 착화가 일어날 수 있다.
- 단열압축 : 기체를 높은 압력으로 압축하면 온도가 상승하며, 이에 따라 열분해된 저온 발화물이 생성된다.
- 불꽃 및 고온표면
  - 불꽃(나화)이란 화염을 가지고 있는 열 또는 화기로 위험한 화학물질 및 가연물이 존재하고 있는 장소에서 불꽃의 사용은 대단히 위험하다.
  - 고온표면은 작업장의 화기, 가열로, 건조장치, 굴뚝, 전기·기계설비 등으로 항상 화재의 위험성이 내재되어 있다.
- 정전기 불꽃 : 물체가 접촉하거나 결합한 후 떨어질 때 양전하와 음전하로 전하의 분리가 일어나 발생한 과잉전하가 축적되는 현상으로 정전기의 전압은 가연물에 착화가 가능하다.
- 자연발화 : 외부로부터 에너지를 공급받지 않는 가운데 자체적으로 온도가 상승하여 발화하는 현상
- 복사열 : 비교적 약한 복사열도 물질에 따라서 장시간 방사로 발화될 수 있다.

18 '액체와 고체의 인화현상의 차이점'에 대한 설명으로 옳지 않은 것은?

① 액체는 가연성가스의 공급은 증발과정이다.
② 고체는 가연성가스의 공급은 열분해과정이다.
③ 액체는 인화에 필요한 에너지는 적다.
④ 고체는 인화에 필요한 에너지는 없다.

🔍 액체와 고체의 인화현상의 차이점

구분	액체	고체
가연성가스 공급	증발과정	열분해과정
인화에 필요한 에너지	적다	크다

19 다음 중 '가연물이 될 수 없는 것'으로 볼 수 없는 것은?

① 대부분의 유기화합물
② 불활성기체 : 산소와 결합하지 못하는 기체(헬륨, 네온, 아르곤 등)
③ 산소와 화학반응을 일으킬 수 없는 물질(물, 이산화탄소 등)
④ 산소와 화합하여 흡열반응하는 물질(질소 또는 질소화합물 등)

🔍 가연물이 될 수 없는 조건
- 불활성기체 : 산소와 결합하지 못하는 기체(헬륨, 네온, 아르곤 등)
- 산소와 화학반응을 일으킬 수 없는 물질 : 물(H_2O), 이산화탄소(CO_2) 등
- 산소와 화합하여 흡열반응하는 물질 : 질소 또는 질소 산화물 등
- 자체가 연소하지 아니하는 물질 : 돌, 흙 등

20 '연소상태가 계속될 수 있는 온도를 말하며 일반적으로 인화점보다 약 10℃ 정도 높은 온도로서 연소상태가 5초 이상 유지될 수 있는 온도'는 무엇을 설명한 것인가?

① 인화온도
② 발화온도
③ 연소점
④ 착화점

🔍 연소 용어
- 인화점(인화온도) : 연소범위에서 외부의 직접적인 점화원에 의해 인화될 수 있는 최저 온도
- 발화점(착화점, 발화온도) : 외부의 직접적인 점화원 없이 가열된 열의 축적에 의하여 발화에 이르는 최저의 온도, 즉 점화원이 없는 상태에서 가연성 물질을 공기 또는 산소 중에서 가열함으로써 발화되는 최저 온도
- 연소점 : 연소상태가 계속될 수 있는 온도를 말하며 일반적으로 인화점보다 약 10℃ 정도 높은 온도로서 연소상태가 5초 이상 유지될 수 있는 온도

21 액체 가연물질의 인화점이 낮은 것부터 높은 순서로 옳은 것은?

① 휘발유 < 에틸알코올 < 중유
② 에틸알코올 < 메틸알코올 < 아세톤
③ 중유 < 등유 < 휘발유
④ 아세톤 < 중유 < 에틸알코올

🔍 주요 액체 가연물질의 인화점

액체가연물질	인화점(℃)	액체가연물질	인화점(℃)
휘발유	-43℃	에틸알코올	13℃
아세톤	-18.5℃	등유	39℃ 이상
메틸알코올	11.11℃	중유	70℃ 이상

22 다음 중 '증기비중'에 관한 설명으로 옳은 것은?

① 증기비중이 1보다 작은 기체는 공기와 무게가 같다.
② 증기비중이 1보다 작은 기체는 공기보다 무겁다.
③ 증기비중이 1보다 큰 기체는 공기보다 가볍다.
④ 증기비중이 1보다 큰 기체는 공기보다 무겁다.

🔍 '증기비중'이 1보다 큰 기체는 공기보다 무겁고, 1보다 작으면 공기보다 가벼운 것이 된다.

23 '화재의 분류와 소화방법'이 잘못 연결된 것은?

① 일반화재 - 다량의 물 또는 수용액(냉각소화)
② 전기화재 - 포 등을 이용(질식, 냉각소화)
③ 금속화재 - 마른모래 및 특수분말 이용(질식소화)
④ 주방화재 - 비누화작용 및 냉각작용

🔍 **화재의 분류**

분류	내용	소화방법
일반화재 (A급 화재)	• 면화류, 고무, 석탄, 목재, 종이, 천 등 보통 가연물의 화재이다. • 화재 발생건수 가장 많으며 연소 후 재를 남긴다.	다량의 물 또는 수용액 (냉각소화)
유류화재 (B급 화재)	• 상온에서 액체상태로 존재하는 유류가 가연물이 되는 화재이다. • 연소 후 재를 남기지 않으며, 연소열이 크고 연소성이 좋아 일반화재보다 위험하다.	포 등을 이용 (질식·냉각 소화)
전기화재 (C급 화재)	• 전기를 취급하고(변압기, 배전반, 전열기, 전기장판 등) 있는 장소에서의 화재이다. • 물을 사용하면 감전 위험이 있으며, 전체 화재 건수 중 많은 비율을 차지한다.	가스소화약제 이용 (질식소화)
금속화재 (D급 화재)	• 가연성 금속류가 가연물이 되는 화재로 칼륨(K), 나트륨(Na), 마그네슘(Mg), 알루미늄(Al) 등이 대표적이며, 분말상으로 존재할 때 가연성이 현저히 증가한다. • 물과 반응하여 폭발성이 강한 수소를 발생시키므로 수계소화약제(물, 포, 강화액 등)를 사용해서는 안 된다.	마른모래 및 특수분말 이용 (질식소화)
주방화재 (K급 화재)	• 식용유, 식물성·동물성 유지 등의 음식 조리용 기름에서 발생하는 화재이다. • 연소물의 표면을 차단하는 비누화 작용 및 식용유 자체의 온도를 발화점 이하로 빠르게 하강시켜주는 냉각작용이 동시에 필요하다.	비누화작용 및 냉각작용

24 열전달방식 중 '솥이나 냄비를 가열하였을 때 전체가 뜨거워지는 현상'은?

① 전도(Conduction)
② 대류(Convection)
③ 복사(Radiation)
④ 방사(Emanation)

🔍 **전도(Conduction)**
• 하나의 물체가 다른 물체와 직접 접촉하여 열이 전달되는 과정으로 온도가 높은 물체의 분자운동이 충돌이라는 과정을 통해 분자운동이 느린 분자를 빠르게 운동시키는 열의 전달이다.
• 전도라는 열 전달방식에 의해 화염이 확산되는 경우는 드물다.

25 소화기구의 능력단위가 해당 용도의 바닥면적 50m² 마다 능력단위 1단위 이상이 아닌 소방대상물은?

① 공연장
② 위락시설
③ 문화재
④ 의료시설

🔍 **특정소방대상물별 소화기구의 능력단위 기준**

소방대상물	소화기구의 능력단위
위락시설	해당 용도의 바닥면적 30m²마다 능력단위 1단위 이상
공연장·집회장·관람장·문화재·장례시설 및 의료시설	해당 용도의 바닥면적 50m²마다 능력단위 1단위 이상
근린생활시설·판매시설·운수시설·숙박시설·노유자시설·전시장·공동주택·업무시설·방송통신시설·공장·창고시설·항공기 및 자동차 관련시설 및 관광휴게시설	해당 용도의 바닥면적 100m²마다 능력단위 1단위 이상
그 밖의 것	해당 용도의 바닥면적 200m²마다 능력단위 1단위 이상

단, 소화기구의 능력단위를 산출함에 있어서 건축물의 주요구조부가 내화구조이고, 벽 및 반자의 실내에 면하는 부분이 불연재료·준불연재료 또는 난연재료로 된 소방대상물에 있어서는 위 표의 기준면적의 2배를 해당 특정소방대상물의 기준면적으로 한다.

26 화재 시 일산화탄소(CO)의 중독으로 구토·현기증·경련이 일어나고, 24시간 이상이면 실신하게 되는 일산화탄소의 농도는?

① 0.02%
② 0.04%
③ 0.08%
④ 0.16%

🔍 **일산화탄소의 공기 중의 농도와 중독증상**

공기 중의 농도		경과시간(분)	중독증상
%	ppm		
0.02	200	120~180	가벼운 두통
0.04	400	60~120	통증·구토 증세
0.08	800	40	구토·현기증·경련이 일어나고 24시간 이상이면 실신
0.16	1600	20	두통·현기증·구토 등이 일어나고 2시간이면 사망
0.32	3200	5~10	두통·현기증이 일어나고 30분이면 사망
0.64	6400	1~2	두통·현기증이 심하게 일어나고 15~30분이면 사망
1.28	12800	1~3	1~3분 내 사망

27 건물화재 성상단계 중 '최성기'의 설명으로 옳지 않은 것은?

① 내화구조의 건축물의 경우 20~30분이 되면 최성기에 이른다.
② 내화구조의 건축물인 경우 최성기에 이르면 실내온도는 800~1,050℃ 이다.
③ 목조건물인 경우 최성기까지 약 10분 소요된다.
④ 목조건물인 경우 최성기에 이르면 실내온도는 500~800℃ 이다.

> • 내화구조 건축물의 최성기 : 20~30분, 실내온도는 통상 800~1,050℃
> • 목조 건축물의 최성기 : 약 10분, 실내온도는 통상 1,100~1,350℃

28 소화약제 중 '할로겐화합물 소화약제의 소화효과'로 옳지 않은 것은?

① 질식효과   ② 냉각효과
③ 억제(부촉매)효과   ④ 제거효과

> 소화약제의 종류
> • 물소화약제 : 냉각, 질식효과
> • 포소화약제 : 질식, 냉각효과
> • 분말소화약제 : 질식, 억제(부촉매) 효과
> • 이산화탄소(CO_2) 소화약제 : 질식, 냉각효과
> • 할로겐화합물 소화약제 : 질식, 억제(부촉매), 냉각효과

29 다음 중 '제4류 위험물(유류)의 공통적인 성질'로 볼 수 없는 것은?

① 인화하기 쉽다.
② 증기비중은 공기보다 무거워 낮은 곳에 체류한다.
③ 증기는 공기와 혼합되어 연소·폭발한다.
④ 물보다 무겁고 물에 잘 녹는다.

> 제4류 위험물의 유류의 공통적인 성질
> • 인화하기 쉽다.
> • 증기는 대부분 공기보다 무겁다.
> • 증기는 공기와 혼합되어 연소·폭발한다.
> • 착화온도가 낮은 것은 위험하다.
> • 물보다 가볍고 물에 녹지 않는다.

30 '유류취급 시 주의사항'으로 옳지 않은 것은?

① 기름을 주입할 때에는 난로불을 조심하여 연료를 주입한다.
② 이동식 석유난로는 넘어지기 쉽고 화재위험이 많으므로 이용 시 고정하여 사용한다.
③ 불이 붙은 상태에서 석유난로를 이동하지 않는다.
④ 불을 켜둔 상태에서 장시간 자리를 비우지 않는다.

> 기름을 주입할 때에는 반드시 난로불을 끈 후 연료를 주입하고, 기름이 넘치지 않도록 주의한다.

31 가스누설경보기는 탐지대상가스의 증기비중이 1보다 큰 경우, 연소기 또는 관통부로부터 수평거리 몇 m 이내의 위치에 설치하여야 하는가?

① 2m 이내   ② 4m 이내
③ 8m 이내   ④ 10m 이내

> 가스누설 경보기 설치 위치
> • 가스의 증기 비중이 1보다 작은 경우
>   - 연소기로부터 수평거리 8m 이내의 위치에 설치
>   - 탐지기의 하단은 천장면의 하방 30cm 이내의 위치에 설치
> • 가스의 증기 비중이 1보다 큰 경우
>   - 연소기 또는 관통부로부터 수평거리 4m 이내의 위치에 설치
>   - 탐지기의 상단은 바닥면의 상방 30cm 이내의 위치에 설치

32 다음 중 '액화석유가스(LPG)와 액화천연가스(LNG)'에 대한 설명으로 틀린 것은?

① LPG의 용도는 가정용, 자동차연료용으로 사용된다.
② LPG의 비중은 1.5~2이다.
③ LNG는 누출 시 낮은 곳에 체류한다.
④ LNG의 주성분은 메탄(CH_4)이다.

🔍 연료가스의 종류와 특성

구분	액화석유가스(LPG)	액화천연가스(LNG)
주성분	프로판(C_3H_8), 부탄(C_4H_{10})	메탄(CH_4)
용도	가정용, 공업용, 자동차 연료용	도시가스
비중	1.5~2(누출 시 낮은 곳 체류)	0.6(누출 시 천장쪽에 체류)
폭발 범위	프로판 2.1~9.5%, 부탄 1.8~8.4%	5~15%

33 다음 소화설비 중 '물분무등소화설비'로 볼 수 없는 것은?

① 미분무소화설비
② 고체에어졸자동소화설비
③ 이산화탄소소화설비
④ 할로겐화합물소화설비

🔍 소방설비 중 물분무등소화설비 종류
- 물분무소화설비
- 미분무소화설비
- 포소화설비
- 이산화탄소소화설비
- 할론소화설비
- 할로겐화합물 및 불활성기체소화설비
- 분말소화설비
- 강화액소화설비
- 고체에어로졸소화설비

34 다음 중 '분말소화기 내용연수'로 맞는 것은?

① 1년　　② 3년
③ 5년　　④ 10년

🔍 분말소화기의 내용연수를 10년으로 하고 내용연수가 지난 제품은 교체 또는 성능검사에 합격한 소화기는 내용연수등이 경과한 날의 다음 달부터 다음의 기간동안 사용할 수 있다.
- 내용연수 경과 후 10년 미만 : 3년
- 내용연수 경과 후 10년 이상 : 1년

35 '소화기의 설치기준'으로 옳지 않은 것은?

① 건축물의 각 층마다 설치한다.
② 특정소방대상물의 각 부분으로부터 1개의 소화기까지의 보행거리가 소형소화기의 경우 20m 이내 설치한다.
③ 특정소방대상물의 각 부분으로부터 1개의 소화기까지의 보행거리가 대형소화기의 경우 50m 이내 설치한다.
④ 특정소방대상물의 각 층이 2개 이상의 거실로 구획된 경우에는 각 층마다 설치한다.

🔍 소화기의 설치기준
- 각 층마다 설치하되,
- 특정소방대상물의 각 부분으로부터 1개의 소화기까지의 보행거리가
  - 소형소화기의 경우 20m 이내
  - 대형소화기의 경우 30m 이내가 되도록 배치한다.
- 특정소방대상물의 각 층이 2개 이상의 거실로 구획된 경우에는 각 층마다 설치하는 것 외에 바닥면적 33m² 이상으로 구획된 각 거실(아파트는 각 세대)에도 배치한다.

36 다음 [보기] 중 '소화기의 실습순서'로 맞는 것은?

> ㉮ 소화기를 불이 난 곳으로 옮긴다.
> ㉯ 한 손은 손잡이를, 다른 한 손은 노즐을 잡고 화점을 향하게 한다.
> ㉰ 소화가 완전히 될 때까지 약제를 화점을 향하여 골고루 방사한다.
> ㉱ 소화기를 바닥에 내려놓는다.
> ㉲ 한 손은 소화기 몸통을 잡고, 다른 한 손은 안전핀을 잡아 당긴다.

① ㉮ → ㉱ → ㉲ → ㉯ → ㉰
② ㉱ → ㉮ → ㉯ → ㉲ → ㉰
③ ㉮ → ㉱ → ㉯ → ㉲ → ㉰
④ ㉱ → ㉮ → ㉲ → ㉯ → ㉰

🔍 소화기의 실습내용(순서)
- 소화기를 불이 난 곳으로 옮긴다.(통상 2~3m 떨어짐)
- 소화기를 바닥에 내려놓은 후 한 손은 소화기 몸통을 잡고 다른 한 손은 안전핀을 잡아 당긴다.
- 한 손은 손잡이를, 다른 한 손은 노즐을 잡고 화점을 향하게 한다.
- 소화가 완전히 될 때까지 약제를 화점을 향하여 골고루 방사한다.

37 '주거용 주방자동소화장치의 점검사항'으로 틀린 것은?

① 가스누설탐지부 점검
② 가스누설차단밸브 설치여부 확인
③ 예비전원 시험
④ 감지부 시험

> 주거용 주방자동소화장치의 점검사항
> • 가스누설탐지부 점검
> • 가스누설차단밸브 점검
> • 예비전원 시험
> • 감지부 시험
> • 제어반(수신부) 점검
> • 약제저장용기 점검

38 방수압력이 0.36MPa인 옥내소화전의 분당 방수량은 얼마인가? (단, 옥내소화전인 경우 노즐의 구경은 13mm이다)

① 200L/min
② 210L/min
③ 245L/min
④ 250L/min

> 옥내소화전 분당강수량(Q) = $2.065 \times D^2 \times \sqrt{P}$
> [D − 관경 또는 노즐의 구경(mm), P = 방수압력(MPa)]에서
> 분당강수량(Q) = $2.065 \times 13^2 \times \sqrt{0.36} = 2.065 \times 169 \times 0.6$
> = 209.391 ≒ 210[L/min]

39 옥내소화전설비의 구성 중 '옥상수조를 의무적으로 설치하여야 하는 건축물'은?

① 10층 이상 건축물
② 20층 이상 건축물
③ 30층 이상 건축물
④ 50층 이상 건축물

> 옥내소화전설비의 구성
> • 수원 : 일반수조, 압력수조, 고가수조, 가압수조
> • 30층 이상 건축물의 경우 : 옥상수조 의무

40 '옥외소화전설비'에 대한 설명으로 맞지 않은 것은?

① 소방대상물의 각 부분으로부터 호스접결구까지의 수평거리가 20m 이하가 되도록 설치하여야 한다.
② 호스접결구 높이는 지면으로부터 0.5m 이상 1m 이하에 설치한다.
③ 옥외소화전설비에는 옥외소화전마다 그로부터 5m 이내의 장소에 소화전함을 설치한다.
④ 옥외소화전설비 중 호스는 구경이 65mm이다.

> 옥외소화전설비 설치기준 : 소방대상물의 각 부분으로부터 호스접결구까지의 수평거리가 40m 이하가 되도록 설치하여야 한다.

41 자동식 소화전설비인 '스프링클러설비의 장점'이 아닌 것은?

① 화재발생 시 초기 진화에 절대적인 효과가 있다.
② 초기 시설비는 비교적 저렴하다.
③ 소화약제가 물이며 경제적이고, 소화 후 복구가 용이하다.
④ 자동적으로 화재를 감지하여 화재경보 및 소화를 할 수 있다.

> 스프링클러 설비의 장점 및 단점
>
> | 장점 | 단점 |
> | --- | --- |
> | • 초기 진화에 절대적인 효과가 있다.
• 소화약제가 물이며 경제적이고 소화 후 복구가 용이하다.
• 기계적이므로 오동작이 거의 없다.
• 자동적으로 화재를 감지하여 화재경보 및 소화를 할 수 있다. | • 초기 시설비가 많이 든다.
• 시공 시 다른 시설보다 복잡하다.
• 물로 인한 피해가 심하다. |

42 가스계소화설비 중 '이산화탄소(CO_2)소화설비의 장점'으로 볼 수 없는 것은?

① 심부화재에 적합하다.
② 화재 진화 후 깨끗하다.
③ 방사 시 질식의 우려는 있으나 동상의 우려는 없다.
④ 비전도성이므로 전기화재에 좋다.

○ 이산화탄소 소화설비의 장점
  • 심부화재에 적합하다.
  • 화재진화 후 깨끗하다.
  • 피연소물에 피해가 적다.
  • 비전도성이므로 전기화재에 좋다.

43 구형 습식스프링클러설비에서 '비화재(非火災) 시 알람밸브로 인한 혼선방지를 위한 장치(자동경보장치의 오동작 방지장치)'는?

① 리타딩챔버 ② 솔레노이드밸브
③ 알람밸브   ④ 교차배관

○ 리타딩챔버(Retarding Chamber)는 스프링클러 헤드가 오픈되어 물이 방출되는 경우가 아닌 경우는 작동하지 않도록 하기 위한 장치이다.

44 가스계소화설비 중 '할로겐화합물소화설비'의 설명으로 옳지 않은 것은?

① 불연성가스인 할로겐화합물 소화약제 사용
② 할로겐 원자의 억제작용에 의한 질식·냉각작용 및 연쇄반응을 억제하는 소화설비
③ 축압식과 가압식으로 분류
④ 비전도성이므로 전기화재에 적합

○ 할로겐화합물소화설비 : 불연성가스인 할로겐화합물 소화약제를 사용하여, 화재발생 시 할로겐 원자의 억제작용에 의하여 질식·냉각 및 연쇄반응을 억제하는 소화설비이며, 축압식과 가압식으로 분류된다.

45 다음 중 '주위 온도가 일정온도 이상이 되었을 때 작동하는 감지기'는?

① 차동식 스포트형 감지기
② 정온식 스포트형 감지기
③ 이온화식 스포트형 연기감지기
④ 광전식 스포트형 연기감지기

○ 감지기의 특징
  • 차동식 스포트형 감지기 : 주위 온도가 일정상승률 이상이 되는 경우에 작동(거실, 사무실 등)
  • 정온식 스포트형 감지기 : 주위 온도가 일정온도 이상이 되었을 때 작동(보일러실, 주방 등)
  • 연기감지기 : 이온화식 스포트형, 광전식 스포트형(계단, 복도 등)

46 평상시 습식 스프링클러설비 감시제어반의 각 스위치 및 표시등의 정상상태를 잘못 표시한 것을 모두 고르면?

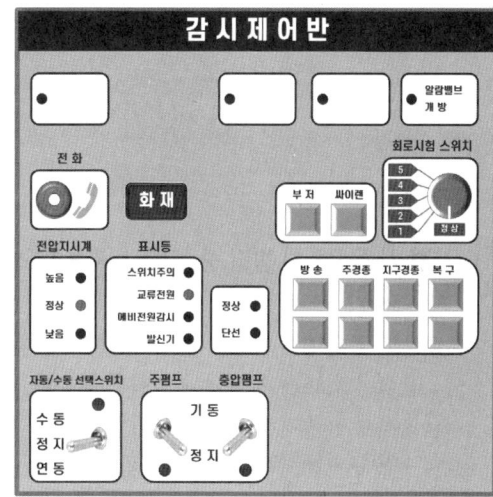

설비명칭	작동상태
알람밸브개방등	점등 (ㄱ)
화재표시등	소등 (ㄴ)
전압지시계 표시등 위치	정상 (ㄷ)
표시등 위치	발신기 (ㄹ)
자동/수동 선택스위치 위치	정지 (ㅁ)
주·충압펌프 스위치 위치	정지 (ㅂ)

① (ㄱ), (ㄹ), (ㅁ)
② (ㄱ), (ㄷ), (ㅂ)
③ (ㄴ), (ㄹ), (ㅂ)
④ (ㄷ), (ㄹ), (ㅁ)

○ 평상시 습식 스프링클러설비 감시제어반의 각 스위치 및 표시등의 정상상태

설비명칭	작동상태
알람밸브개방등	소등
화재표시등	소등
전압지시계 표시등 위치	정상
표시등 위치	교류전원
자동/수동 선택스위치 위치	연동
주·충압펌프 스위치 위치	정지

47 수신기와 감지기 사이 선로의 정상연결 유무를 확인하기 위한 시험은?

① 비상전원시험
② 예비전원시험
③ 동시작동시험
④ 회로도통시험

> 감지기 사이의 회로 배선은 도통시험(선로의 정상연결 유무를 확인하기 위한 시험)을 원활히 하기 위한 배선방식인 송배전식으로 한다.

48 출혈 시 응급조치 방법 중 '지혈대 사용법'으로 잘못 된 것은?

① 출혈 부위에서 10cm 상단 부위를 묶는다.
② 출혈이 멈추는 지점에서 조임을 멈춘다.
③ 지혈대가 풀리지 않도록 정리한다.
④ 지혈대 착용시간을 기록한다.

> 출혈 시 응급조치
> • 직접 압박법 : 출혈 상처 부위를 소독거즈나 압박붕대로 직접 압박하는 방법
> • 지혈대 사용법 : 절단과 같은 심한 출혈이 있을 때나 지혈법으로도 출혈을 막지 못할 경우 최후의 수단으로 사용하는 방법
> – 출혈 부위에서 5~7cm 상단 부위를 묶는다.
> – 출혈이 멈추는 지점에서 조임을 멈춘다.
> – 지혈대가 풀리지 않도록 정리한다.
> – 지혈대 착용시간을 기록한다.

49 대상처의 규모, 소방시설 및 편성대원에 따른 자위소방대 조직 편성기준에 따라 'TYPE-Ⅱ' 조직을 구성해야 하는 편성대상은?

① 특급 소방안전관리대상물
② 지하층 제외 37층 아파트
③ 지하층 제외 50층 아파트
④ 3급 소방안전관리대상물

> TYPE-Ⅱ

구분		내용
편성대상		• 1급(연면적 30,000m² 이상의 경우 TYPE-Ⅰ 참고 및 적용, 공동주택 제외) • 2급(상시 근무인원 50명 이상)
편성인원	지휘통제	지휘통제팀
	현장대응	비상연락팀, 초기소화팀, 피난유도팀, 응급구조팀, 방호안전팀(필요시 팀 가감 편성)

50 화재발생 시 '자위소방대장의 화재대응 순서'로 옳은 것은?

> ㉮ 화재전파 및 접수
> ㉯ 비상방송
> ㉰ 화재신고(119)
> ㉱ 대원소집 및 임무부여
> ㉲ 관계기관 통보 · 연락
> ㉳ 초기소화

① ㉮ → ㉰ → ㉯ → ㉱ → ㉲ → ㉳
② ㉮ → ㉯ → ㉰ → ㉱ → ㉲ → ㉳
③ ㉰ → ㉯ → ㉮ → ㉱ → ㉲ → ㉳
④ ㉰ → ㉮ → ㉯ → ㉱ → ㉲ → ㉳

> 특정소방대상물의 자위소방대장의 화재대응 순서
> 화재전파 및 접수 → 화재신고(119) → 비상방송 → 대원소집 및 임무부여 → 관계기관 통보 · 연락 → 초기소화

정답 실전모의고사 7회

01 ④	02 ①	03 ②	04 ③	05 ③
06 ④	07 ②	08 ③	09 ④	10 ③
11 ①	12 ③	13 ③	14 ②	15 ④
16 ②	17 ③	18 ④	19 ①	20 ③
21 ①	22 ②	23 ②	24 ①	25 ②
26 ③	27 ④	28 ②	29 ④	30 ①
31 ②	32 ③	33 ②	34 ④	35 ②
36 ①	37 ②	38 ②	39 ②	40 ①
41 ②	42 ③	43 ②	44 ④	45 ②
46 ①	47 ④	48 ①	49 ②	50 ①

소방안전관리자 2급
기출+적중예상문제

2026년 01월 05일 인쇄
2026년 01월 20일 발행

저 자 소방안전연구회
발 행 처 ㈜도서출판 책과상상
등록번호 제2020-000205호
발 행 인 이강복
주 소 경기도 고양시 일산동구 장항로 203-191
대표전화 02)3272-1703~4
팩 스 02)3272-1705
홈페이지 www.sangsangbooks.co.kr
I S B N 979-11-6967-333-4
정 가 15,000원

Copyright©2026
Book&SangSang Publishing Co.

※저자와의 협의하에 인지를 생략합니다.